Creo 5.0

中文版

完全自学手册

钟日铭◎编著

清华大学出版社

北京

内 容 简 介

本书循序渐进地介绍了 Creo 5.0 概述、二维草绘、基准特征、基础特征、工程特征、编辑特征、高级特征建模、曲面设计、修饰特征、柔性建模、钣金件设计、装配设计和工程图设计等内容。全书共分 13 章，内容安排由浅入深，条理清晰，内容实用，范例经典。全书考虑初学者的学习特点，重点内容结合典型操作实例来辅助讲解，从而帮助初学者快速掌握软件的基本用法并学习相关的设计技巧。

本书应用性和针对性较强，可以作为职业院校、大中专学校、相关领域培训班计算机辅助设计教程教材，同时也可作为从事工业设计和机械设计等相关行业的设计人员的自学教材和参考资料。

本书封面贴有清华大学出版社防伪标签，无标签者不得销售。

版权所有，侵权必究。举报：010-62782989，beiqinquan@tup.tsinghua.edu.cn。

图书在版编目（CIP）数据

Creo 5.0 中文版完全自学手册 ／ 钟日铭编著.—北京：清华大学出版社，2020.6（2023.8重印）
ISBN 978-7-302-54736-5

Ⅰ．①C… Ⅱ．①钟… Ⅲ．①计算机辅助设计-应用软件-手册 Ⅳ．①TP391.72-62

中国版本图书馆 CIP 数据核字（2019）第 298260 号

责任编辑：贾小红
封面设计：杜广芳
版式设计：文森时代
责任校对：马军令
责任印制：宋 林

出版发行：清华大学出版社
   网 址：http://www.tup.com.cn，http://www.wqbook.com
   地 址：北京清华大学学研大厦A座   邮 编：100084
   社 总 机：010-83470000   邮 购：010-62786544
   投稿与读者服务：010-62776969，c-service@tup.tsinghua.edu.cn
   质量反馈：010-62772015，zhiliang@tup.tsinghua.edu.cn
印 装 者：三河市铭诚印务有限公司
经 销：全国新华书店
开 本：203mm×260mm   印 张：30   字 数：781 千字
版 次：2020 年 6 月第 1 版   印 次：2023 年 8 月第 3 次印刷
定 价：89.80 元

产品编号：083978-01

前　言

　　Creo 是由美国 PTC 公司推出的一款功能强大的 CAD/CAM/CAE 集成软件套件，它为用户提供了一套从产品概念、产品设计到制造的完整 CAD 解决方案，属于一款中高端的设计软件。其广泛应用于机械设计、工业产品设计、汽车、航天航空、电子家电、玩具、模具、化工等行业。

　　本书采用 Creo Parametric 5.0 中文版作为软件操作蓝本，在考虑初学者学习特点的基础上，有针对性地结合理论知识和典型操作实例进行讲解，从而帮助初学者快速掌握软件的基本用法并学习相关的设计技巧。

　　本书共分 13 章，包括 Creo 5.0 概述、二维草绘、基准特征、基础特征、工程特征、编辑特征、高级特征建模、曲面设计、修饰特征、柔性建模、钣金件设计、装配设计和工程图设计。各章节内容从易到难，由浅到深，将应用技巧和实用知识融入典型实例中。这样循序渐进、重点突出的结构安排，能够让读者一步步地熟悉软件功能和掌握使用 Creo Parametric 5.0 进行相关设计的操作方法和技巧，从而迈向高手之列。

本书知识结构与特色

　　本书的知识结构框架典型，结合基础与实战演练。每一章的结构基本上为"本章导读+基础知识+综合范例+思考与上机练习"。

　　本书图文并茂、结构鲜明，有条不紊地介绍了重要的知识点，并且尽量以操作步骤的形式体现，有利于读者上机操作，培养动手能力。另外，本书所选案例可以使读者掌握相关的基础知识和基本操作，还可以使读者产生成就感和兴趣感，对于快速而有效地提高设计能力很有帮助。

　　本书还提供了配套的原始文件、模型参考文件以及教学视频文件等丰富素材，可扫描书后二维码下载。

本书阅读注意事项

　　在阅读本书时，需要注意：书中实例使用的单位制以采用的绘图模板为基准。

　　在阅读本书时，配合书中实例进行上机操作，学习效果更佳。

　　在阅读完每一章知识后，请认真对待"思考与上机练习"，以检验学习效果并巩固所学知识。

　　本书由深圳桦意智创科技有限公司组织策划，由钟日铭编写。

　　本书在编写过程中力求严谨细致，但由于时间和精力有限，疏漏之处在所难免，请广大读者批评指正，谢谢。如果读者在学习过程中有什么疑问或建议，欢迎通过扫描封底二维码寻找我们的联系方式，和我们在线交流。

　　天道酬勤，熟能生巧，以此与读者共勉。

　　最后，祝读书快乐，学习进步！

钟日铭

目　　录

第 1 章　Creo 5.0 概述

本 章 导 读

　　本章主要介绍 Creo 5.0 简介及其设计概念、Creo Parametric 5.0 的启动及工作界面、基本的文件管理操作、模型视图基础、模型树与层树的应用、自定义屏幕要素。

1.1　Creo 5.0 简介及其设计概念

　　Creo 是由美国参数科技公司（Parametric Technology Corporation，PTC）开发的一套主流的计算机三维辅助设计套件，它整合了 Pro/ENGINEER 的参数化技术、CoCreate 的直接建模技术和 ProductView 的三维可视化技术等。Creo 解决了机械 CAD 领域中的一些重要需求，包括易用性、互操作性、装配管理和协同设计，提供了一组灵活的、可互操作、开放且易于使用的机械设计、产品设计应用程序，能够为设计过程中的每一名参与者适时提供合适的解决方案。Creo 套件的主要应用程序包括 Creo Parametric、Creo Direct、Creo Simulate、Creo Sketch、Creo Layout、Creo Schematics、Creo Illustrate、Creo ViewMCAD、Creo ViewECAD，其中 Creo Parametric 应用程序最为重要。

　　Creo 经过了多个版本的更新，当前的最新版本是 Creo 5.0。Creo 5.0 版本拥有经改进的更加友好的用户界面，提升了传统功能的操作效率，并在拓扑结构优化设计、面向 3D 打印的设计、面向模具的高速加工、计算流体力学仿真、增强现实设计评审等功能方面有了创新突破，让用户可以在单一设计环境中完成从概念设计到制造的全过程，为用户提供了极致的设计体验。

　　Creo Parametric 5.0 是 Creo 5.0 套件中的重要应用程序，其子模块众多、功能强大，是在业界享有盛誉的一款全方位三维产品开发应用程序，涉及二维草绘、零件设计、组件设计、工程图（绘图）设计、模具设计、图表设计、布局设计、格式设计等，它广泛应用于机械设计、模具设计、工业设计、航空航天、玩具等相关领域。

　　本书将重点介绍 Creo Parametric 5.0 的相关实用知识。

　　在 Creo Parametric 5.0 中，可以设计多种类型的模型，如零件、装配组件等。在开始设计项目之前，用户需要了解以下几个基本设计概念。

1．设计意图

　　设计意图在设计工作中是很重要的，它是 Creo Parametric 基于特征建模过程的核心概念。所谓的设计意图是根据产品规范或需求来定义成品的用途和功能。大量设计案例表明，有效捕捉设计意图能够为产品带来价值和持久性。

2．基于特征建模

在 Creo Parametric 中，零件建模是从逐个创建单独的几何特征开始的，一系列的特征便可以构成零件。在设计过程中参照其他特征时，这些特征将和所参照的特征相互关联。

3．参数化设计

参数化设计是 Creo Parametric 最值得称赞的特点之一。特征之间的相关性使得模型成为参数化模型。如果修改了某特征，而此修改又直接影响其他相关（从属）特征，那么 Creo Parametric 会动态修改那些相关特征。参数化功能可保持零件的完整性，并可保持设计意图。

4．相关性

Creo Parametric 中的相关性（也称关联性）是指各模块之间具有某种关联。通过相关性，Creo Parametric 在"零件"模式外（如"装配"模式、"绘图"模式等）也能保持设计意图。如果在任意一级修改设计，项目将在所有级中动态反映该修改，这样便能始终保持设计意图。

5．柔性建模

Creo Parametric 中的柔性建模功能丰富了模型修改，该修改可以不利用现有特征的信息，实现了"非参数化"操作。因此使用柔性建模功能不仅可以处理 Creo 模型，也可以处理其他格式的模型。

1.2　Creo Parametric 5.0 的启动及工作界面

本节介绍如何启动 Creo Parametric 5.0 软件，以及 Creo Parametric 5.0 的工作界面。

1.2.1　启动 Creo Parametric 5.0

通常可采用如下方法之一来启动 Creo Parametric 5.0。

1．双击快捷方式启动

如果设置在 Windows 操作系统桌面上显示 Creo Parametric 5.0 程序的快捷方式图标█，如图 1-1 所示，则可以通过双击该快捷方式图标█来启动 Creo Parametric 5.0 程序。

2．使用"开始"面板启动

以 Windows 10 操作系统为例，在 Windows 桌面左下角单击"开始"按钮█，接着从"开始"面板的"所有程序"列表中展开 PTC 程序组，然后选择该程序组中的相应启动命令，如图 1-2 所示。

图 1-1 双击快捷方式启动

图 1-2 使用"开始"面板启动

1.2.2 Creo Parametric 5.0 工作界面

启动 Creo Parametric 5.0 软件后，先是显示如图 1-3 所示的启动画面，启动画面消失后，进入 Creo Parametric 5.0 初始工作界面。

图 1-3 Creo Parametric 5.0 启动画面

Creo Parametric 5.0 初始工作界面主要由标题栏、"快速访问"工具栏（默认情况下嵌入标题栏中）、功能区、导航区、Creo Parametric 浏览器、信息区、图形窗口和"选择"过滤器等组成，如图 1-4 所示。如果新建或打开零件模型，则 Creo Parametric 浏览器窗口将完全被图形窗口（即模型显示区域）替代。用户可以根据需要调整，使浏览器窗口和图形窗口同时出现在当前工作界面中。位于工作界面左下角的"显示浏览器"按钮用于设置显示或隐藏 Creo Parametric 浏览器窗口，而"显示导航器"按钮则用于设置显示或隐藏导航区。

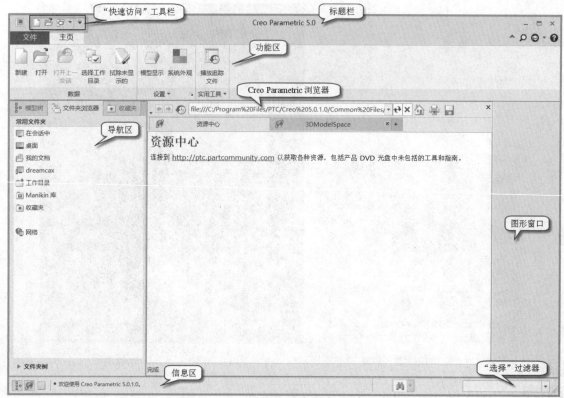

图 1-4　Creo Parametric 5.0 初始工作界面

1.3　基本的文件管理操作

初学者需要掌握 Creo Parametric 5.0 基本的文件管理操作，包括新建文件、保存文件、打开文件、拭除文件、删除文件、选择工作目录、关闭文件与退出系统等。

1.3.1　新建文件

在"快速访问"工具栏中单击"新建"按钮，打开"新建"对话框，通过该对话框创建一个新的文件。可以根据设计需要创建"布局""草绘""零件""装配""制造""绘图""格式"或"记事本"格式的新文件。

下面以创建一个新实体零件文件为例，说明新建文件的典型步骤。

（1）在"快速访问"工具栏中单击"创建新对象"按钮，弹出"新建"对话框。

（2）在"类型"选项组中选中"零件"单选按钮，在"子类型"选项组中选中"实体"单选按钮，在"文件名"文本框中输入新文件名为 HY_A1，取消选中"使用默认模板"复选框，如图 1-5 所示。

（3）单击"新建"对话框中的"确定"按钮，弹出"新文件选项"对话框。

（4）在"新文件选项"对话框的"模板"选项组中选择 mmns_part_solid，如图 1-6 所示。

图 1-5 "新建"对话框

图 1-6 "新文件选项"对话框

经验

可以根据设计需要，选择使用公制单位的模板或英制单位的模板。这里不使用默认模板，而选择 mmns_part_solid 模板来创建新零件文件，该模板采用公制单位。

（5）在"新文件选项"对话框中单击"确定"按钮，进入零件设计模式。

1.3.2 保存文件

用于保存文件的命令主要有"保存""保存副本""保存备份"，用户应根据需要选择所需的保存命令。下面介绍这 3 个命令的用途。

1．"保存"命令

此命令以进程中的文件名进行保存。在功能区中单击"文件"标签（见图 1-7）并接着从打开的"文件"应用程序菜单中选择"保存"命令，或者在"快速访问"工具栏中单击"保存"按钮，弹出如图 1-8 所示的"保存对象"对话框。第一次保存时可以指定文件存放的位置，然后单击"确定"按钮。以后对该文件再次执行"保存"命令时，"保存对象"对话框将不再弹出，默认使用之前存放的文件夹进行保存。

注意

执行"保存"命令时要注意，每次执行该命令即保存一次，先前的文件并没有被覆盖，而保存生成的此同名文件会在其扩展名的后面自动添加版本号，例如第一次保存文件名为 HY_A1.PRT.1，而第二次保存文件名则为 HY_A1.PRT.2，以此类推。

2．"保存副本"命令

此命令用于保存活动对象的副本。选择"文件"→"另存为"→"保存副本"命令，弹出如图 1-9 所示的"保存副本"对话框，从中指定保存位置，在"新文件名"文本框中输入副本名称，并可以从"类型"下拉列表框中选择所需的文件类型，然后单击"确定"按钮。

图 1-7　打开"文件"应用程序菜单

图 1-8　"保存对象"对话框

3. "保存备份"命令

此命令用于将对象备份到指定目录。选择"文件"→"另存为"→"保存备份"命令，弹出如图 1-10 所示的"备份"对话框，选择要备份到的目录，然后单击"确定"按钮。

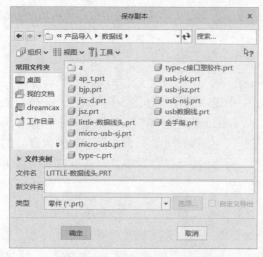

图 1-9　"保存副本"对话框

图 1-10　"备份"对话框

1.3.3　打开文件

在"快速访问"工具栏中单击"打开"按钮，或者选择"文件"→"打开"命令，弹出"文件打开"对话框，从中选择要打开的文件。需要时可以单击对话框中的"预览"按钮来浏览要打开的模型，如图 1-11 所示，最后单击"打开"按钮即可。

图 1-11　"文件打开"对话框

⚠️**注意**

用户创建或打开的文件，都会存在于系统进程（会话）中占用内存，除非执行相关命令将其从内存中拭除。可以将进程理解为从启动 Creo Parametric 软件系统到关闭 Creo Parametric 的整个阶段。

用户可以按照如下步骤来打开系统进程中的文件。

（1）在"快速访问"工具栏中单击"打开"按钮🗁，弹出"文件打开"对话框。

（2）在"文件打开"对话框中单击"在会话中"按钮🖥，此时在对话框的文件列表区域中显示出当前进程中的所有文件。

（3）从对话框的文件列表区域中选择要打开的文件，单击"打开"按钮。

1.3.4　拭除文件与删除文件

拭除文件是指将文件从系统进程中清除，而磁盘上的文件仍然保留。拭除文件的命令位于功能区"文件"应用程序列表的"管理会话"级联菜单中，如图 1-12 所示。其中，"拭除当前"命令用于从进程内存中拭除当前活动窗口中的对象；"拭除未显示的"命令用于从进程中拭除所有不在窗口中显示的对象，但不拭除当前窗口中显示对象所参照的全部对象。

删除文件是指将相应文件从磁盘中永久地删除，这和拭除文件是有明显区别的，要慎重执行删除文件的操作。

如果要删除对象除最新版本（具有最高版本号的版本）外的所有版本（即旧版本），则可选择"文件"→"管理文件"→"删除旧版本"命令，弹出如图 1-13 所示的"删除旧版本"对话框，单击"是"按钮，从而确认删除当前对象除最新版以外的所有版本。

如果要删除当前对象的所有版本，那么可选择"文件"→"管理文件"→"删除所有版本"命令，弹出如图 1-14 所示的"删除所有确认"对话框，单击"是"按钮，系统会在信息区显示删除结果的信息。

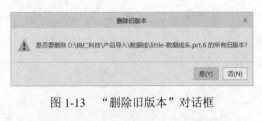

图 1-13　"删除旧版本"对话框

图 1-12　"拭除"相关命令

图 1-14　"删除所有确认"对话框

1.3.5　选择工作目录

工作目录是指分配存储 Creo Parametric 5.0 文件的区域。如果不想使用默认的工作目录，那么用户可以根据设计需要来为当前的 Creo Parametric 5.0 进程选取新的工作目录。选择工作目录有助于管理大量的设计文件，即可以大大简化文件的保存、查找等工作。通常，属于同一设计项目的模型文件，可以放置在同一个工作目录下。

可以采用如下步骤来选择工作目录。

（1）选择"文件"→"管理会话"→"选择工作目录"命令，弹出如图 1-15 所示的"选择工作目录"对话框。

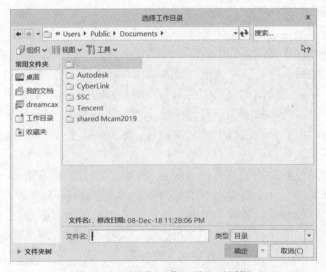

图 1-15　"选择工作目录"对话框

（2）在列表框中指定所需的文件夹作为工作目录，或者在指定位置下新建文件夹作为目录（单击"选择工作目录"对话框中的"组织"按钮并从弹出的下拉菜单中选择"新建文件夹"命令），然后在"选择工作目录"对话框中单击"确定"按钮。

⚠️ **注意**

退出 Creo Parametric 5.0 时，不会保存新工作目录的设置。另外要注意的是，如果从用户工作目录以外的目录中检索文件，然后保存文件，则文件会保存到之前检索该文件的目录中。如果保存副本并重命名文件，则可将副本保存到当前的工作目录中。

1.3.6　关闭文件与退出系统

选择"文件"→"关闭"命令，或者在功能区"视图"选项卡"窗口"面板中单击"关闭"按钮 ⊠，可以关闭当前窗口文件而不退出 Creo Parametric 5.0 系统。以这类方式关闭文件后，该文件对象仍然保留在系统进程中。

选择"文件"→"退出"命令，可以退出 Creo Parametric 5.0 系统。另外，在标题栏右侧单击"关闭"按钮 ⊠，亦可关闭 Creo Parametric 5.0 软件。

1.4　模型视图基础

模型视图基础主要包括常用的视图控制命令、模型显示和基准显示、使用已命名的视图列表、使用鼠标调整模型视图等。

1.4.1　视图控制命令

进入零件设计模式，"图形"工具栏（也称"视图"工具栏）中提供了常用的模型视图/图形工具按钮，如图 1-16 所示。既可以将"图形"工具栏设置显示在图形窗口的顶部、右侧、底部、左侧或状态栏中，也可以将其设置为不显示。

此外，在功能区"视图"选项卡中也可以找到相关的视图控制命令，如图 1-17 所示。

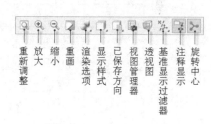

图 1-16　"图形"工具栏

图 1-17　功能区"视图"选项卡

1.4.2　模型显示和基准显示

功能区"视图"选项卡中提供了"模型显示"面板和"显示"面板，这两个面板上各主要工具按钮的功能如表 1-1 所示。

表 1-1　　"模型显示"和"显示"面板工具按钮的功能

面　板	按　钮	名　　称	功　　能
模型显示		截面>平面	通过参考平面、坐标系或平整曲面来创建横截面
		截面>X 方向	通过参考默认坐标系的 X 轴创建平面横截面
		截面>Y 方向	通过参考默认坐标系的 Y 轴创建平面横截面
		截面>Z 方向	通过参考默认坐标系的 Z 轴创建平面横截面
		截面>偏移截面	通过参考草绘来创建横截面
		截面>区域	创建一个 3D 横截面
		视图管理器	打开视图管理器
		显示组合视图	设置是否显示组合视图
		带反射着色	选中此按钮时，以带反射着色模式显示模型，其快捷键为 Ctrl+1
		带边着色	选中此按钮时，以带边着色模式显示模型，其快捷键为 Ctrl+2
		着色	选中此按钮时，以着色模式显示模型，其快捷键为 Ctrl+3
		消隐	选中此按钮，启用消隐显示模式，即不显示模型中被遮挡的线条，其快捷键为 Ctrl+4
		隐藏线	选中此按钮时，以线框显示模型且隐藏线显示为浅色，其快捷键为 Ctrl+5
		线框	选中此按钮时，以线框显示模型，其快捷键为 Ctrl+6
		透视图	用于切换透视图视图
		图像	将活动模型的显示样式设置为着色
		可视镜像	用于启用可视镜像
		临时着色	向模型中添加图像并管理其属性
显示		平面显示	显示或隐藏基准平面
		轴显示	显示或隐藏基准轴
		点显示	显示或隐藏基准点
		坐标系	显示或隐藏坐标系
		注释显示	打开或关闭 3D 注释及注释元素
		平面标记显示	显示或隐藏基准平面标记
		轴标记显示	显示或隐藏基准轴标记
		点标记显示	显示或隐藏基准点标记
		坐标系标记显示	显示或隐藏坐标系标记
		旋转中心	显示或隐藏旋转中心

　　"图形"工具栏的使用频率很高，使用户在设计操作时无须来回在功能区"视图"选项卡与其他选项卡之间切换。例如，图 1-18（a）展示了在"图形"工具栏中如何选择显示样式，图 1-18（b）则展示了在"图形"工具栏中如何设置要在图形窗口中显示的基准。

（a）单击"显示样式"按钮　　　　　（b）单击"基准显示过滤器"按钮

图 1-18　使用"图形"工具栏

要设置模型显示选项，则选择"文件"→"选项"命令，弹出"Creo Parametric 选项"对话框，接着在左侧列表中选择"模型显示"类别，并在右侧区域更改模型的显示方式，如图 1-19 所示，然后单击"确定"按钮。

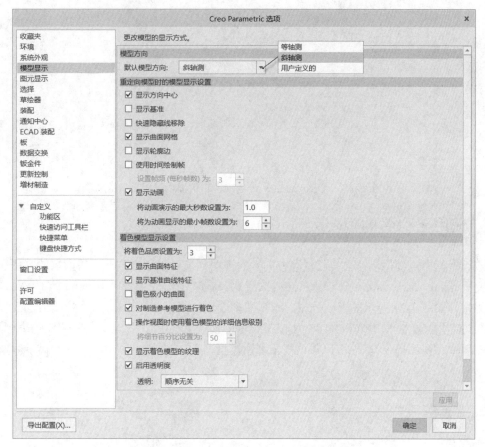

图 1-19　利用"Creo Parametric 选项"对话框设置模型显示选项

同样地，要更改图元的显示方式，也可以利用"Creo Parametric 选项"对话框。在"Creo Parametric 选项"对话框的左侧列表中选择"图元显示"选项，接着在对话框右侧区域可以更改图元的显示方式，包括几何显示设置、基准显示设置、尺寸、注释、注解和位号显示设置等，如图 1-20 所示。其中，在"基准显示设置"选项组中选中"显示基准点"复选框后，还可以在"将点符号显示为"下拉列表框中定制所需的点符号。

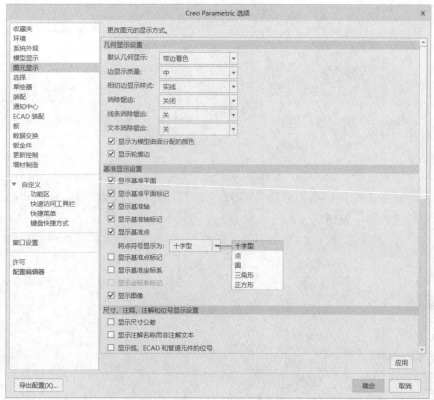

图 1-20　利用"Creo Parametric 选项"对话框设置图元显示选项

1.4.3　使用已命名的视图列表

在设计过程中，使用已命名（已保存方向）的视图列表可以很方便地获得所需的视图。例如，在一个使用 mmns_part_solid 设计模板的零件文件中，在"图形"工具栏中单击"已保存方向"按钮，将打开如图 1-21 所示的视图列表，该视图列表包括了以下常用视图："标准方向""默认方向""BACK""BOTTOM""FRONT""LEFT""RIGHT""TOP"。从已命名的视图列表中选择需要的视图名称（视图指令），便可以从该视角观察模型，图 1-22 给出了两种视图的显示效果。

图 1-21　保存的视图列表

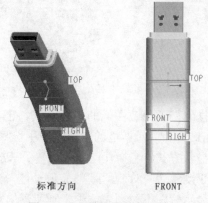

图 1-22　两种视图的显示效果

1.4.4　使用鼠标调整模型视图

在 Creo Parametric 5.0 中，可以根据设计需要使用三键鼠标来调整模型视图，例如对模型视图进行平移、缩放、旋转等实时操作，如表 1-2 所示。

表 1-2　使用三键鼠标调整模型视图

调 整 操 作	操 作 方 法
平移模型视图	将鼠标置于图形窗口中，同时按住 Shift 键和鼠标中键，然后移动鼠标，可以实现快捷平移模型视图
缩放模型视图	将鼠标置于图形窗口中，滚动鼠标中键，可以对模型视图进行缩放操作
	同时按下 Ctrl 键和鼠标中键，并前后移动鼠标来缩放模型视图
旋转模型视图	将鼠标置于图形窗口中，按住鼠标中键并拖动，可以随意旋转模型

1.5　模型树与层树的应用

本节介绍模型树与层树的应用。

1.5.1　模型树的应用

模型树是零件文件中所有特征的列表，其中包括基准和坐标系。在零件文件中，模型树显示零件文件名称及其每个特征；在装配文件中，模型树显示装配名称及其所包含的零件文件和子装配文件，如图 1-23 所示。模型结构以树结构显示，根对象（当前零件或装配）位于树的顶部，附属对象（特征或零件）位于底部。如果打开了多个 Creo Parametric 窗口，则模型树内容只反映当前活动窗口中的文件。值得注意的是，模型树只列出当前文件中的相关特征和零件级的对象，而不列出构成特征的图元（边、曲面、曲线等）。

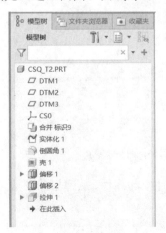

零件模型树　　　　　　　　装配模型树

图 1-23　模型树示例

使用模型树可以进行以下主要操作。

☑ 重命名模型树中的特征名称。

☑ 选择特征、零件或装配对象并使用弹出的快捷工具栏对其执行特定对象操作，还可以使用相应的右键快捷菜单进行相关的操作。

☑ 按项目类型或状态过滤显示，例如显示或隐藏"隐含的对象"，在装配模型树上显示或隐藏特征、放置文件夹等。设置模型树项目显示的方法如图 1-24 所示。

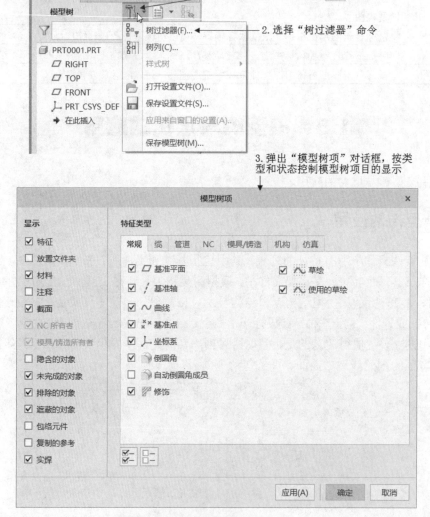

图 1-24　设置模型树项目的显示

☑ 在装配模型树中，可以通过单击装配文件中的零件，从弹出的快捷工具栏中单击"打开"按钮，将其单独打开。

☑ 可以设置模型树列的显示选项。例如要在零件模型树中用一列来显示特征号，则按照如图 1-25 所示的步骤进行设置。

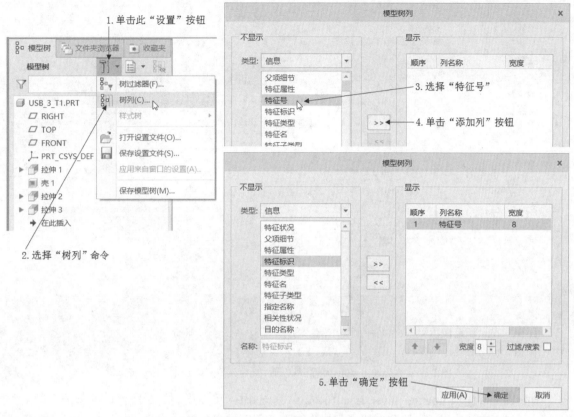

图 1-25　设置模型树列显示选项

1.5.2　层树的应用

使用层树，可以控制层、层项目及其显示状态。

在功能区"视图"选项卡"可见性"面板中单击"层"按钮 ⊟，可在导航区窗口或单独的"层"对话框中显示层树。如果要在单独的"层"对话框中显示层树，那么需要事先将配置选项 floating_layer_tree 的值更改为 yes，其默认值为 no。

提示

用户可以了解 Creo Parametric 的配置选项，对于初学者而言，采用默认的配置即可。要编辑 Creo Parametric 配置，则选择"文件"→"选项"命令，打开"Creo Parametric 选项"对话框，接着在左窗格中选择"配置编辑器"，设置排序和显示选项，从当前显示列表中选择所需的配置选项，或者通过添加或查找方式来选定选项名称，并设置其选项值，然后单击"确定"按钮即可。例如，在"Creo Parametric 选项"对话框中选择"配置编辑器"项目后单击"添加"按钮，弹出"添加选项"对话框，在"选项名称"文本框中输入所需的选项名称，如图 1-26 所示，在"选项值"下拉列表框中输入或选择一个选项值，单击"确定"按钮，最后单击"Creo Parametric 选项"对话框中的"确定"按钮。

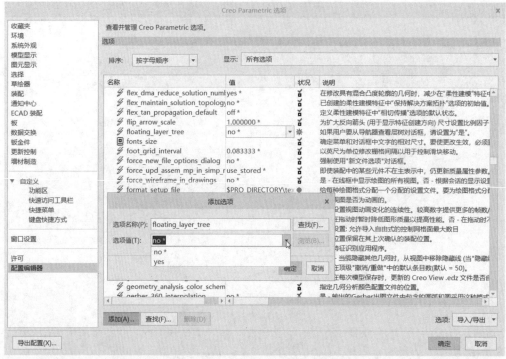

图 1-26　"Creo Parametric 选项"对话框与"添加选项"对话框

当配置文件选项 floating_layer_tree 的值默认为 no 时，可在模型树导航窗口中单击"显示"按钮 ▤，如图 1-27 所示，接着选择"层树"命令，便可在导航窗口中显示层树。层树导航窗口中有如下 3 个按钮。

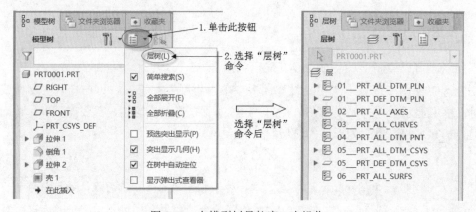

图 1-27　在模型树导航窗口中操作

☑　 ▤ ▾：在层树导航窗口中单击此按钮，可以隐藏、孤立、删除、移除、剪切、复制和粘贴项目或层，可以新建层、设置层属性、更改层名称和指定延伸规则等。

☑　 ▤ ▾：在层树导航窗口中单击此按钮，可以设置在当前层树中包含的层，即可向当前定义的层或子模型层中添加非本地项目。

☑　 ▤ ▾：在层树导航窗口中单击此按钮，可以在打开的菜单中选择相关的显示命令进行操作，如图 1-28 所示。

下面介绍如何在零件模式下创建一个新图层并为该新图层添加指定的项目,然后隐藏该新图层。

（1）在导航区中显示层树后,单击"层"按钮。

（2）弹出一个下拉菜单,选择"新建层"命令,系统弹出如图 1-29 所示的"层属性"对话框。

图 1-28　在层树导航窗口中进行显示设置　　　　图 1-29　"层属性"对话框

（3）在"层属性"对话框的"名称"文本框中输入新层的名称。也可接受默认的新层名称,而层 ID 可以不设置。

⚠ **注意**

　　层是用名称来识别的,名称可以用数字或字母+数字形式表示,最多不能超过 31 个字符。在层树中显示层时,首先是数字名称层排序,接着是字母+数字名称层排序,字母+数字名称的层按字母排序。

（4）此时,"内容"选项卡中的"包括"按钮处于被按下的状态,在图形窗口中或临时切换到模型树中选择所需的项目,该项目将作为要包括在当前层中的项目。

（5）在"层属性"对话框中单击"确定"按钮。

（6）新层按照排序方式显示在层树中,右击层树中的该新层,接着从弹出的快捷菜单中选择"隐藏"命令,从而隐藏该层。

（7）再次右击该新层,接着从弹出的快捷菜单中选择"保存状况"命令,从而为所有修改层保存新状态。

1.6　自定义屏幕要素

　　用户可以根据需要和喜好来自定义功能区、"快速访问"工具栏、快捷菜单和键盘快捷方式（快捷键）等,其方法是选择"文件"→"选项"命令,打开"Creo Parametric 选项"对话框,在导航栏的"自定义"栏下选择要自定义的屏幕要素,并在设置区域按照操作提示进行相应的自定义操作即可。例如在"自定义"下选择"键盘快捷方式"，接着在设置区域指定类别和显示选项，并在命令列表中选择要为其指定快捷键的命令，单击"快捷方式"列，此时按下单个按键（包括功能键）或同时按下单个按键和组合键，从而为该命令设置相应的快捷键，如图 1-30 所示。

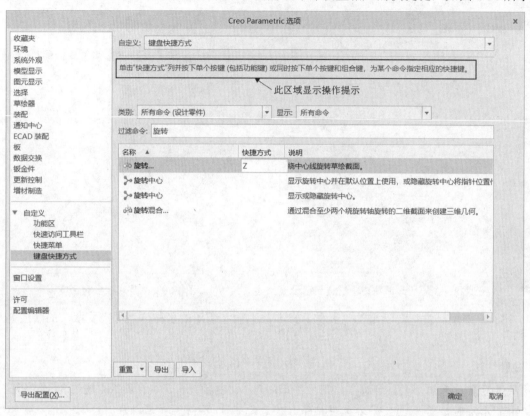

图 1-30　为命令自定义快捷键

又例如，要将"选择工作目录"按钮 ⬚ 添加到"快速访问"工具栏中，则选择"文件"→"选项"命令，打开"Creo Parametric 选项"对话框，在导航栏的"自定义"下选择"快速访问工具栏"，从右侧"显示"下拉列表框中选择"当前模式"，"类别"选择"所有命令（设计零件）"，在"过滤命令"文本框中输入"选择工作目录"，下方命令列表中显示该命令，单击"添加"按钮 ➡，则该命令被添加到"快速访问"工具栏的命令列表（最右侧列表）中，此时可以通过单击"上移选定项"按钮 ⬆ 或"下移选定项"按钮 ⬇ 来调整选定命令在"快速访问"工具栏的显示位置，如图 1-31 所示。最后，单击"确定"按钮，在"快速访问"工具栏中可以看到新添加的"选择工作目录"按钮 ⬚，如图 1-32 所示。

🐾技巧

也可以在打开"Creo Parametric 选项"对话框并选择"自定义"→"快速访问工具栏"的情况下，将选定命令从左侧命令列表拖动至"快速访问"工具栏的预定位置处释放。如果要移除"快速访问"工具栏中的选定按钮，可以按住鼠标左键将其从工具栏中拖出，然后释放鼠标左键即可。自定义功能区的方法和自定义"快速访问"工具栏的方法类似，这里不再赘述。

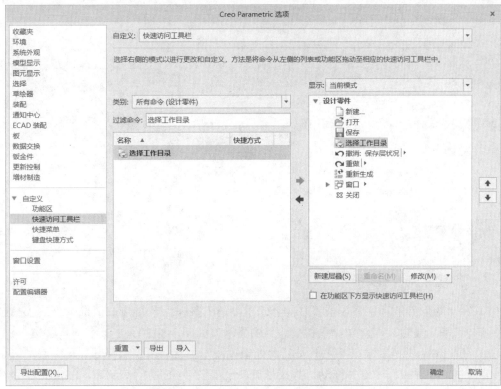

图 1-31　添加按钮到"快速访问"工具栏

图 1-32　自定义"快速访问"工具栏

1.7　综合范例——模型基本操作

学习目的：

打开一个蜗轮零件的模型文件，综合应用本章所学知识。

重点难点：

☑　进行调整视角的相关操作

☑　拭除文件

操作步骤：

1. 启动 Creo Parametric 5.0 软件并打开模型文件

（1）双击 Creo Parametric 5.0 的桌面快捷方式图标，启动 Creo Parametric 5.0 软件。

（2）在"快速访问"工具栏中单击"打开"按钮，或者选择"文件"→"打开"命令，弹出"文件打开"对话框，找到配套资源中的源文件\CH1\bc_a1_1.prt，单击"预览"按钮，如图 1-33 所示，然后单击"打开"按钮。

视频讲解

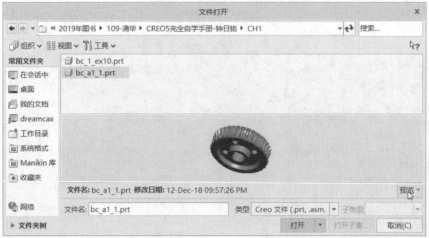

图 1-33　"文件打开"对话框

2．进行调整视角的相关操作

（1）在"图形"工具栏中单击"基准显示过滤器"按钮，接着取消选中"（全选）"复选框以关闭全部基准（轴、点、坐标系和平面）的显示，如图 1-34 所示。

（2）在默认状态下，"旋转中心"按钮处于被按下的状态，表示打开旋转中心。将鼠标置于图形窗口中，按住鼠标中键并拖动，将模型旋转至如图 1-35 所示的状态，注意先以"着色"样式显示模型。

图 1-34　设置基准显示选项　　　　图 1-35　使用鼠标中键旋转模型视图

（3）释放鼠标中键后，按 Ctrl+D 快捷键，则模型显示恢复为默认的标准方向视图，如图 1-36 所示。

技巧

按 Ctrl+D 快捷键等效于单击"已保存方向"按钮并选择"标准方向"。

（4）在"图形"工具栏中单击"已保存方向"按钮，并单击"重定向"按钮，弹出"视图"对话框，从"方向"选项卡的"类型"下拉列表框中选择"动态定向"选项，接着分别通过拖动相关的滑块来调整模型的视角，即分别调整平移、缩放和旋转参数来获得所需的模型视图，如图 1-37 所示。

图 1-36 默认的标准方向视图

图 1-37 动态定向模型视图

（5）在"视图"对话框的"视图名称"文本框中输入"HY-自定义方向"，可以展开"已保存方向"列表，如图 1-38 所示，接着单击"保存"按钮 。

（6）在"视图"对话框中单击"确定"按钮。接着按 Ctrl+D 快捷键，以默认的标准方向视图显示模型。

（7）在"图形"工具栏中单击"已保存方向"按钮 ，打开如图 1-39 所示的视图列表，选择"HY-自定义方向"，则模型以之前自定义的视图显示。

图 1-38 输入自定义的视图名称

图 1-39 打开视图列表

（8）在"图形"工具栏中单击"显示样式"按钮以打开显示样式列表，单击"带反射着色"按钮 （对应快捷键 Ctrl+1），此时模型的显示效果如图 1-40 所示。类似地，还可以分别单击"带边着色"按钮 （对应快捷键 Ctrl+2）和"消隐"按钮 （对应快捷键 Ctrl+4），观察模型不同的显示效果，如图 1-41 所示。

图 1-40　带反射着色

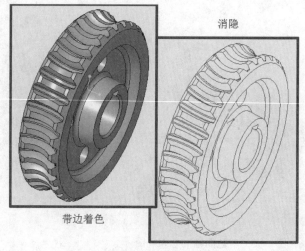

消隐

带边着色

图 1-41　模型不同的效果

3．保存副本

（1）选择"文件"→"另存为"→"保存副本"命令，打开"保存副本"对话框。

（2）指定要保存到的目录，输入新文件名（自行设置）。

（3）单击"确定"按钮。

4．拭除文件及关闭 Creo Parametric 5.0 软件

（1）选择"文件"→"管理会话"→"拭除当前"命令，打开"拭除确认"对话框，如图 1-42 所示，单击"是"按钮。

图 1-42　"拭除确认"对话框

（2）单击 Creo Parametric 5.0 工作界面右上角的"关闭"按钮，关闭 Creo Parametric 5.0 进程。

总结

通过本节综合范例的学习，初学者应该可以掌握模型的基本操作，包括启动软件、打开文件、使用多种方法调整模型视图、保存副本、拭除文件。调整模型视图后，如果不满意，则可以按 Ctrl+D 快捷键，使模型快速地恢复为默认的标准方向视图。

1.8　思考与上机练习

（1）简述 Creo Parametric 的几个基本设计概念。

（2）如何启动和关闭 Creo Parametric 5.0 软件？

（3）Creo Parametric 5.0 的主工作界面包括哪些部分？

（4）"保存""保存副本""保存备份"命令分别有什么不同？

（5）说明拭除文件和删除文件的差别。

（6）如何设置工作目录？

（7）在 Creo Parametric 5.0 中，如何使用三键鼠标对模型视图进行缩放、旋转、平移等实时操作？

（8）初步总结模型树与层树的应用特点。

（9）上机练习 1：新建一个零件文件，并定制如图 1-43 所示的"快速访问"工具栏。即在"快速访问"工具栏中添加框中相应的工具按钮。

图 1-43　定制"快速访问"工具栏

（10）上机练习 2：打开本书配套资源中的\CH1\bc_1_ex10.prt 文件，文件中已建模完毕的一个铝制外壳零件如图 1-44 所示，在该零件文件中进行模型的显示练习，使用鼠标调整模型视图，最后将该零件文件从系统进程中拭除。

图 1-44　固态硬盘铝制外壳零件

✎提示

　　使用模型视图基础知识。

第2章 二维草绘

本 章 导 读

　　二维草绘是三维建模的重要基础。本章重点介绍绘制二维基本图形、尺寸标注、几何约束、草图编辑和解决草绘冲突问题的方法。

2.1　二维草绘概述

　　要掌握三维建模，首先需要掌握二维草绘的方法及技巧等，因为很多三维特征都可由二维草图经过某种建模方式生成。

　　Creo Parametric 5.0 提供了一个"草绘"模块（也称"草绘器"），用于绘制所需的二维草图。在实际工作中，用户可以根据设计情况新建一个草绘文件来绘制二维图形，也可以在零件某特征的创建过程中指定草绘平面和方向，进入草绘模式中绘制所需的特征截面。

　　下面介绍如何新建一个草绘文件，并简单说明创建二维草图的典型流程。

　　（1）在"快速访问"工具栏中单击"新建"按钮 □，打开"新建"对话框。

　　（2）在"类型"选项组中选中"草绘"单选按钮，并在"文件名"文本框中输入新的草绘文件名称或接受默认的草绘文件名称，如图 2-1 所示。

　　（3）单击"确定"按钮，进入草绘模式的界面。

　　（4）在草绘模式下绘制二维草图，在绘制二维草图时，系统会自动添加尺寸和约束。由草绘器自动创建的尺寸和约束通常是弱尺寸和弱约束。在 Creo Parametric 中，在没有用户确认的情况下，草绘器可以自动删除的尺寸或约束被称为弱尺寸或弱约束；反之，即草绘器不能自动删除的尺寸或约束被称为强尺寸或强约束。

　　（5）根据设计需要，重定义标注形式和约束关系，即添加所需的尺寸和约束，这些尺寸和约束被称为强尺寸和强约束。还可以根据需要为界面添加关系式以控制截面状态。

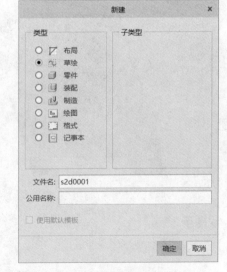

图 2-1　新建草绘文件

　　（6）保存草绘文件，草绘文件的扩展名为.sec。

　　在草绘模式下，系统提供了一个实用的适用于草绘器的"图形"工具栏，单击"草绘显示过滤器"按钮 可以对草绘器中的显示进行过滤设置，如图 2-2 所示。选中某显示复选框表示打开其相应的显示状态；反之，表示关闭其相应的显示状态。

☑ （尺寸显示）：用于控制尺寸的显示。

☑ （约束显示）：用于控制约束的显示。

☑ （栅格显示）：用于控制栅格的显示。

☑ （顶点显示）：用于控制剖面顶点的显示。

图 2-2 对草绘器中的显示进行过滤设置

2.2 绘制二维基本图形

点、直线、中心线、矩形、圆、椭圆、圆弧、样条、圆角、倒角、椭圆角、圆锥、坐标系、偏移线和文本等图元属于二维基本图形的范畴。

草绘器的功能区提供了"草绘"选项卡，如图 2-3 所示。"草绘"选项卡提供了"设置""获取数据""操作""基准""草绘""编辑""约束""尺寸""检查"面板。其中，用于绘制二维基本图形的工具按钮集中在"草绘"面板中。

图 2-3 功能区"草绘"选项卡

2.2.1 绘制直线

绘制直线的按钮包括"线链"按钮 和"直线相切"按钮 。

1. 通过指定两点绘制一条直线段

在功能区"草绘"选项卡的"草绘"面板中单击"线链"按钮 ，接着在图形窗口分别指定直线的第 1 端点和第 2 端点，如图 2-4 所示。可以继续指定点来绘制连续的其他直线段，后续直线的第 1 点均是上一条直线段的第 2 点。单击鼠标中键结束该命令。

2. 绘制与两个图元相切的直线段

在功能区"草绘"选项卡的"草绘"面板中单击"直线相切"按钮 ，接着在图形窗口选择圆或圆弧，并将鼠标移动到另一个图元（如圆或圆弧）的预定区域，通常系统会捕捉到合适的切点，满意后单击，即可绘制出一条与所选两个图元均相切的直线段，如图 2-5 所示。

图 2-4 通过指定两点绘制一条直线段

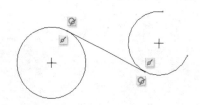

图 2-5 绘制与两个图元相切的直线段

2.2.2　绘制中心线

在 Creo Parametric 5.0 的草绘器中，绘制的中心线分两种，一种是几何中心线，一种是构造中心线，几何中心线可以在草绘器之外被参考。

1. 通过指定两点绘制一条构造中心线或几何中心线

在功能区"草绘"选项卡的"草绘"面板中单击"中心线"按钮┊，接着在图形窗口分别指定两点，即可绘制一条构造中心线，单击鼠标中键可结束该命令。绘制的构造中心线是无限长的，通常用来定义一个旋转特征的旋转轴，或作为某剖面内的辅助线等。

如果在功能区"草绘"选项卡的"基准"面板中单击"几何中心线"按钮┊，则可以通过指定两点来绘制一条几何中心线。几何中心线会将特征级信息传递到草绘器之外，通常在旋转剖面中绘制的第一条几何中心线会被默认作为旋转特征的旋转轴。

2. 绘制与两个图元相切的中心线

在功能区"草绘"选项卡的"草绘"面板中单击"中心线相切"按钮，接着在弧或圆上选择一个起始位置，然后在另一个弧或圆上选择一个相切位置，从而创建出与两个图元相切的中心线，如图 2-6 所示。可以继续创建其他相切中心线，完成后单击鼠标中键结束该命令。

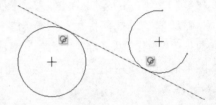

图 2-6　绘制与两个图元相切的中心线

2.2.3　绘制矩形

可以绘制 4 种形式的矩形：拐角矩形（一般矩形）、斜矩形、中心矩形和平行四边形。

1. 绘制拐角矩形

在功能区"草绘"选项卡的"草绘"面板中单击"拐角矩形"按钮▢，接着在图形窗口分别指定两个点来指示矩形的对角线，从而完成绘制一个拐角矩形，如图 2-7 所示。单击鼠标中键结束该命令。

2. 绘制斜矩形

在功能区"草绘"选项卡的"草绘"面板中单击"斜矩形"按钮◇，接着在图形窗口分别指定第 1 点和第 2 点，然后移动鼠标来动态地获得斜矩形另一条边的长度，如图 2-8 所示，在所需位置单击以确定斜矩形。可以继续绘制其他斜矩形，单击鼠标中键结束该命令。

图 2-7　绘制拐角矩形

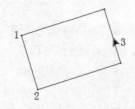

图 2-8　绘制斜矩形

3．绘制中心矩形

在功能区"草绘"选项卡的"草绘"面板中单击"中心矩形"按钮，接着在图形窗口指定一点作为新矩形的中心位置，移动鼠标指定矩形的一个端点，从而完成绘制一个中心矩形，如图 2-9 所示。

4．绘制平行四边形

在功能区"草绘"选项卡的"草绘"面板中单击"平行四边形"按钮，接着在绘制区域分别指定 3 个有效点，从而绘制一个平行四边形，如图 2-10 所示。可以继续绘制其他平行四边形，单击鼠标中键结束该命令。

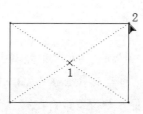

图 2-9　绘制中心矩形

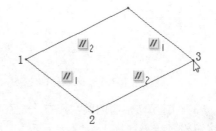

图 2-10　绘制平行四边形

2.2.4　绘制圆类图形

圆类图形包括圆和椭圆，绘制圆和椭圆的方式主要有以下几种。

1．"圆心和点"方式

该方式通过选择圆心和圆上一点来绘制圆。具体方法是在功能区"草绘"选项卡的"草绘"面板中单击"圆：圆心和点"按钮，接着在图形窗口单击一点作为圆心，然后单击另外一点作为圆周上的一点，如图 2-11 所示。可以继续绘制其他圆，单击鼠标中键结束该命令。

2．"同心"方式

该方式通过选择一个参照圆或圆弧定义中心点，移动鼠标来间接确定同心圆的半径。具体步骤是在功能区"草绘"选项卡的"草绘"面板中单击"圆：同心"按钮，接着选取一个已有圆弧或圆来定义中心点（也可以直接单击圆心），然后移动鼠标在适当位置单击便可完成一个同心圆，如图 2-12 所示。可以移动鼠标指定其他点来连续绘制同心圆，单击鼠标中键结束该命令。

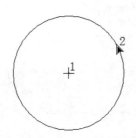

图 2-11　使用"圆心和点"方式绘制圆

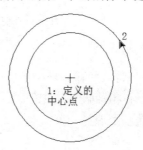

图 2-12　绘制同心圆

3. "3点"方式

该方式通过分别指定 3 个点来绘制一个圆。在功能区"草绘"选项卡的"草绘"面板中单击"圆：3 点"按钮 ◯，接着分别指定圆周上的 3 个点来绘制一个圆，如图 2-13 所示。

4. "3相切"方式

使用该方式可以创建与 3 个图元均相切的圆，如图 2-14 所示。

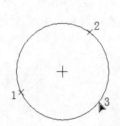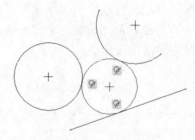

图 2-13   通过指定 3 个点来创建圆   图 2-14   创建与 3 个图元均相切的圆

创建与 3 个图元均相切的圆，其方法是在功能区"草绘"选项卡的"草绘"面板中单击"圆：3 相切"按钮 ◯，接着在第 1 个图元（直线、圆或圆弧）上选择一个位置，再在第 2 个图元（直线、圆或圆弧）上选择一个位置，然后移动鼠标至第 3 个图元的预定区域处单击，从而完成绘制与这 3 个图元均相切的圆，最后单击鼠标中键结束该命令。

经验

在创建与 3 个图元均相切的圆时，需要注意相关图元的选择位置，这可能会影响到相切圆的生成位置和大小。

5. "轴端点椭圆"方式

该方式是根据指定的椭圆长轴端点创建一个椭圆。在功能区"草绘"选项卡的"草绘"面板中单击"轴端点椭圆"按钮 ◯，接着选择一点作为椭圆长轴的起点，再选择一点作为椭圆长轴的端点，然后移动鼠标指定短轴上的一点来定义椭圆，如图 2-15 所示。单击鼠标中键结束该命令。

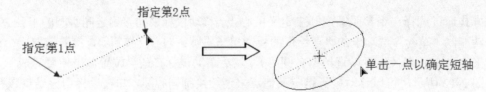

图 2-15   使用"轴端点椭圆"方式绘制椭圆

6. "中心和轴椭圆"方式

该方式是根据指定的椭圆中心和长轴端点创建一个椭圆。在功能区"草绘"选项卡的"草绘"面板中单击"中心和轴椭圆"按钮 ◯，接着选择第 1 点作为椭圆中心，然后选择第 2 点定义椭圆长轴，最后在短轴上选择一个点来定义椭圆，如图 2-16 所示。可以继续以该方式绘制椭圆，单击鼠标中键结束该命令。

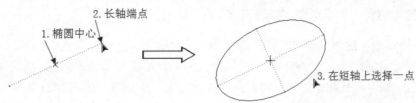

图 2-16 使用"中心和轴椭圆"方式绘制椭圆

2.2.5 绘制圆弧与圆锥曲线

下面介绍绘制圆弧与圆锥曲线的方法。

1. 用 3 点创建一个圆弧，或创建一个在其端点相切于图元的圆弧

在功能区"草绘"选项卡的"草绘"面板中单击"圆弧：3 点/相切端"按钮，接着分别选择 3 个点来绘制一个圆弧，其中第 1 点作为圆弧的起点，第 2 点作为圆弧的终点，而第 3 点则作为圆弧上的其他点，如图 2-17 所示。单击鼠标中键结束该命令。

使用"圆弧：3 点/相切端"按钮，还可以选定曲线端点，在该端点处创建与曲线图元相切的圆弧，如图 2-18 所示。具体步骤为在功能区"草绘"选项卡的"草绘"面板中单击"圆弧：3 点/相切端"按钮，接着选择现有图元上的一个端点作为相切圆弧的起点，然后移动鼠标在合适的位置单击，便可确定该相切圆弧。

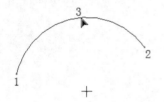

图 2-17 通过 3 点创建圆弧

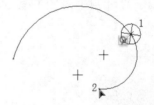

图 2-18 通过在其端点与图元相切创建圆弧

2. 创建同心圆弧

在功能区"草绘"选项卡的"草绘"面板中单击"圆弧：同心"按钮，接着选择已有圆弧或圆定义中心点（也可以选择现有圆心），移动鼠标则可以看到一个以虚线显示的动态同心圆，如图 2-19 所示，然后分别选择圆弧的起点和终点，从而完成一个同心圆弧，如图 2-20 所示。可以继续创建同心圆弧，单击鼠标中键结束该命令。

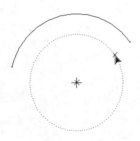

图 2-19 动态同心圆

图 2-20 创建同心圆弧

3. 通过选取弧圆心和端点来创建圆弧

在功能区"草绘"选项卡的"草绘"面板中单击"圆弧：圆心和端点"按钮，接着在图形窗口选择一点作为圆弧中心，移动鼠标则可以看到一个以虚线显示的动态圆，然后选择第 2 点定义圆弧的起点，选择第 3 点定义圆弧的终点，从而完成一个圆弧，如图 2-21 所示。至于生成顺时针方向的圆弧还是逆时针方向的圆弧，则由在定义圆弧起终点时鼠标绕圆心移动的方向决定，这类经验需要读者在实际练习中多加总结。

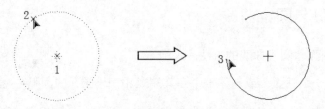

图 2-21　通过选择弧圆心和端点创建圆弧

可以继续使用该方式绘制圆弧。单击鼠标中键结束该命令。

4. 创建与 3 个图元相切的圆弧

在功能区"草绘"选项卡的"草绘"面板中单击"圆弧：3 相切"按钮，接着在图形窗口分别选择 3 个图元（图元可以为直线、圆或圆弧）来绘制与之相切的圆弧，如图 2-22 所示。为了生成符合需求的相切圆弧，在执行绘制命令过程中选择相关图元时，应该注意相关图元的选择顺序和选择位置。

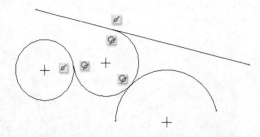

图 2-22　创建与 3 个图元相切的圆弧

5. 创建锥形弧（圆锥曲线）

在功能区"草绘"选项卡的"草绘"面板中单击"圆锥"按钮，接着在图形窗口指定一点作为圆锥曲线图元的第 1 端点，指定第 2 点作为圆锥曲线图元的第 2 端点，然后拖动动态圆锥曲线，在合适位置单击以确定其轴肩位置，从而完成圆锥曲线的绘制，如图 2-23 所示。可以继续创建其他的圆锥曲线，单击鼠标中键结束该命令。

图 2-23　创建圆锥曲线

2.2.6 绘制样条曲线

绘制样条曲线的具体步骤为, 在功能区"草绘"选项卡的"草绘"面板中单击"样条"按钮 ～, 接着在图形窗口中单击一点, 移动鼠标则可以看到一条"橡皮筋"样条, 依次为该样条添加其他样条点, 如图 2-24 所示, 最后单击鼠标中键, 结束样条曲线的绘制。

图 2-24 绘制样条曲线

2.2.7 绘制点与参照坐标系

要在草绘模式下绘制点, 则在功能区"草绘"选项卡的"草绘"面板中单击"点"按钮 ✕, 接着在图形窗口的预定位置单击, 便可绘制一个草绘点 (此类点为构造点), 可以继续绘制其他草绘点, 单击鼠标中键结束点的绘制命令。

在功能区"草绘"选项卡的"基准"面板中单击"点"按钮 ✕ (为了和构造点区别, 将此按钮绘制的点称为几何点), 则可以在图形窗口中绘制一系列的几何点。几何点会将特征级信息传递到草绘器之外。

在草图中绘制构造坐标系的方法和绘制构造点的方法是类似的。在功能区"草绘"选项卡的"草绘"面板中单击"坐标系"按钮 ↳, 接着在图形窗口单击即可绘制一个构造坐标系, 可以继续绘制构造坐标系, 单击鼠标中键结束坐标系绘制命令。

在功能区"草绘"选项卡的"基准"面板中单击"坐标系"按钮 ↳, 可以在图形窗口中指定位置创建几何坐标系。几何坐标系会将特征级信息传递到草绘器之外。

2.2.8 绘制圆角

圆角的形状分为圆形和椭圆形两类, 每类又可以分为带延伸辅助线和不带延伸辅助线两种。

1. 创建圆形圆角

可以仅用圆弧连接两个图元, 其典型方法是在功能区"草绘"选项卡的"草绘"面板中单击"圆角: 圆形修剪"按钮 ↖, 接着在图形窗口中选择两个有效图元来创建圆形修剪的圆角, 如图 2-25 所示。单击鼠标中键结束该命令。圆角大小和位置取决于选择图元的位置。

要向创建的圆形圆角添加可延伸至交点的辅助线 (构造线), 那么可以在功能区"草绘"选项卡的"草绘"面板中单击"圆角: 圆形"按钮 ↖, 接着单击两个图元完成圆角创建, 如图 2-26 所示。

2. 创建椭圆形圆角

可以仅用椭圆弧连接两个图元 (即创建椭圆形修剪的圆角), 其方法是在功能区"草绘"选项卡的"草绘"面板中单击"椭圆形修剪"按钮 ↖, 接着在图形窗口分别单击两个图元, 即可在选定的两个图元间创建一个椭圆形修剪的圆角, 如图 2-27 所示。最后单击鼠标中键结束该命令。

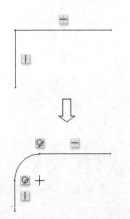

图 2-25　创建圆形修剪的圆角

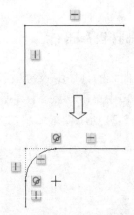

图 2-26　创建带辅助线的圆形圆角

要向创建的椭圆形圆角添加可延伸至交点的辅助线（构造线），那么可以在功能区"草绘"选项卡的"草绘"面板中单击"圆角：椭圆形"按钮，接着单击两个图元完成此类圆角创建，如图 2-28 所示。

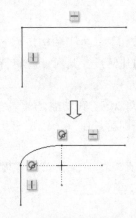

图 2-27　创建椭圆形修剪的圆角

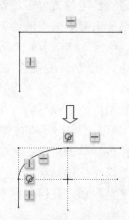

图 2-28　创建带辅助线的椭圆形圆角

2.2.9　绘制倒角

在 Creo Parametric 5.0 中，可以绘制以下两种样式的倒角。

☑　在两个图元之间创建倒角并创建辅助线延伸，如图 2-29（a）所示。

☑　在两个图元之间创建一个倒角，如图 2-29（b）所示。

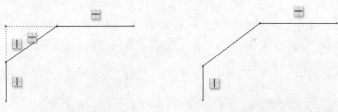

（a）具有辅助线延伸的倒角　　　　（b）经裁剪处理的倒角效果

图 2-29　绘制倒角的两种样式

要创建第一种样式的倒角，那么在功能区"草绘"选项卡的"草绘"面板中单击"倒角"按钮，接着在图形窗口分别单击要在其间创建倒角的两个图元即可；可以继续为其他图元创建倒角，单击鼠标中键结束该命令。

类似地，要创建第二种样式的倒角，那么在功能区"草绘"选项卡的"草绘"面板中单击"倒角裁剪"按钮，接着在图形窗口分别选择两个有效图元，单击鼠标中键结束该命令。

⚠ **注意**

不能在平行或几乎平行的图元之间创建圆角和倒角。

2.2.10 投影、偏移与加厚

通过现有边（包括实体边）创建图元的命令如表 2-1 所示。

表 2-1 通过现有边创建图元的命令

按　　钮	功　　能
（投影）	通过将所选曲线或模型边投影到草绘平面创建"草绘器"图元
（偏移）	通过偏移一条边或草绘图元来创建图元
（加厚）	通过在两侧偏移边或草绘图元来创建图元

1. 投影（使用边）

要使用草绘器中的该功能来创建二维图元，首先要求文件中存在可以参照的模型边（如实体边）或曲线对象。例如，在某零件文件中，单击"草绘"按钮，指定实体模型的一个平整端面作为草绘平面，进入草绘模式后，在"草绘"面板中单击"投影"按钮，弹出如图 2-30 所示的"类型"对话框。"类型"对话框中提供了选择使用边的 3 个单选按钮。

☑ "单一"单选按钮：用于从单一边创建草绘图元。

☑ "链"单选按钮：用于从边或图元的一个链创建草绘图元。如果选取边，则所选两条边必须属于相同的曲面和面，可以选择一个零件几何上的两条边或一个面组的两个单侧边。

☑ "环"单选按钮：从边或图元的一个环来创建草绘图元。

以选中"单一"单选按钮为例，单击一段模型边即可使用该边创建图元，创建的图元旁显示有约束符号，如图 2-31 所示。

图 2-30 "类型"对话框

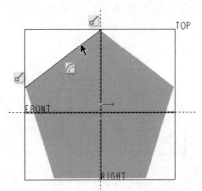

图 2-31 使用边创建图元

2. 偏移

在功能区"草绘"选项卡的"草绘"面板中单击"偏移"按钮，打开如图2-32所示的"类型"对话框，这里以选中"环"单选按钮为例，接着在图形窗口单击所需环中的一条边，弹出一个文本框，设置于箭头方向输入偏移的距离为10，如图2-33所示，然后单击"完成"按钮，创建的图元如图2-34所示。

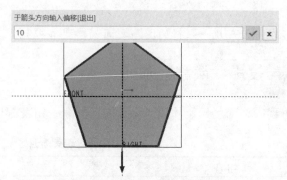

图2-32 "类型"对话框   图2-33 于箭头方向输入偏移

如果设置于箭头方向输入偏移的距离为负数，则表示反方向偏移设定的距离来创建图元。例如设置于箭头方向输入偏移的距离为-10，则最后得到的图元效果如图2-35所示。

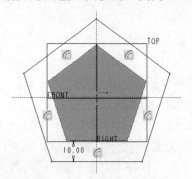

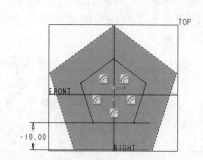

图2-34 偏移边示例（向外偏移）   图2-35 偏移边示例（反方向偏移）

3. 加厚

可以通过在选定边的两侧偏移边或草绘图元来创建图元，范例如图2-36所示。

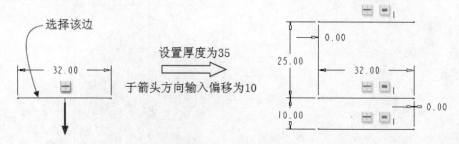

图2-36 "加厚"范例

下面介绍该范例的操作方法及步骤。

（1）在功能区"草绘"选项卡的"草绘"面板中单击"加厚"按钮 ，打开如图 2-37 所示的"类型"对话框。

（2）在"选择加厚边"选项组中选中"单一"单选按钮，在"端封闭"选项组中选中"开放"单选按钮，然后在图形窗口中单击所需的边线。

（3）在弹出的文本框中输入厚度为 35，如图 2-38 所示，单击"完成"按钮 。

（4）图形中会显示一个箭头方向，在弹出的文本框中输入偏移值为 10，如图 2-39 所示，然后单击"完成"按钮 。完成范例中的"加厚边"操作。

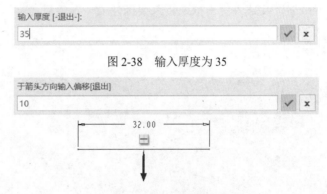

图 2-38　输入厚度为 35

图 2-37　"类型"对话框

图 2-39　于箭头方向输入偏移

在执行"加厚"操作的过程中，除了可以将"端封闭"设置为"开放"，还可以将其设置为"平整"或"圆形"。图 2-40 列举了"开放""平整""圆形"端封闭的加厚边效果。

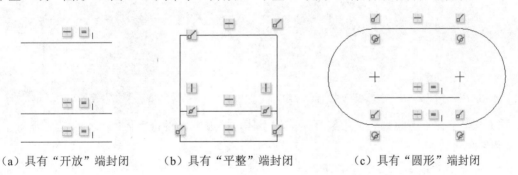

（a）具有"开放"端封闭　　　（b）具有"平整"端封闭　　　（c）具有"圆形"端封闭

图 2-40　加厚边的 3 种端封闭样式

2.2.11　绘制文本

文本也是草绘器的一个基本图元，可以作为剖面的一个部分。使用"文本"按钮 可以在草绘模式下绘制各种剖面文本，如图 2-41 所示。

绘制剖面文本的典型方法及步骤如下。

（1）在功能区"草绘"选项卡的"草绘"面板中单击"文本"按钮 。

（2）在提示下指定行的起点和第 2 点，以确定文本高度和方向，此时弹出如图 2-42 所示的"文本"对话框。

图 2-41　绘制文本

（3）在"文本"文本框中输入要创建的一定数量的文本，如果要输入一些特殊的文本符号，则可以在"文本"对话框中单击"文本符号"按钮，打开如图 2-43 所示的"文本符号"对话框，从中选择所需的符号，然后单击"关闭"按钮。

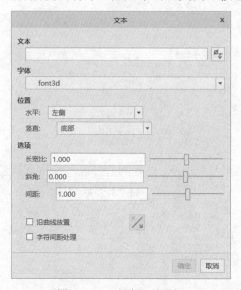

<table>
<tr><td>图 2-42　"文本"对话框</td><td>图 2-43　"文本符号"对话框</td></tr>
</table>

（4）从"字体"下拉列表框中选择所需的字体，接着可以设置字体的水平位置、竖直位置、长宽比和斜角等。

（5）如果需要，可以选中"沿曲线放置"复选框，接着选择将要在其上放置文本的曲线。此时可以重新在"字体"选项组中选择水平和竖直位置的组合以沿所选曲线放置文本字符串的起始点。若单击"反向"按钮，则将文本反向到曲线的另一侧。另外，为了改善文本字符串的外观，可以选中"字符间距处理"复选框，从而启用文本字符串的字体字符间距处理。

（6）在"文本"对话框中单击"确定"按钮，完成创建所需的文本。

2.2.12　调用预定义的二维草图

可以从预定义形状的定制库中快速调用二维草图，也就是在绘图时可以快速地从定制库中将所需的预定义图形调用到活动草绘中，并可对调用的图形进行大小调整、平移和旋转等操作。

在功能区"草绘"选项卡的"草绘"面板中单击"选项板"按钮，打开如图 2-44 所示的"草绘器选项板"对话框（简称草绘器选项板）。草绘器选项板包含表示截面类型的选项卡，初始的预定义图形选项卡有"多边形""轮廓""形状""星形"。"多边形"选项卡包含常规的多边形，"轮廓"选项卡包含常见的轮廓，"星形"选项卡包含常规的星形形状，"形状"选项卡则包含其他常见形状。另外，用户可以根据设计需要，将特定选项卡添加到草绘器选项板中，并可以将任意数量的形状添加到每个经过定义的选项卡中。具体方法为，在创建一个新截面或检索现有截面后，将该截面保存到与"草绘器形状"目录中的"草绘器选项板"相对应的子目录中，截面的文件名将作为形状名称显示在草绘器选项板中，同时还会显示形状的缩略图。

下面结合一个简单范例，介绍如何从草绘器选项板中将图形调入图形窗口中。

（1）在草绘模式下，在功能区"草绘"选项卡的"草绘"面板中单击"选项板"按钮，弹出草绘器选项板。

（2）选择"轮廓"选项卡，接着单击"L 形轮廓"图形，则该轮廓图形出现在草绘器选项板的预览窗格中，如图 2-45 所示。

图 2-44　"草绘器选项板"对话框

图 2-45　选择所需的图形

（3）拖动所选轮廓图形至图形窗口，在预定位置处释放，即可放置选定的轮廓图形（图形上显示有 3 个控制图标），此时功能区出现"导入截面"选项卡，如图 2-46 所示。

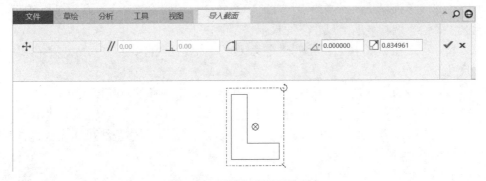

图 2-46　"导入截面"选项卡

图形上显示的 3 个控制图标分别是￥（缩放）、↺（旋转）和⊗（平移），可以拖动相应的控制图标来快速地移动和调整图形。

技巧

用户也可以这样执行步骤（3）的操作，即在草绘器选项板的指定选项卡中双击图形缩略图或标签，接着将鼠标移至图形窗口，可以看到鼠标上带有一个加号"+"，此时在图形窗口中任意位置单击，便选择了放置形状的位置，则功能区出现"导入截面"选项卡，导入的图形上出现控制图标。

（4）在"导入截面"选项卡中设置相关的平移、旋转和缩放等参数，如图 2-47 所示，然后单击"完成"按钮 ✔。导入的图形如图 2-48 所示。

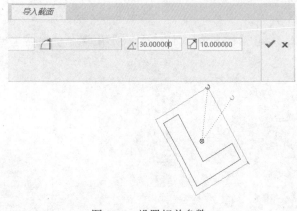

图 2-47　设置相关参数　　　　　　　　图 2-48　导入的图形

（5）在草绘器选项板中单击"关闭"按钮。

2.3　尺　寸　标　注

在草绘器中绘制截面图形时，系统会自动标注几何体，由系统自动创建的尺寸为弱尺寸，以灰色显示。为了获得所需的截面图形，用户可以根据设计要求为图形标注所需的尺寸和约束，由用户添加的尺寸属于强尺寸。在添加强尺寸时，系统会自动删除某一个弱尺寸或弱约束。

功能区"草绘"选项卡的"尺寸"面板中提供了以下命令。

- ☑　"尺寸"按钮 ↔：指定图元创建定义尺寸，如线性尺寸、直径尺寸、半径尺寸和角度尺寸等。
- ☑　"周长"按钮 ⊡：创建周长尺寸，即标出图元中链或环的总长度尺寸。
- ☑　"参照"按钮 ⊞：创建参考尺寸。
- ☑　"基线"按钮 ▭：创建一条纵坐标尺寸基线。主要用于创建基线尺寸并创建与其相关的纵坐标尺寸。
- ☑　"解释"命令：解释尺寸。

2.3.1　标注线性尺寸

标注线性尺寸主要分为以下几种情况。

1. 标注直线段的长度尺寸

在功能区"草绘"选项卡的"尺寸"面板中单击"尺寸"按钮，接着单击要标注尺寸的直线段，然后在合适位置单击鼠标中键来放置尺寸文本，可以在出现的尺寸文本框中输入新尺寸，按 Enter 键，则新尺寸值驱动该直线段，如图 2-49 所示。

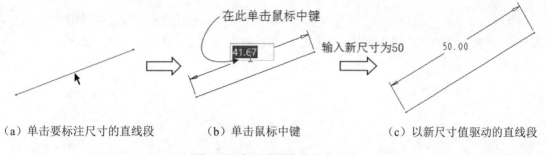

（a）单击要标注尺寸的直线段 　　（b）单击鼠标中键 　　（c）以新尺寸值驱动的直线段

图 2-49　标注直线段的长度尺寸

2. 标注两点之间的距离

在功能区"草绘"选项卡的"尺寸"面板中单击"尺寸"按钮，接着分别单击要标注的两个点，并移动鼠标到定义尺寸的大概位置单击鼠标中键。单击鼠标中键时鼠标所处的位置不同，则标注的距离尺寸结果也会有所不同，如图 2-50 所示。

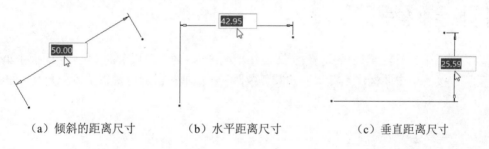

（a）倾斜的距离尺寸 　　（b）水平距离尺寸 　　（c）垂直距离尺寸

图 2-50　标注两点之间的距离

3. 标注点与直线之间的距离

在功能区"草绘"选项卡的"尺寸"面板中单击"尺寸"按钮，接着分别单击直线和点，然后在合适位置单击鼠标中键，还可输入新尺寸值，如图 2-51 所示。

4. 标注两条平行线之间的距离

在功能区"草绘"选项卡的"尺寸"面板中单击"尺寸"按钮，接着分别单击平行的两条直线，然后在欲放置尺寸的位置单击鼠标中键，还可输入新尺寸值，如图 2-52 所示。

图 2-51　标注点和直线之间的距离 　　图 2-52　标注两条平行线之间的距离

5. 标注直线与圆弧之间的距离

在功能区"草绘"选项卡的"尺寸"面板中单击"尺寸"按钮，接着分别单击直线和圆弧，然后在合适位置单击鼠标中键，还可输入新尺寸值，如图 2-53 所示。

6. 标注两圆（或两圆弧）之间的距离

在功能区"草绘"选项卡的"尺寸"面板中单击"尺寸"按钮，接着分别单击两个圆（或圆弧），然后在合适的位置单击鼠标中键创建一个切点距离尺寸，如图 2-54 所示。

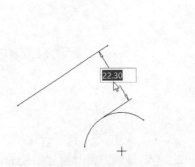

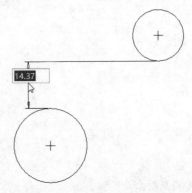

图 2-53　标注直线与圆弧之间的距离　　　　图 2-54　标注两圆之间的距离

2.3.2　标注半径尺寸

可以为圆弧或圆标注半径尺寸，其方法是在功能区"草绘"选项卡的"尺寸"面板中单击"尺寸"按钮，接着单击要标注半径尺寸的圆弧或圆，然后单击鼠标中键以放置此尺寸，如图 2-55 所示。

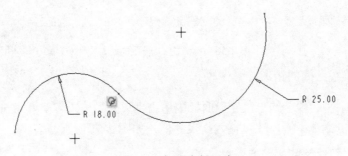

图 2-55　标注半径尺寸

2.3.3　标注直径尺寸

为圆或圆弧创建直径尺寸的方法为，在功能区"草绘"选项卡的"尺寸"面板中单击"尺寸"按钮，接着在要标注直径尺寸的圆或圆弧上双击，然后单击鼠标中键来放置该直径尺寸，可为该直径尺寸设置新值，如图 2-56 所示。

在旋转特征的旋转截面中，可以创建相对旋转轴线对称的尺寸来表示直径尺寸，如图 2-57 所示，图中的两个尺寸均是表示直径的对称尺寸。创建此类直径尺寸的方法为，在功能区"草绘"

选项卡的"尺寸"面板中单击"尺寸"按钮[==]，接着单击要标注的图元，并单击要作为旋转轴的中心线，然后再次单击该图元，最后单击鼠标中键来放置该尺寸，可为该尺寸设置新值。

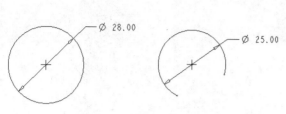

图 2-56 标注直径尺寸

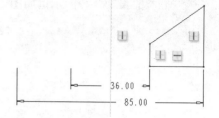

图 2-57 标注直径尺寸（旋转截面中）

2.3.4 标注角度

可以为相交（或延长后相交）的两条直线标注其夹角角度，也可以为圆弧创建角度。

1. 标注两线之间夹角的角度

在功能区"草绘"选项卡的"尺寸"面板中单击"尺寸"按钮[==]，接着分别单击第 1 条直线和第 2 条直线，然后单击鼠标中键来放置该角度，可以即时更改默认的角度值。需要注意的是，单击鼠标中键的位置将确定角度的测量方式（锐角或钝角），如图 2-58 所示。

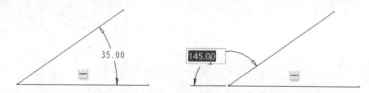

图 2-58 标注两条直线之间的夹角角度（两种测量方式）

2. 标注圆弧的角度

要标注圆弧的角度，通常可在功能区"草绘"选项卡的"尺寸"面板中单击"尺寸"按钮[==]，接着依次单击圆弧的起点、圆心和端点，然后单击鼠标中键来放置该角度。

经验

如果要标注圆弧的弧长尺寸，则在功能区"草绘"选项卡的"尺寸"面板中单击"尺寸"按钮[==]，接着分别单击圆弧的两个端点，并在圆弧上单击，然后单击鼠标中键来放置尺寸，此时可修改当前的尺寸值。标注的弧长尺寸数字上方或左方会有一个符号"⌒"，如图 2-59 所示。

```
                                    ⌒
                                 102.00


                                    +
```

图 2-59 标注圆弧的弧长尺寸

2.3.5 标注椭圆或椭圆弧的半轴尺寸

可以为椭圆或椭圆弧标注其长轴尺寸或短轴尺寸，其方法是在功能区"草绘"选项卡的"尺寸"面板中单击"尺寸"按钮[==]，接着单击椭圆或椭圆弧（不选择端点），再单击鼠标中键，此时弹出如图 2-60 所示的"椭圆半径"对话框，从中选中"长轴"或"短轴"单选按钮，然后单击"完成"按钮。

标注椭圆的长轴半径的示例如图 2-61 所示。

图 2-60 "椭圆半径"对话框

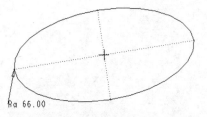

图 2-61 标注椭圆的长轴半径

2.3.6 标注样条曲线

通常使用样条曲线的端点或插值点作为关键点标注样条曲线的尺寸，其中样条曲线端点的尺寸是最基本的尺寸。可以使用线性距离尺寸、相切（角度）尺寸等来确定样条曲线端点的尺寸，如图 2-62 所示。如果需要，也可以为其他插值点标注相应的线性距离尺寸、相切尺寸等。

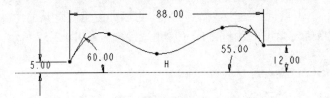

图 2-62 标注样条曲线示例

标注样条端点处的相切角度尺寸的方法为，在功能区"草绘"选项卡的"尺寸"面板中单击"尺寸"按钮 ↦，接着分别单击样条曲线、参照线和端点（不分顺序），然后单击鼠标中键来指定尺寸的放置位置。

2.3.7 标注圆锥曲线

用于定义圆锥曲线形状的一个重要参数是 Rho 值，默认的 Rho 值为 0.5，表示圆锥曲线为抛物线。如果要使圆锥曲线为椭圆，则 Rho 值范围为 0.05～0.5；如果要使圆锥曲线为双曲线，则 Rho 值范围为 0.5～0.95。

为圆锥曲线标注 Rho 值的方法是在功能区"草绘"选项卡的"尺寸"面板中单击"尺寸"按钮 ↦，接着单击圆锥，然后单击鼠标中键，在出现的尺寸文本框中更改 Rho 的默认值，如图 2-63 所示。

为了进一步控制圆锥曲线的形状，可以在圆锥曲线的端点处创建相切尺寸和线性尺寸，如图 2-64 所示。

在圆锥曲线端点处创建相切尺寸的方法为，在功能区"草绘"选项卡的"尺寸"面板中单击"尺寸"按钮 ↦，接着单击圆锥曲线，单击定义相切的端点（也就是要作为切点的端点），再单击参照线（中心线或直线），然后单击鼠标中键来放置该尺寸。

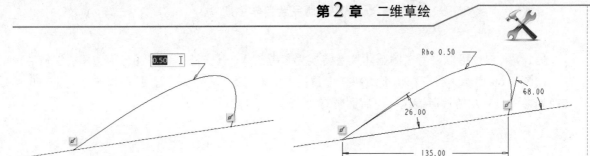

图 2-63 为圆锥曲线标注 Rho 值　　　　图 2-64 在圆锥曲线的端点处创建相切尺寸和线性尺寸

2.3.8 标注周长尺寸

周长尺寸用于测量图元链或图元环的总长度。在创建周长尺寸的过程中，需要选择一个已有尺寸作为可变化的尺寸（简称变化尺寸），系统可以调整变化尺寸来获得所需的周长。也就是说，修改周长尺寸时，系统会相应地修改此变化尺寸。而由于此变化尺寸是被驱动的尺寸（由周长尺寸控制），用户无法直接修改变化尺寸值。如果删除变化尺寸，则系统会删除周长尺寸。

创建周长尺寸的方法如下。

（1）在功能区"草绘"选项卡的"尺寸"面板中单击"周长"按钮 ，弹出如图 2-65 所示的"选择"对话框，系统在状态栏上提示选择由周长尺寸控制总尺寸的几何。

（2）选择要标注的图元链，然后在"选择"对话框中单击"确定"按钮。

（3）选择一个尺寸作为将由周长尺寸驱动的尺寸，即指定可变尺寸，则周长尺寸创建完毕，可变尺寸值后面带有"var"或"变量"。

修改周长尺寸的示例如图 2-66 所示。

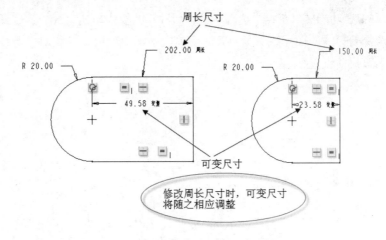

图 2-65 "选择"对话框　　　　图 2-66 修改周长尺寸示例

2.3.9 创建参考尺寸

创建参考尺寸的方法为，在功能区"草绘"选项卡的"尺寸"面板中单击"参考尺寸"按钮 ，选取要标注参考尺寸的对象，然后单击鼠标中键即可完成创建一个参考尺寸，如图 2-67 所示。

另外，用户也可以将所选的驱动尺寸转换为参考尺寸。其方法是先在图形中选择要编辑的尺寸，如图 2-68 所示，接着在出现的快捷工具栏中单击"参考"按钮 🔄，从而将选定的驱动尺寸转换为参考尺寸，转换后该尺寸值后面带有"参考"字样。

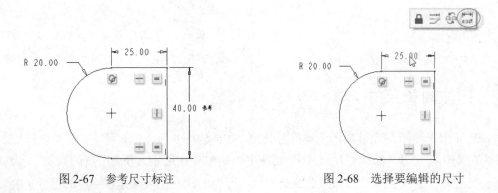

图 2-67　参考尺寸标注　　　　　　　　　图 2-68　选择要编辑的尺寸

2.3.10　创建基线尺寸

在某些设计场合下，使用基线尺寸有助于读取各测量点（测量对象）相对于基线的尺寸数值。创建基线尺寸包括两个基本步骤，一是指定基线，二是相对基线标注几何尺寸。

下面介绍一个创建基线尺寸的简单范例，以便于读者在实际应用中举一反三。

（1）在功能区"草绘"选项卡的"尺寸"面板中单击"基线"按钮 □。

（2）在需要定义基线的参照线上单击，然后在欲定义基线文本的位置单击鼠标中键，如图 2-69 所示。

（3）在功能区"草绘"选项卡的"尺寸"面板中单击"尺寸"按钮 ↔，选择基线尺寸 0.00，接着选择要标注的图元或测量点，然后单击鼠标中键放置该相对于基线的尺寸，如图 2-70 所示，可以为该尺寸设置新值。

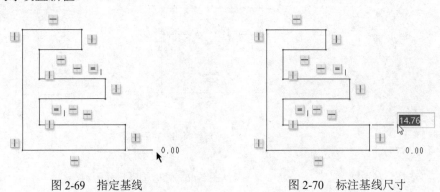

图 2-69　指定基线　　　　　　　　　　图 2-70　标注基线尺寸

（4）重复步骤（3），继续添加其他的基线尺寸。标注结果如图 2-71 所示。

（5）使用同样的方法，在另一个方向上指定新基线并创建相应的基线尺寸，最后完成的效果如图 2-72 所示。

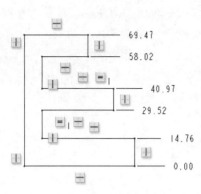

图 2-71 继续标注基线尺寸

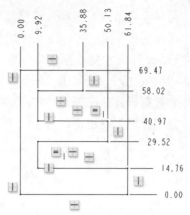

图 2-72 完成标注基线尺寸

2.3.11 修改尺寸

除了创建标注时在尺寸文本框中修改尺寸值外，还可以使用以下两种方法来修改尺寸。

1. 快捷修改单个尺寸

在选中"依次"按钮 的状态下，即处于选择状态下，在图形窗口双击要修改的尺寸值，出现相应的尺寸文本框，输入新的尺寸值，如图 2-73 所示，按 Enter 键确认，则图形被新尺寸值驱动而更新。

2. 使用"修改尺寸"对话框来修改选定的尺寸

在功能区"草绘"选项卡的"编辑"面板中单击"修改"按钮 ，接着选择要修改的尺寸（可以选择多个要修改的尺寸），系统弹出"修改尺寸"对话框，如图 2-74 所示。在该对话框中为相关的选定尺寸设置新值，然后单击"确定"按钮，按照新值重新生成（再生）剖面并关闭对话框。

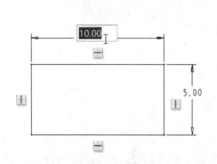

图 2-73 快捷修改单个尺寸

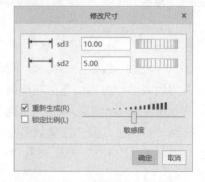

图 2-74 "修改尺寸"对话框

为了更好地使用"修改尺寸"对话框进行尺寸修改工作，用户需要了解以下工具和选项的功能。

☑ ▮▮▮▮▮▮▮（旋转轮盘，或称尺寸指轮、尺寸滚轮）：用于更改相应的尺寸值。向右拖动该旋转轮盘，尺寸值增大；向左拖动该旋转轮盘，尺寸值减小。

☑ "敏感度"滑块：拖动该滑块，更改当前尺寸的旋转轮盘的灵敏度。

☑ "重新生成"复选框：选中该复选框，在修改尺寸时可即时重新生成剖面；取消选中该复选框，在尺寸文本框中输入新尺寸值或通过旋转轮盘调整尺寸值时，剖面不会即时发生相应变化，只有单击"确定"按钮后，剖面才会随着新尺寸值更新。在实际应用中，注意根据设计情况巧妙地使用此复选框。

☑ "锁定比例"复选框：用于缩放选定的尺寸使其与某一尺寸修改成正比。

2.4 几 何 约 束

Creo Parametric 5.0 中提供了用于创建各种几何约束的工具按钮，如图 2-75 所示，这些几何约束工具按钮位于功能区"草绘"选项卡的"约束"面板中。

图 2-75　几何约束工具按钮

2.4.1 创建几何约束

下面介绍各几何约束工具按钮的功能。

☑ ┼（竖直）：使线竖直并创建竖直约束，或沿竖直方向对齐两个顶点并创建竖直对齐约束。

☑ ┼（水平）：使线水平并创建水平约束，或沿水平方向对齐两个顶点并创建水平对齐约束。

☑ ⊥（垂直）：使两个图元垂直（正交）并创建垂直约束。

☑ ⋎（相切）：使两个图元相切并创建相切约束。

☑ ＼（中点）：在线或圆弧中点处放置一个点并创建中点约束。

☑ ⊸（重合）：在同一个位置放置点、在图元上放置点或创建共线约束。

☑ ⊹（对称）：使两个点或顶点关于中心线对称并创建对称约束。

☑ ＝（相等）：创建等长、等半径或相同曲率约束。

☑ ∥（平行）：使线平行并创建平行约束。

创建几何约束的一般方法是在功能区"草绘"选项卡的"约束"面板中单击所需的几何约束按钮，接着按照系统提示，选择图元来完成几何约束。

下面介绍一个创建几何约束的简单范例。

（1）在功能区"草绘"选项卡的"约束"面板中单击"垂直"按钮⊥。

（2）在系统提示下分别单击如图 2-76 所示的线段 1 和线段 2。完成后的约束效果如图 2-77 所示，图形中显示了垂直符号⊥。

（3）在功能区"草绘"选项卡的"约束"面板中单击"相等"按钮＝。

（4）此时，系统出现"选择两条或多条直线（相等段）、两个或多个弧/圆/椭圆（等半径）、一个样条与一条线或弧（等曲率）、两个或多个线性/角度尺寸（等尺寸）"的提示信息，在该提示下分别选择线段 1 和线段 2。完成后的约束效果如图 2-78 所示。

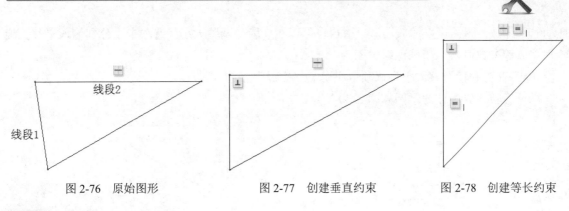

图 2-76　原始图形　　　　图 2-77　创建垂直约束　　　　图 2-78　创建等长约束

2.4.2　删除几何约束

如果要删除几何约束，可以先选择要删除的约束，然后按 Delete 键，或在功能区 "草绘" 选项卡的 "操作" 滑出面板中选择 "删除" 命令，即可完成删除操作。

2.5　草　图　编　辑

初步绘制好基本的二维草图后，可以对这些草图进行编辑处理，从而构成较为复杂的图形。本节主要介绍的草图编辑操作包括旋转缩放图元、删除图元、镜像图元、修剪图元、复制图元和构造切换等。

2.5.1　旋转缩放图元

可以平移、旋转和缩放选定的图元，方法如下。

（1）在图形窗口中选择要编辑的图形。

（2）在功能区 "草绘" 选项卡的 "编辑" 面板中单击 "旋转调整大小" 按钮 ⟳，此时在功能区出现 "旋转调整大小" 选项卡，同时在所选图形中出现 ⊗（平移）、⚓（旋转）和 ⭦（缩放）3 个控制图标，如图 2-79 所示。

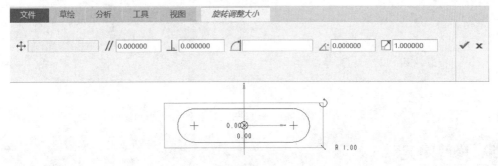

图 2-79　"旋转调整大小" 选项卡

（3）拖动 ⊗（平移）图标可以平移选定图形，拖动 ⚓（旋转）图标可以旋转选定图形，而

拖动 （缩放）图标可以缩放图形。用户也可以在"旋转调整大小"选项卡中分别输入平移、旋转和缩放等参数值，以精确地编辑图形。

（4）在"旋转调整大小"选项卡中单击"完成"按钮 。

执行旋转缩放操作的示例如图 2-80 所示。

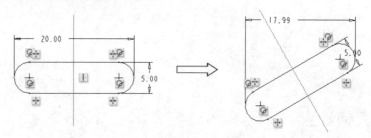

图 2-80　旋转缩放的示例

2.5.2　删除图元

对于一些不需要的图元，可以将其删除。删除图元的常用方法是先选择要删除的图元，接着在功能区"草绘"选项卡的"操作"滑出面板中选择"删除"命令，或直接按 Delete 键。

2.5.3　镜像图元

可以相对于一条草绘中心线来镜像草绘器几何体。对于一些较为复杂的具有对称关系的图形，可以先绘制其中的一半图形，然后采用镜像的方法完成整个图形。

镜像图元需要准备一条用作镜像线的中心线。如果没有中心线，则要创建一条所需的中心线。镜像图元的方法是，在图形窗口中选择要镜像的一个或多个图元，在功能区"草绘"选项卡的"编辑"面板中单击"镜像"按钮 ，接着在图形窗口中单击一条中心线，则系统对中心线镜像所选的几何形状。

镜像图元的示例如图 2-81 所示，其中竖直的中心线为镜像线。

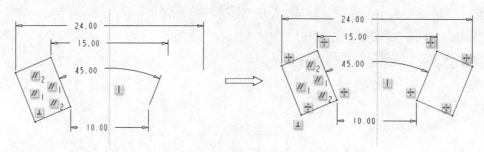

图 2-81　镜像图元的示例

2.5.4　修剪图元

修剪图元的方式包括删除段、拐角和分割，如表 2-1 所示。

表 2-1 草绘器中修剪图元的方式

按　钮	名　称	功　能　用　途
	删除段	动态修剪剖面图元，即删除选择的曲线段
	拐角	将图元修剪（剪切或延伸）到其他图元或几何体
	分割	将一个截面图元分割成两个或多个新图元

1. 删除段

删除段修剪的方法是在功能区"草绘"选项卡的"编辑"面板中单击"删除段"按钮，然后依次单击要删除的段。也可以在单击"删除段"按钮后，拖动鼠标经过要删除的多个曲线段，则这些曲线段被快速删除。

删除段修剪的示例如图 2-82 所示。

图 2-82　删除段修剪的示例

2. 拐角

拐角修剪的方法是在功能区"草绘"选项卡的"编辑"面板中单击"拐角"按钮，然后选择要修剪的两个图元。在选择图元时要注意单击的位置，该位置指示了要保留的图元部分。

拐角修剪的两种典型示例如图 2-83 所示。

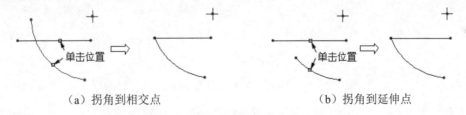

（a）拐角到相交点　　　　　　　（b）拐角到延伸点

图 2-83　拐角修剪的两种典型示例

3. 分割

分割修剪用于将一个截面图元分割开来，即在选择点的位置分割图元。分割修剪的方法是在功能区"草绘"选项卡的"编辑"面板中单击"分割"按钮，接着在要分割的位置单击，则在该指定的位置分割该图元。

分割修剪的示例如图 2-84 所示。

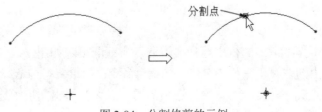

图 2-84　分割修剪的示例

2.5.5 复制、剪切和粘贴图元

在草绘器中，可以对图元进行复制、剪切和粘贴操作。被剪切或复制的草绘图元将被放置在剪贴板中，然后使用"粘贴"命令将剪切或复制的图元粘贴到活动剖面中的所需位置，并可以对其进行平移、旋转或缩放。复制和剪切的区别主要在于前者保留了原始图形。

下面以剪切-粘贴操作为例进行介绍。

（1）选择要粘贴的一个或多个草绘器几何图元。

（2）在功能区"草绘"选项卡的"操作"面板中单击"剪切"按钮🪒，或按 Ctrl+X 快捷键。

（3）在功能区"草绘"选项卡的"操作"面板中单击"粘贴"按钮🖳，或按 Ctrl+V 快捷键。

（4）在图形窗口中的预定位置单击，此时功能区出现"粘贴"选项卡，粘贴图元以默认尺寸出现在所选位置，如图 2-85 所示。

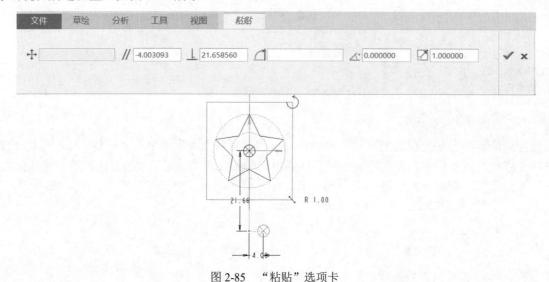

图 2-85　"粘贴"选项卡

（5）使用粘贴图元中出现的控制图标或通过"粘贴"选项卡设置图形平移、旋转和缩放等参数。

（6）在"粘贴"选项卡中单击"完成"按钮✔，完成剪切-粘贴操作。

2.5.6 构造切换

在设计过程中，可以将实线切换为构造线，也可以将构造线切换为实线。草绘中的构造线以非实线形式显示，主要用作制图的辅助线等，如图 2-86 所示。

如果要将实线转换为构造线，则先在图形窗口中选择要转换为构造线的实线，接着在功能区"草绘"选项卡的"操作"滑出面板中选择"构造"命令即可，如图 2-87 所示，也可以在选中要操作的实线后在弹出的快捷工具栏中单击"构造"命令；如果要将构造线转换为实线，则先选择要处理的构造线，接着在功能区"草绘"选项卡的"操作"滑出面板中选择"实体"命令。

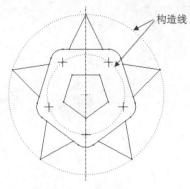

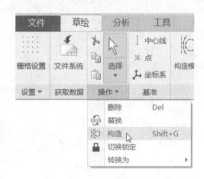

图 2-86 构造线图例　　　　　　　　　　　图 2-87 "构造"命令

选择要进行切换操作的线条后，按 Shift+G 快捷键即可进行快速切换。

2.5.7 切换锁定

在草绘模式下，使用"切换锁定"命令可以锁定/解锁选定的尺寸值及剖面几何的一部分。在执行该命令之前，需要先选择要编辑的对象。

切换锁定的操作示例如图 2-88 所示。

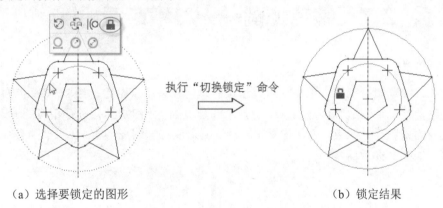

（a）选择要锁定的图形　　　　　执行"切换锁定"命令　　　　（b）锁定结果

图 2-88 切换锁定的操作示例

⚠️**注意**

在草绘器的"图形"工具栏中单击"草绘显示过滤器"按钮，可以通过"锁定显示"复选框来设置显示或隐藏锁定符号。

2.6 解决草绘冲突问题

绘制和编辑图形时，如果新添加的强尺寸（或强约束）与已有强尺寸（或强约束）发生冲突，即出现了过约束（含尺寸约束和几何约束）情况，则系统会弹出如图 2-89 所示的"解决草绘"对话框来供用户了解冲突情况，并提供了一些用于解决草绘冲突的工具。

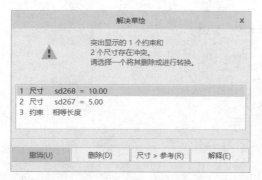

图 2-89　"解决草绘"对话框

- ☑ 撤销[1]：取消上次操作，以回到冲突之前的状态。
- ☑ 删除：用于删除从对话框列表中选择的约束或尺寸。
- ☑ 尺寸>参考：该按钮仅当存在冲突尺寸时才有效。在对话框列表中选择一个尺寸，单击此按钮，可以将其转换为一个参考。
- ☑ 解释：该按钮用于为选择的参考项目（如约束）获取简要的说明信息，同时草绘器会高亮与该参考项目有关的图元。

2.7　综合范例——二维草图绘制

学习目的：

本节介绍二维草图绘制综合范例，可以使读者理解复杂二维草绘的绘制思路和方法。通常，可以将较为复杂的二维图形看作是由其中的几个部分组成，分别绘制并进行相应的编辑，可以添加所需的尺寸约束和几何约束，直到获得满足设计要求的二维图形为止。本节综合绘制范例要完成的二维草图如图 2-90 所示。

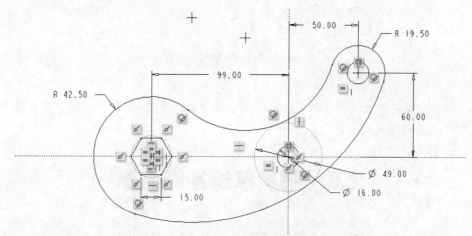

图 2-90　完成的二维草图

---

[1] "撤销"同软件中"撤消"，后文不再赘述。

重点难点：

☑ 绘制相切圆弧

☑ 尺寸标注

☑ 将实线转换为构造线

操作步骤：

（1）新建一个草绘文件。在"快速访问"工具栏中单击"新建"按钮 ，打开"新建"对话框。在"类型"选项组中选中"草绘"单选按钮，在"文件名"文本框中输入文件名为 BC_2_ZSL，然后单击"确定"按钮，进入草绘模式。

（2）绘制中心线。在功能区"草绘"选项卡的"草绘"面板中单击"中心线"按钮 ，分别绘制正交的两条中心线，如图 2-91 所示。

图 2-91 绘制正交的两条中心线

（3）绘制 3 个圆。在功能区"草绘"选项卡的"草绘"面板中单击"圆：圆心和点"按钮 ，分别在指定的位置绘制 3 个圆，如图 2-92 所示。

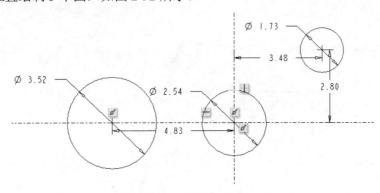

图 2-92 绘制 3 个圆

（4）修改尺寸。框选所有尺寸，接着在功能区"草绘"选项卡的"编辑"面板中单击"修改"按钮 ，弹出"修改尺寸"对话框，利用该对话框修改相关的尺寸（注意巧用"重新生成"复选框），如图 2-93 所示，然后单击"确定"按钮。

（5）绘制"3 相切"圆弧。在功能区"草绘"选项卡的"草绘"面板中单击"圆弧：3 相切"按钮 ，接着依次在最大圆和最小圆的合适位置单击，最后将鼠标移至第 3 个圆的上半部分，捕捉到切点时单击，从而绘制出如图 2-94 所示的"3 相切"圆弧。

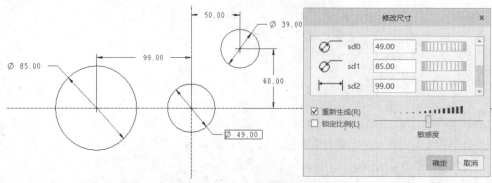

图 2-93　修改尺寸

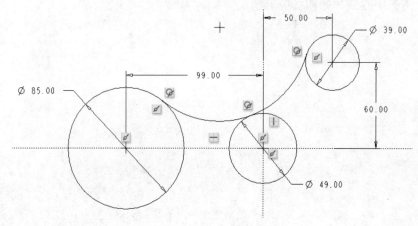

图 2-94　绘制"3 相切"圆弧

（6）继续绘制一个"3 相切"圆弧。重复步骤（5），绘制如图 2-95 所示的另一段相切圆弧。

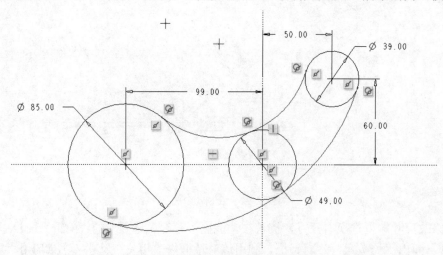

图 2-95　继续绘制一个"3 相切"圆弧

（7）将中间的圆转换为构造线。在功能区"草绘"选项卡的"操作"面板中单击"依次选取"按钮，选中中间的圆，接着在弹出的快捷工具栏中单击"构造"按钮，或在"操作"滑出面板中选择"构造"命令，从而将该圆转换为构造线，如图 2-96 所示。

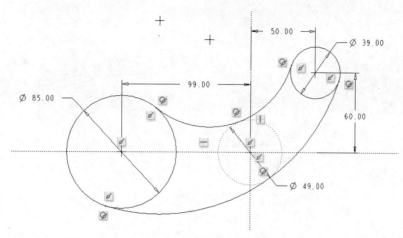

图 2-96　将中间的圆转换为构造线

（8）绘制一个正六边形。在功能区"草绘"选项卡的"草绘"面板中单击"选项板"按钮 ，打开"草绘器选项板"对话框，双击"多边形"选项卡中的"六边形"选项，接着在图形窗口的空白处单击，然后按住 ⊗（平移）控制图标，将其拖动到大圆的圆心处，在"导入截面"选项卡中设置缩放值为 15，旋转角度为 0，如图 2-97 所示，最后单击"完成"按钮 。在"草绘器选项板"对话框中单击"关闭"按钮。

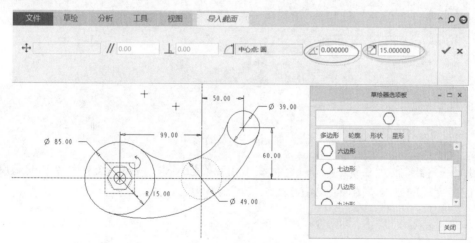

图 2-97　移动和缩放导入图形

（9）绘制两个相等的圆。在功能区"草绘"选项卡的"草绘"面板中单击"圆：圆心和点"按钮 ，绘制如图 2-98 所示的直径相等的两个圆，图中已经修改其直径尺寸。

🔔技巧

可以先在指定位置随意绘制两个圆，即先不考虑圆直径尺寸是否相等。绘制好两个圆后，再在功能区"草绘"选项卡的"约束"面板中单击"相等"按钮 ，选择这两个圆，从而为它们设定半径相等约束。

（10）修剪图形。在功能区"草绘"选项卡的"编辑"面板中单击"删除段"按钮 ，再分别单击要删除的圆弧段，修剪结果如图 2-99 所示。

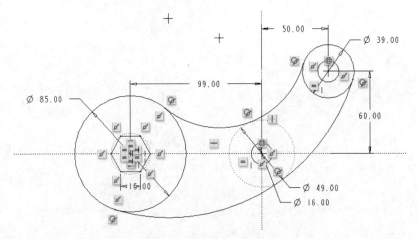

图 2-98　绘制两个相等的圆

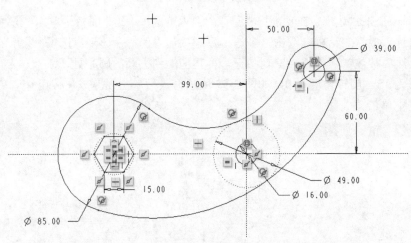

图 2-99　修剪图形

（11）将不需要的尺寸删除，并补充标注出相应的强尺寸（或将系统自动添加的弱尺寸转换为强尺寸）。完成的二维草图如图 2-100 所示（可调整相关尺寸的放置位置）。

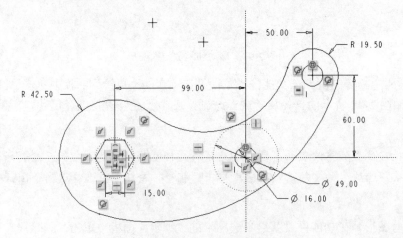

图 2-100　完成的二维草图

经验

完成草图图形后，将弱尺寸转换为强尺寸是一种良好的绘图习惯，因为加强选定的弱尺寸和弱约束可以防止其被自动移除。将弱尺寸转换成强尺寸的方法很简单，即先选择要操作的弱尺寸，接着在弹出的快捷工具栏中单击"强"按钮 。

（12）保存图形。单击"保存"按钮 ，打开"保存对象"对话框，指定要保存到的目录后，单击"确定"按钮，完成 BC_2_ZSL.SEC 文件的保存。

总结

本节综合范例让读者深刻理解复杂二维草绘的绘制思路和方法。可以将较为复杂的二维图形看作是由其中的几个部分组成，分别绘制并进行相应的编辑，之后添加所需的尺寸约束和几何约束，直到获得满足设计要求的二维图形为止。掌握二维草图综合绘制能力，有助于后面学习三维建模知识。

2.8 思考与上机练习

（1）简述创建二维草图的典型流程。
（2）在 Creo Parametric 5.0 中，可以绘制哪几种矩形？
（3）用于绘制圆或圆弧的工具按钮有哪些？
（4）请举例说明如何绘制一个椭圆。
（5）如何在二维图形中创建圆角或倒角？
（6）如何操作才能加强所选的弱尺寸和弱约束以防被自动移除？
（7）如何创建周长尺寸？周长尺寸有什么特点？
（8）在什么情况下，系统会提示用户需要解决草绘冲突？
（9）上机练习 1：绘制如图 2-101 所示的图形，并标注相关的尺寸。

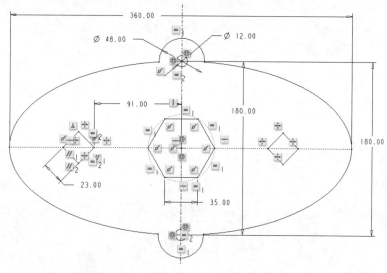

图 2-101   上机练习 1

提示

在绘制草图的过程中需要使用"镜像"工具。

（10）上机练习2：绘制如图2-102所示的图形和文本，并进行相关标注。

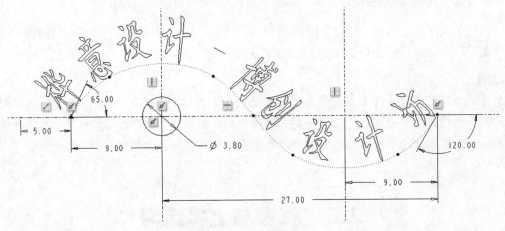

图2-102　上机练习2

提示

需要绘制一条样条曲线，将其转换为构造线，然后使用"文本"工具创建所需文本，并将文本沿曲线放置。

第 3 章 基准特征

本章导读

　　基准特征可以用作三维建模的定位参考、零部件的装配约束参考等。本章将介绍主要的基准特征，包括基准平面、基准轴、基准点、基准曲线和基准坐标系。

3.1 基准特征概述

　　基准特征主要包括基准平面、基准轴、基准点、基准曲线和基准坐标系等，可以用作其他特征的定位参考、零件的装配约束参考等。

　　在零件或装配设计模式下，系统提供了几个基准特征的显示选项，如图 3-1 所示。用户可以决定相应的基准特征是否在图形窗口中显示。例如，选中"平面显示"复选框，则在图形窗口中显示基准平面；选中"轴显示"复选框，则在图形窗口中显示基准轴。

　　要控制基准特征的标记显示，则可以在功能区"视图"选项卡的"显示"面板中进行设置，如图 3-2 所示。"平面标记显示"按钮用于控制显示或隐藏基准平面标记，"轴标记显示"按钮用于控制显示或隐藏轴（基准轴和特征轴）标记，"点标记显示"按钮用于控制显示或隐藏基准点标记，"坐标系标记显示"按钮用于控制显示或隐藏坐标系标记。

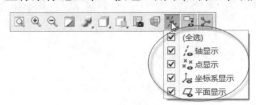
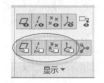

图 3-1　基准特征的显示选项　　　　　　　图 3-2　"显示"面板

3.2 基准平面

　　基准平面主要用来作为草绘平面、特征放置面、零件装配约束参考面、剖视图的剖切生成面、尺寸标注的位置参考等。

　　选择基准平面有如下几种方法。

☑ 在图形窗口中单击基准平面的一条显示边界。

☑ 在图形窗口中单击基准平面的名称（标记）。

☑ 在模型树中单击基准平面树节点。

新建一个使用 mmns_part_solid 模板的 Creo Parametric 5.0 零件文件时，系统提供初始的 3 个基准平面（TOP、FRONT 和 RIGHT 基准平面）和一个基准坐标系，如图 3-3 所示。

⚠ **注意**

在零件模式下，用户可以根据设计情况创建所需的新基准平面，系统为用户创建的基准平面以 DTM1、DTM2、DTM3……形式来命名。

创建基准平面的一般步骤如下。

（1）在功能区"模型"选项卡的"基准"面板中单击"基准平面"按钮▱，弹出如图 3-4 所示的"基准平面"对话框。

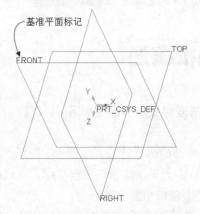

图 3-3　初始基准平面和基准坐标系　　　　图 3-4　"基准平面"对话框

（2）选择放置参考，所选的有效参考出现在"基准平面"对话框"放置"选项卡的"参考"列表框中，系统会提供一个默认的放置约束类型。例如，在如图 3-5 所示的示例中，选择 RIGHT 基准平面作为放置参考，系统默认的约束类型为"偏移"。用户可以根据设计需要从中选择所需的放置约束类型选项。

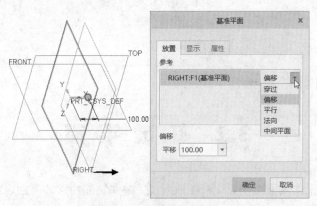

图 3-5　选择放置参考示例

（3）如果需要，可以按住 Ctrl 键选择其他对象来添加放置参考，并设置其放置约束类型，以使新基准平面完全被约束。

（4）切换到"显示"选项卡，可以调整基准平面的轮廓显示大小和方向，如图 3-6 所示。

☑ 若单击"反向"按钮，则可以反向基准平面的法向。

☑ 若选中"调整轮廓"复选框，则可以在如图 3-7 所示的列表框中选择"大小"或"参考"来定义基准平面的显示大小。选择"大小"选项时，可指定宽度和高度；选择"参考"选项时，需要指定轮廓参考。

图 3-6　"显示"选项卡

图 3-7　调整基准平面的显示轮廓

（5）切换到"属性"选项卡，如图 3-8 所示。在"名称"文本框中可以修改该基准平面的名称；若单击"显示此特征的信息"按钮，则可以打开 Creo Parametric 浏览器来查看该基准平面的特征信息，如图 3-9 所示。

图 3-8　"属性"选项卡

图 3-9　查看基准平面特征信息

（6）在"基准平面"对话框中单击"确定"按钮，完成新基准平面的创建。

下面介绍一个创建基准平面的简单范例，操作步骤如下。

（1）单击"打开现有对象"按钮，弹出"文件打开"对话框，从中选择本书配套资源中的\CH3\NC-3-1.prt 文件，单击"打开"按钮。文件中的原始模型如图 3-10 所示。

（2）在功能区"模型"选项卡的"基准"面板中单击"基准平面"按钮，系统弹出"基准平面"对话框。

（3）选择 TOP 基准平面，按住 Ctrl 键选择一条边线，接着指定相应的放置约束类型，并在"旋转"文本框中输入旋转角度为 120，如图 3-11 所示。

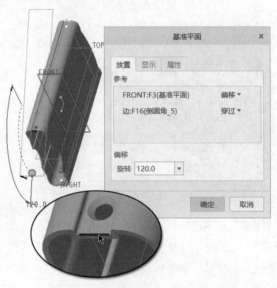

图 3-10　原始模型　　　　　　　　　图 3-11　定义新基准平面的放置参考

（4）切换到"属性"选项卡，在"名称"文本框中设置基准平面名称为 T_DTM1，如图 3-12 所示。

（5）单击"确定"按钮，完成创建如图 3-13 所示的基准平面 T_DTM1。

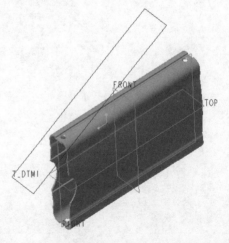

图 3-12　设置基准平面名称　　　　　　图 3-13　创建基准平面 T_DTM1

3.3　基　准　轴

　　基准轴主要用来作为同轴放置项目、创建环形阵列（轴阵列）、创建基准平面等的参考。基准轴作为单独的特征，可显示在模型树上。需要初学者注意的是，在创建一些旋转特征、孔特征、拉伸圆柱特征时，会自动生成一个轴，这个轴被形象地称为"特征轴"。特征轴依附于父特征，删除父特征时，该特征轴也就随之被删除。在如图 3-14 所示的图例中，A_1 为特征轴，A_2 为基准轴，A_2 显示在模型树上，可以通过右击 A_2 并利用快捷菜单对其进行复制、删除、重命名、创建注解、属性编辑等操作，还可以通过单击 A_2 并利用快捷工具栏对其进行编辑尺寸、编辑定义、编辑参考、隐含、阵列、镜像、隐藏等诸多操作。

　　在零件模式下，用户创建新基准轴，系统会默认以 A_# 的形式对其命名。

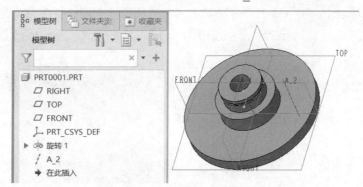

扫码查看图片

图 3-14　基准轴与特征轴

选择基准轴主要有如下两种方法。

☑　　在图形窗口中单击基准轴或轴标记名称。

☑　　在模型树上单击基准轴树节点。

在未选择任何对象的情况下，在功能区"模型"选项卡的"基准"面板中单击"基准轴"按钮，可以打开如图 3-15 所示的"基准轴"对话框。下面简单地介绍该对话框中的"放置""显示""属性"选项卡。

1．"放置"选项卡

　　"放置"选项卡具有"参考"收集器和"偏移参考"收集器，通过指定相关的参考及其约束条件来放置和定位基准轴，如图 3-16 所示。

2．"显示"选项卡

　　"显示"选项卡主要用来设置基准轴的轮廓显示长度。选中"调整轮廓"复选框，可以从下拉列表框中选择"大小"选项，然后在"长度"文本框中输入尺寸值，如图 3-17 所示。也可以从下拉列表框中选择"参考"选项，然后在模型中选择所需的参考。

图 3-15 "基准轴"对话框

图 3-16 定义放置参考和偏移参考

3. "属性"选项卡

使用"属性"选项卡,可以修改该基准轴的名称,还可以查询该基准轴特征的详细信息,如图 3-18 所示。单击"显示此特征的信息"按钮 ![i],可以打开 Creo Parametric 浏览器查看该基准轴的详细信息。

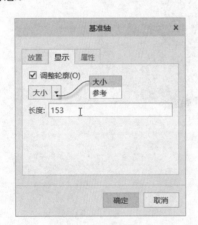

图 3-17 调整轮廓

图 3-18 "属性"选项卡

下面介绍一个创建基准轴的简单范例,具体操作步骤如下。

（1）在"快速访问"工具栏中单击"打开"按钮 ![打开]，弹出"文件打开"对话框,从中选择本书配套资源中的\CH3\NC-3-2X.prt 文件,单击"打开"按钮。

（2）在功能区"模型"选项卡的"基准"面板中单击"基准轴"按钮 ![/]，打开"基准轴"对话框。

（3）在如图 3-19 所示的实体顶面位置单击,以选择该实体平面作为放置主参考,此时出现一个主参考控制图标和两个偏移参考控制图标,所选平面出现在"参考"收集器中。

（4）在图形窗口中拖动其中一个偏移参考控制图标捕捉到 RIGHT 基准平面,接着拖动另一个偏移参考控制图标捕捉到 FRONT 基准平面,然后在"偏移参考"收集器中设置相应的偏移距离,如图 3-20 所示。

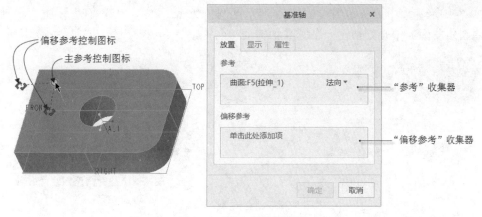

图 3-19　指定主放置参考

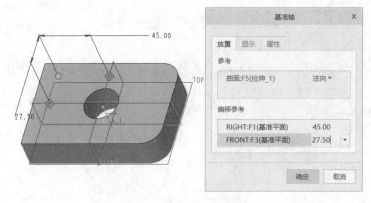

图 3-20　定义偏移参考

技巧

用户也可以采用其他方式来定义偏移参考，即在"基准轴"对话框的"放置"选项卡中，单击"偏移参考"收集器将其激活，接着在图形窗口中选择对象作为偏移参考（多选时按住 Ctrl 键），然后在"偏移参考"收集器中修改它们的偏移距离。

（5）切换到"属性"选项卡，在"名称"文本框中输入 A_T1。

（6）在"基准轴"对话框中单击"确定"按钮，创建的基准轴 A_T1 如图 3-21 所示。

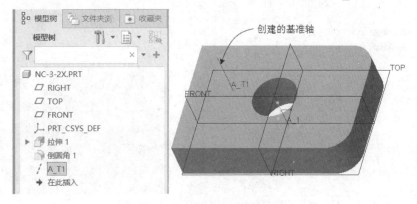

图 3-21　创建的基准轴 A_T1

（7）在图形窗口中选择如图 3-22（a）所示的圆角曲面，单击"基准轴"按钮 ，则可以快速地在此圆角曲面的中心处创建一个基准轴特征，名称默认为 A_2，如图 3-22（b）所示。

（a）选择圆角曲面

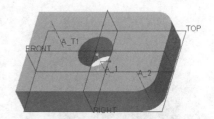
（b）根据指定参考快速创建基准轴

图 3-22　创建第 2 个基准轴

3.4　基　准　点

基准点的主要用途是定位，可以作为特征创建的参考，还可以用来定义有限元分析网格上的测量点等。基准点的类型包括一般基准点、偏移坐标系基准点和域基准点等。用于创建基准点的几种工具按钮如图 3-23 所示。

图 3-23　创建基准点的工具按钮

3.4.1　一般基准点

在功能区"模型"选项卡的"基准"面板中单击"基准点"按钮 ，打开如图 3-24 所示的"基准点"对话框。利用该对话框，通过指定位置参考和适当的约束来创建基准点，可以连续创建多个基准点。

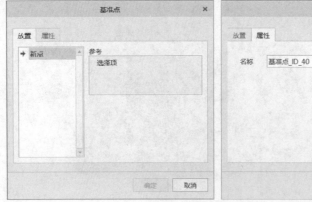

图 3-24　"基准点"对话框

下面以一个简单范例介绍创建一般基准点的方法，具体操作步骤如下。

（1）在"快速访问"工具栏中单击"打开"按钮，选择本书配套资源中的\CH3\NC-3-3.prt 文件，单击"打开"按钮，该文件中的原始模型如图 3-25 所示。

（2）在功能区"模型"选项卡的"基准"面板中单击"基准点"按钮，打开"基准点"对话框。

（3）创建基准点 PNT0。

先在如图 3-26 所示的顶曲面上单击，接着拖动其中一个偏移参考控制图标选择 FRONT 基准平面，拖动另一个偏移参考控制图标选择 RIGHT 基准平面，并分别设置其相应的偏移距离，如图 3-27 所示。

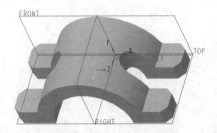

图 3-25　原始模型

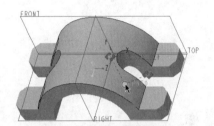

图 3-26　指定主放置参考

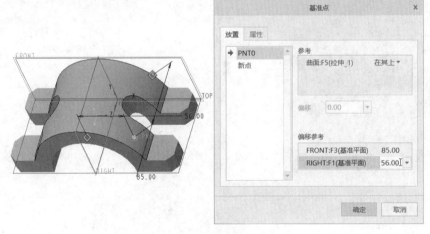

图 3-27　创建基准点 PNT0

（4）创建基准点 PNT1。

在"放置"选项卡的导航栏中选择"新点"，以创建新的基准点。在顶曲面的适当位置单击。在"放置"选项卡的"参考"收集器中，将约束类型设置为"偏移"，在"偏移"文本框中输入 12，拖动其中一个偏移控制图标捕捉到 FRONT 基准平面，设置其偏移距离为 50；再拖动另一个偏移控制图标捕捉到 RIGHT 基准平面，设置其偏移距离为 0，如图 3-28 所示。

（5）创建基准点 PNT2。

在导航栏中选择"新点"，在如图 3-29 所示的边线上单击，接着在"基准点"对话框的"放置"选项卡中，选择"比率"选项，输入偏移比率为 0.618，如图 3-30 所示。

（6）在"基准点"对话框中单击"确定"按钮，完成创建的基准点如图 3-31 所示。

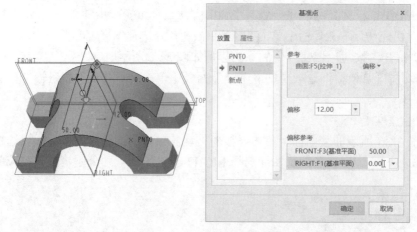

图 3-28　创建基准点 PNT1

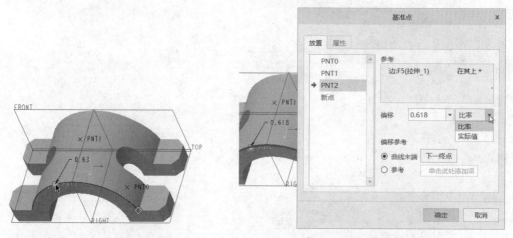

图 3-29　单击边线　　　　　　　　　　图 3-30　创建基准点 PNT2

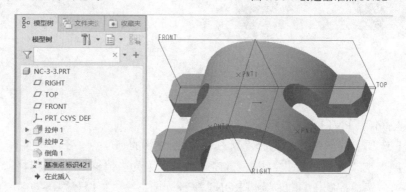

图 3-31　完成创建基准点

3.4.2　偏移坐标系基准点

在功能区"模型"选项卡的"基准"面板中单击"偏移坐标系基准点"按钮，打开"基准点"对话框，如图 3-32 所示。

图 3-32　"基准点"对话框（用于创建偏移坐标系基准点）

　　在"放置"选项卡的"类型"下拉列表框中可以选择"笛卡尔""柱坐标""球坐标"选项。例如选择"笛卡尔"，则使用笛卡尔坐标偏移方法，选择要放置点的坐标系，选择所需坐标系后，在对话框的表中单击当前行，如图 3-33 所示，接着分别在相应的参数框中输入相应的坐标偏移值即可，如图 3-34 所示。

图 3-33　单击列表当前行

图 3-34　设置偏移值

🔧 **提示**

　　指定偏移点的方法是单击上述"基准点"对话框表中的某个单元格，然后更改其值。要添加其他点，则单击表中空行，然后输入相应的偏移值。另外，"导入"按钮用于通过从文件读取偏移值来附加点，"更新值"按钮用于使用文本编辑器更新阵列偏置值，"保存"按钮用于将偏置值保存到文件，"使用非参数阵列"复选框则用于在参数阵列和非参数阵列之间切换。

在"属性"选项卡中，可以更改该基准点名称，并可以查询其详细信息。

3.4.3 域基准点

域基准点主要用于作为建模中的分析点，以确定一个几何区域。

创建域基准点的一般方法及步骤如下。

（1）在功能区"模型"选项卡的"基准"面板中单击"域基准点"按钮，打开如图 3-35 所示的"域基准点"对话框。

图 3-35 "域基准点"对话框

（2）选取一个参考（例如曲线、边、曲面或面组）以放置点。

（3）单击"域基准点"对话框中的"确定"按钮。在零件模式下，新创建的域基准点（简称域点）默认以 FPNT#（#从 0 开始排）形式命名。

3.5 基 准 曲 线

基准曲线通常被用来作为扫描特征的轨迹，还可用于创建曲面或其他特征等。本节将介绍插入基准曲线的方法和使用草绘工具的实用知识。

3.5.1 插入基准曲线

功能区"模型"选项卡的"基准"滑出面板提供了一个"曲线"下拉菜单，该下拉菜单提供了用于创建基准曲线的 3 个实用命令，即"通过点的曲线""来自方程的曲线""来自横截面的曲线"。

1. 通过点创建基准曲线

通过点创建基准曲线的方法如下。

（1）在功能区"模型"选项卡的"基准"滑出面板中选择"曲线"→"通过点的曲线"命令，则功能区出现如图 3-36 所示的"曲线：通过点"选项卡，此选项卡提供了"放置""结束条件""选项""属性" 4 个滑出面板。

（2）"放置"滑出面板中的"点"收集器处于激活状态，在图形窗口中选择一个现有点、顶点或曲线端点作为要添加到曲线定义中的第一个点。接着可以在图形窗口中依次选择其他的点、顶点或曲线端点作为要添加到曲线定义中的其他点，用户可以使用 ⬆ 和 ⬇ 按钮对点列表中的选定点进行重新排序。

（3）点与点的连接方式有"样条"和"直线"两种。要指定点与前一个点的连接方式，则可以在点列表中选择该点，接着选中"样条"单选按钮（等同于单击"使用样条将该点连接到上一点"按钮 〜），或选中"直线"单选按钮（等同于单击"使用线将该点连接到上一点"按钮 〜），前者使用通过选定基准点和顶点的三维样条构造曲线，后者则使用一条直线来通过基准点构造一条曲线。当为选定点选中"直线"单选按钮时，可以根据需要选中"添加圆角"复选框或单击"添加圆角"按钮 以设置在曲线的选定点处对曲线进行倒圆角,此时需要在"半径"文本框中输入圆角的半径,还可以根据需要设置"具有相同半径的点组"复选框的状态,如图3-37所示。

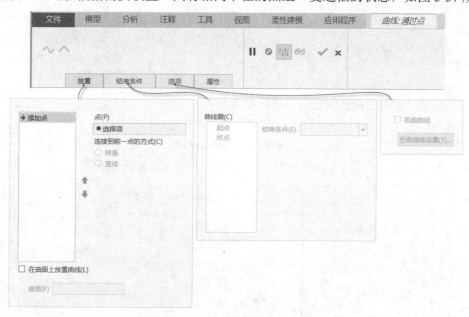

图3-36 "曲线:通过点"选项卡

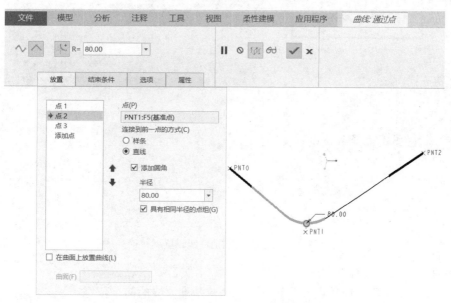

图3-37 设置点与前一个点的连接方式

⚠ **注意**

如果要使曲线位于选定曲面上,需要在"放置"滑出面板中选中"在曲面上放置曲线"复选框,接着选择所需的曲面。在曲面上放置曲线时,有些选项将不可用。

(4)要在曲线的端点定义条件,那么可以打开"结束条件"滑出面板,接着在"曲线侧"列表中选择"起点"或"终点",并在"结束条件"下拉列表框中选择一个可用选项,再根据需要选择参考及设置约束方向等。常见的结束条件选项如下。

☑ 自由：在此端点处，曲线无相切约束，自由形态。

☑ 相切：使曲线在该端点与选定参考相切，如果需要，可以将相切方向反向到参考的另一侧。

☑ 曲率连续：使曲线在该端点与选定参考相切，并将连续曲率条件应用于该点，注意其方向。

☑ 垂直/法向：使曲线在该端点与选定参考垂直。

（5）如果创建通过两个点的基准曲线，那么可以在 3D 空间中扭曲该曲线并动态更新其形状，方法是打开"选项"滑出面板，接着选中"扭曲曲线"复选框，并单击"扭曲曲线设置"按钮，弹出"修改曲线"对话框，利用此对话框修改曲线形状，如图 3-38 所示。

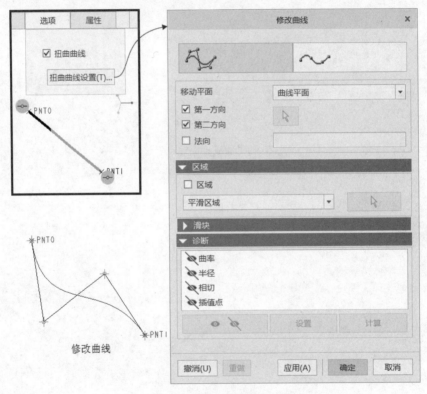

图 3-38　扭曲曲线设置

（6）在功能区"曲线：通过点"选项卡中单击"完成"按钮 ✔。

下面介绍一个使用"通过点的曲线"方式创建基准曲线的简单范例。

（1）在"快速访问"工具栏中单击"打开"按钮 📂，弹出"文件打开"对话框，从中选择本书配套资源中的\CH3\NC-3-4.prt 文件，单击"打开"按钮。该文件中的原始基准点如图 3-39 所示。

（2）在功能区"模型"选项卡的"基准"滑出面板中选择"曲线"→"通过点的曲线"命令，则功能区出现"曲线：通过点"选项卡。

（3）在图形窗口中依次单击 PNT0、PNT1、PNT2 和 PNT3 基准点，如图 3-40 所示。

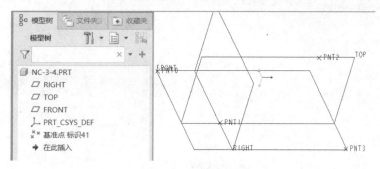

图 3-39 原始基准点

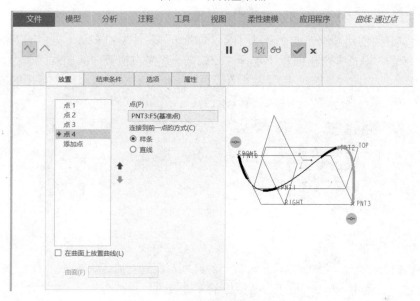

图 3-40 依次选择要通过的基准点

（4）在"放置"滑出面板的点列表中，分别选择"点 2""点 3""点 4"，其连接到前一点的方式均设置为"样条"。

（5）打开"结束条件"滑出面板，在"曲线侧"列表中选择"终点"选项，在"结束条件"下拉列表框中选择"垂直"选项，选择 FRONT 基准平面作为与其垂直的参考，如图 3-41 所示。

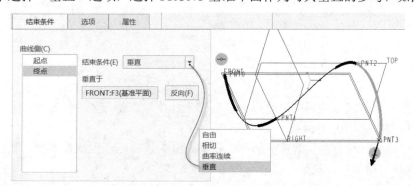

图 3-41 设置终点的结束条件

（6）单击"完成"按钮 ✔，创建完成的基准曲线如图 3-42 所示。

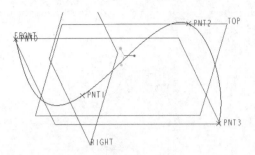

图 3-42　创建完成的基准曲线

2. 来自横截面的曲线

可以通过横截面创建基准曲线，即使用横截面的边界生成基准曲线。具体的方法是在功能区"模型"选项卡的"基准"滑出面板中选择"曲线"→"来自横截面的曲线"命令，则功能区出现如图 3-43 所示的"曲线"选项卡，从"横截面"下拉列表框中选择一个可用的横截面，然后单击"完成"按钮 ✔，则完成使用所选横截面创建一条基准曲线。

图 3-43　"曲线"选项卡

3. 来自方程的曲线

可以通过方程来创建基准曲线，下面以一个典型范例进行介绍。

（1）新建一个使用 mmns_part_solid 模板的零件文件。

（2）在功能区"模型"选项卡的"基准"滑出面板中选择"曲线"→"来自方程的曲线"命令，则功能区出现如图 3-44 所示的"曲线：从方程"选项卡。

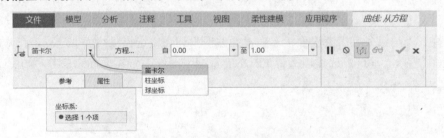

图 3-44　"曲线：从方程"选项卡

（3）在图形窗口或模型树中，选择一个基准坐标系以表示方程的零点。在本例中，从模型树中选择 PRT_CSYS_DEF 坐标系。

（4）在"曲线：从方程"选项卡的 下拉列表框中选择一个坐标系类型，如图 3-44 所示。在本例中，选择"笛卡尔"选项。

（5）如有需要，在"自"文本框中输入独立变量范围的下限值，并在"至"文本框中输入其上限值。这里，接受默认的"自"值为 0，"至"值为 1。

（6）在"曲线：从方程"选项卡上单击"方程"按钮，系统弹出"方程"编辑窗口，在该编辑窗口中输入如图 3-45 所示的参数方程。

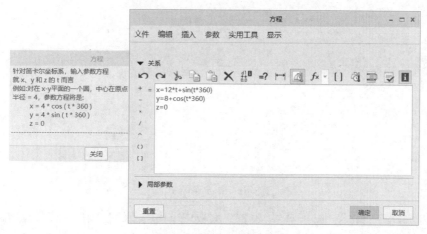

图 3-45 输入参数方程

提示

　　输入的曲线方程与坐标系类型有关，需要根据参数 t 及相关的坐标系参数指定方程，其中，x、y 和 z 用于笛卡尔坐标系，r、theta 和 z 用于柱坐标系，rho、theta 和 phi 用于球坐标系。

　　（7）在"方程"编辑窗口中单击"执行/校验关系并按关系创建新参数"按钮，弹出"校验关系"对话框，如图 3-46 所示，单击"确定"按钮。成功校验关系后，单击"方程"编辑窗口中的"确定"按钮。

　　（8）在"曲线：从方程"选项卡中单击"完成"按钮，创建如图 3-47 所示的基准曲线。

图 3-46 "校验关系"对话框

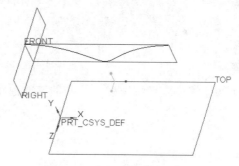

图 3-47 从方程创建基准曲线

3.5.2 使用草绘工具

　　使用草绘工具，可以在指定的草绘平面上绘制基准曲线，绘制的曲线可以由一个或多个草绘段组成，也可以由一个或多个开放（或封闭）的环组成。

　　下面以一个典型范例来介绍使用草绘工具绘制基准曲线的方法。

　　（1）新建一个使用 mmns_part_solid 模板的零件文件。

　　（2）在功能区"模型"选项卡的"基准"面板中单击"草绘"按钮。

　　（3）系统弹出"草绘"对话框，选择 TOP 基准平面作为草绘平面，以 RIGHT 基准平面为"右"方向参考，如图 3-48 所示，单击"草绘"按钮，从而进入草绘模式。

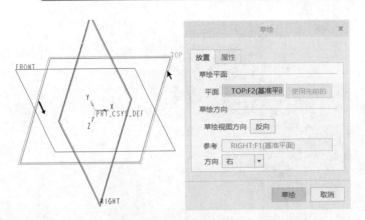

图 3-48　指定草绘平面

（4）在功能区"草绘"选项卡的"设置"面板中单击"草绘视图"按钮以定向草绘平面，使其与屏幕平行。接着在"草绘"面板中单击"样条曲线"按钮，绘制如图 3-49 所示的样条曲线。

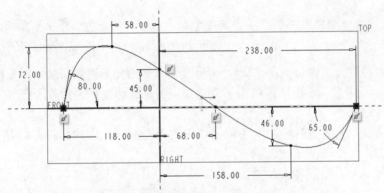

图 3-49　绘制样条曲线

（5）单击"确定"按钮，完成的基准曲线如图 3-50 所示。

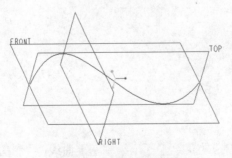

图 3-50　完成的基准曲线

3.6　基准坐标系

基准坐标系的用途很多，它可以作为定位特征的参考，还可以用于装配元件、计算模型质量属性、为有限元分析（FEA）放置约束等。

常用的基准坐标系有笛卡尔坐标系、柱坐标系和球坐标系。其中笛卡尔坐标系应用最广，一般使用默认的笛卡尔坐标系即可满足设计要求。

用户可以根据需要创建所需的坐标系，在零件模式下创建的坐标系，默认以"CS#（#为从 0 开始的）"的形式命名。

创建基准坐标系的一般步骤如下。

（1）在功能区"模型"选项卡的"基准"面板中单击"基准坐标系"按钮 ⤷，打开"坐标系"对话框。

（2）选择所需参考（平面、边、坐标系或点）以放置坐标系。例如选择 PRT_CSYS_DEF 坐标系，此时在"坐标系"对话框的"原点"选项卡上可以看到所选参考，用户可以从"偏移类型"下拉列表框中选择所需坐标系类型，如图 3-51 所示，然后分别设置各坐标轴的偏移参数。

（3）若坐标系的当前方向不是所需的，那么可以切换到"方向"选项卡，从中设置基准坐标系轴的方向，如图 3-52 所示。如果单击"设置 Z 垂直于屏幕"按钮，则坐标系被定向到与屏幕正交的方向上。

图 3-51　选择所需参考

图 3-52　设置基准坐标系轴的方向

（4）单击"确定"按钮，完成新坐标系的创建。

3.7　综合范例——基准特征应用

学习目的：

在该基准特征应用综合范例中，读者将练习如何创建基准平面、基准点、基准曲线和基准轴。创建完成的基准特征如图 3-53 所示。

重点难点：

☑　创建基准平面

☑　草绘基准点与创建基准点

视频讲解

☑　创建基准曲线

☑　创建基准轴

操作步骤：

（1）打开练习文件。

在"快速访问"工具栏中单击"打开"按钮 ，弹出"文件打开"对话框，从中选择本书配套资源中的\CH3\NC-3-ZHFL.prt 文件，单击"打开"按钮。该文件中的原始模型如图 3-54 所示。

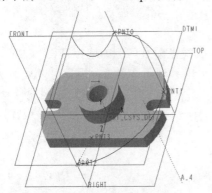

图 3-53　完成的基准特征

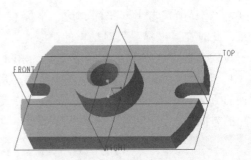

图 3-54　原始模型

（2）创建基准平面。

在功能区"模型"选项卡的"基准"面板中单击"基准平面"按钮 ▱，打开"基准平面"对话框，选择 TOP 基准平面，输入平移距离为 50，如图 3-55 所示。单击"确定"按钮，创建基准平面 DTM1。

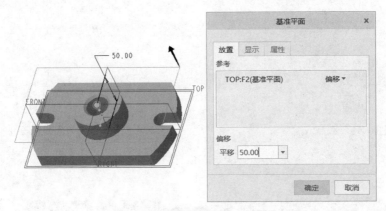

图 3-55　创建基准平面 DTM1

（3）草绘基准点（几何点）。

在功能区"草绘"选项卡的"基准"面板中单击"草绘"按钮 ，打开"草绘"对话框，以 DTM1 基准平面为草绘平面，以 RIGHT 基准平面为"右"方向参考，单击"草绘"按钮，进入草绘模式。

在"基准"面板中单击"几何点"按钮 ，绘制如图 3-56（a）所示的 3 个点，绘制顺序为点 1、点 2 和点 3，然后单击"确定"按钮 ✔。按 Ctrl+D 快捷键以默认的标准方向视图显示模型，此时可看到草绘完成的显示效果如图 3-56（b）所示。

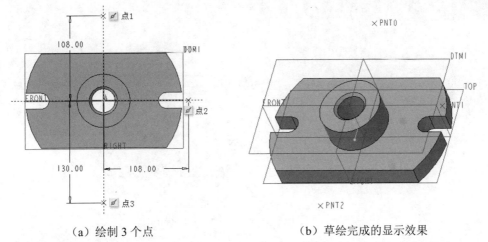

（a）绘制 3 个点 （b）草绘完成的显示效果

图 3-56　草绘基准点

（4）创建基准点。

单击"基准点"按钮 ✖✖，打开"基准点"对话框。单击 RIGHT 基准平面的显示轮廓以指定放置参考，如图 3-57 所示。接着分别拖动其中的偏移控制图标捕捉 DTM1 和 FRONT 基准平面，分别设置相应的偏移距离为 20、67，如图 3-58 所示。单击"确定"按钮，从而完成该基准点的创建。

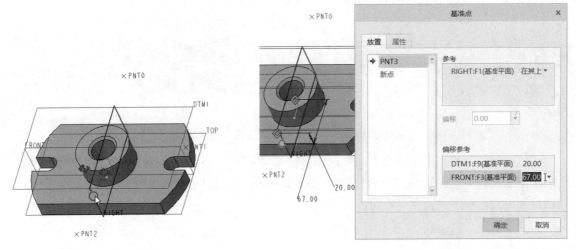

图 3-57　指定放置参考　　　　图 3-58　指定偏移参考

（5）创建基准曲线。

在功能区"模型"选项卡的"基准"滑出面板中选择"曲线"→"通过点的曲线"命令，则功能区出现"曲线：通过点"选项卡。

在图形窗口中依次单击 PNT0、PNT1 和 PNT2 基准点，如图 3-59 所示。在"放置"滑出面板的点列表中分别选择"点 3"和"点 2"，均在"连接到前一点的方式"选项组中选中"样条"单选按钮。

打开"结束条件"滑出面板，在"曲线侧"列表中选择"起点"选项，在"结束条件"下拉列表框中选择"垂直"选项，接着在图形窗口中选择 RIGHT 基准平面，如图 3-60 所示。

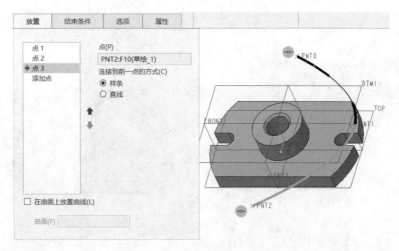

图 3-59　指定曲线通过的点

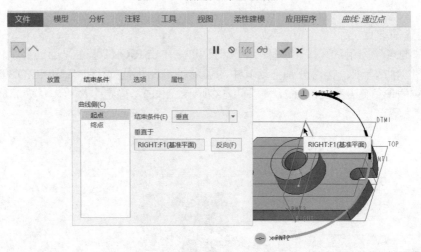

图 3-60　设置起点的结束条件

在"曲线侧"列表中选择"终点"选项，在"结束条件"下拉列表框中选择"垂直"选项，接着在图形窗口中选择 RIGHT 基准平面，如图 3-61 所示。显然，此处曲线方向不是所需要的，需要反向处理，单击"反向"按钮，结果如图 3-62 所示。

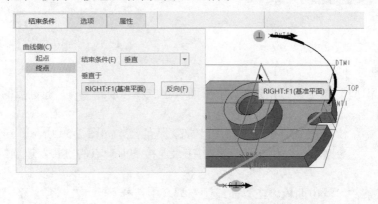

图 3-61　选择 RIGHT 基准平面作为终点的垂直参考

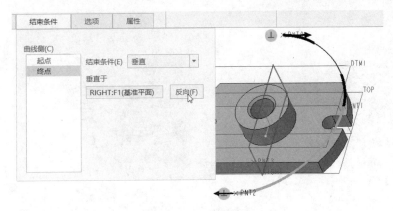

图 3-62　反向操作

在"曲线：通过点"选项卡中单击"完成"按钮 ✔，创建的基准曲线如图 3-63 所示。

（6）草绘基准曲线。

单击"草绘"按钮 ，打开"草绘"对话框。选择 RIGHT 基准平面作为草绘平面，以 TOP 基准平面为"左"方向参考，单击"草绘"按钮，进入草绘模式。

在草绘窗口中绘制如图 3-64 所示的圆弧，注意单击"重合"按钮 ，约束圆弧的右端点与 PNT0 基准点重合。

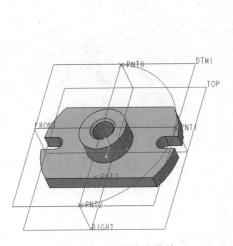

图 3-63　创建基准曲线

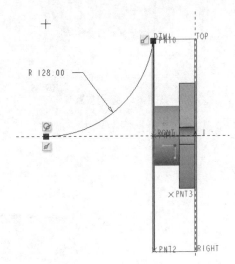

图 3-64　草绘圆弧

单击"确定"按钮 ✔，完成创建的曲线如图 3-65 所示。

（7）创建基准轴。

在确保未选中任何对象的情况下，单击"基准轴"按钮 ，打开"基准轴"对话框。选择 PNT2 基准点，再按住 Ctrl 键选择 PNT3 基准点，如图 3-66 所示，单击"确定"按钮。

（8）继续创建基准轴。

确认刚创建的基准轴处于未被选中的状态，单击"基准轴"按钮 ，打开"基准轴"对话框。单击 TOP 基准平面的显示轮廓，如图 3-67 所示。然后按住 Ctrl 键分别选择 FRONT 和 RIGHT 基准平面指定偏移参考，并分别设置其相应的偏移距离为 120、150，如图 3-68 所示。

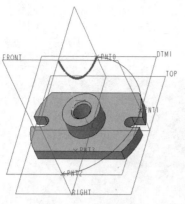

图 3-65　创建曲线

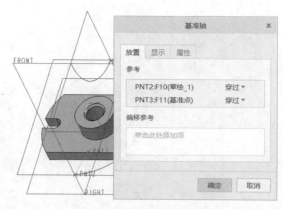

图 3-66　由两点创建基准轴

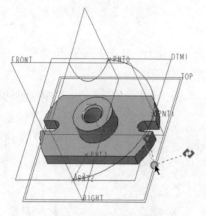

图 3-67　指定放置参考

图 3-68　指定偏移参考

在"基准轴"对话框中单击"确定"按钮，创建完成的新基准轴如图 3-69 所示。

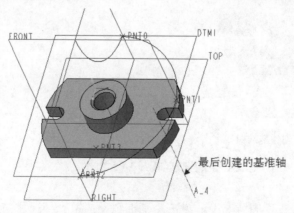

图 3-69　创建完成的基准轴

案例总结

　　本节综合范例介绍了几种常见基准特征（基准平面、基准点、基准曲线和基准轴）的创建步骤，有助于读者进一步掌握基准特征的一般创建方法。在实际工作中，三维建模离不开基准特征的应用，即基准特征可以作为三维建模的定位参考、零部件的装配约束参考等。

3.8 思考与上机练习

（1）基准特征主要包括哪些特征？基准特征通常用于哪些方面？

（2）如何进行基准特征的显示设置？

（3）简述创建基准平面的一般方法。总结可以使用哪些参考组合快速创建基准平面。

（4）简述创建基准轴的一般方法。总结可以使用哪些参考组合快速创建基准轴。

（5）基准点分为哪些类型？

（6）可以采用哪些工具或命令创建基准曲线？

（7）常见基准坐标系有哪几种？分别采用什么参数？

（8）上机练习：首先在 TOP 基准平面上绘制如图 3-70 所示的曲线，然后在曲线两端各创建一个基准点。

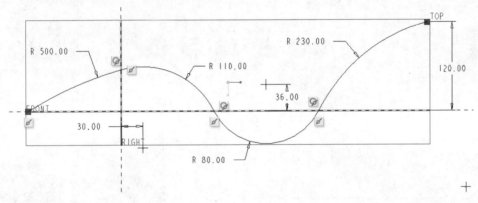

图 3-70 绘制曲线

最后，通过创建的两个基准点创建一根基准轴，完成的效果如图 3-71 所示。

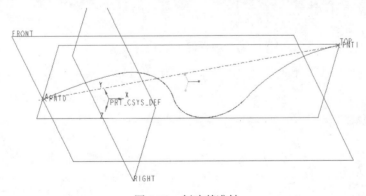

图 3-71 创建基准轴

✏️**提示**

先使用草绘工具绘制平面曲线，再使用"一般基准点"工具在曲线的两个端点处创建基准点，最后使用"基准轴"工具创建基准轴。

第4章 基础特征

本章导读

　　在 Creo Parametric 5.0 中，基础特征包括拉伸特征、旋转特征、扫描特征、混合特征、可变截面扫描特征等，它们可由截面通过指定的创建方式生成。本章主要介绍常见基础特征的创建方法及其步骤，并通过实战范例巩固知识点。

4.1 拉伸特征

　　典型的拉伸特征是由二维截面沿着其法向拉伸而产生的特征，如图 4-1 所示。

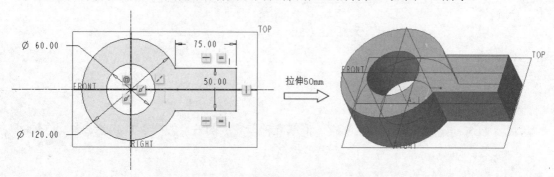

图 4-1　创建拉伸特征

　　在功能区"模型"选项卡的"形状"面板中单击"拉伸"按钮 ，打开如图 4-2 所示的"拉伸"选项卡。

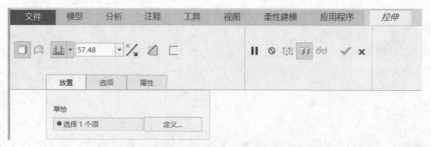

图 4-2　"拉伸"选项卡和"放置"滑出面板

下面介绍"拉伸"选项卡中主要的按钮和选项。

☑　⬛：创建实体拉伸，即拉伸为实体。

☑　🔲：创建曲面拉伸，即拉伸为曲面。

☑　🔀：将拉伸方向反向至草绘的另一侧。

☑　◪：移除材料。

☑　◻：加厚草绘。

☑　⬥（盲孔）：从草绘平面以指定的深度拉伸截面。

☑　◫（对称）：从草绘平面分别向两侧拉伸截面，深度均为设定值的一半。

☑　≡（到下一个）：拉伸截面至下一曲面，即将截面从放置参考拉伸至与其相交的第一个曲面。

☑　≣（穿透）：拉伸截面至与所有曲面相交，即穿透所有曲面。

☑　⬦（穿至）：拉伸截面使其与选定曲面相交。

☑　⬦（到选定项）：拉伸截面至选定的点、曲线、平面或曲面。

☑　"放置"滑出面板：用来定义或编辑草绘截面，如图 4-2 所示。

☑　"选项"滑出面板：主要用来确定侧 1 和侧 2 的深度选项和相应的拉伸深度，可以根据需要设置是否添加锥度（锥度有效范围为-89.9°～89.9°），如图 4-3 所示。

☑　"属性"滑出面板：用来定义拉伸特征的名称，单击"显示此特征的信息"按钮🅸可以查询其详细信息，如图 4-4 所示。

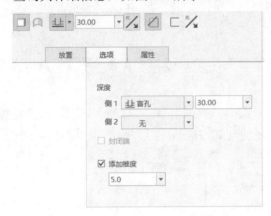

图 4-3　"选项"滑出面板

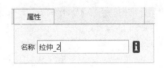

图 4-4　"属性"滑出面板

下面以一个简单范例讲解如何创建拉伸特征。

1. 新建零件文件

（1）在"快速访问"工具栏中单击"新建"按钮🗋，或者按 Ctrl+N 快捷键，弹出"新建"对话框。

（2）在"类型"选项组中选中"零件"单选按钮；在"子类型"选项组中选中"实体"单选按钮；在"文件名"文本框中输入文件名为 bccreo_4_1，取消选中"使用默认模板"复选框，单击"确定"按钮。

（3）系统弹出"新文件选项"对话框，在"模板"选项组中选择 mmns_part_solid，单击"确定"按钮，进入零件设计模式。新零件文件中已存在原始的 3 个基准平面 RIGHT、TOP、FRONT

视频讲解

和基准坐标系 PRT_CSYS_DEF。

2. 创建拉伸加厚特征

（1）在功能区"模型"选项卡的"形状"面板中单击"拉伸"按钮 ，打开"拉伸"选项卡。

（2）"拉伸"选项卡中的"实体"按钮□默认被选中，单击"加厚草绘"按钮□。

（3）打开"放置"滑出面板，单击"定义"按钮，打开如图 4-5 所示的"草绘"对话框。选择 TOP 基准平面作为草绘平面，默认以 RIGHT 基准平面为"右"方向参考，如图 4-6 所示，单击"草绘"按钮，进入草绘模式。

图 4-5　"草绘"对话框

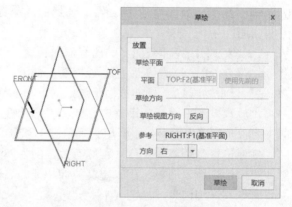

图 4-6　定义草绘平面

技巧

也可以不打开"放置"滑出面板，而是直接选择 TOP 基准平面作为草绘平面，快速进入草绘模式。

（4）如果草绘平面未自动与屏幕平行，那么可以在功能区"草绘"选项卡的"设置"面板中单击"草绘视图"按钮 ，从而定向草绘平面使其与屏幕平行。绘制如图 4-7 所示的开放式的图形，单击"确定"按钮 。

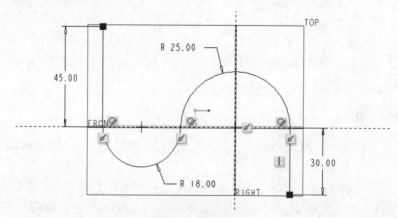

图 4-7　草绘图形

（5）在"拉伸"选项卡中设定拉伸深度为 80，加厚厚度为 5，如图 4-8 所示，并单击"厚度"文本框右侧的 按钮，使加厚材料侧方向向外。

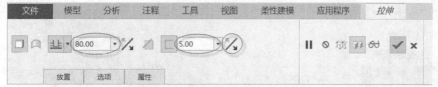

图 4-8 设定深度厚度

（6）单击"完成"按钮 ✔，按 Ctrl+D 快捷键以默认的标准方向视图显示模型，此时可以看到完成创建的拉伸加厚特征如图 4-9 所示。

3. 创建拉伸实体特征

（1）在功能区"模型"选项卡的"形状"面板中单击"拉伸"按钮 ，打开"拉伸"选项卡。

（2）"拉伸"选项卡中的"实体"按钮 默认处于被选中状态。

（3）打开"放置"滑出面板，单击"定义"按钮，打开"草绘"对话框。

（4）在"草绘"对话框中单击"使用先前的"按钮，进入草绘模式。

（5）绘制如图 4-10 所示的封闭图形，单击"确定"按钮 ✔。

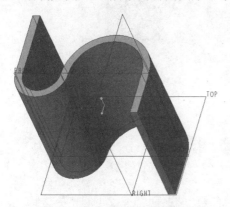

图 4-9 创建的拉伸加厚特征

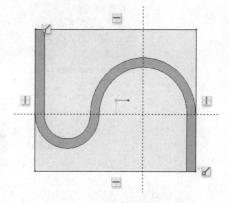

图 4-10 绘制封闭图形

（6）在"拉伸"选项卡中设置拉伸深度为 5。

（7）单击"完成"按钮 ✔，按 Ctrl+D 快捷键以默认的标准方向视图显示模型，完成创建拉伸实体特征，效果如图 4-11 所示。

4. 以拉伸的方式移除材料

（1）在功能区"模型"选项卡的"形状"面板中单击"拉伸"按钮 ，打开"拉伸"选项卡。

（2）"拉伸"选项卡中的"实体"按钮 默认被选中，单击"移除材料"按钮 。

（3）打开"放置"滑出面板，单击"定义"按钮，打开"草绘"对话框。

（4）在"草绘"对话框中单击"使用先前的"按钮，进入草绘模式。

（5）单击"同心圆"按钮 ，绘制如图 4-12 所示的圆，单击"确定"按钮 ✔。

（6）在"拉伸"选项卡中单击"深度"文本框右侧的 按钮，并在深度选项下拉列表中选择 （穿透）。按 Ctrl+D 快捷键以默认视图方向显示模型，如图 4-13 所示。

（7）单击"完成"按钮 ✔，实体模型效果如图 4-14 所示。

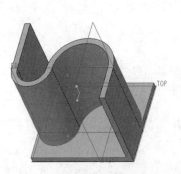

图 4-11 创建拉伸实体特征

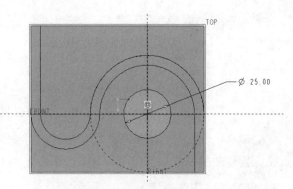

图 4-12 绘制同心圆

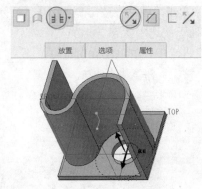

图 4-13 设置深度方向

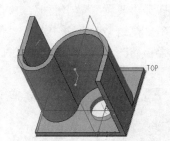

图 4-14 完成的实体模型

4.2 旋 转 特 征

绕中心线旋转草绘截面，可以创建旋转实体特征或旋转曲面特征。要创建旋转特征，必须定义旋转截面和旋转轴，旋转轴可以是外部线性参考（如基准轴、直边、直线、坐标轴）或草绘器内部中心线（特征内部草绘的几何中心线或构造中心线）。旋转特征的截面必须位于旋转轴的同一侧，旋转轴必须位于截面的草绘平面中。

将截面绕旋转轴旋转一定的角度，便可以创建一个旋转特征，如图 4-15 所示。

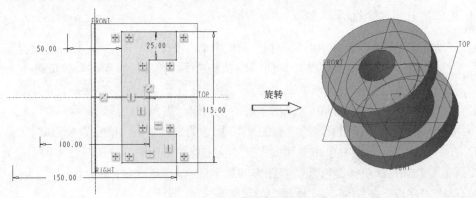

图 4-15 创建旋转特征

在 Creo Parametric 5.0 中，系统会为旋转特征检查可以作为旋转轴的参考，并排列默认选项的优先次序：用户指定的旋转轴→特征内部草绘的几何中心线→特征内部草绘的构造中心线。

⚠ 注意

在草绘截面中创建的唯一中心线（有效的）会被系统默认为旋转轴；如果草绘中包含多条中心线，则创建的第 1 条几何中心线默认用作旋转轴；如果草绘不包含几何中心线，那么创建的第 1 条构造中心线默认用作旋转轴。用户也可以指定其他中心线为旋转轴，其方法是在草绘中选择并右击所需中心线，接着从快捷菜单中选择"指定旋转轴"命令。

在功能区"模型"选项卡的"形状"面板中单击"旋转"按钮 ⬥，打开如图 4-16 所示的"旋转"选项卡。

图 4-16 "旋转"选项卡

创建旋转特征的方法及其步骤与创建拉伸特征时基本相同，下面以一个简单范例说明。

视 频 讲 解

1. 新建零件文件

（1）在"快速访问"工具栏中单击"新建"按钮 ▢，打开"新建"对话框。

（2）在"类型"选项组中选中"零件"单选按钮；在"子类型"选项组中选中"实体"单选按钮；在"文件名"文本框中输入文件名为 bccreo_4_2，取消选中"使用默认模板"复选框，然后单击"确定"按钮。

（3）弹出"新文件选项"对话框，在"模板"选项组中选择 mmns_part_solid，单击"确定"按钮，进入零件设计模式。新零件文件中已存在原始的 3 个基准平面 RIGHT、TOP、FRONT 和基准坐标系 PRT_CSYS_DEF。

2. 创建旋转实体

（1）在功能区"模型"选项卡的"形状"面板中单击"旋转"按钮 ⬥，打开"旋转"选项卡。

（2）打开"放置"滑出面板，单击"定义"按钮，打开"草绘"对话框。

（3）选择 TOP 基准平面作为草绘平面，默认以 RIGHT 基准平面为"右"方向参考，单击"草绘"按钮。

（4）绘制如图 4-17 所示的封闭图形，注意在"基准"面板中单击"几何中心线"按钮 ⦙，绘制一条水平的几何中心线作为旋转轴，单击"确定"按钮 ✓。

（5）接受默认的 360°为旋转角度。

（6）在"旋转"选项卡中单击"完成"按钮 ✓，完成创建的旋转特征如图 4-18 所示。

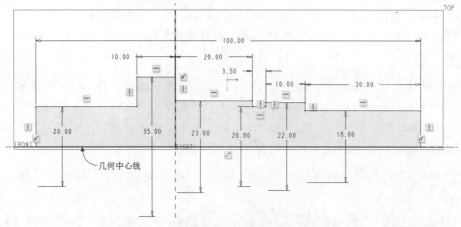

图 4-17　草绘截面

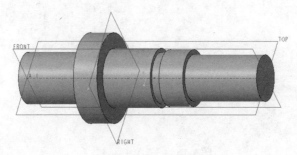

图 4-18　创建的旋转特征

3. 以旋转的方式切除材料

（1）在功能区"模型"选项卡的"形状"面板中单击"旋转"按钮，打开"旋转"选项卡。

（2）"旋转"选项卡中的"实体"按钮默认被选中，单击"移除材料"按钮。

（3）打开"放置"滑出面板，单击"定义"按钮，打开"草绘"对话框。

（4）单击"草绘"对话框中的"使用先前的"按钮，进入草绘模式。

（5）绘制如图 4-19 所示的开放截面和几何中心线，单击"确定"按钮。

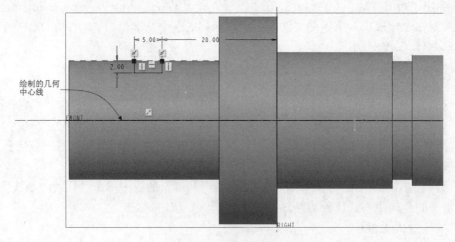

图 4-19　草绘开放截面

（6）接受默认的 360°为旋转角度。

（7）在"旋转"选项卡中单击"完成"按钮 ✔，完成旋转切除操作得到的模型效果如图 4-20 所示。

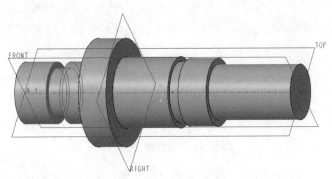

图 4-20　旋转切除模型效果

4.3　扫 描 特 征

扫描特征是指沿一个或多个轨迹扫描草绘截面而创建的特征。要创建扫描特征，必须定义扫描轨迹（也称"扫引轨迹"）和扫描用的草绘截面。草绘截面定位于附加在原点（坐标原点）轨迹的框架上，并沿轨迹长度方向移动来创建几何特征。原点轨迹只有一条，它和辅助轨迹、其他参考（如平面、轴、边、坐标轴）共同定义草绘扫描的方向。扫描截面可以是恒定的，也可以是可变的。创建扫描特征时，系统会根据所选轨迹数量将扫描草绘类型自动设置为"恒定草绘" ╠ 或"可变草绘" ╬。单一轨迹时设置为恒定扫描，多个轨迹时则设置为可变截面扫描，用户可以手动更改扫描类型。

4.3.1　恒定截面扫描

恒定截面扫描是指在沿轨迹扫描的过程中，草绘形状保持不变，仅草绘所在框架的方向发生变化。所谓框架就是沿原点轨迹移动且自身带有扫描截面的坐标系，它决定着草绘沿原点轨迹移动的方向，该坐标系的轴由附加约束和参考（如"垂直于轨迹""垂直于投影""恒定法向"）定义。

下面通过一个简单范例介绍扫描特征的创建方法和过程。

1. 新建零件文件

（1）在"快速访问"工具栏中单击"新建"按钮 □，打开"新建"对话框。

（2）在"类型"选项组中选中"零件"单选按钮；在"子类型"选项组中选中"实体"单选按钮；在"文件名"文本框中输入文件名为 bccreo_4_3，取消选中"使用默认模板"复选框，单击"确定"按钮。

（3）弹出"新文件选项"对话框，在"模板"选项组中选择 mmns_part_solid，单击"确定"

视频讲解

按钮，进入零件设计模式。

2. 创建扫描特征

（1）在功能区"模型"选项卡的"形状"面板中单击"扫描"按钮，打开如图 4-21 所示的"扫描"选项卡。该选项卡上的"实体"按钮默认处于被选中的状态。

图 4-21　"扫描"选项卡

（2）由于没有可用的扫描轨迹，故在本例中需要用户自行定义轨迹。单击"扫描"选项卡右侧的"基准"→"草绘"按钮，弹出"草绘"对话框，选择 TOP 基准平面作为草绘平面，默认以 RIGHT 基准平面为"右"方向参考，单击"草绘"按钮，进入草绘模式。

（3）绘制如图 4-22 所示的曲线作为扫描轨迹，单击"确定"按钮。

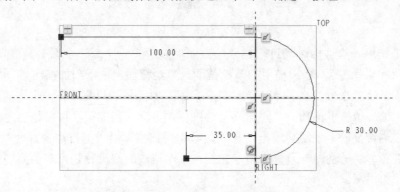

图 4-22　绘制扫描轨迹

（4）在"扫描"选项卡中单击"退出暂停模式"按钮，以继续进行扫描设置，如图 4-23 所示。

图 4-23　单击"退出暂停模式"按钮

（5）所绘制的曲线默认为原点轨迹。在"参考"滑出面板中可以看到"截平面控制"选项默认为"垂直于轨迹"。如果原点轨迹的箭头不在所需起点处，可以在图形窗口中单击此箭头，将其切换至轨迹的另一个端点处，如图 4-24 所示。

（6）确认选中"恒定草绘"按钮，在"草绘"选项卡上单击"创建或编辑扫描截面"按钮，进入草绘模式。单击"草绘视图"按钮定向草绘平面使其与屏幕平行，接着单击"圆：圆心和点"按钮绘制如图 4-25 所示的扫描截面，单击"确定"按钮。

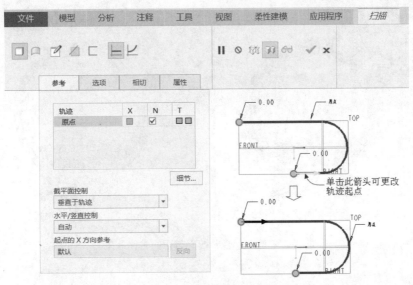

图 4-24　指定原点轨迹的起点方向

💬**技巧**

　　启动草绘器后，如果草绘平面没有与屏幕平行，可以根据设计需要单击"草绘视图"按钮 📐 定向草绘平面使其与屏幕平行。还可进行如下设置，使它们在草绘器启动时自动平行。选择"文件"→"选项"命令，打开"Creo Parametric 选项"对话框，在左侧列表中选择"草绘器"类别，接着通过右侧滚动条找到"草绘器启动"选项组，选中"使草绘平面与屏幕平行"复选框，然后单击"确定"按钮，从而设置在启动草绘器（进入内部草绘模式）时，草绘平面自动调整为与屏幕平行。后文中如未特别说明，则默认草绘器启动时草绘平面自动与屏幕平行。

　　（7）单击"扫描"选项卡中的"完成"按钮 ✔，创建完成的扫描特征如图 4-26 所示。

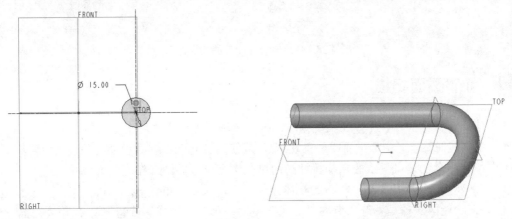

图 4-25　绘制扫描截面　　　　　　　　图 4-26　扫描特征

　　对于实体扫描、恒定截面、非闭合轨迹（起点与终点不接触）、截面被定向为垂直于轨迹、水平/竖直控制选择"自动"、轨迹端点在相邻几何上，且相邻几何为实体的情形，功能区"扫描"选项卡的"选项"滑出面板上提供的"合并端"复选框可用。选中"合并端"复选框时，实体扫描特征可连接到相邻的实体曲面而不留间隙，如图 4-27 所示。

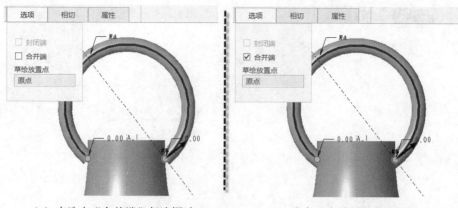

（a）未选中"合并端"复选框时　　　　　　（b）选中"合并端"复选框时

图 4-27　选中"合并端"与否的对比效果

视频讲解

📝 **课堂练习**

打开本书配套资源中的\CH4\bccreo_4_3b.prt 文件，进行扫描练习，注意将"合并端"复选框选中。练习流程如图 4-28 所示。

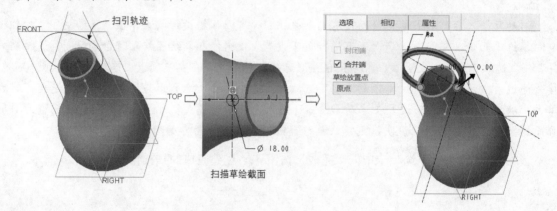

图 4-28　使用"合并端"的扫描练习

4.3.2　可变截面扫描

在创建扫描特征的过程中，在功能区"扫描"选项卡上单击"可变草绘"按钮 ⌒，可以将草绘图元约束到其他轨迹（中心平面或现有几何），或使用由 trajpar 参数设置的关系来使草绘可变。

下面结合两个创建可变截面扫描特征的简单范例来进行方法介绍。先介绍第一个范例。

（1）新建一个名为 bccreo_4_3c 的实体零件文件，采用 mmns_part_solid 模板。

（2）在功能区"模型"选项卡的"形状"面板中单击"扫描"按钮 🗊，打开"扫描"选项卡，"实体"按钮 ⬜ 默认处于被选中的状态。

（3）在选项卡右侧单击"基准"→"草绘"按钮 🗊，弹出"草绘"对话框，选择 TOP 基准平面作为草绘平面，默认以 RIGHT 基准平面为"右"方向参考，如图 4-29 所示，单击"草绘"按钮，进入草绘模式。

（4）绘制如图 4-30 所示的两条样条曲线，单击"确定"按钮 ✓。

图 4-29 "草绘"对话框

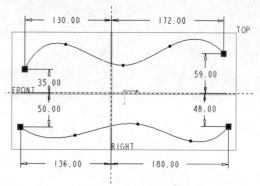

图 4-30 绘制两条曲线

（5）按 Ctrl+D 快捷键以默认的标准方向视图显示，效果如图 4-31 所示。

（6）在选项卡右侧单击"基准"→"草绘"按钮，弹出"草绘"对话框，选择 FRONT 基准平面作为草绘平面，以 RIGHT 基准平面为"右"方向参考，单击"草绘"按钮。

（7）绘制如图 4-32 所示的圆弧，单击"确定"按钮。

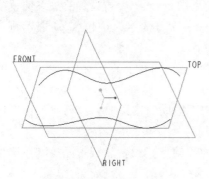

图 4-31 创建的两条曲线

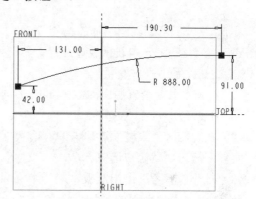

图 4-32 绘制圆弧

（8）在"扫描"选项卡中单击"退出暂停模式"按钮。此时，刚创建的圆弧自动被选中，按住 Ctrl 键选中另外两条曲线，如图 4-33 所示。

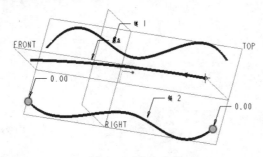

图 4-33 选中曲线

提示

选中的第 1 条圆弧作为原点轨迹，而其他曲线作为用来约束截面形状的辅助轨迹，称为链轨迹。

（9）"扫描"选项卡上的"可变草绘"按钮 自动被选中，单击"创建或编辑扫描截面"按钮 ，进入草绘模式。

（10）单击"圆：三点"按钮 绘制如图 4-34 所示的圆，单击"确定"按钮 。

（11）在"扫描"选项卡中单击"完成"按钮 ，完成创建的可变截面扫描特征如图 4-35 所示。

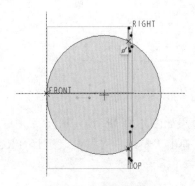

图 4-34　草绘截面

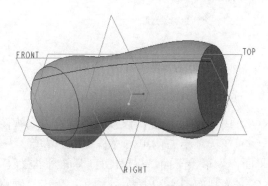

图 4-35　创建可变截面扫描特征

视频讲解

下面介绍关于可变截面扫描的第 2 个范例，该范例使用由 trajpar 参数设置的关系使草绘可变。trajpar 参数在 Creo 中表示轨迹路径，其有效值范围为 0～1，0 表示轨迹起点，1 表示轨迹终点，该参数在关系中为自变量。

（1）打开本书配套资源中的\CH4\bccreo_4_3d.prt 文件，该文件中存在着如图 4-36 所示的一条半椭圆曲线。

（2）在功能区"模型"选项卡的"形状"面板中单击"扫描"按钮 ，打开"扫描"选项卡，"实体"按钮 默认被选中。

（3）打开"参考"滑出面板，选择半椭圆曲线作为原点轨迹，设置"截平面控制"选项为"垂直于轨迹"，"水平/竖直控制"选项为"自动"，如图 4-37 所示。

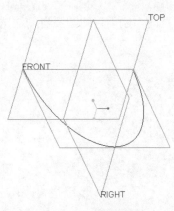

图 4-36　半椭圆曲线

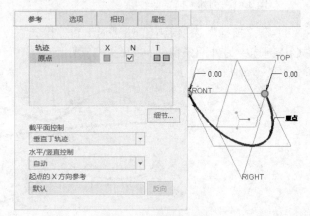

图 4-37　设置原点轨迹

（4）在"扫描"选项卡上选中"可变草绘"按钮 ，单击"创建或编辑扫描截面"按钮 以进入草绘模式。绘制如图 4-38 所示的圆，此时不必修改尺寸。在功能区中切换至"工具"选项卡，如图 4-39 所示，单击"模型意图"面板中的"关系"按钮 ，系统弹出"关系"对话框。

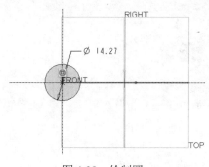

图 4-38 绘制圆

图 4-39 切换至"工具"选项卡

（5）在图形窗口中单击要修改的截面尺寸，则其代号出现在关系输入框内，输入带 trajpar 参数的截面关系式（即完整的截面关系为 sd3=5+8*trajpar()^2）使驱动草绘可变，如图 4-40 所示。

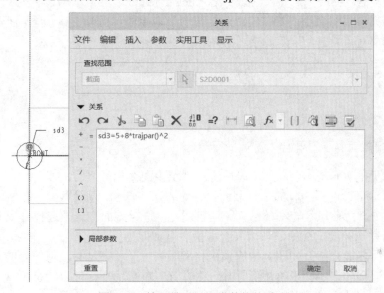

图 4-40 输入带 trajpar 参数的关系式

（6）校验成功后，单击"关系"对话框中的"确定"按钮。

（7）在功能区中切换至"草绘"选项卡，单击"确定"按钮✔。

（8）在功能区"扫描"选项卡上单击"完成"按钮✔，完成创建此可变截面扫描特征，效果如图 4-41 所示。

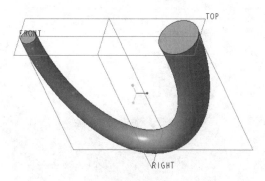

图 4-41 完成可变截面扫描特征

4.4 混 合 特 征

一个混合特征由一系列（至少两个）平面截面组成，Creo Parametric 5.0 将这些平面截面在其边界用过渡曲面连接形成一个连续特征。混合特征的类型包括如下 3 种。

☑ "平行"混合：所有混合截面都位于截面草绘中的多个平行平面上。

☑ "旋转"混合：混合截面绕旋转轴旋转，旋转的角度范围为-120°～120°。

☑ "一般"混合：一般混合截面可绕 X 轴、Y 轴和 Z 轴旋转，也可以沿这 3 个轴平移。每个截面都单独草绘，并用截面坐标系对齐。一般混合特征也称常规混合特征，要使用"常规混合"命令，需要将 enable_obsoleted_features 配置选项设置为 yes 以启动"所有命令"列表中的命令，接着将"常规混合"命令添加到功能区所需的自定义组（面板）中。本书对"常规混合"命令不做深入介绍。

4.4.1 平行混合

平行混合主要分为以下两种。

1. 具有常规截面的平行混合（常规平行混合）

这是最为常见的平行混合特征，可以通过使用至少两个相互平行的平行截面创建。既可以即时草绘平行截面也可以选择已有的平行截面，也就是可以通过"草绘截面"选项草绘截面或使用在进入"混合"工具之前已经存在的截面，还可通过"选定截面"选项选择形成截面的链。如果第一个截面是通过选择链定义的，那么其余截面也需如此定义。

一般情况下，各混合截面的图元数应该保持相等。对于没有足够几何图元的截面，可以添加混合顶点，每个混合顶点等同于给截面添加一个图元。在帽状平行混合特征中，允许其第一个截面或最后一个截面只由一个点构成。

具有常规截面的平行混合特征示例如图 4-42 所示，其中图 4-42（a）和图 4-42（b）所使用的平行截面是一样的，不同之处在于其"混合曲面"选项设定不同，前者为"平滑"形式，后者为"直"形式；而图 4-42（c）为帽状平行混合特征，其第 1 个截面和第 3 个截面均为一个草绘构造点。

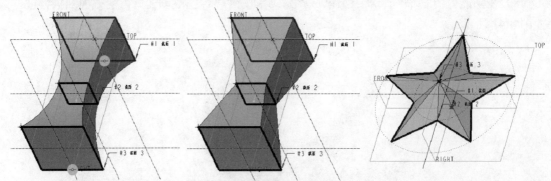

(a) 平滑连接的平行混合特征　　　　(b) 直连接的平行混合特征　　　　(c) 帽状平行混合特征

图 4-42　具有常规截面的平行混合典型示例

对于此类平行混合，可以通过使用相对另一草绘截面的偏移值或使用一个参考来定义草绘截面的草绘平面。

2. 具有投影截面的平行混合（投影平行混合）

此类平行混合包含两个位于相同的平面曲面或基准平面上的截面，它们以垂直于草绘平面的方向投影到两个不同的实体曲面上。其中，第一个截面投影到第一个选定曲面上，而第二个截面则投影到第二个选定曲面上。需要注意的是，每个投影截面都必须完全落在其所选曲面的边界之内，且投影平行混合不能与其他曲面相交。

在 Creo Parametric 5.0 中，默认情况下功能区中不提供"投影截面混合"命令。与使用"常规混合"命令相似，要使用"投影截面混合"命令，需要将 enable_obsoleted_features 配置选项设置为 yes 以启用"所有命令"列表中的"投影截面混合"命令，然后将该命令添加到功能区所需的用户定义组（面板）。本书只要求读者了解投影平行混合概念，具体创建方法不做要求。有兴趣的读者可以自行研习"投影平行混合"命令的应用方法。

下面通过一个简单范例说明常规平行混合特征的创建过程。

（1）新建一个名为 bccreo_4_4 的零件文件，采用 mmns_part_solid 模板。

（2）在功能区"模型"选项卡的"形状"滑出面板中单击"混合"按钮，打开如图 4-43 所示的"混合"选项卡。

图 4-43 "混合"选项卡

（3）如果要将内部或外部草绘用作第一个截面，则可选中"与草绘截面混合"按钮，或者在"截面"滑出面板中选中"草绘截面"单选按钮；如果要选择链用作第一个截面，那么可以选中"与选定截面混合"按钮，或者在"截面"滑出面板中选中"选定截面"单选按钮，然后根据需要通过选择链的方式来分别指定第一个截面与其他截面。在本例中，需要创建内部草绘作为第一个截面，因此可在"截面"滑出面板中选中"草绘截面"单选按钮，接着单击"定义"按钮，弹出"草绘"对话框，选择 TOP 基准平面作为草绘平面，默认以 RIGHT 基准平面为"右"方向参考，单击"草绘"按钮，进入内部草绘模式。

（4）绘制如图 4-44 所示的第一个截面，单击"确定"按钮。

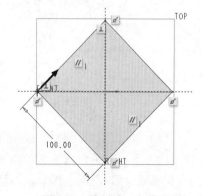

图 4-44 绘制第一个截面

技巧

如果发现绘制的截面中，其起点箭头的位置不符合需求，那么可以在截面中选择要作为截面起点的顶点，接着从功能区"草绘"选项卡的"设置"滑出面板中选择"特征工具"→"起点"命令，或者右击选定的顶点并从弹出的快捷菜单中选择"起点"命令，如图 4-45 所示。还有一种情形是，截面起点在需求的顶点处，但是箭头方向相反，操作方法同上，选择该顶点，接着右击以打开快捷菜单，从中选择"起点"命令即可。

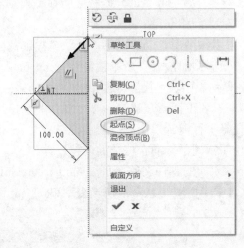

图 4-45　更换起点设置

（5）在"截面"滑出面板中，为截面 2 设置草绘平面位置定义方式为"偏移尺寸"，偏移自截面 1 的距离为 100，如图 4-46 所示，然后单击"草绘"按钮。

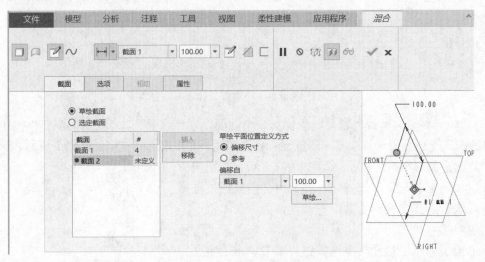

图 4-46　"截面"滑出面板

（6）绘制第二个截面，如图 4-47 所示，单击"确定"按钮✔。

（7）在"截面"滑出面板中单击"插入"按钮以插入截面 3，草绘平面位置定义方式设置为"偏移尺寸"，截面 3 偏移自截面 2 的距离为 95，单击"草绘"按钮，进入草绘模式。

（8）按照如图 4-48 所示的方法进行截面草绘，即先绘制两条直线段和一个半圆弧，接着单击"分割"按钮，并在圆弧的中点处进行分割，这样 3 个截面的图元数相同，都为 4。最后单击"确定"按钮。

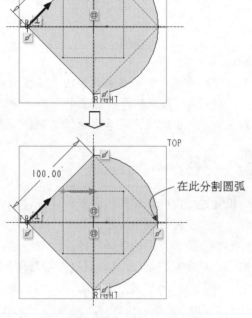

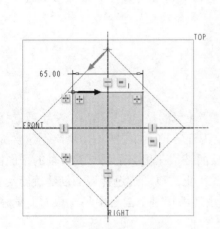

图 4-47 绘制第二个截面 　　　　图 4-48 绘制第三个截面

（9）在"混合"选项卡中打开"选项"滑出面板，选中"平滑"单选按钮，如图 4-49 所示。

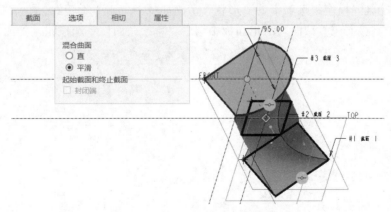

图 4-49 选中"平滑"单选按钮

（10）在"混合"选项卡中单击"完成"按钮，完成该平行混合特征的创建。按 Ctrl+D 快捷键以默认的标准方向视图显示模型，效果如图 4-50 所示。

⚠注意

在绘制各个平行混合截面时，需要注意各截面的图元数。

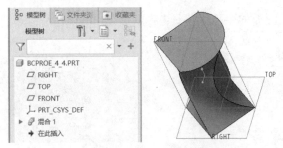

图 4-50　创建的平行混合特征

技巧

如果需要为某个截面添加混合顶点（在内部草绘模式中），那么可以先在该截面中选择所需的顶点，接着在"设置"滑出面板中选择"特征工具"→"混合顶点"命令，或者在选择所需顶点后右击并从弹出的快捷菜单中选择"混合顶点"命令。

4.4.2　旋转混合

可以通过绕旋转轴旋转截面来创建旋转混合特征。需要注意的是，如果第一个草绘或选择的截面包含一个旋转轴或中心线，那么系统会将其自动选定为旋转轴；如果第一个草绘不包含旋转轴或中心线，那么可手动选择几何作为旋转轴，而所有截面必须在相交于同一旋转轴的平面内。

同平行混合操作类似，可以通过草绘截面创建旋转混合，也可以通过选择截面创建旋转混合。在创建旋转混合特征的过程中，要草绘截面时，可以通过使用相对于混合中另一截面的偏移值（−120°～120°）或通过选择一个参考定义截面的操作平面。

下面介绍一个通过草绘截面创建旋转混合特征的范例，具体操作方法及步骤如下。

（1）新建一个名为 bccreo_4_4b 的实体零件文件，采用 mmns_part_solid 模板。

（2）在功能区"模型"选项卡的"形状"滑出面板中单击"旋转混合"按钮 ，打开"旋转混合"选项卡，接着在"截面"滑出面板中选中"草绘截面"单选按钮，如图 4-51 所示。

图 4-51　"旋转混合"选项卡

（3）在"截面"滑出面板中单击"定义"按钮，弹出"草绘"对话框，选择 TOP 基准平面作为草绘平面，默认以 RIGHT 基准平面为"右"方向参考，单击"草绘"按钮，进入草绘模式。

（4）绘制如图 4-52 所示的第一个截面，在该截面中，星星图形可以通过"选项板"按钮 绘制，而一条几何中心线则通过"基准"面板中的"中心线"按钮 绘制。单击"确定"按钮 ，完成草绘第一个截面。

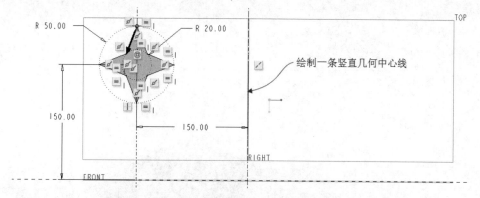

图 4-52　绘制第一个截面

（5）在功能区"旋转混合"选项卡的"截面"滑出面板中，设置截面 2 的草绘平面位置定义方式为"偏移尺寸"，偏移自截面 1 的角度值为 90，如图 4-53 所示，然后单击"草绘"按钮。

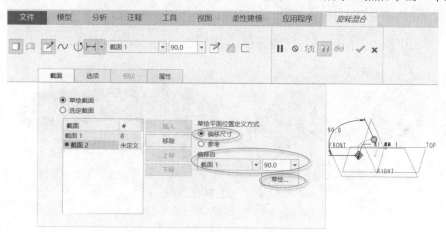

图 4-53　设置草绘截面 2 的参数

（6）绘制如图 4-54 所示的截面 2，单击"确定"按钮 。

（7）在"截面"滑出面板中单击"插入"按钮，设置截面 3 的草绘平面位置定义方式为"偏移尺寸"，截面 3 偏移自截面 2 的角度值为 90，然后单击"草绘"按钮。

（8）绘制如图 4-55 所示的截面 3，单击"确定"按钮 。

（9）在功能区"旋转混合"选项卡中打开"选项"滑出面板，选中"平滑"单选按钮，如图 4-56 所示。

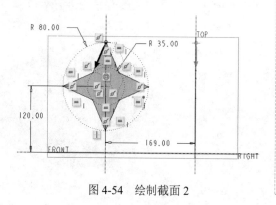

图 4-54　绘制截面 2

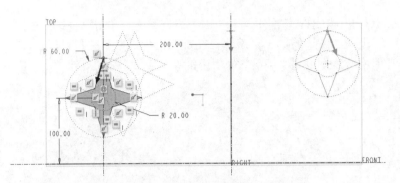

图 4-55　绘制截面 3

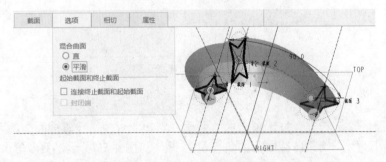

图 4-56　对混合曲面进行设置

（10）单击"完成"按钮 ✔，完成创建的旋转混合特征如图 4-57 所示。

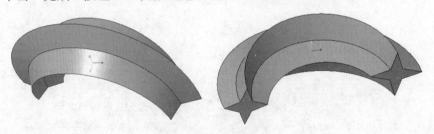

图 4-57　旋转混合特征

⚠️ **注意**

　　如果要创建的旋转混合特征具有闭合的形态，即要求 Creo 使用第一个截面作为最后截面以创建一个闭合的特征，则需要在功能区"旋转混合"选项卡的"选项"滑出面板中选中"连接终止截面和起始截面"复选框。例如，如果在上述范例中选中了"连接终止截面和起始截面"复选框，那么最后获得的旋转混合特征为闭合效果，如图 4-58 所示。

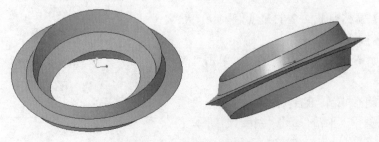

图 4-58　闭合旋转混合特征

4.5 综合范例——水杯设计

学习目的：

本章综合范例要创建的三维实体模型是一款普通的水杯，其模型效果如图 4-59 所示。要应用到的特征创建工具包括旋转工具、拉伸工具、扫描工具和混合工具等。

图 4-59 普通水杯的三维实体模型

重点难点：

☑ 创建旋转特征、拉伸特征、扫描特征
☑ 创建混合切口特征

操作步骤：

1. 新建零件文件

（1）在"快速访问"工具栏中单击"新建"按钮，打开"新建"对话框。

（2）在"类型"选项组中选中"零件"单选按钮，在"子类型"选项组中选中"实体"单选按钮，在"文件名"文本框中输入文件名为 bccreo_4_5，取消选中"使用默认模板"复选框，单击"确定"按钮。

（3）系统弹出"新文件选项"对话框，在"模板"选项组中选择 mmns_part_solid，单击"确定"按钮，进入零件设计模式。

视频讲解

2. 创建旋转特征

（1）在功能区"模型"选项卡的"形状"面板中单击"旋转"按钮，打开"旋转"选项卡。

（2）"旋转"选项卡中的"实体"按钮默认被选中，单击"加厚草绘"按钮。

（3）选择 RIGHT 基准平面为草绘平面，系统自动进入草绘模式。

（4）绘制如图 4-60 所示的图形，注意要单击"基准"面板中的"中心线"按钮，在剖面中绘制一条垂直的几何中心线作为旋转轴。单击"确定"按钮，完成草绘。

（5）接受默认的旋转角度为 360°，在"旋转"选项卡中输入加厚的厚度值为 2.5。

（6）在"旋转"选项卡中单击"完成"按钮，完成的旋转特征如图 4-61 所示。

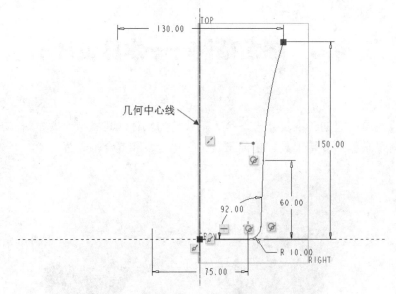

图 4-60　草绘图形

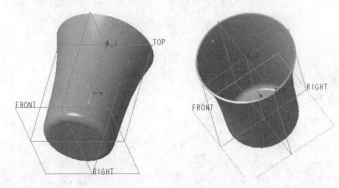

图 4-61　完成的旋转特征

3. 创建拉伸特征

（1）在功能区"模型"选项卡的"形状"面板中单击"拉伸"按钮，打开"拉伸"选项卡，"实体"按钮默认处于被选中状态。

（2）打开"放置"滑出面板，单击"定义"按钮，打开"草绘"对话框。

（3）选择 FRONT 基准平面作为草绘平面，默认以 RIGHT 基准平面为"右"方向参考，单击"草绘"按钮，进入草绘模式。

（4）绘制如图 4-62 所示的图形，单击"确定"按钮。

（5）在"拉伸"选项卡中输入拉伸的深度为 2，注意拉伸方向，如图 4-63 所示。

（6）单击"完成"按钮。按 Ctrl+D 快捷键以默认的标准方向视图显示模型，效果如图 4-64 所示。

4. 创建扫描特征

（1）在功能区"模型"选项卡的"形状"面板中单击"扫描"按钮，打开"扫描"选项卡，"实体"按钮默认处于被选中的状态。

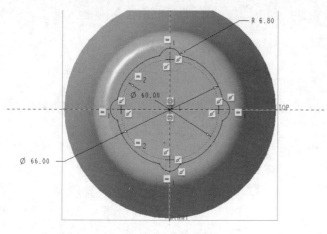

图 4-62 草绘图形

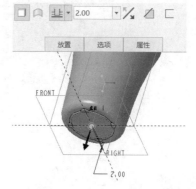

图 4-63 设置拉伸深度及其方向

（2）在功能区右侧单击"基准"→"草绘"按钮 ，弹出"草绘"对话框，选择 TOP 基准平面作为草绘平面，默认以 RIGHT 基准平面为"右"方向参考，单击"草绘"按钮，进入草绘模式。

（3）绘制如图 4-65 所示的样条曲线，单击"确定"按钮 。

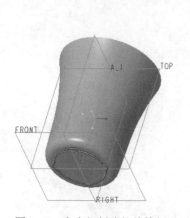

图 4-64 在底部创建拉伸特征

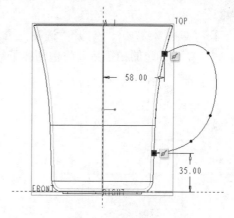

图 4-65 绘制样条曲线

⚠️ **注意**

注意将样条曲线的两个端点分别约束在杯子的外轮廓上。

（4）在"扫描"选项卡中单击"退出暂停模式"按钮 ，如图 4-66 所示，以继续使用"扫描"选项卡进行扫描设置。

图 4-66 单击"退出暂停模式"按钮

（5）刚绘制的样条曲线被自动设为扫描特征的原点轨迹，设置原点轨迹的起点箭头方向如图 4-67 所示，"截平面控制"选项为"垂直于轨迹"。

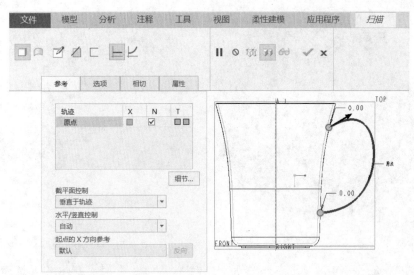

图4-67 默认原点轨迹及相关设置

（6）在"扫描"选项卡上单击"创建或编辑扫描截面"按钮，绘制如图4-68所示的扫描截面（椭圆），单击"确定"按钮。

（7）在"扫描"选项卡上打开"选项"滑出面板，选中"合并端"复选框，然后单击"完成"按钮，完成创建的扫描特征将作为杯子的手柄，效果如图4-69所示。

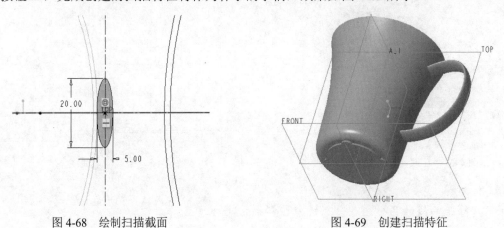

图4-68 绘制扫描截面   图4-69 创建扫描特征

5. 创建混合切口特征

（1）在功能区"模型"选项卡的"形状"滑出面板中单击"混合"按钮，接着在打开的"混合"选项卡上单击"实体"按钮和"去除材料"按钮。

（2）打开"截面"滑出面板，选中"草绘截面"单选按钮，单击"定义"按钮准备草绘截面1，此时系统弹出"草绘"对话框。选择如图4-70所示的杯子底面作为草绘平面，以RIGHT基准平面为"右"方向参考，单击"草绘"按钮。

（3）绘制如图4-71所示的截面1，单击"确定"按钮。

（4）在"截面"滑出面板上设置截面2的草绘平面位置定义方式为"偏移尺寸"，输入截面2偏置自截面1的距离为-2，按Enter键，单击"草绘"按钮，绘制如图4-72所示的截面2，单击"确定"按钮✔。

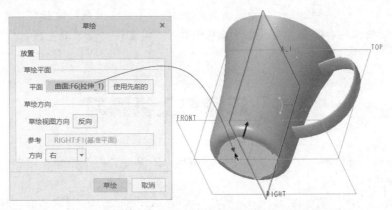

图 4-70 选择草绘平面

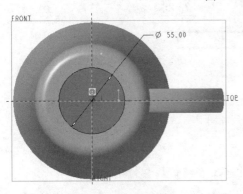

图 4-71 绘制截面 1

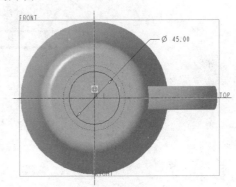

图 4-72 绘制截面 2

（5）在"混合"选项卡上打开"选项"滑出面板，在"混合曲面"选项组中选中"直"单选按钮，如图 4-73 所示。

（6）在"混合"选项卡中单击"完成"按钮✔，完成该普通水杯的创建。按 Ctrl+D 快捷键以默认的标准方向视图显示模型，效果如图 4-74 所示。

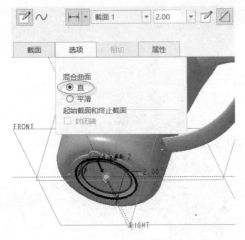

图 4-73 选中"直"单选按钮

图 4-74 完成的普通水杯效果

🎓 **案例总结**

本综合范例介绍了如何进行一款普通水杯的设计，其中应用到的特征创建工具包括旋转工具、拉伸工具、扫描工具和混合工具。通过本案例学习，读者可初步掌握多特征模型的设计思路，为后面章节的学习打下扎实基础。

4.6 思考与上机练习

（1）在 Creo Parametric 5.0 中，基础特征是指什么？基础特征主要包括哪些具体的特征？它们各具有什么样的特点？

（2）上机练习 1：按照如图 4-75 所示的工程图的尺寸创建该垫圈零件的三维实体模型。

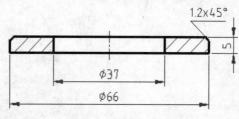

图 4-75 垫圈的尺寸图

✏️ **提示**

可以采用多种方法（例如拉伸、旋转）创建，并注意总结操作心得。

（3）上机练习 2：自行设计一个杯子的三维实体模型，要求使用旋转特征创建杯子的主体，使用扫描特征创建杯子的手柄。

🔧 **提示**

可以参考本章综合范例介绍的步骤来完成本上机练习题。

（4）什么是可变截面扫描特征？如何创建可变截面扫描特征？

（5）上机练习 3：使用混合的方式自行设计一个瓶子的模型。

🔧 **提示**

在创建平行混合特征的过程中注意选项的设置。

（6）上机练习 4：请参考如下关键步骤创建一个钻石形状（多棱边）的零件。

① 在功能区"模型"选项卡的"形状"滑出面板中单击"混合"按钮 🔧，打开"混合"选项卡。

② 以"草绘截面"的方式，在 TOP 基准平面上绘制第一个截面，第一个截面只由一个草绘点构成。

③ 设置第二个截面偏移自第一个截面的距离为 26mm，绘制的第二个截面如图 4-76 所示。在"截面"滑出面板中单击"插入"按钮，设置第三个截面偏移自第二个截面的距离为 46mm，单击"草绘"按钮，绘制第三个截面，形状和第二个截面的形状相同。

④ 在"截面"滑出面板中单击"插入"按钮，设置第四个截面偏移自第三个截面的距离为

38mm，单击"草绘"按钮，绘制第四个截面，该截面只有一个草绘点。

⑤ 在"混合"选项卡的"选项"滑出面板中选中"直"单选按钮。

⑥ 单击"完成"按钮 ✔，完成的零件如图 4-77 所示。

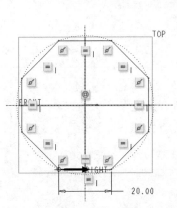

图 4-76 正八边形

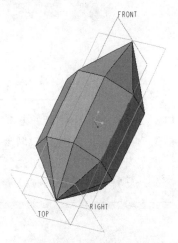

图 4-77 多棱边零件

第5章 工程特征

本章导读

　　在现有实体特征的基础上可以添加适当的工程特征，包括孔特征、壳特征、倒圆角特征、倒角特征、筋特征和拔模特征等。本章将介绍的重点内容包括孔特征、壳特征、倒圆角特征、自动倒圆角特征、倒角特征、筋特征（轮廓筋特征和轨迹筋特征）、拔模特征和晶格特征。

5.1 孔 特 征

　　在 Creo Parametric 5.0 中，创建孔特征的方式分为两种：简单孔和标准孔。在深入学习创建孔特征之前，先来了解"孔"选项卡上的一些按钮和选项。

　　在功能区"模型"选项卡的"工程"面板中单击"孔"按钮 ，打开"孔"选项卡。默认情况下，"孔"选项卡的"创建简单孔"按钮 处于被选中的状态，此时，选项卡中提供的按钮及选项如图 5-1 所示。当选中"使用标准孔轮廓作为钻孔轮廓"按钮 时，在"孔"选项卡上可以指定孔测量方法为"钻孔肩部深度" 或"钻孔深度" ，并设置相应的深度值，还可以使用"埋头孔"按钮 和"沉孔"按钮 。

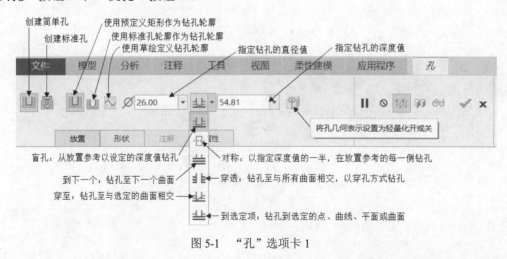

图 5-1　"孔"选项卡 1

　　单击"创建标准孔"按钮 ，则"孔"选项卡出现用于创建标准孔的相关按钮及列表框等，如图 5-2 所示。

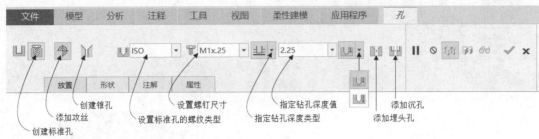

图 5-2 "孔"选项卡 2

在"孔"选项卡中打开"放置"滑出面板，在选择主放置参考后，可以根据需求选择放置类型，常用的放置类型有"线性""径向""直径""同轴"等，如图 5-3 所示。

"形状"滑出面板用来定义孔的具体形状。例如，在"孔"选项卡中选中"创建标准孔"按钮，再选中"添加攻丝"按钮，打开"形状"滑出面板，如图 5-4 所示，从中可以设置孔的具体形状尺寸及相关选项。

图 5-3 孔"放置"滑出面板

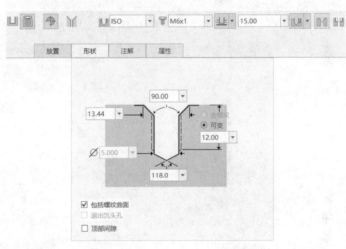

图 5-4 孔"形状"滑出面板

5.1.1 创建简单孔

创建简单孔时，可以使用预定义矩形或标准孔轮廓作为钻孔轮廓，也可以使用草绘定义钻孔轮廓。

下面以一个简单范例说明常见简单孔的创建方法及步骤。

1．使用预定义矩形作为钻孔轮廓

（1）打开本书配套资源中的\CH5\bccreo_5_1.prt 实体零件文件，文件中的原始三维实体模型如图 5-5 所示。

（2）在功能区"模型"选项卡的"工程"面板中单击"孔"按钮，打开"孔"选项卡。

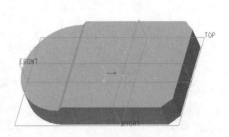

图 5-5 原始三维实体模型

（3）"创建简单孔"按钮⊔默认处于被选中状态，选中"使用预定义矩形作为钻孔轮廓"按钮⊔，如图 5-6 所示。

（4）选择模型上表面作为主参考，如图 5-7 所示。

图 5-6　创建简单直孔

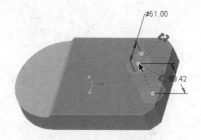

图 5-7　选择主参考

（5）在"孔"选项卡的直径∅尺寸框中，输入孔的直径为 35，设置孔的深度选项为彐彐（穿透）。

（6）分别拖动偏移参考控制图标选择偏移放置参考（次参考），打开"放置"滑出面板，在"偏移参考"收集器中修改偏移值，如图 5-8 所示。

图 5-8　定义偏移参考

（7）单击"完成"按钮✔，创建的简单直孔如图 5-9 所示。

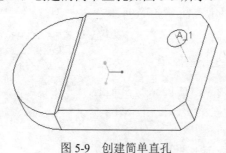

图 5-9　创建简单直孔

2. 使用标准孔轮廓作为钻孔轮廓

（1）在功能区"模型"选项卡的"工程"面板中单击"孔"按钮，打开"孔"选项卡。

（2）"创建简单孔"按钮默认处于被选中状态。选中"使用标准孔轮廓作为钻孔轮廓"按钮，选中"添加埋头孔"按钮，如图 5-10 所示。

图 5-10　在操控板上选择相关按钮

（3）在如图 5-11 所示的模型上表面单击，以将其作为主参考。

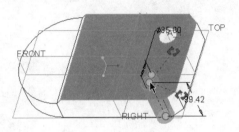

图 5-11　指定主参考

（4）打开"放置"滑出面板，单击"偏移参考"收集器将其激活，接着在模型中选择 FRONT 基准平面，按住 Ctrl 键选择 RIGHT 基准平面，然后在"偏移参考"收集器中修改相应的偏移距离，如图 5-12 所示。

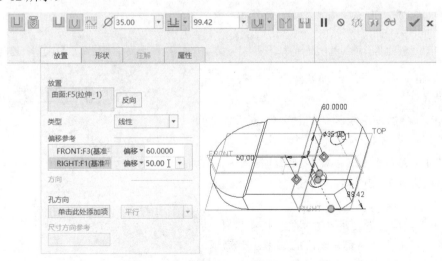

图 5-12　定义偏移参考

（5）打开"形状"滑出面板，设置孔的尺寸参数及选项，如图 5-13 所示。

（6）单击"完成"按钮，创建的简单孔如图 5-14 所示。

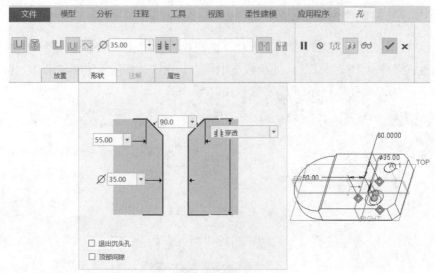

图 5-13　定义孔形状

3. 使用草绘定义钻孔轮廓

（1）打开"孔"选项卡，"创建简单孔"按钮默认处于被选中状态。单击"使用草绘定义钻孔轮廓"按钮，出现草绘孔选项，如图 5-15 所示。

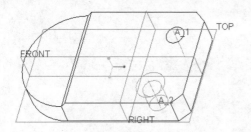

图 5-14　创建具有埋头孔的简单孔

图 5-15　使用草绘定义钻孔轮廓

（2）单击"激活草绘器以创建剖面"按钮，进入草绘模式。

（3）在草绘模式下绘制孔的封闭截面和竖直的几何中心线，如图 5-16 所示。其中，单击"基准"面板中的"中心线"按钮创建竖直几何中心线，该中心线将被默认定义为旋转轴。单击"确定"按钮，完成草绘。

（4）单击模型上表面定义主参考。接着打开"放置"滑出面板，单击"偏移参考"收集器将其激活，按住 Ctrl 键选择两个基准平面作为偏移参考，并设置相应的偏移距离，如图 5-17 所示。

（5）单击"完成"按钮，创建的草绘孔如图 5-18 所示。

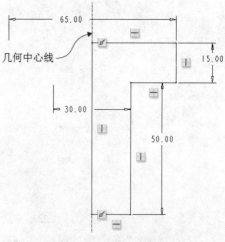

图 5-16　草绘孔截面

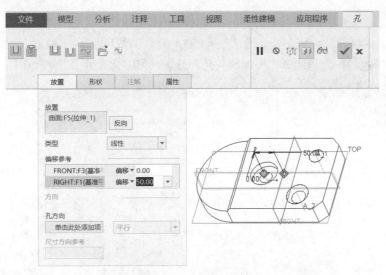

图 5-17　定义偏移参考

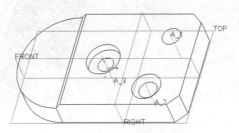

图 5-18　创建草绘孔

5.1.2　创建标准孔

（1）新建一个名为 bccreo_5_2 的实体零件文件，使用 mmns_part_solid 模板。

（2）利用"旋转"按钮 ，创建如图 5-19 所示的一个旋转实体。

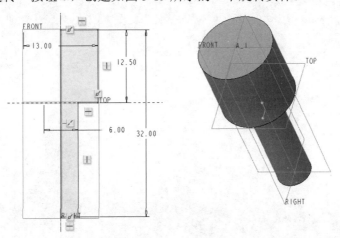

图 5-19　创建旋转实体

（3）在功能区"模型"选项卡的"工程"面板中单击"孔"按钮 ，打开"孔"选项卡，选中"创建标准孔"按钮,并确保选中"添加攻丝"按钮。

（4）在（螺纹类型）下拉列表框中选择 ISO，在（螺钉尺寸）下拉列表框中选择"M3×.5"，在钻孔深度框中输入 7，取消选中"添加埋头孔"按钮和"添加沉孔"按钮，如图 5-20 所示。

图 5-20　设置参数

（5）在旋转特征中单击特征轴 A_1，按住 Ctrl 键选择大圆端面，如图 5-21 所示。

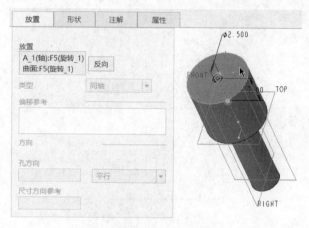

图 5-21　定义参考和放置类型

（6）打开"形状"滑出面板，默认选中"可变"单选按钮，输入螺纹深度为 6.2，其他设置如图 5-22 所示。

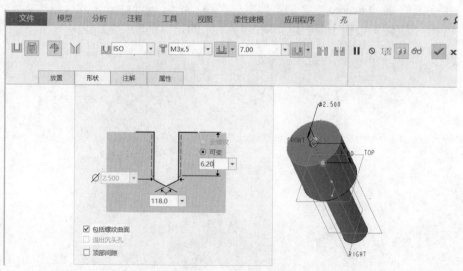

图 5-22　定义孔形状

（7）单击"完成"按钮，创建的标准孔如图 5-23 所示。

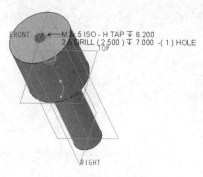

图 5-23　创建的标准孔

经验

可以设置在图形窗口中不显示标准孔的信息，方法是在创建或编辑标准孔的过程中，在"孔"选项卡中打开"注解"滑出面板，取消选中"添加注解"复选框，单击确认即可。

5.2　壳　特　征

将一个实体内部的材料掏空，就形成了一个壳特征。创建壳特征的方法及步骤比较简单，定义移除的曲面和壳的厚度等参数即可。

在功能区"模型"选项卡的"工程"面板中单击"壳"按钮，打开如图 5-24 所示的"壳"选项卡。

图 5-24　"壳"选项卡

"参考"滑出面板（见图 5-25）中有两个收集器。"移除的曲面"收集器用来收集要移除的曲面，没有选择任何曲面时，创建封闭的壳特征，其内部被掏空；"非默认厚度"收集器用来定义不同厚度的曲面参考，在该收集器中可以单独设置所选曲面参考的厚度。

图 5-25　"参考"滑出面板

利用"选项"滑出面板（见图 5-26），可以指定排除的曲面，设置应用曲面延伸的方法，指定防止壳穿透实体的选项。

提示

"选项"滑出面板各部分的功能如下。

- ☑ "排除的曲面"收集器：单击收集器将其激活，即可添加或删除参考，这些参考为要从壳中排除的曲面。
- ☑ "细节"按钮：单击此按钮，可以查看并编辑曲面集属性。
- ☑ "延伸内部曲面"单选按钮：延伸壳的内部曲面。
- ☑ "延伸排除的曲面"单选按钮：指定应用曲面延伸的方法是延伸排除的曲面。
- ☑ "凹拐角"单选按钮：防止壳切削穿透凹角处的实体。
- ☑ "凸拐角"单选按钮：防止壳切削穿透凸角处的实体。

"属性"滑出面板用来定义壳特征的名称以及查询其详细信息，如图 5-27 所示。单击"显示此特征的信息"按钮 **ⓘ**，可以打开 Creo Parametric 浏览器查看该壳特征的详细信息。

图 5-26　"选项"滑出面板

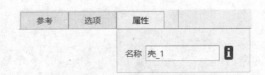

图 5-27　"属性"滑出面板

下面通过一个简单范例，介绍壳特征的创建方法。

（1）打开本书配套资源中的\CH5\bccreo_5_3.prt 零件文件，该文件中的原始三维实体模型如图 5-28 所示。

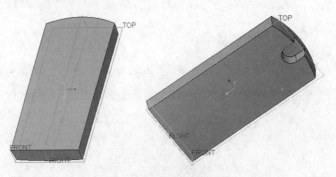

图 5-28　原始三维实体模型

（2）在功能区"模型"选项卡的"工程"面板中单击"壳"按钮，打开"壳"选项卡。

（3）在“壳”选项卡上输入厚度值为 1.3。

（4）按住鼠标中键并拖动以调整视角，选择如图 5-29 所示的零件表面作为要移除的曲面。

（5）单击“完成”按钮✔，创建的壳特征如图 5-30 所示。

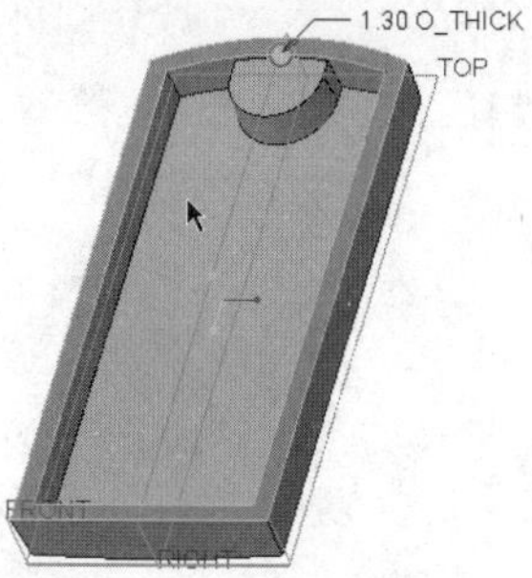

图 5-29　选择移除的曲面

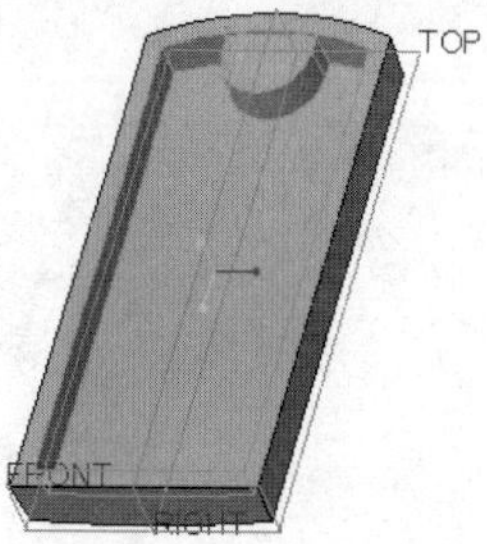

图 5-30　创建壳特征

思考

如何创建具有不同壁厚的壳特征？

提示

若要创建具有不同壁厚的壳特征，需要在“壳”选项卡中打开“参考”滑出面板，单击“非默认厚度”收集器将其激活，然后在模型中选择有非默认厚度的曲面，在收集器中修改其厚度，如图 5-31 所示。

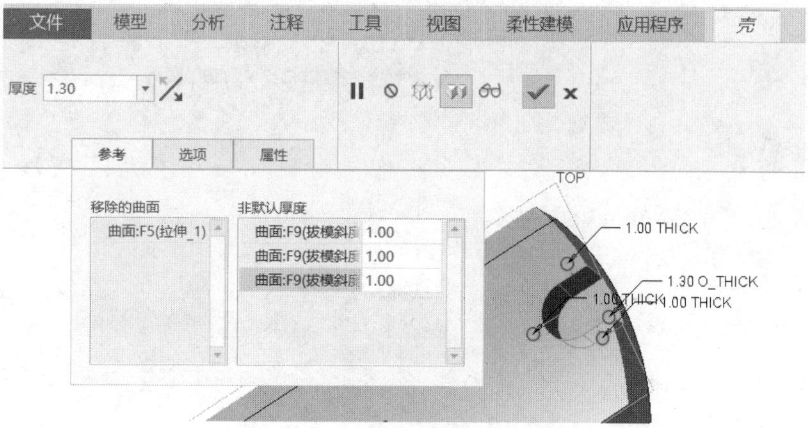

图 5-31　定义非默认厚度

5.3　倒圆角特征

机械零件设计中经常应用到倒圆角。根据半径定义，倒圆角可以分为恒定半径倒圆角、可变半径倒圆角、曲线驱动的倒圆角和完全倒圆角等类型，如图 5-32 所示。

在功能区“模型”选项卡的“工程”面板中单击“倒圆角”按钮，打开如图 5-33 所示的“倒圆角”选项卡。

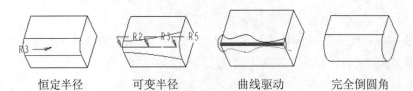

恒定半径　　　　　可变半径　　　　　曲线驱动　　　　　完全倒圆角

图 5-32　　4 种倒圆角特征

图 5-33　　"倒圆角"选项卡

打开"集"滑出面板，如图 5-34 所示。下面介绍该滑出面板中的几个关键组成部分。

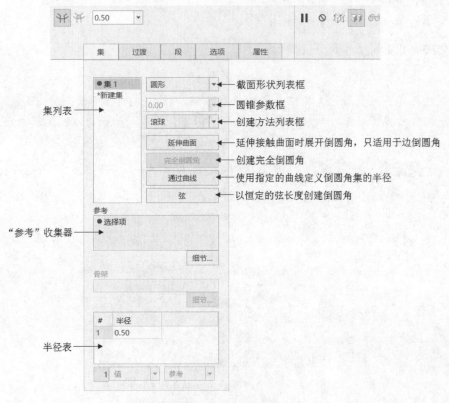

图 5-34　　"集"滑出面板

- ☑ 集列表：用来显示当前的所有倒圆角集，并可以添加新的倒圆角集或删除当前的倒圆角集。
- ☑ "参考"收集器：用来显示倒圆角集所选取的有效参考，可以添加或移除参考。
- ☑ 半径表：用来定义活动倒圆角集的半径尺寸和控制点位置，在该表中右击并从弹出的快捷菜单中选择"添加半径"命令，可以创建可变倒圆角特征。
- ☑ 截面形状列表框：用来定义活动倒圆角集的截面形状，如圆形、圆锥、C2 连续和 D1×D2 圆锥等，其中圆形为默认的截面形状。

☑ 圆锥参数框：用来定义圆锥截面的锐度，默认值为 0.5。仅当选取了圆锥、C2 连续、D1 × D2 圆锥或 D1 × D2 C2 截面形状时，此框才可用。

☑ 创建方法列表框：用来定义活动倒圆角集的创建方法，可供选择的选项有"滚球"和"垂直于骨架"两个。选择前者时，以滚球方法创建倒圆角特征，即通过沿曲面滚动球体进行创建，滚动时球体与曲面保持自然相切；选择后者时，使用垂直于骨架方法创建倒圆角特征，即通过扫描垂直于指定骨架的弧或圆锥剖面进行创建。

☑ "延伸曲面"按钮：延伸接触曲面时展开倒圆角，只适用于边倒圆角。

☑ "完全倒圆角"按钮：将活动倒圆角集转换为完全倒圆角，或允许使用第三个曲面来驱动曲面到曲面完全倒圆角。例如，在同一倒圆角集中选择两个平行的有效参考，单击"完全倒圆角"按钮，可以创建完全倒圆角特征。

☑ "通过曲线"按钮：使用指定的曲线定义倒圆角半径，创建由曲线驱动的特殊倒圆角特征。

☑ "弦"按钮：以恒定的弦长度创建倒圆角。

下面以一个简单范例说明倒圆角的创建方法。

（1）新建一个名为 bccreo_5_4 的实体零件文件，使用 mmns_part_solid 公制单位的模板。

（2）单击"拉伸"按钮，创建如图 5-35 所示的立方体模型（边长为 100mm）。

（3）在功能区"模型"选项卡的"工程"面板中单击"倒圆角"按钮，打开"倒圆角"选项卡。

（4）在"倒圆角"选项卡上输入当前倒圆角集的圆角半径为 10。

（5）在实体模型中选择要倒圆角的边 1，接着按住 Ctrl 键选择边 2，如图 5-36 所示，所选的两条边均被添加到倒圆角集 1 中。如果不按住 Ctrl 键而是直接选择边 2，那么边 2 将默认被添加进另外一个新的倒圆角集中。

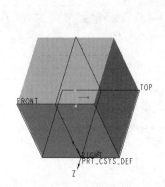

图 5-35　创建立方体模型

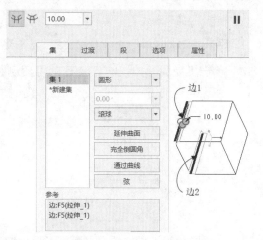

图 5-36　选择两条边参考

（6）单击"完成"按钮，创建恒定半径值的倒圆角特征，效果如图 5-37 所示。

（7）在功能区"模型"选项卡的"工程"面板中单击"倒圆角"按钮，打开"倒圆角"选项卡。

（8）按住 Ctrl 键选择如图 5-38 所示的两条边。

（9）打开"集"滑出面板，单击"完全倒圆角"按钮。

（10）单击"完成"按钮 ✔，创建的完全倒圆角特征如图 5-39 所示。

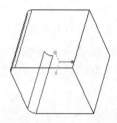
图 5-37　恒定半径倒圆角效果

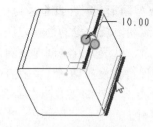
图 5-38　选择两条边参考

图 5-39　创建完全倒圆角特征

（11）在功能区"模型"选项卡的"工程"面板中单击"倒圆角"按钮 🖱，打开"倒圆角"选项卡。

（12）在如图 5-40 所示的圆弧边位置单击。

（13）进入"集"滑出面板，在半径表中右击，在弹出的快捷菜单中选择"添加半径"命令，从而添加一个半径控制点，使用同样的方法再添加一个半径控制点。然后以"比率"方式将 3 个半径控制点的位置值分别设置为 0.5、0 和 1，并将位置比率为 0.5 的控制点对应的半径值改为 20，另外两个控制点的半径值为 10，如图 5-41 所示。

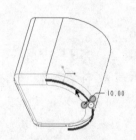
图 5-40　选择圆弧边

图 5-41　添加半径操作

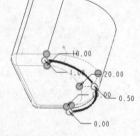

（14）单击"完成"按钮 ✔，创建的可变倒圆角特征如图 5-42（a）所示。

（15）使用同样的方法，再创建一处可变倒圆角特征，如图 5-42（b）所示。

（a）创建一处可变倒圆角特征

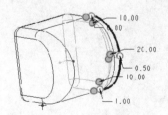
（b）创建第二处可变倒圆角特征

图 5-42　创建可变倒圆角特征

经验

可以创建由曲线驱动的倒圆角特征，方法是在功能区"模型"选项卡的"工程"面板中单击"倒圆角"按钮 🖱，接着选择要倒圆角的边参考，进入"倒圆角"选项卡的"集"滑出面板，单击"通过曲线"按钮，然后选择曲线，最后单击"完成"按钮 ✔ 即可。

提示

在单击"倒圆角"按钮 后，也可以通过选择相关曲面来定义相应的倒圆角。

可以为多圆角模型的拐角指定过渡模式。例如，对于一个边长为 100mm 的立方体，结合 Ctrl 键选择每个棱边进行倒圆角，倒圆角集的半径设定为 15mm。接着在"倒圆角"选项卡中单击"切换至过渡模式"按钮 ，在模型中单击某个拐角过渡区域后，在列表框中更改过渡类型，如"拐角球"，并设置相应的拐角球参数，同样地对每个选定的拐角过渡区域进行相应设置，如图 5-43 所示。

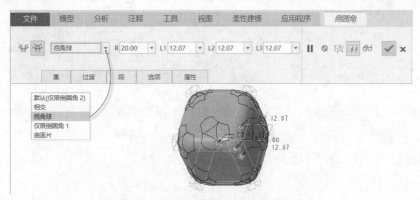

图 5-43 为拐角设置过渡形式

5.4 自动倒圆角特征

使用系统提供的"自动倒圆角"功能可以在模型中快速创建一些过渡圆角，而不必使用"倒圆角"按钮 手动创建，从而为设计节省时间。

在功能区"模型"选项卡的"工程"面板中单击"自动倒圆角"按钮 ，出现"自动倒圆角"选项卡，如图 5-44 所示。打开"范围"滑出面板，可以设置对实体几何、选取面组或仅对选定的边自动倒圆角，还可以设置凸边与凹边通过"自动倒圆角"功能进行倒圆角。

图 5-44 "自动倒圆角"选项卡

如果不需要在模型中的某边线处进行自动倒圆角，那么可以打开"排除"滑出面板，单击"排除的边"收集器将其激活，接着在模型中选择要排除的边和目的链，如图 5-45 所示。如有需要，可以单击"排除"滑出面板中的"几何检查"按钮，打开故障排除器查看并排除无法倒圆角的边。

在"自动倒圆角"选项卡中打开如图 5-46 所示的"选项"滑出面板，如选中"创建常规倒圆角特征组"复选框，则将创建一组常规倒圆角特征代替自动倒圆角特征。

图 5-45　"排除"滑出面板

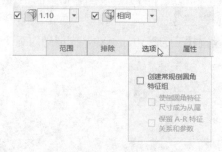

图 5-46　"选项"滑出面板

下面用一个简单范例讲解自动倒圆角的操作，具体步骤如下。

（1）打开本书配套资源中的\CH5\bccreo_5_5.prt 零件文件，该文件中的原始三维实体模型如图 5-47 所示。

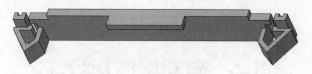

图 5-47　原始三维实体模型

（2）在功能区"模型"选项卡的"工程"面板中单击"自动倒圆角"按钮 ，打开"自动倒圆角"选项卡。

（3）在"自动倒圆角"选项卡中打开"范围"滑出面板，"实体几何"单选按钮默认被选中。在 框中输入凸边的半径值为 0.6，在 框中输入凹边的半径值为 0.3，如图 5-48 所示。

（4）单击"完成"按钮 ，自动倒圆角的结果如图 5-49 所示。在本例中，系统会在状态栏中提示"并非所有在'自动倒圆角'范围内的边都被倒圆角化"。

图 5-48　设置相关参数

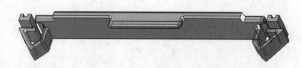

图 5-49　自动倒圆角的结果

此时自动倒圆角特征在模型树上的显示如图 5-50 所示。

在本例中，如果选中"创建常规倒圆角特征组"复选框，那么最后创建的是一组常规倒圆角特征而非自动倒圆角特征，在模型树上的显示如图 5-51 所示。

图 5-50　模型树-自动倒圆角特征

图 5-51　模型树-常规倒圆角特征

5.5　倒角特征

倒角特征常用在车削加工制成的零件上，包括边倒角和拐角倒角两种，如图 5-52 所示。功能区"模型"选项卡的"工程"面板中提供了两种创建倒角的命令，如图 5-53 所示。

下面以一个简单范例分别介绍两种倒角特征的创建过程。

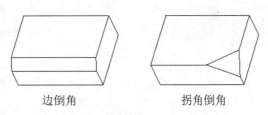

边倒角　　　　　　　拐角倒角

图 5-52　创建倒角特征

（1）打开本书配套资源中的\CH5\bccreo_5_6.prt 零件文件，文件中的长方体模型如图 5-54 所示。

图 5-53　创建倒角的命令

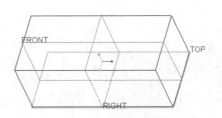

图 5-54　长方体模型

（2）在功能区"模型"选项卡的"工程"面板中单击"边倒角"按钮🔌，打开"边倒角"选项卡，如图 5-55 所示。

图 5-55 "边倒角"选项卡

（3）选择边倒角标注形式为"45×D"，在 D 框中输入 5。

（4）选择需要倒角的棱线，如图 5-56 所示。

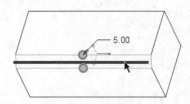

图 5-56 选择棱线

（5）在"边倒角"选项卡中单击"完成"按钮✔，完成创建边倒角。

（6）在功能区"模型"选项卡的"工程"面板中单击"拐角倒角"按钮🔖，打开如图 5-57 所示的"拐角倒角"选项卡。

图 5-57 "拐角倒角"选项卡

（7）定义顶点，选择如图 5-58 所示的顶点。

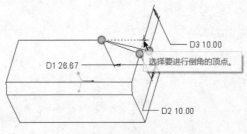

图 5-58 选择顶点

（8）在"拐角倒角"选项卡中分别设置 D1、D2 和 D3 的值，如图 5-59 所示。

（9）单击"完成"按钮✔，完成创建拐角倒角特征，效果如图 5-60 所示。

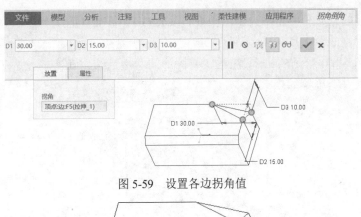

图 5-59　设置各边拐角值

图 5-60　完成拐角倒角

5.6　筋　特　征

筋特征主要用来加固零件，又称肋特征。筋特征分为轮廓筋特征和轨迹筋特征两种。

5.6.1　轮廓筋

在功能区"模型"选项卡的"工程"面板中单击"轮廓筋"按钮 ，打开如图 5-61 所示的"轮廓筋"选项卡。

图 5-61　"轮廓筋"选项卡

创建轮廓筋特征需要定义剖面、填充方向、材料侧方向与厚度。下面以一个简单范例讲解轮廓筋特征的创建方法及步骤。

（1）打开本书配套资源中的\CH5\bccreo_5_7.prt 文件，文件中的原始三维实体模型如图 5-62 所示。

（2）在功能区"模型"选项卡的"工程"面板中单击"轮廓筋"按钮 ，打开"轮廓筋"选项卡。

（3）在"轮廓筋"选项卡中打开"参考"滑出面板，单击"定义"按钮，弹出"草绘"对话框。

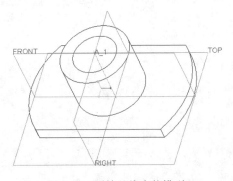

图 5-62　原始三维实体模型

（4）选择 FRONT 基准平面作为草绘平面，以 RIGHT 基准平面为"右"方向参考，单击"草绘"按钮。

（5）绘制如图 5-63 所示的图形，注意要将图形的两端点约束在实体轮廓边上。单击"确定"按钮✔，完成草绘并退出草绘模式。

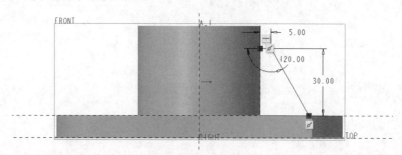

图 5-63　绘制图形

（6）在"轮廓筋"选项卡中输入厚度值为 8。

（7）单击"完成"按钮✔。按 Ctrl+D 快捷键以默认的标准方向视图视角显示模型，效果如图 5-64 所示。

（8）使用同样的方法，在 RIGHT 基准平面的另一侧创建相同规格的轮廓筋特征，完成效果如图 5-65 所示。

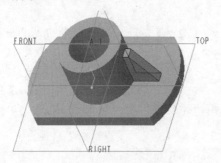

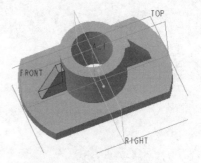

图 5-64　创建轮廓筋特征　　　　图 5-65　创建第二处轮廓筋特征

🔔**技巧**

默认情况下，创建的轮廓筋特征是关于草绘平面向两侧伸展的，如果只想在草绘平面的一侧创建筋特征，那么需要在创建过程中，在"轮廓筋"选项卡上单击一次或两次"材料侧"按钮. 每单击一次"材料侧"按钮，材料方向将在如图 5-66 所示的 3 种情况间切换。

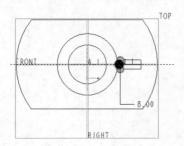

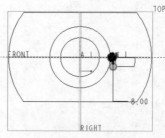

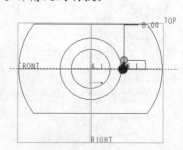

图 5-66　3 种情况

5.6.2　轨迹筋

下面以一个范例介绍创建轨迹筋的方法。

（1）打开本书配套资源中的\CH5\bccreo_5_8.prt 文件，文件中的原始三维实体模型如图 5-67 所示。

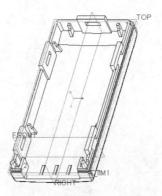

图 5-67　原始三维实体模型

（2）在功能区"模型"选项卡的"工程"面板中单击"轨迹筋"按钮，打开如图 5-68 所示的"轨迹筋"选项卡。

图 5-68　"轨迹筋"选项卡

（3）在"轨迹筋"选项卡中打开"放置"滑出面板，单击"定义"按钮，弹出"草绘"对话框。

（4）在模型中指定草绘平面，如图 5-69 所示，单击"草绘"按钮，进入草绘模式。

（5）绘制如图 5-70 所示的筋轨迹。单击"确定"按钮，完成草绘并退出草绘模式。

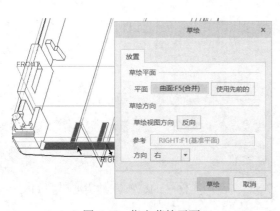

图 5-69　指定草绘平面

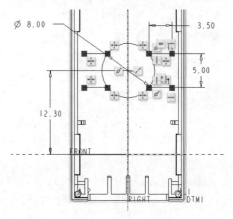

图 5-70　草绘筋轨迹

（6）在"轨迹筋"选项卡中设置如图 5-71 所示的形状等参数。

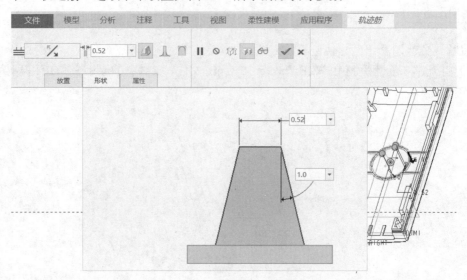

图 5-71　设置轨迹筋形状

（7）单击"完成"按钮 ✔，创建的轨迹筋效果如图 5-72 所示。

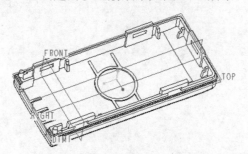

图 5-72　完成创建轨迹筋特征

5.7　拔　模　特　征

考虑到浇铸或注塑工艺等因素，三维实体模型往往需要进行拔模处理。拔模角度的有效范围为-89.9°～89.9°。

5.7.1　拔模基础

在学习创建拔模特征前，读者需要了解拔模角度、拔模曲面、拔模枢轴和拔模方向等术语，图解如图 5-73 所示。

下面以一个简单范例介绍恒定拔模特征的创建过程。

（1）打开本书配套资源中的\CH5\bccreo_5_9.prt 文件，文件中的原始三维实体模型如图 5-74 所示。

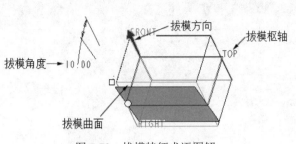

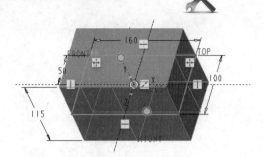

图 5-73 拔模特征术语图解　　　　图 5-74 原始三维实体模型

（2）在功能区"模型"选项卡的"工程"面板中单击"拔模"按钮，打开"拔模"选项卡，如图 5-75 所示。

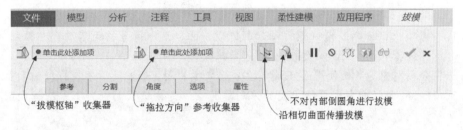

图 5-75 "拔模"选项卡

（3）选择如图 5-76 所示的曲面作为拔模曲面。

（4）在"拔模"选项卡中单击 ● 单击此处添加项 （"拔模枢轴"收集器），接着在模型中选择 TOP 基准平面作为拔模枢轴参考。

（5）在"拔模"选项卡的角度框中输入拔模角度为 5，如图 5-77 所示。

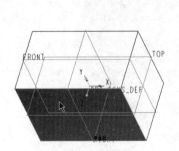

图 5-76 选择拔模曲面

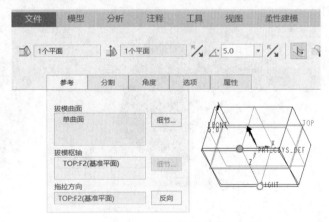

图 5-77 定义拔模参数

（6）单击"完成"按钮，完成拔模操作。

经验

要创建分割拔模特征，则在步骤（5）打开"拔模"选项卡的"分割"滑出面板，在"分割选项"下拉列表框中选择"根据拔模枢轴分割"选项，然后在"拔模"选项卡中分别设置拔模角度，如图 5-78 所示，并可单击角度框后相应的按钮反转角度以添加或移除材料。

图 5-78　创建分割拔模特征

☑ 　根据拔模枢轴分割：沿拔模枢轴分割拔模曲面，可以设置的侧选项有"独立拔模侧面" "从属拔模侧面""只拔模第一侧""只拔模第二侧"。

☑ 　根据分割对象分割：使用面组或草绘分割拔模曲面。如果使用不在拔模曲面上的草绘分割，Creo 会以垂直于草绘平面的方向将其投影到拔模曲面上。如果选择此选项，则激活"分割对象"收集器。

5.7.2　处理拔模特征中的倒圆角

Creo Parametric 5.0 可以很好地处理拔模特征中的倒圆角。倒圆角分为内部倒圆角和连接倒圆角两类，其中，拔模曲面之间的倒圆角为内部倒圆角，而"不能拔模曲面"与"拔模曲面"之间的倒圆角为连接倒圆角，如图 5-79 所示。

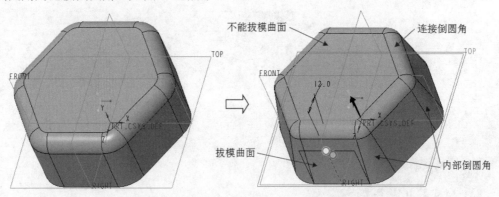

图 5-79　拔模特征中的内部倒圆角与连接倒圆角

对于待拔模曲面包含有内部倒圆角的情形，在对拔模曲面进行拔模操作时可以设置保留内部倒圆角，如图 5-80（a）所示；也可以对它们进行拔模以生成锥形的拔模效果，如图 5-80（b）所示。保留内部倒圆角时，拔模会在它们之间传播，但是倒圆角自身未被拔模而是保留倒圆角，这是通过"拔模"选项卡上的"不对内部倒圆角进行拔模"按钮　设置的。另外，在"选项"滑出面板中有一个"创建倒圆角/倒角几何"复选框，选中此复选框时，对于与倒圆角或倒角连接的几何，会在连接拔模几何后重新创建倒圆角或倒角。读者可以打开本书配套资源中的\CH5\bccreo_5_bmnbdyj.prt 文件进行相关练习。

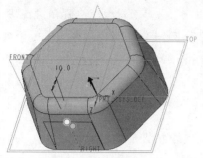
（a）保留内部倒圆角

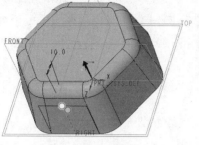
（b）对内部倒圆角进行拔模

图 5-80　对内部倒圆角的处理

在进行拔模操作时，可以选择其中一个连接倒圆角/倒角的曲面作为拔模枢轴，枢轴曲面必须与选定进行拔模的曲面相邻，Creo 会使用位于连接倒圆角/倒角底部的边作为种子生成定义枢轴的边链。这些沿边链方向的倒圆角/倒角的大小可以不同。下面是一个简单范例。

（1）打开本书配套资源中的\CH5\bccreo_5_dyjsz.prt 文件，文件中的原始三维实体模型如图 5-81 所示。

（2）在功能区"模型"选项卡的"工程"面板中单击"拔模"按钮 ，打开"拔模"选项卡。

（3）选择如图 5-82 所示的一处实体曲面作为拔模曲面，并确认"拔模"选项卡中的"沿相切曲面传播拔模"按钮 处于被选中的状态。

图 5-81　原始三维实体模型

图 5-82　选择拔模曲面

（4）单击 （"拔模枢轴"收集器）将其激活，选择如图 5-83 所示的一个连接倒圆角曲面。

（5）单击 （"拖拉方向"收集器）将其激活，接着选择如图 5-84 所示的实体平面。

图 5-83　选择一个连接倒圆角曲面

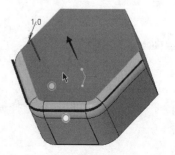

图 5-84　选择实体平面

（6）在"拔模"选项卡中设置拔模角度为10，单击"不对内部倒圆角进行拔模"按钮 以将其选中，同时确认"选项"滑出面板中的"创建倒圆角/倒角几何"复选框处于被选中的状态，如图5-85所示。

？思考

如果取消选中"创建倒圆角/倒角几何"复选框，会产生什么样的预览效果？可以试试看。

（7）单击"完成"按钮 ，完成拔模操作，效果如图5-86所示。

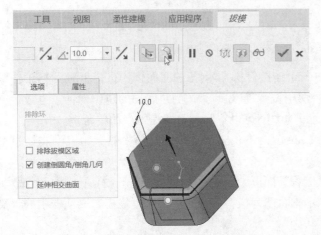

图5-85　设置不对内部倒圆角进行拔模

图5-86　完成拔模效果

5.8　晶 格 特 征

Creo Parametric 5.0 中的晶格是一种用于优化零件属性的内部框架，设计中会使用晶格来获得较好的强度重量比。晶格特征有两种类型，一种是 3D 晶格，另一种是 2.5D 晶格，前者可以设置晶格的梁和密度等方面的参数，后者可以选择所使用的单元形状但无法选择其结构。

下面通过一个范例介绍创建晶体特征的一般步骤。

（1）打开本书配套资源中的\CH5\bccreo_5_jinge.prt 文件，文件中的原始三维实体模型如图5-87所示。

（2）在功能区"模型"选项卡的"工程"滑出面板中单击"晶格"按钮，打开"晶格"选项卡。

（3）从"晶格类型"下拉列表框中选择 2.5D，接着打开"参考"滑出面板，选中"转换实体"和"保留壳"复选框，厚度设置为3.8，壳侧为"内侧"。单击"排除的壳曲面"收集器将其激活，在模型中单击实体模型最大的一个平整表面（与TOP 基准平面平行），再按住 Ctrl 键选择另一个最大的平整表面，如图5-88所示。

视频讲解

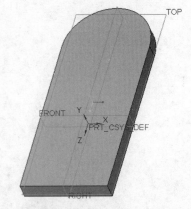

图5-87　原始三维实体模型

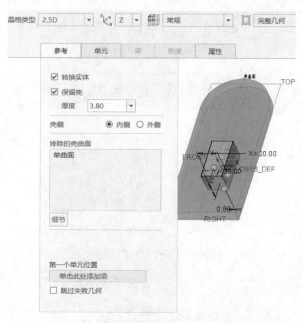

图 5-88　指定晶格类型及相应的参考

⚠️ **注意**

对于一些两端开口的中框（壳体）形式的实体模型，可以根据实际情况在功能区"晶格"选项卡的"参考"滑出面板中取消选中"转换实体"复选框，并通过选择边界参考面来设定晶格生成的区域，典型示例如图 5-89 所示（边界曲面由所有内侧面与上下两个环面构成）。

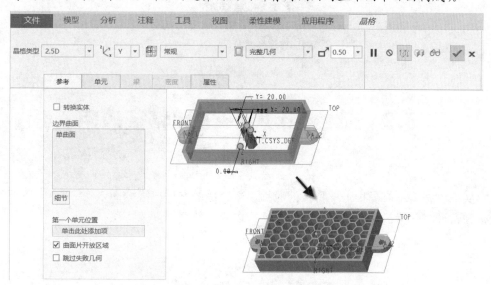

图 5-89　两端开口的中框实体-晶格示例

（4）打开"单元"滑出面板，从"单元形状"下拉列表框中选择"六边形"，并分别设置单元大小和壁厚等参数，如图 5-90（a）所示。

（5）在"晶格"选项卡的（选择单元的 Z 轴将对齐的方向）下拉列表框中选择 Y 并设置其他选项，图 5-90（b）所示。

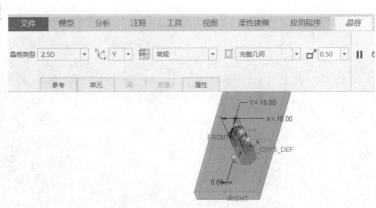

（a）设置单元形状等参数　　　　　　　　（b）在"晶格"选项卡中进行其他设置

图 5-90　设置晶格参数与选项

（6）单击"完成"按钮，晶格作为零件特征被添加到实体模型中，如图 5-91 所示。

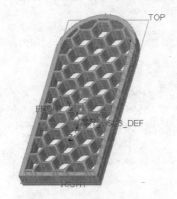

图 5-91　创建晶格特征

5.9　综合范例——工程特征应用

学习目的：

本章实战演练将练习多种工程特征的应用，要完成的实体模型如图 5-92 所示。需要重点掌握的是拔模特征、孔特征、倒圆角特征、壳特征以及筋特征的创建方法。

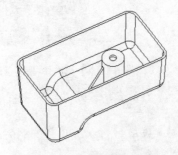

图 5-92　完成的实体模型

重点难点：

☑　在基础特征上创建拔模特征

☑　创建孔特征、倒圆角特征、壳特征和筋特征

操作步骤：

1．新建零件文件

视频讲解

（1）在"快速访问"工具栏中单击"创建新对象"按钮，打开"新建"对话框。

（2）在"类型"选项组中选中"零件"单选按钮，在"子类型"选项组中选中"实体"单选按钮，在"文件名"文本框中输入文件名为 bccreo_5_zhfl，取消选中"使用默认模板"复选框，单击"确定"按钮。

（3）弹出"新文件选项"对话框，在"模板"选项组中选择 mmns_part_solid，单击"确定"按钮，进入零件设计模式。

2．创建一个拉伸体模型

（1）在功能区"模型"选项卡的"形状"面板中单击"拉伸"按钮，打开"拉伸"选项卡。默认情况下，"拉伸"选项卡中的"实体"按钮处于被选中状态。

（2）选择 FRONT 基准平面作为草绘平面，进入草绘模式。

（3）绘制如图 5-93 所示的拉伸剖面，单击"确定"按钮。

（4）在"拉伸"选项卡的深度框中输入深度值为 80。

（5）单击"完成"按钮，按 Ctrl+D 快捷键以默认的标准方向视图视角显示模型，效果如图 5-94 所示。

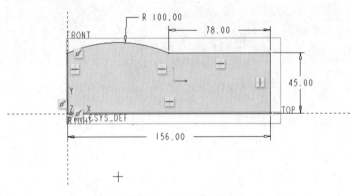

图 5-93　草绘拉伸剖面

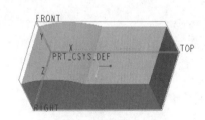

图 5-94　创建的拉伸特征

3．创建拔模特征

（1）在功能区"模型"选项卡的"工程"面板中单击"拔模"按钮，打开"拔模"选项卡。

（2）按住 Ctrl 键分别选择拉伸体的 4 个侧面，如图 5-95 所示。

（3）单击"拔模"选项卡的 ●单击此处添加项 （"拔模枢轴"收集器）将其激活，在模型中选择 TOP 基准平面定义拔模枢轴。

（4）输入拔模角度为-3，按 Enter 键，此时效果如图 5-96 所示。

（5）单击"完成"按钮，完成拔模操作。

4. 创建孔特征

（1）在功能区"模型"选项卡的"工程"面板中单击"孔"按钮，打开"孔"选项卡。

（2）默认情况下，"创建简单孔"按钮处于被选中状态，再选中"使用预定义矩形作为钻孔轮廓"按钮，输入孔的直径为20。

（3）选择如图5-97所示的模型上表面作为主放置参考。

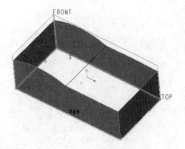
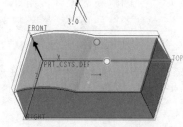
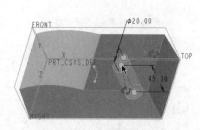

图5-95 选择拔模曲面　　　　图5-96 创建拔模特征　　　　图5-97 选择主放置参考

（4）分别拖动偏移参考控制图标选择所需的偏移参考，打开"放置"滑出面板，在"偏移参考"收集器中修改偏移值，如图5-98所示。

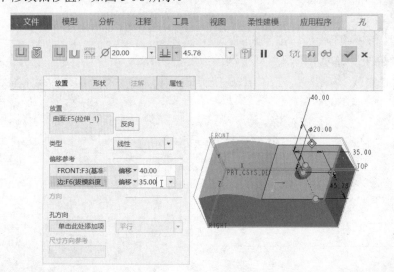

图5-98 定义偏移参考

（5）在"孔"选项卡中选择（盲孔）选项，输入孔深为30，如图5-99所示。

（6）单击"完成"按钮，创建的孔特征如图5-100所示。

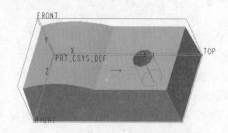

图5-99 设置孔深　　　　　　　　　图5-100 创建孔特征

5. 创建倒圆角特征

（1）在功能区"模型"选项卡的"工程"面板中单击"倒圆角"按钮，打开"倒圆角"选项卡。

（2）在"倒圆角"选项卡中输入当前倒圆角集的圆角半径为 10。

（3）按住 Ctrl 键的同时，选择如图 5-101 所示的 5 条边线。

（4）单击"完成"按钮。

（5）在功能区"模型"选项卡的"工程"面板中单击"倒圆角"按钮，打开"倒圆角"选项卡。

（6）在"倒圆角"选项卡中输入当前倒圆角集的圆角半径为 8。

（7）选择如图 5-102 所示的边。

（8）单击"完成"按钮，得到的倒圆角效果如图 5-103 所示。

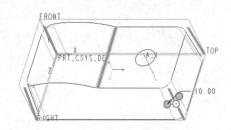

图 5-101　选择要倒圆角的边

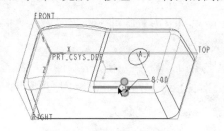

图 5-102　选择要倒圆角的边

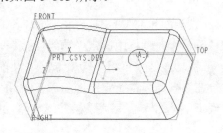

图 5-103　倒圆角效果

6. 创建壳特征

（1）在功能区"模型"选项卡的"工程"面板中单击"壳"按钮，打开"壳"选项卡。

（2）在"壳"选项卡中输入厚度值为 2.58。

（3）拖动鼠标中键翻转模型，选择如图 5-104 所示的要移除的曲面。

（4）单击"完成"按钮，创建的壳特征如图 5-105 所示。

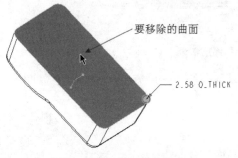

图 5-104　选择要移除的曲面

图 5-105　创建的壳特征

7. 创建轨迹筋特征

（1）在功能区"模型"选项卡的"工程"面板中单击"轨迹筋"按钮，打开"轨迹筋"选项卡。

（2）打开"放置"滑出面板，单击"定义"按钮，弹出"草绘"对话框。

（3）在功能区右侧单击"基准"→"基准平面"按钮▱，弹出"基准平面"对话框，选择 TOP 基准平面作为偏移参考，设置偏移距离为 30，如图 5-106 所示，单击"确定"按钮，从而完成创建 DTM1 基准平面。

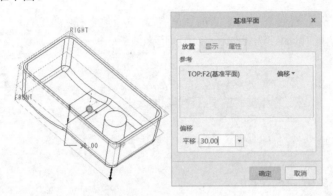

图 5-106　创建新基准平面

（4）以新创建的 DTM1 基准平面作为草绘平面，以 RIGHT 基准平面为"右"方向参考，然后在"草绘"对话框中单击"草绘"按钮，进入草绘模式。

（5）在功能区"草绘"选项卡的"设置"面板中单击"参考"按钮▢，打开"参考"对话框，自行在图形窗口中指定绘图参考。关闭"参考"对话框后，绘制如图 5-107 所示的筋轨迹。单击"确定"按钮✔，完成草绘并退出草绘模式。

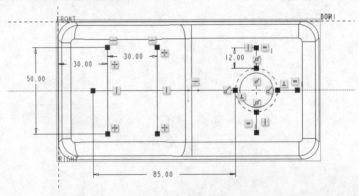

图 5-107　草绘筋轨迹

（6）在"轨迹筋"选项卡中单击╱按钮，以反向筋的深度方向，操作示意如图 5-108 所示。

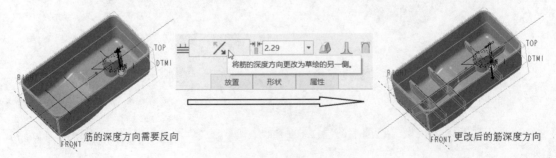

图 5-108　设置正确的筋深度方向

（7）在"轨迹筋"选项卡中设置如图 5-109 所示的形状等参数。

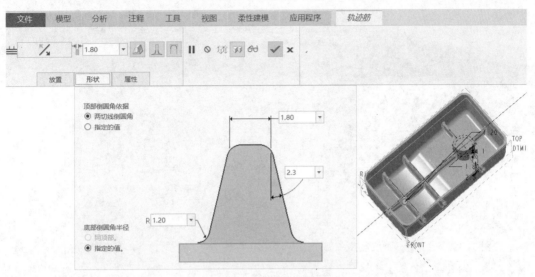

图 5-109　设置轨迹筋形状

（8）单击"完成"按钮 ✓ ，创建的轨迹筋效果如图 5-110 所示。

8. 创建孔特征

（1）在功能区"模型"选项卡的"工程"面板中单击"孔"按钮 ，打开"孔"选项卡。

（2）默认情况下，"创建简单孔"按钮 处于被选中状态，选中"使用预定义矩形作为钻孔轮廓"按钮 ，输入孔的直径为 8。

（3）打开"放置"滑出面板，选择特征轴 A_1 作为放置参考，此时"放置"收集器提示"选择 1 个项"，如图 5-111 所示。按住 Ctrl 键的同时选择如图 5-112 所示的零件端面。

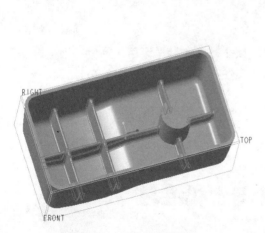

图 5-110　完成创建轨迹筋　　　　　　　图 5-111　指定其中一个放置参考

（4）在"孔"选项卡中选择 （穿透）选项。此时打开"形状"滑出面板，则可以看到该孔的具体形状尺寸信息，如图 5-113 所示。

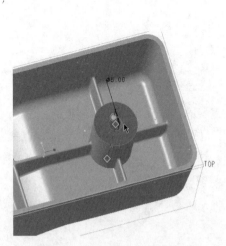

图 5-112　指定另一个放置参考

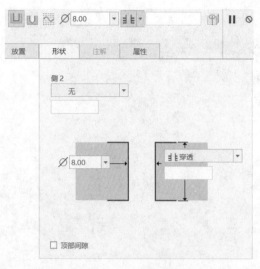

图 5-113　定义孔的形状

（5）单击"完成"按钮 ✔，创建孔特征如图 5-114 所示。

图 5-114　完成孔特征

9．保存文件

（1）在"快速访问"工具栏中单击"保存"按钮 🖫，弹出"保存对象"对话框。

（2）指定工作目录，单击"确定"按钮保存文件。

案例总结

　　本章综合范例介绍了多种工程特征的应用，在该案例中，读者需要重点掌握的是拔模特征、孔特征、倒圆角特征、壳特征以及筋特征的创建方法，尤其要注意孔特征和筋特征的类型。

5.10　思考与上机练习

（1）创建孔特征分几种方式，它们有哪些区别？

（2）如何创建具有不同厚度的壳特征？请举例说明。

（3）如何创建可变半径倒圆角特征？请举例说明。

（4）上机练习 1：绘制一个正方体，然后对其 4 个侧面进行拔模处理，拔模角度为 5°，如图 5-115 所示。

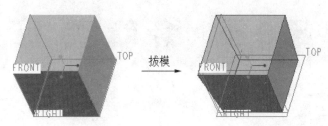

图 5-115 创建拔模特征

提示

在创建拔模特征的过程中，注意选择 TOP 基准平面定义拔模枢轴。

（5）简述创建边倒角特征的方法。

（6）简述创建拐角倒角特征的方法，可以举例辅助说明。

（7）上机练习 2：打开本书配套资源中的\CH5\ex5_7.prt 文件，文件中的原始三维模型如图 5-116 所示，练习给三维模型添加倒圆角特征，完成倒圆角处理的参考模型如图 5-117 所示。

图 5-116 原始三维模型 　　　　图 5-117 倒圆角效果

提示

使用倒圆角的基础知识。

（8）在什么情况下，可使用"自动倒圆角"命令对模型的凸边或凹边进行自动倒圆角？

（9）上机练习 3：打开\CH5\晶格练习题.prt，进行创建晶格特征的操作，操作示意如图 5-118 所示。

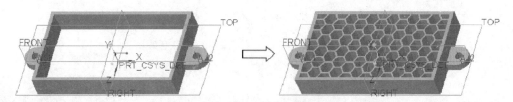

图 5-118 创建晶格特征练习

第6章 编辑特征

本章导读

　　编辑特征是指执行镜像、移动复制、缩放、阵列等命令创建的特征。在实际设计中，巧用编辑特征可以在一定程度上提高设计效率，缩短设计时间。本章将介绍常用的编辑特征，包括镜像、移动复制、缩放和阵列等。

6.1 镜　　像

　　利用"编辑"面板中的"镜像"按钮 ，可以由现有特征创建出对指定平面镜像的特征或几何的副本。镜像副本可以是独立副本，也可以是随着原始特征或几何更新的从属副本。在模型树上，独立的镜像特征用 图标表示，而从属的镜像特征用 图标表示。

　　镜像操作主要分两种，一种是特征镜像（对特征进行镜像），另一种是几何镜像（对基准、面组或曲面之类的几何项进行镜像）。

6.1.1　特征镜像

　　既可以仅复制选定的特征，也可以复制所有特征（即复制特征并创建合并特征，合并特征中包含模型中所有特征的几何。要使用此方法，必须在模型树上选择所有特征和零件节点）。特征镜像时，Creo Parametric 5.0 会在"镜像"选项卡的"选项"滑出面板中提供如图 6-1 所示的从属副本设置选项。

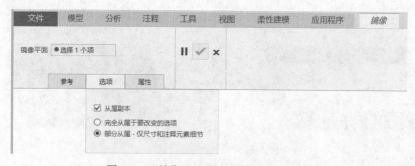

图 6-1　"镜像"选项卡（特征镜像时）

　　下面结合简单范例，介绍镜像选定特征的具体方法及步骤。本范例使用的练习文件为\CH6\

nccreo_6_1.prt。

（1）选择要镜像的一个或多个特征。在模型树上很容易选择到所需特征，如果要在图形窗口中选择特征，则先在"选择"过滤器列表框中选择"特征"选项，然后便可以在图形窗口中单击选中所需特征。例如在本例中先在"选择"过滤器列表框中选择"特征"选项，接着在图形窗口中选择如图 6-2 所示的"拉伸 1"特征。

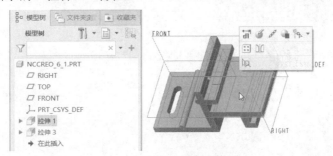

图 6-2　选择要镜像的特征

（2）在"编辑"面板或浮动工具栏中单击"镜像"按钮〗〖，打开"镜像"选项卡。

（3）指定镜像平面。例如选择 RIGHT 基准平面作为镜像平面。此时打开"选项"滑出面板，则可以看到"从属副本"复选框默认处于被选中的状态，并选中"部分从属-仅尺寸和注释元素细节"单选按钮。

（4）在"镜像"选项卡中单击"完成"按钮✔，完成的镜像效果如图 6-3 所示。

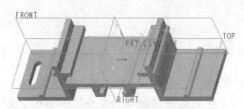

图 6-3　创建镜像特征

6.1.2　几何镜像

要镜像几何特征，需要在 Creo 窗口右下角的"选择"过滤器中选择"几何"或"基准"选项，接着在图形窗口中选择要镜像的几何或基准，再在"编辑"面板中单击"镜像"按钮〗〖，打开"镜像"选项卡，选择一个镜像平面，图形窗口中即会出现新"镜像"特征的预览。此时如果要隐藏原始镜像几何，可以在"镜像"选项卡的"选项"滑出面板中选中"隐藏原始几何"复选框，如图 6-4 所示，然后单击"完成"按钮✔。

图 6-4　"镜像"选项卡（几何镜像时）

6.2　移　动　复　制

移动复制是特征操作的一种常用方式。在设计实战中，巧用移动复制的方式来创建同类特征，可以在一定程度上提高设计效率。

可以采用对特征进行移动复制的方式来创建重复性（或相似性）特征，操作方法是先选择要移动复制的特征，接着在功能区"模型"选项卡的"操作"面板中单击"复制"按钮，单击"选择性粘贴"按钮，弹出"选择性粘贴"对话框，从中设定从属副本选项，并选中"对副本应用移动/旋转变换"复选框，如图 6-5 所示，然后单击"确定"按钮。打开如图 6-6 所示的"移动（复制）"选项卡，利用该选项卡可以沿指定的方向平移特征、曲面、面组、基准曲线和轴，还可以绕某个现有轴、线性边、曲线或坐标系的某个轴旋转它们，可以在单个移动特征中创建多个平移和旋转变换，可以创建和移动现有曲面或曲线的副本，可以创建和移动现有特征阵列、组阵列、阵列化阵列的副本。

"移动（复制）"选项卡的选项说明如下。

☑　　"平移"按钮：沿选定参考平移特征。

☑　　"旋转"按钮：相对选定参考旋转特征。

图 6-5　"选择性粘贴"对话框　　　　　　　图 6-6　"移动（复制）"选项卡

下面以范例讲解移动复制的操作过程，其中分别应用了平移复制和旋转复制。

1. 平移复制操作

（1）打开本书配套资源中的\CH6\nccreo_6_2.prt 文件，文件中的原始三维实体模型如图 6-7 所示。

（2）在模型树中选择"拉伸 2"特征，再按住 Ctrl 键选择"拉伸 3"特征，如图 6-8 所示。

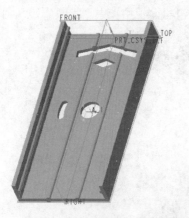

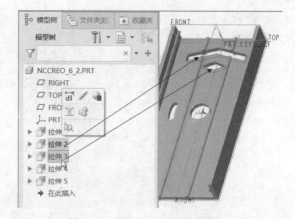

图 6-7　原始三维实体模型　　　　　　　　图 6-8　选择要平移复制的特征

（3）在功能区"模型"选项卡的"操作"面板中单击"复制"按钮，接着单击"选择性粘贴"按钮，弹出"选择性粘贴"对话框。

（4）在"选择性粘贴"对话框中选中"从属副本"复选框，接着选中"部分从属-仅尺寸和注释元素细节"单选按钮，再选中"对副本应用移动/旋转变换"复选框，单击"确定"按钮。

（5）在"移动（复制）"选项卡中单击"平移"按钮，选择FRONT基准平面作为平移参考，输入平移距离为350，如图6-9所示。

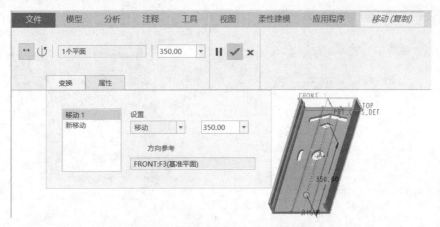

图6-9 设置平移选项、参考和参数

提示

要在单个"移动"特征中创建多个平移和旋转变换，那么在创建一个移动变换（平移变换或旋转变换）后，在"变换"滑出面板的"变换"列表中单击添加"新移动"，接着在"设置"下拉列表框中选择变换类型，然后分别指定相应的参考并设置相应的变换参数。

（6）单击"完成"按钮，平移复制的结果如图6-10所示。

2．旋转复制操作

（1）在右下角的"选择"过滤器列表框中选择如图6-11所示的一个拉伸切口特征。

（2）在功能区"模型"选项卡的"操作"面板中单击"复制"按钮（或者按Ctrl+C快捷键），接着单击"选择性粘贴"按钮，弹出"选择性粘贴"对话框。

（3）在"选择性粘贴"对话框中取消选中"从属副本"复选框，接着选中"对副本应用移动/旋转变换"复选框，如图6-12所示，单击"确定"按钮。

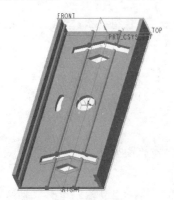

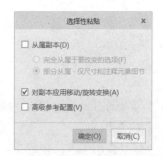

图6-10 平移复制的结果　　　图6-11 选择要旋转复制的特征　　图6-12 "选择性粘贴"对话框

（4）在"移动（复制）"选项卡中单击"旋转"按钮 ，选择 A_1 轴作为旋转轴，设置旋转角度为 90，如图 6-13 所示。

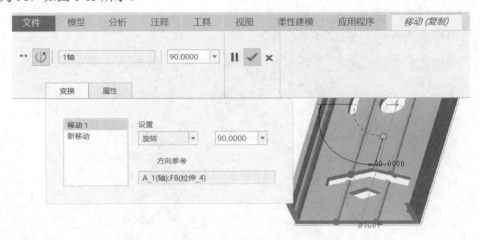

图 6-13　设置旋转角度

（5）单击"完成"按钮 ，旋转复制的结果如图 6-14 所示。

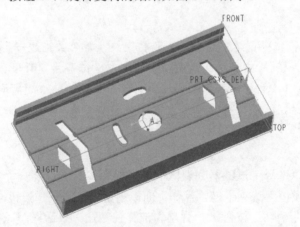

图 6-14　旋转复制的结果（独立副本）

？思考

将特征对象复制或剪切到剪切板上时，如果使用"粘贴"按钮 ，会获得什么样的操作结果？可以试试看。

6.3　缩　　放

可以通过执行功能区"模型"选项卡"操作"滑出面板中的"缩放模型" 命令来缩小或放大模型尺寸。

缩放模型的方法很简单，首先在功能区"模型"选项卡的"操作"滑出面板中选择"缩放模型" 命令，弹出如图 6-15 所示的"缩放模型"对话框。在"选择比例因子或输入值"下拉列表框中选择或输入一个值，展开"选项"选项组可以根据设计情况决定"比例绝对精度"复选框的状态，如图 6-16 所示，单击"确定"按钮。

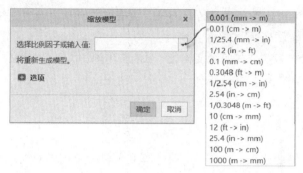

图 6-15　"缩放模型"对话框

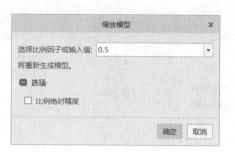

图 6-16　展开"选项"选项组

6.4　阵　　列

阵列的创建类型主要有"尺寸""方向""轴""填充""表""参考""曲线""点"8 种。

选择要阵列的特征，单击"阵列"按钮⊞，打开如图 6-17 所示的"阵列"选项卡。用户可以根据实际情况从"阵列"选项卡的阵列类型列表中选择相应的阵列方式。

图 6-17　"阵列"选项卡

阵列的基本重新生成（再生）选项有"相同""可变""常规"3 种，位于"选项"滑出面板中，如图 6-18 所示。

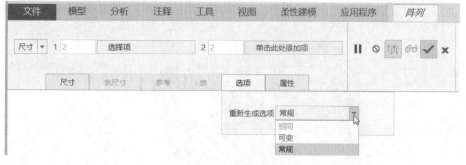

图 6-18　重新生成选项

✎ **提示**

阵列的基本重新生成选项的功能如下。

☑ 相同：所有的阵列成员大小尺寸相同，放置在相同的曲面上，且没有与放置曲面边、任何其他实例边或放置曲面以外任何特征的边相交的实例。

☑ 可变：阵列成员的尺寸可以不同或者可放置在不同的曲面上，但没有实例与其他实例相交。

☑ 常规：无任何阵列成员限制，允许创建极复杂的阵列。

6.4.1 尺寸阵列

可以通过使用驱动尺寸并指定阵列的增量变化来控制阵列，尺寸阵列可以为单向或双向。下面以一个范例说明尺寸阵列的创建过程。

（1）打开本书配套资源中的\CH6\ncproe_6_4a.prt，文件中的原始三维实体模型如图 6-19 所示。

（2）将"选择"过滤器的选项设置为"特征"，选择如图 6-20 所示的"拉伸 2"切口特征，单击"阵列"按钮田。也可以在模型树中选择"拉伸 2"特征的树节点，接着在弹出浮动工具栏中单击"阵列"按钮田。

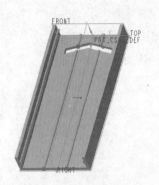

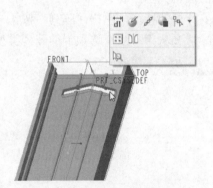

图 6-19 原始三维实体模型   图 6-20 选择要阵列的特征

（3）此时，"尺寸"为默认阵列选项。在图形窗口中，要阵列的特征显示其尺寸，如图 6-21 所示。

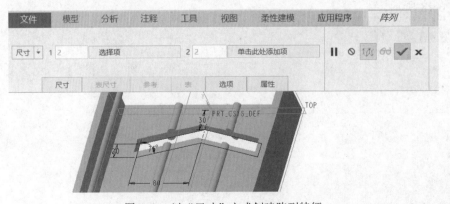

图 6-21 以"尺寸"方式创建阵列特征

（4）打开"尺寸"滑出面板，然后在模型中单击数值为 30 的尺寸，在"方向 1"收集器中输入其增量为 50，按 Enter 键，如图 6-22 所示。

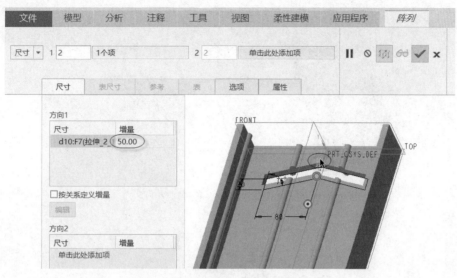

图 6-22 定义方向 1 的尺寸变量参数

（5）按住 Ctrl 键的同时在模型中单击数值为 80 的尺寸，则该尺寸定义方向 1 的另一个尺寸变量，在"方向 1"收集器中输入该尺寸增量为-5，按 Enter 键，如图 6-23 所示。

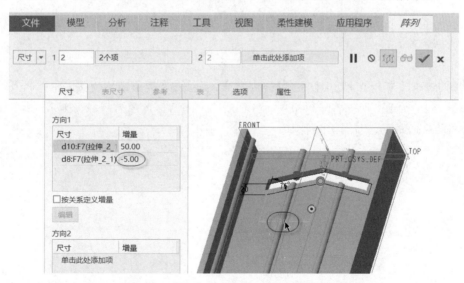

图 6-23 定义方向 1 的另一个尺寸变量参数

（6）在"阵列"选项卡中输入方向 1 的阵列成员数为 8，在图形窗口中单击要排除的其中两个阵列成员，使这两个阵列成员的标识点由"黑点"变成"白点"，如图 6-24 所示。"白点"表示所标识的阵列成员已经被排除。

（7）单击"完成"按钮 ✔，阵列的效果如图 6-25 所示。

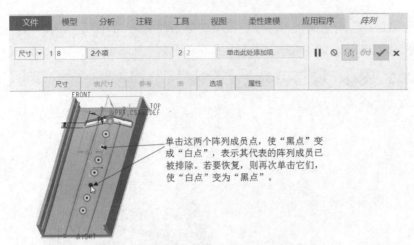

单击这两个阵列成员点，使"黑点"变成"白点"，表示其代表的阵列成员已被排除。若要恢复，则再次单击它们，使"白点"变为"黑点"。

图 6-24　定义阵列成员数和设置要排除的阵列成员

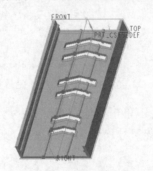

图 6-25　阵列效果

🐌经验

　　若要删除阵列，可以在模型树中选择阵列节点，右击，在弹出的快捷菜单中选择"删除阵列"命令，如图 6-26 所示，即可将阵列而成的特征删除，而只保留原始特征；如果选择"删除"命令，则会将阵列而成的特征与原始特征一并删除。

图 6-26　选择"删除阵列"命令

6.4.2　方向阵列

　　方向阵列是通过指定阵列增长的方向和增量来创建自由形式阵列，方向阵列可以为单向或双向。下面介绍一个创建方向阵列的范例。

　　（1）打开本书配套资源中的\CH6\nccreo_6_4b.prt文件，文件中的原始三维实体模型如图 6-27 所示。

　　（2）将"选择"过滤器的选项设置为"特征"，在图形窗口中选择如图 6-28 所示的"拉伸 2"特征，接着在浮动工具栏或功能区"模型"选项卡的"编辑"面板中单击"阵列"按钮田，打开"阵列"选项卡。

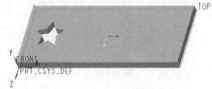

图 6-27　原始三维实体模型

　　（3）在"阵列"选项卡的阵列类型列表框中，选择"方向"选项，并确保选中 ↔（平移）参考方式，选择如图 6-29 所示的边线。

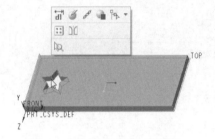

图 6-28　选择要阵列的特征

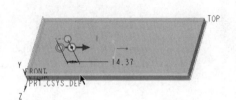

图 6-29　选择方向参考

　　（4）在"阵列"选项卡中输入第一方向的成员数为 5，输入阵列成员间的距离为 35，如图 6-30 所示。

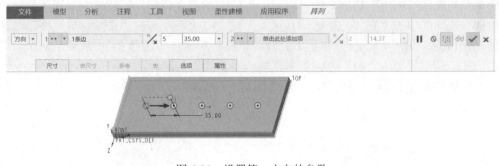

图 6-30　设置第一方向的参数

技巧

　　如果要在另一个方向上添加阵列成员，则在"阵列"选项卡中单击第二方向收集器，然后设置第二方向的参考方式（平移、旋转或坐标系），选择第二方向参考并设置相应的参数。

　　（5）单击"完成"按钮 ✔，完成的阵列效果如图 6-31 所示。

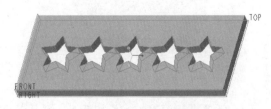

图 6-31　阵列完成效果

6.4.3　轴阵列

　　轴阵列也称旋转阵列，需要围绕着一个特定的旋转轴来进行。轴阵列允许在两个方向上放置成员，一个是角度方向（第一方向），一个是径向方向（第二方向）。前者是阵列成员绕轴线旋转，默认轴阵列按逆时针方向等间距放置成员；后者是在径向方向上添加阵列成员。

　　下面以一个范例介绍轴阵列的创建，具体步骤如下。

　　（1）在"快速访问"工具栏中单击"新建"按钮 ，新建一个名为 nccreo_6_4c 的实体零件文件，模板采用 mmns_part_solid。

　　（2）在功能区"模型"选项卡的"形状"面板中单击"旋转"按钮 ，打开"旋转"选项卡。选择 FRONT 基准平面作为草绘平面，自动进入快速草绘模式。

　　（3）绘制如图 6-32 所示的剖面，添加一条几何中心线定义旋转轴。

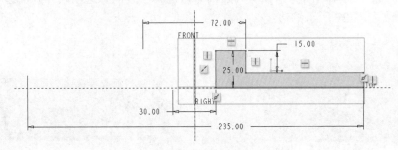

图 6-32　草绘剖面

　　（4）单击"确定"按钮 ，完成草绘并退出草绘模式。

　　（5）在"旋转"选项卡中接受默认的旋转设置（如默认的旋转角度为 360°），单击"完成"按钮 。按 Ctrl+D 快捷键以默认视图方向显示模型，效果如图 6-33 所示。

　　（6）在功能区"模型"选项卡的"形状"面板中单击"拉伸"按钮 ，打开"拉伸"选项卡。"拉伸"选项卡中的"实体"按钮 默认处于被选中状态，单击"去除材料"按钮 。打开"放置"滑出面板，单击"定义"按钮，打开"草绘"对话框。选择 TOP 基准平面作为草绘平面，以 RIGHT 基准平面为"右"方向参考，单击"草绘"按钮。

　　（7）绘制如图 6-34 所示的剖面，单击"确定"按钮 。

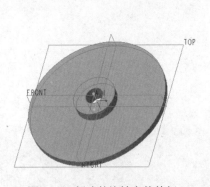

图 6-33　创建的旋转实体特征

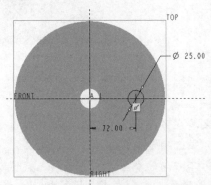

图 6-34　草绘拉伸剖面

　　（8）单击"深度方向"按钮 ，并从深度选项列表框中选择 （穿透），按 Ctrl+D 快捷键，模型显示如图 6-35 所示。

（9）单击"完成"按钮 ✓，完成的拉伸切除效果如图 6-36 所示。

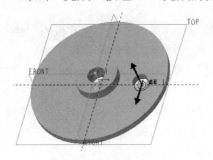

图 6-35 设置深度方向

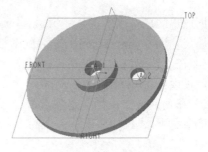

图 6-36 拉伸切除效果

（10）单击"阵列"按钮 ⊞，打开"阵列"选项卡。

（11）在"阵列"选项卡中设定阵列类型为"轴"，然后在模型中选择旋转特征轴 A_1。

（12）输入第一方向（圆周上）的阵列成员数为 6，阵列成员间的角度为 60，如图 6-37 所示。也可以单击"设置阵列的角度范围"按钮 ◿，将其设置为 360。

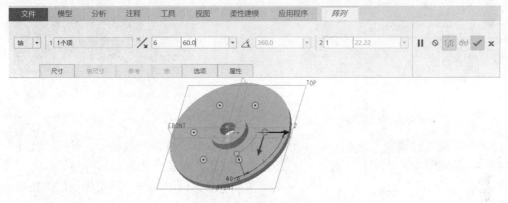

图 6-37 设置阵列参数

（13）单击"完成"按钮 ✓，完成的轴阵列特征如图 6-38 所示。

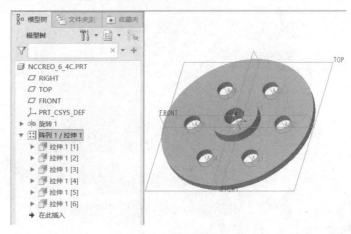

图 6-38 完成的轴阵列特征

6.4.4 填充阵列

根据选定的栅格用实例填充区域是一种特殊的阵列方式,可以创建如穿孔板等零件。例如,要在一块尺寸为 60mm×30mm×2mm 的薄板上布满微小的孔特征,步骤如下。

(1)在"快速访问"工具栏中单击"新建"按钮,新建一个名为 nccreo_6_4d 的实体零件文件,模板采用 mmns_ part_solid。

(2)在功能区"模型"选项卡的"形状"面板中单击"拉伸"按钮,打开"拉伸"选项卡。默认情况下,"拉伸"选项卡中的"实体"按钮处于被选中状态,选择 TOP 基准平面作为草绘平面。

(3)绘制如图 6-39 所示的剖面,单击"确定"按钮。

(4)在"拉伸"选项卡中输入拉伸深度为 2,单击"完成"按钮,创建的薄板(拉伸特征)如图 6-40 所示。

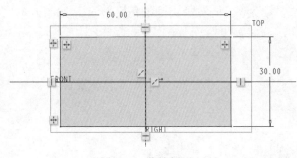

图 6-39 草绘剖面 1

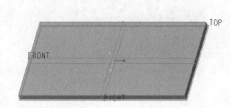

图 6-40 创建的薄板

(5)在功能区"模型"选项卡的"形状"面板中单击"拉伸"按钮,打开"拉伸"选项卡。"拉伸"选项卡中的"实体"按钮处于被选中状态,单击"去除材料"按钮。打开"放置"滑出面板,单击"定义"按钮,在打开的"草绘"对话框中单击"使用先前的"按钮,进入草绘模式。

(6)绘制如图 6-41 所示的剖面,单击"确定"按钮。

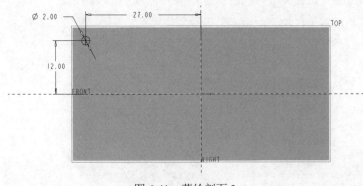

图 6-41 草绘剖面 2

(7)单击"深度方向"按钮,并从深度选项列表框中选择(穿透),此时按 Ctrl+D 快捷键以默认的标准视图显示,如图 6-42 所示。

(8)单击"完成"按钮,完成的拉伸切除效果如图 6-43 所示。

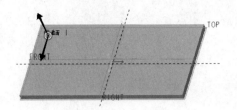

| 图 6-42 确认穿孔选项 | 图 6-43 创建小孔 |

（9）确认小孔处于被选中的状态，单击"阵列"按钮⊞，打开"阵列"选项卡。

（10）在"阵列"选项卡中设定阵列类型为"填充"。打开"参考"滑出面板，如图 6-44 所示，单击"定义"按钮，弹出"草绘"对话框。

图 6-44 "参考"滑出面板

（11）在"草绘"对话框中单击"使用先前的"按钮，进入草绘模式。单击"投影"按钮□绘制如图 6-45 所示的封闭区域，单击"完成"按钮✔。

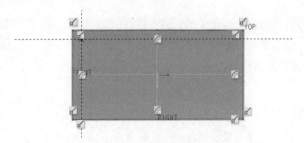

图 6-45 草绘区域

（12）默认情况下，以方形栅格阵列分割各成员，如图 6-46 所示。

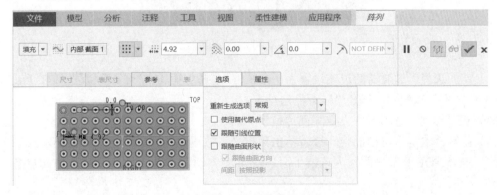

图 6-46 方形栅格阵列

（13）在"阵列"选项卡的"栅格模板"下拉列表框中选择"菱形"选项，其他选项设置如图 6-47 所示，即设置各阵列成员中心之间的距离为 5，阵列成员中心距草绘边界的距离为 2，栅格相对原点的旋转角度为 10。

图 6-47　设置阵列参数

（14）此时的模型如图 6-48 所示，单击"完成"按钮，最终得到的阵列效果如图 6-49 所示。

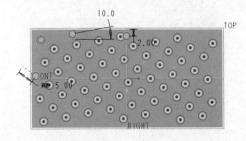

图 6-48　填充阵列

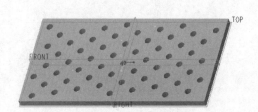

图 6-49　完成的穿孔板

6.4.5　曲线阵列

可以沿曲线进行阵列，通过阵列成员的间距或数目来控制阵列。曲线阵列的内部草绘可包括所有封闭截面或所有开放截面，但不能为两者组合。下面结合范例介绍曲线阵列的应用。

（1）打开本书配套资源中的\CH6\nccreo_6_4e.prt 文件，文件中的原始三维实体模型如图 6-50 所示。

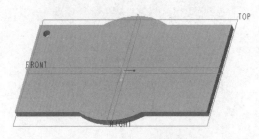

图 6-50　原始三维实体模型

（2）将"选择"过滤器的选项设置为"特征"，选择小孔（"拉伸 2"特征），在"编辑"面板中单击"阵列"按钮，打开"阵列"选项卡。

（3）在"阵列"选项卡中设定阵列类型为"曲线"。

（4）打开"参考"滑出面板，接着单击"定义"按钮，打开"草绘"对话框。

（5）选择 TOP 基准平面作为草绘平面，默认以 RIGHT 基准平面为"右"方向参考，单击"草绘"按钮。

（6）草绘如图 6-51 所示的圆弧，单击"确定"按钮。

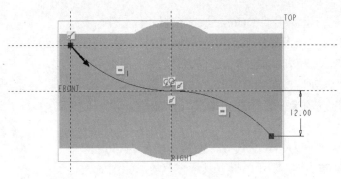

图 6-51 草绘圆弧

（7）在"阵列"选项卡中输入阵列成员的间距为 6，如图 6-52 所示。可以打开"选项"滑出面板，设置是否跟随曲线方向等。

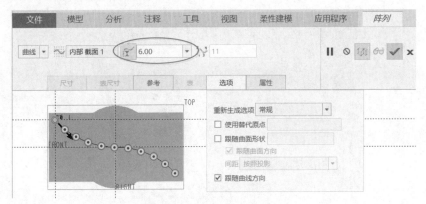

图 6-52 输入阵列成员的间距

⚠**注意**

选中 按钮时，需要输入阵列成员间的间距。也可以选中 按钮，输入沿曲线方向的阵列成员数目。

（8）单击"完成"按钮 ✔，创建的阵列特征如图 6-53 所示。

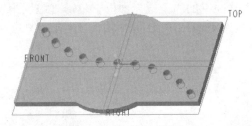

图 6-53 曲线阵列效果

6.4.6 参考阵列

可以利用已存在的阵列特征来定义新特征的位置，建立参考阵列就是这种设计思想。在下面的范例中，应用了参考阵列。

（1）打开本书配套资源中的\CH6\nccreo_6_4f.prt 文件，文件中的原始三维实体模型如图 6-54 所示。

（2）将"选择"过滤器选项设置为"特征"，在模型中单击跑道型通孔，单击"阵列"按钮 ⊞，打开"阵列"选项卡。

（3）在"阵列"选项卡中设定阵列类型为"尺寸"，并打开"尺寸"滑出面板。

（4）在模型中选择值为 280 的尺寸，设置其增量为-30；接着按住 Ctrl 键选择值为 20 的尺寸，设置其增量为 8，如图 6-55 所示。

图 6-54　原始三维实体模型

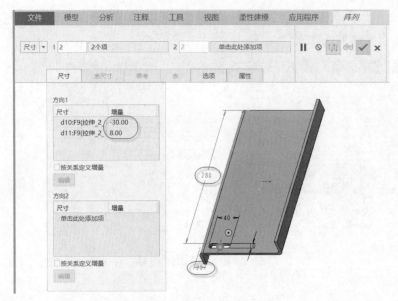

图 6-55　定义方向 1 的尺寸增量

（5）输入方向 1 的阵列成员数为 10。

（6）单击"完成"按钮 ✔，创建的阵列特征如图 6-56 所示。

（7）在功能区"模型"选项卡的"工程"面板中单击"边倒角"按钮 ，打开"边倒角"选项卡。选择边倒角标注形式为 45×D，在 D 框中输入 2，选择如图 6-57 所示的边线，单击"完成"按钮 ✔。

图 6-56　创建的阵列特征

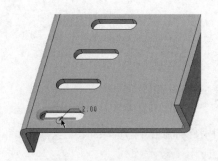

图 6-57　选择要倒角的边线

（8）确认刚创建的倒角特征处于被选中的状态，单击"阵列"按钮田，打开"阵列"选项卡，系统自动以"参考"方式创建阵列特征，如图 6-58 所示。

（9）单击"完成"按钮✔，完成的参考阵列特征如图 6-59 所示。

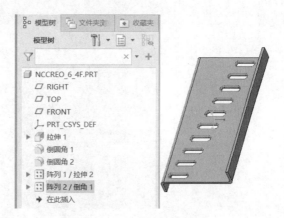

图 6-58　参考现有阵列创建阵列特征　　　　　　　图 6-59　阵列完成效果

6.4.7　点阵列

可以将阵列成员放置在几何草绘点、几何草绘坐标系或基准点上，这就是点阵列。创建点阵列的范例如下。

（1）打开本书配套资源中的\CH6\ncproe_6_3g.prt 文件，文件中的原始三维实体模型如图 6-60 所示。

（2）选择"四角星"拉伸特征，单击"阵列"按钮田，打开"阵列"选项卡。

（3）在"阵列"选项卡中设定阵列类型为"点"，如图 6-61 所示。

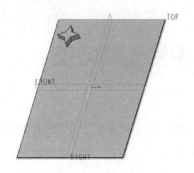

图 6-60　原始三维实体模型　　　　　　　　图 6-61　选择"点"阵列类型

（4）打开"参考"滑出面板，单击"定义"按钮，弹出"草绘"对话框。选择 TOP 基准平面作为草绘平面，以 RIGHT 基准平面为"右"方向参考，单击"草绘"按钮，进入草绘模式。

（5）在功能区"草绘"选项卡的"基准"面板中单击"几何点"按钮✗，绘制如图 6-62 所示的几何点，单击"确定"按钮✔。

（6）单击"完成"按钮✔，完成点阵列操作，得到的模型效果如图 6-63 所示。

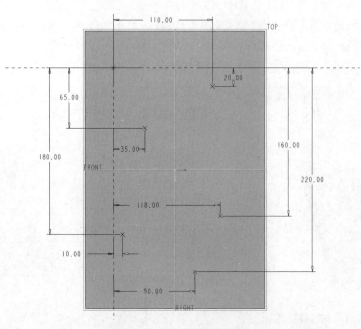

图 6-62　绘制若干几何点

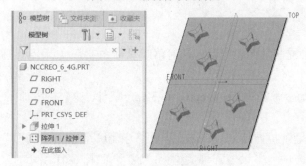

图 6-63　点阵列结果

6.5　综合范例——创建零件中的编辑特征

学习目的：

本章综合范例将练习多种编辑特征的应用，如图 6-64 所示。需要重点掌握的是镜像特征、阵列特征的创建方法，另外需要注意在曲面上创建阵列特征的方法。

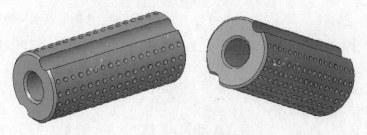

图 6-64　完成效果

重点难点：

☑ 创建镜像特征

☑ 在曲面上创建阵列特征

操作步骤：

1. 新建实体零件文件

（1）在"快速访问"工具栏中单击"新建"按钮 🗋，打开"新建"对话框。

（2）在"类型"选项组中选中"零件"单选按钮，在"子类型"选项组中选中"实体"单选按钮，在"文件名"文本框中输入文件名为 bccreo_6_fl，取消选中"使用默认模板"复选框以取消使用默认模板，单击"确定"按钮。

（3）弹出"新文件选项"对话框，在"模板"选项组中选择 mmns_part_solid，单击"确定"按钮，进入零件设计模式。

2. 创建拉伸实体

（1）在功能区"模型"选项卡的"形状"面板中单击"拉伸"按钮 🔧，打开"拉伸"选项卡。默认情况下，"拉伸"选项卡中的"实体"按钮 🗋 处于被选中的状态。

（2）选择 FRONT 基准平面作为草绘平面，进入草绘模式。

（3）绘制如图 6-65 所示的拉伸剖面，单击"确定"按钮 ✔。

（4）在"拉伸"选项卡中输入深度值为 350。

（5）单击"完成"按钮 ✔，按 Ctrl+D 快捷键以默认的标准视图显示，效果如图 6-66 所示。

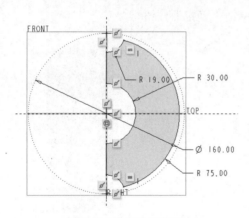

图 6-65 绘制拉伸剖面

图 6-66 创建拉伸实体

3. 创建用来阵列的旋转切口特征

（1）在功能区"模型"选项卡的"形状"面板中单击"旋转"按钮 ⬥，打开"旋转"选项卡。

（2）"旋转"选项卡中的"实体"按钮 🗋 处于被选中状态，单击"去除材料"按钮 🗾。

（3）打开"放置"滑出面板，单击"定义"按钮，打开"草绘"对话框。

（4）选择 TOP 基准平面作为草绘平面，默认以 RIGHT 基准平面为"右"方向参考，单击"草绘"按钮。

（5）绘制如图 6-67 所示的图形，务必要添加一条水平的几何中心线，单击"确定"按钮。

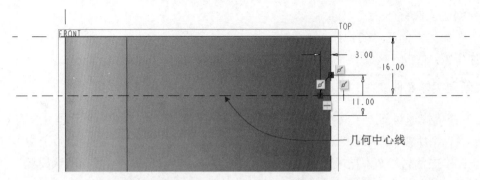

图 6-67　绘制旋转截面及一条作为旋转轴的几何中心线

（6）接受默认的旋转角度为 360°。

（7）在"旋转"选项卡中单击"完成"按钮，按 Ctrl+D 快捷键以标准视图显示模型，效果如图 6-68 所示。

4．跟随曲面形状阵列

（1）确认旋转切口特征已被选中，单击"阵列"按钮，打开"阵列"选项卡。

（2）在"阵列"选项卡中设定阵列类型为"填充"。

（3）打开"参考"滑出面板，单击"定义"按钮，打开"草绘"对话框。

（4）选择 RIGHT 基准平面作为草绘平面，以 TOP 基准平面为"左"方向参考，在"草绘"对话框中单击"草绘"按钮，进入草绘模式。

（5）绘制如图 6-69 所示的封闭剖面，单击"确定"按钮。

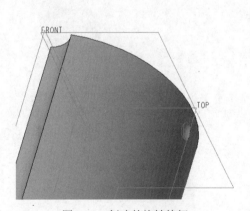

图 6-68　创建的旋转特征

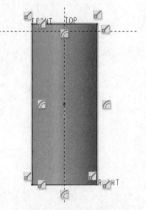

图 6-69　绘制封闭剖面

（6）在"阵列"选项卡的"栅格模板"列表框中选择"正方形"选项，其他选项设置如图 6-70 所示，即设置阵列成员中心之间的距离为 20，阵列成员距草绘边界的距离为 5，栅格相对原点的旋转角度为 0。可以按 Ctrl+D 快捷键以标准视图显示模型。

（7）打开"选项"滑出面板，选中"跟随曲面形状"和"跟随曲面方向"复选框，设置"间距"为"按照投影"，如图 6-71 所示。

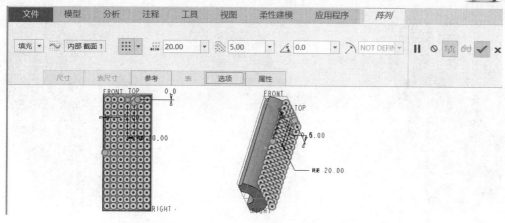

图 6-70 设置阵列参数

（8）在模型中选择如图 6-72 所示的曲面。

（9）单击"完成"按钮✔，跟随曲面形状的阵列效果如图 6-73 所示。

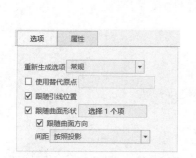

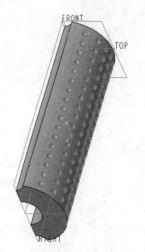

图 6-71 在"选项"滑出面板中设置 　图 6-72 选择放置阵列特征的曲面 　图 6-73 跟随曲面形状阵列

5. 镜像所有特征

（1）在导航区的模型树中单击 BCCREO_6_FL.PRT，以选中零件节点。

（2）在功能区"模型"选项卡的"编辑"面板中单击"镜像"按钮，打开"镜像"选项卡。

（3）选择 RIGHT 基准平面作为镜像平面。

（4）在"镜像"选项卡中单击"完成"按钮✔，完成的效果如图 6-74 所示。

6. 创建倒角特征

（1）在功能区"模型"选项卡的"工程"面板中单击"边倒角"按钮，打开"边倒角"选项卡。

（2）选择边倒角标注形式为 D×D，在 D 框中输入 5。

（3）按住 Ctrl 键分别选择如图 6-75 所示的边线。

（4）单击"完成"按钮✔，完成的模型效果如图 6-76 所示。

图 6-74　镜像效果

图 6-75　选择要倒角的边线

图 6-76　完成的三维模型

案例总结

　　本章综合范例介绍了多种编辑特征的应用，读者需要重点掌握的是镜像特征和阵列特征的创建方法，另外需要掌握在曲面上创建阵列特征的方法及技巧。认真学习本案例，设计水平将得到一定程度的提升。

6.6　思考与上机练习

　　（1）简述创建镜像特征的一般步骤。

　　（2）如何进行移动复制的操作，请举例辅助说明。

　　（3）执行"缩放模型"命令缩放模型，是否会改变模型的尺寸？

　　（4）可以使用哪几种方式创建阵列特征？

　　（5）如何创建在曲面上（跟随曲面形状）的阵列特征？

　　（6）延伸思考：在功能区"模型"选项卡的"操作"滑出面板中还有"重新排序"等选项。请通过软件的帮助文件，了解对特征进行重新排序的方法。

　　（7）上机练习 1：利用本章所学知识，创建如图 6-77 所示的三维实体模型，具体尺寸根据效果图自行确定。

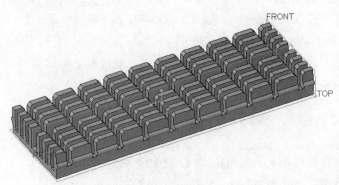

图 6-77　上机练习 1

提示

考虑到最终三维实体模型的特点，在建模过程中可考虑使用"镜像"和"阵列"命令。

（8）上机练习 2：利用本章所学知识，创建如图 6-78 所示的三维实体模型，具体尺寸根据效果图自行确定。

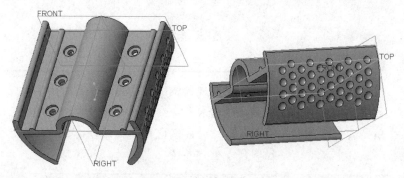

图 6-78　上机练习 2

提示

参考本章综合范例。

第 7 章　高级特征建模

本 章 导 读

仅掌握前面讲解的建模知识是远远不够的，还需要掌握更多的建模知识才能应用到实际工作中，包括本章介绍的高级特征建模以及后面章节介绍的其他建模知识。本章介绍的内容包括扫描混合、螺旋扫描、骨架折弯、环形折弯、半径圆顶、创建耳特征、唇特征和环形槽等。

7.1　扫 描 混 合

扫描混合融合了扫描和混合两种建模特征。扫描混合可以具有两种轨迹，即原点轨迹和第二轨迹，其中原点轨迹是必需的，而第二轨迹是可选的，每次只有一个轨迹可用。用户可以根据设计需要选取一条草绘曲线、基准曲线或边的链定义扫描混合的轨迹。Creo 中的每个扫描混合特征至少有两个剖面。

⚠ **注意**

创建扫描混合特征要注意以下限制条件。

☑　对于闭合轨迹轮廓，在起始点和其他位置必须至少各有一个截面。

☑　轨迹的链起点和终点处的截面参考是动态的，并且在修剪轨迹时会更新。

☑　截面位置可以参考模型几何（例如一条曲线），但修改轨迹会使参考无效。在此情况下，扫描混合特征无法创建。

☑　所有截面必须包含相同的图元数。

必要时，可以使用区域位置以及通过控制特征在截面间的周长来控制扫描混合特征。

创建扫描混合特征的示例如图 7-1 所示。

创建基本扫描混合特征的一般方法及步骤如下。

（1）在功能区"模型"选项卡的"形状"面板中单击"扫描混合"按钮 🖉，打开如图 7-2 所示的"扫描混合"选项卡。

（2）在"扫描混合"选项卡中指定要创建的模型为实体或曲面，并可根据设计要求设置去除材料或加厚。

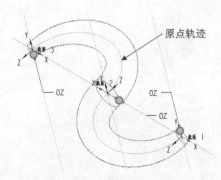

图 7-1　扫描混合特征示例

图 7-2　"扫描混合"选项卡

（3）打开"参考"滑出面板，接着在系统提示下选择一条轨迹，选择的第一条轨迹为"原点轨迹"。如有需要，可以单击"细节"按钮，打开"链"对话框以设置轨迹参考。

（4）在"参考"滑出面板的"截平面控制"下拉列表框中可选择以下 3 个选项之一。

☑　垂直于轨迹：截面平面在整个长度内始终与指定轨迹垂直（在 N 列中检测）。

☑　垂直于投影：在投影方向上，截面平面始终与原点轨迹垂直；Z 轴与指定方向上的原点轨迹的投影相切。选择此选项，须指定方向参考。

☑　恒定法向：Z 轴平行于指定方向参考向量。选择此选项，须指定方向参考。

（5）设置"水平/竖直控制"选项。

（6）打开"截面"滑出面板，设置横截面的类型为"选择截面"或"草绘截面"。

（7）选择"草绘截面"时，则指定一个位置点，然后单击"草绘"按钮，进入草绘模式绘制剖面。单击"插入"按钮，则可选择用于指定截面位置的附加点，以绘制其他剖面。

选择"选择截面"时，则选择一个截面。可以单击"插入"按钮并选择一个附加截面。同样地，必须至少定义两个横截面（剖面）。

（8）打开"相切"滑出面板，可以定义扫描混合的端点和相邻模型几何间的相切关系。

（9）打开"选项"滑出面板，可以设置扫描混合面积和周长控制选项。

（10）草绘或选择所有横截面后，经预览符合设计需求，则单击"完成"按钮 ✓，从而生成扫描混合特征。

下面介绍创建扫描混合实体特征的一个范例。

（1）新建一个使用 mmns_part_solid 模板的实体零件文件，文件名可以设定为 BCCREO_7_1。

（2）绘制用来作为扫描混合轨迹的曲线。单击"草绘"按钮，弹出"草绘"对话框，选择 FRONT 基准平面作为草绘平面，以 RIGHT 基准平面作为"右"方向参考，单击"草绘"按钮，进入草绘模式，绘制如图 7-3 所示的曲线，单击"确定"按钮 ✓。

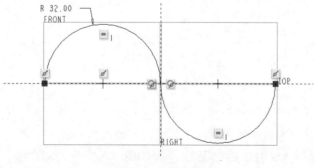

图 7-3　绘制曲线

（3）在功能区"模型"选项卡的"形状"面板中单击"扫描混合"按钮，打开"扫描混合"选项卡，接着单击"实体"按钮。

（4）打开"参考"滑出面板，确认选择之前绘制的曲线作为原点轨迹。在"截平面控制"下拉列表框中选择"垂直于轨迹"选项，在"水平/竖直控制"下拉列表框中选择"自动"选项，如图 7-4 所示。注意曲线起始点箭头方向。

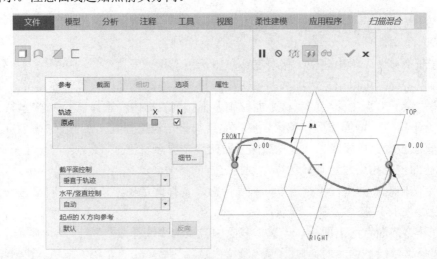

图 7-4　指定原点轨迹和截平面控制选项等

（5）打开"截面"滑出面板，选中"草绘截面"单选按钮，如图 7-5 所示。

（6）在"截面"滑出面板中可以看到截面位置默认为"开始"位置，设置该截面位置相应的旋转角度为 0，单击"草绘"按钮，从而进入该位置截面的草绘状态。

（7）绘制如图 7-6 所示的截面 1，单击"确定"按钮✔️。

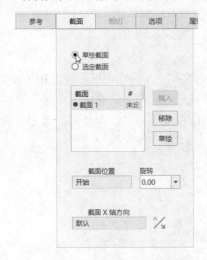

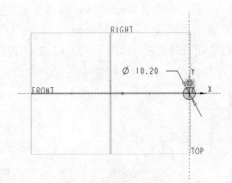

图 7-5　"截面"滑出面板　　　　　　　　　图 7-6　绘制截面 1

（8）在"截面"滑出面板中单击"插入"按钮。可以按 Ctrl+D 快捷键以默认的标准方向视图显示曲线（便于选择插入新截面的位置），选择如图 7-7 所示的相切圆弧曲线的中点。在"截面"滑出面板中设置该截面的相应旋转角度为 0，并单击"草绘"按钮，进入该位置截面的草绘模式中。

（9）绘制截面 2，如图 7-8 所示，然后单击"确定"按钮✔️，完成并退出草绘模式。

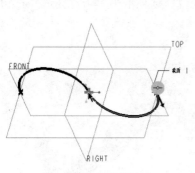

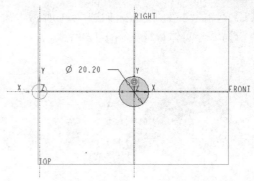

图 7-7 选择曲线中点　　　　　　　图 7-8 绘制截面 2

（10）在"截面"滑出面板中单击"插入"按钮。按 Ctrl+D 快捷键以标准视图显示曲线，可以看到在不选择点或顶点定位截面的情况下，Creo 默认曲线链的结束点为该截面的位置，设置该截面的相应旋转角度为 0，如图 7-9 所示。单击"草绘"按钮，进入该位置截面的草绘模式中。

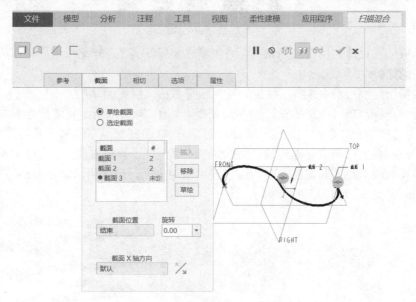

图 7-9 设置插入截面及其参数

（11）绘制截面 3（一个直径为 8mm 的圆），如图 7-10 所示。单击"确定"按钮。

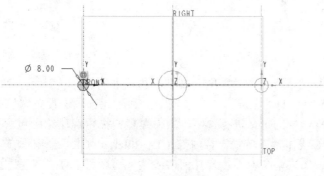

图 7-10 绘制截面 3

（12）特征动态预览效果如图 7-11 所示。在"扫描混合"选项卡中单击"完成"按钮✔，创建的扫描混合实体特征如图 7-12 所示。

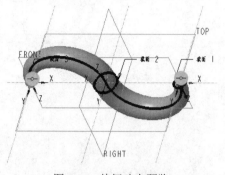

图 7-11　特征动态预览

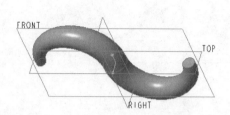

图 7-12　创建的扫描混合实体特征

7.2　螺　旋　扫　描

螺旋扫描特征在设计应用中较为常见，例如圆柱螺旋弹簧、内外螺纹结构等都可以采用螺纹扫描的方式来创建。

螺旋扫描特征是通过沿着螺旋（螺旋轨迹）扫描截面（横截面草绘）来创建的，螺旋可以通过定义螺旋轮廓和螺旋轴（螺旋的旋转轴）来获得，如图 7-13 所示。将螺旋轮廓绕螺旋轴旋转 360° 时，则定义一个旋转曲面（此旋转曲面不可见），接着在起点草绘截面开始创建螺旋扫描。旋转曲面定义扫描截面的原点与螺旋轴之间的距离，螺旋位于旋转曲面上，可以调整螺旋扫描的参数，如螺距（螺圈间距）和截面方向，可以使用恒定截面，或使用沿轨迹扫描时变化的截面。螺旋扫描特征的典型示例如图 7-14 所示。

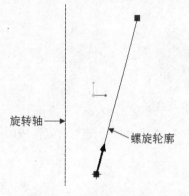

图 7-13　螺旋轮廓和螺旋轴

图 7-14　螺旋扫描特征示例

要创建螺旋扫描特征，可以在功能区"模型"选项卡的"形状"面板中单击"螺旋扫描"按钮，打开如图 7-15 所示的"螺旋扫描"选项卡，利用此选项卡设置螺旋扫描的相关选项和参数。这里主要对螺旋旋转轴的定义进行说明，如果螺旋扫描轮廓草绘中包含了几何中心线，那么系统自动选择几何中心线作为旋转轴，且内部 CL（Internal CL）会出现在"参考"滑出面板的"旋转轴"收集器中；如果草绘中不包含几何中心线，那么可以在"参考"滑出面板中单击激活"螺旋轴"收集器，接着在图形窗口或模型树中选择直线、边、轴或坐标系的轴，选定的旋转轴参考必须位于草绘平面上。

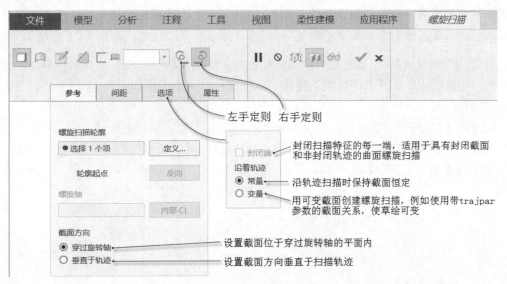

图 7-15　"螺旋扫描"选项卡

7.2.1　恒定螺距的螺旋扫描特征

下面以一个典型范例介绍创建恒定螺距的螺旋扫描特征的方法。

（1）新建一个使用 mmns_part_solid 模板的实体零件，文件名设为 BCCREO_7_2A。

（2）在功能区"模型"选项卡的"形状"面板中单击"螺旋扫描"按钮，打开"螺旋扫描"选项卡。

（3）选择或草绘螺旋轮廓。本例草绘螺旋轮廓。在"螺旋扫描"选项卡的"参考"滑出面板中单击"定义"按钮，弹出"草绘"对话框，选择 FRONT 基准平面作为草绘平面，默认以 RIGHT 基准平面为"右"方向参考，单击"草绘"按钮，进入草绘模式。先单击"基准"面板中的"中心线"按钮绘制一条竖直的几何中心线，接着单击"3 点/相切弧"按钮绘制如图 7-16 所示的螺旋扫描轮廓线。注意螺旋扫描轮廓线的两端不能垂直于作为螺旋轴的几何中心线。单击"确定"按钮，完成草绘。

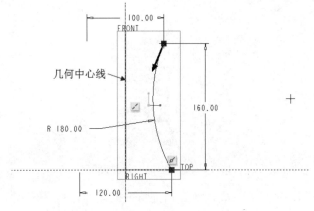

图 7-16　绘制几何中心线和螺旋扫描轮廓线

⚠**注意**

　　草绘的螺旋轮廓必须为非闭合的（不能形成环），螺旋轮廓图元的切线在任何点都不得垂直于中心线。如果截面方向为"垂直于轨迹"，则螺旋轮廓图元必须彼此相切（C1 连续）。

　　（4）如果需要把螺旋扫描的起点从螺旋轮廓的一端切换到另一端，那么在"参考"滑出面板中单击"轮廓起点"旁边的"反向"按钮。本例螺旋扫描的起点如图 7-17 所示，且截面方向为"穿过旋转轴"。

　　（5）在"螺旋扫描"选项卡上单击"创建或编辑扫描截面"按钮 ，打开"草绘"选项卡，在草绘起点（十字叉丝交点）处绘制一个截面以沿轨迹扫描，如图 7-18 所示。草绘截面、螺旋轮廓和草绘起点应全部位于旋转轴的同一侧。单击"确定"按钮 ，完成草绘，关闭"草绘"选项卡。

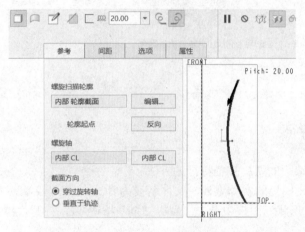

图 7-17　在"参考"滑出面板中进行设置

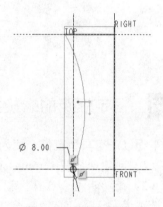

图 7-18　绘制扫描截面

　　（6）在"螺旋扫描"选项卡上，确认选中"实体"按钮 ，输入螺距值为 20，单击"右手定则"按钮 。打开"选项"滑出面板，"沿着轨迹"默认为"常量"，如图 7-19 所示。

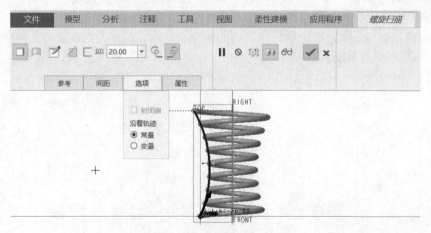

图 7-19　螺旋扫描的相关设置

　　（7）单击"完成"按钮 ，完成该螺旋扫描特征的创建。按 Ctrl+D 快捷键以默认的标准方向视图显示模型，效果如图 7-20 所示。

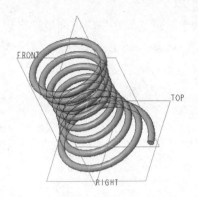

图 7-20　完成的螺旋扫描实体特征

7.2.2　可变螺距的螺旋扫描特征

下面以一个典型范例介绍创建可变螺距的螺旋扫描特征的方法,完成的螺旋扫描特征构成了一个压缩圆柱螺旋弹簧,如图 7-21 所示。具体的操作步骤如下。

(1)新建一个使用 mmns_part_solid 模板的实体零件文件。文件名可以设为 BCCREO_7_2B。

(2)在功能区"模型"选项卡的"形状"面板中单击"螺旋扫描"按钮,打开"螺旋扫描"选项卡,"实体"按钮默认处于被选中的状态。

(3)在"螺旋扫描"选项卡的"参考"滑出面板中单击"定义"按钮,弹出"草绘"对话框,选择 FRONT 基准平面作为草绘平面,默认以 RIGHT 基准平面为"右"方向参考,单击"草绘"按钮,进入草绘模式。先单击"基准"面板中的"中心线"按钮绘制一条竖直的几何中心线,接着单击"线链"按钮绘制一条竖直的螺旋扫描轮廓线。注意螺旋扫描轮廓线的两端不能垂直于作为螺旋轴的几何中心线,如图 7-22 所示。单击"确定"按钮,完成草绘。

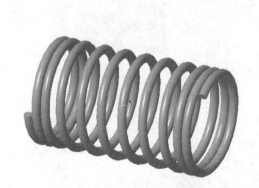

图 7-21　完成的压缩圆柱螺旋弹簧

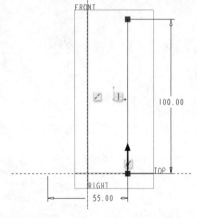

图 7-22　绘制几何中心线和螺旋扫描轮廓线

(4)在"螺旋扫描"选项卡上单击"右手定则"按钮,"参考"滑出面板中的"截面方向"默认为"穿过旋转轴"。

(5)单击"创建或编辑扫描截面"按钮,打开"草绘"选项卡,在草绘起点(十字叉丝交点)处绘制一个弹簧截面以沿轨迹扫描,如图 7-23 所示。单击"确定"按钮,关闭"草绘"选项卡。

（6）在"螺旋扫描"选项卡上打开"间距"滑出面板，将起点处的螺距值设置为5，接着单击"添加间距"以添加一个位于终点的螺距点，设置此终点处的螺距值也为5，如图7-24所示。

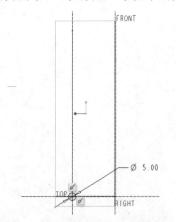

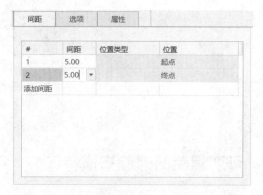

图 7-23　绘制螺旋扫描弹簧截面　　　　　　　　　　图 7-24　设置起点和终点处的螺距值

（7）继续在"间距"滑出面板的螺距列表中添加4个螺距点，并为新添加的螺距点设置位置类型、位置参数和螺距值，如图7-25所示。位置类型分为"按值""按参考""按比率"。

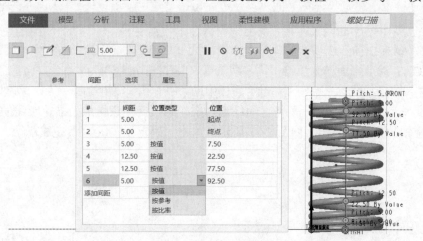

图 7-25　设置可变螺距

（8）单击"完成"按钮 ✔，完成创建该压缩圆柱螺旋弹簧，效果如图7-26所示。

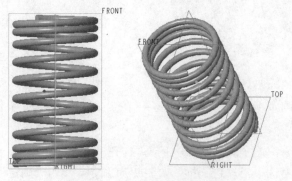

图 7-26　完成的螺旋弹簧效果

7.3 骨架折弯

使用"骨架折弯"按钮 ，可以通过沿骨架轨迹线连续重新放置截面来依折弯曲线骨架折弯实体或面组，所有的压缩或变形都沿着轨迹纵向进行。如图 7-27 所示是一个典型的骨架折弯示例。

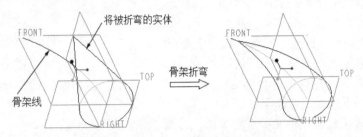

图 7-27　骨架折弯示例

要创建骨架折弯特征，可以按照以下方法和步骤进行。

（1）在功能区"模型"选项卡的"工程"滑出面板中单击"骨架折弯"按钮 ，打开如图 7-28 所示的"骨架折弯"选项卡。

图 7-28　"骨架折弯"选项卡

（2）此时，打开"参考"滑出面板，确认"骨架"收集器已被激活，选择要作为骨架的曲线链，如图 7-29 所示。如果要反转骨架的起点方向，只需在图形窗口中单击起点处的箭头即可。骨架必须为 C1 连续（相切）的，否则特征曲面可能不相切。另外，经过骨架起点且垂直于骨架的平面必须与原始面组或实体特征相交。

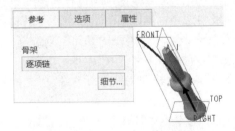

图 7-29　"参考"滑出面板

🔧**提示**

步骤（1）和步骤（2）也可以合并，即先选择要折弯的骨架，接着在功能区"模型"选项卡的"工程"滑出面板中单击"骨架折弯"按钮 ，打开"骨架折弯"选项卡。

（3）单击"折弯几何"收集器，选择要折弯的几何（可以为实体，也可以为面组）。如需选择实体，可以在实体中单击任何实体曲面，创建骨架折弯后，原始实体将不可见，但是在模型树中仍然可见；如需选择面组，则直接单击面组，对面组创建骨架折弯后，原始面组仍然可见。

（4）在"骨架折弯"选项卡中定义要折弯的区域。折弯区域（相对在骨架起点处与骨架相切的轴定义）位于两个平面之间，一个是经过骨架起点且与曲线起点处的骨架和轴垂直的平面，另一个是垂直于轴并使用选项之一确定的平面，如图 7-30 所示。

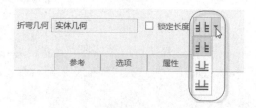

图 7-30　定义要折弯的区域

☑　　从骨架线起点折弯整个选定几何，即在轴方向上，将几何从骨架起点折弯至要折弯几何的最远点，如图 7-31 所示。

☑　　从骨架线起点折弯至指定深度，即在轴方向上，将几何从骨架起点折弯至指定深度，从起点键入或选择深度值。

☑　　从骨架线起点折弯至选定参考，需要选择垂直于轴的平面、点或顶点。

（5）如果要使折弯区域在折弯后保持其原始长度，则选中"锁定长度"复选框，如图 7-32 所示。

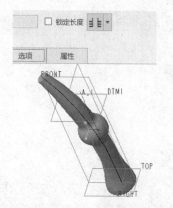

图 7-31　从骨架线起点折弯整个选定几何

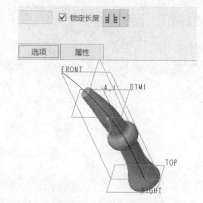

图 7-32　锁定长度

（6）要控制沿骨架的变化横截面的质量属性分布，则打开"选项"滑出面板，对"横截面属性控制"进行设置，如图 7-33 所示，并根据选项进行相应的设置。如果要移除折弯区域以外的几何，则在"选项"滑出面板中选中"移除展平的几何"复选框；如果要将折弯区域之外的几何重新附加到折弯区域，则取消选中"移除展平的几何"复选框。

（7）单击"完成"按钮 ✔，完成折弯骨架的创建。

下面以创建无属性控制的骨架折弯特征为例进行介绍。"无横截面属性控制"表示最终几何体将不做调整。

（1）在"快速访问"工具栏中单击"打开"按钮 📂，弹出"文件打开"对话框。选择本书配套资源中的\CH7\bccreo_7_3.prt 文件，单击"打开"按钮，文件中的原始三维实体模型如图 7-34 所示。

（2）在图形窗口中选择如图 7-35 所示的一条曲线链。

（3）在功能区"模型"选项卡的"工程"滑出面板中单击"骨架折弯"按钮 ，打开"骨架折弯"选项卡。

（4）反转骨架的起点，如图 7-36 所示。

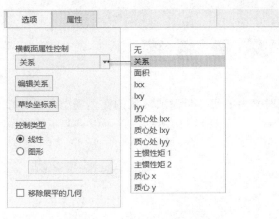

图 7-33 "选项"滑出面板

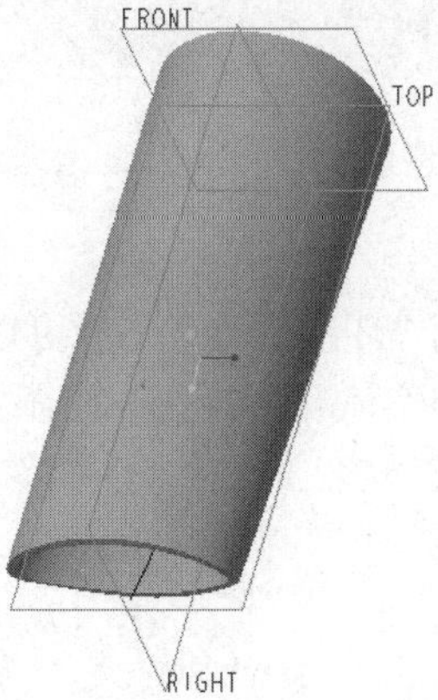

图 7-34 原始三维实体模型

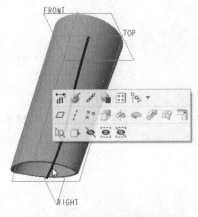

图 7-35 选择骨架线

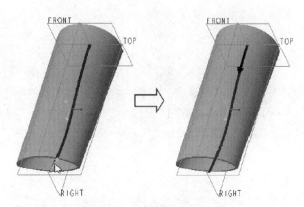

图 7-36 反转骨架的起点

（5）取消选中"锁定长度"复选框，选择"从骨架线起点折弯整个选定几何"选项，接着单击"折弯几何"收集器将其激活，在图形窗口中选择任意实体曲面，如图 7-37 所示。

（6）单击"完成"按钮，骨架折弯效果如图 7-38 所示。

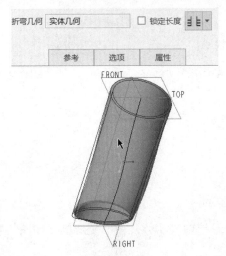

图 7-37 骨架折弯实体

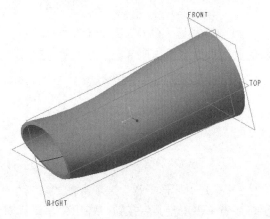

图 7-38 骨架折弯后的效果

7.4 环形折弯

使用"环形折弯"功能可以将一个相对平整的实体折弯成环状的实体模型，例如将一条长方形的拉伸实体环形折弯成轮胎主体形状的模型，如图 7-39 所示。还可以将非实体曲面或基准曲线变换成环状。

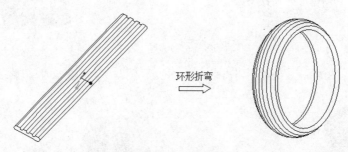

环形折弯

图 7-39　环形折弯示例

下面通过一个典型的操作实例介绍环形折弯操作的方法及步骤。

（1）在"快速访问"工具栏中单击"打开"按钮，弹出"文件打开"对话框。选择本书配套资源中的\CH7/bccreo_7_4.prt 文件，单击"打开"按钮，文件中的原始三维实体模型如图 7-40 所示。

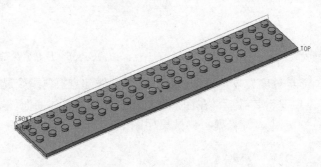

图 7-40　原始三维实体模型

（2）在功能区"模型"选项卡的"工程"滑出面板中单击"环形折弯"按钮，打开如图 7-41 所示的"环形折弯"选项卡。

图 7-41　"环形折弯"选项卡

（3）打开"环形折弯"选项卡的"参考"滑出面板，选中"实体几何"复选框，如图 7-42 所示，接着单击"定义"按钮，弹出"草绘"对话框。

（4）选择如图 7-43 所示的实体端面作为草绘平面，草绘方向参考采用默认设置，然后单击

"草绘"按钮，进入草绘模式。

图 7-42　"参考"滑出面板

图 7-43　指定草绘平面

（5）绘制如图 7-44 所示的折弯轮廓线（共 3 段且相切），接着单击"基准"面板中的"几何坐标系"按钮，在折弯轮廓线左端点处添加一个几何坐标系。单击"完成"按钮，退出草绘模式。

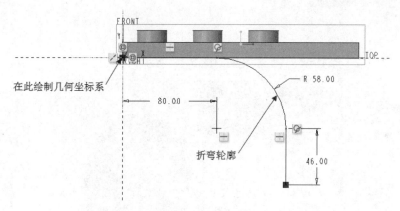

图 7-44　草绘折弯轮廓和几何坐标系

（6）在"环形折弯"选项卡的"选项"滑出面板中选中"标准"单选按钮，如图 7-45 所示为采用"折弯半径"方式的预览效果。

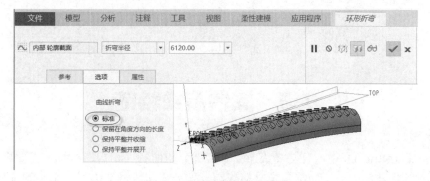

图 7-45　设置曲线折弯选项

（7）设置"折弯半径"为"360度折弯"，如图 7-46 所示。

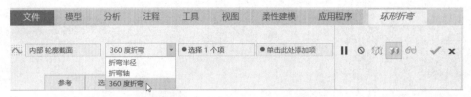

图 7-46　选择"360度折弯"选项

（8）分别选择如图 7-47 所示的两个平行端面，注意观察"环形折弯"选项卡中两个收集器的状态。

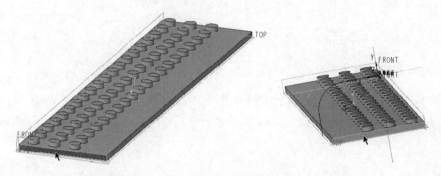

图 7-47　选择两个平行端面

（9）单击"完成"按钮 ✔，折弯效果如图 7-48 所示。

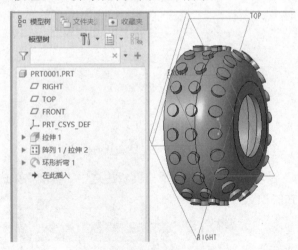

图 7-48　完成环形折弯操作

7.5　其他高级特征

在 Creo Parametric 5.0 中，有些高级命令（含部分扭曲特征和构造特征）需要用户通过设置才能将其添加到功能区中所选的用户定义面板中。例如，扭曲特征中的"半径圆顶""耳""唇"

"截面圆顶""局部推拉",以及构造特征中的"环形槽""轴""法兰""管道"。本节将介绍其中几个有代表性的高级扭曲特征和构造特征,其他命令的操作方式也与此类似,不再赘述。

首先介绍将这些高级命令添加到功能区中用户定义组中的方法。要先将 allow_anatomic_features 配置选项设置为 yes,以启用"所有命令"列表中的命令,其方法是在新建或打开的一个实体零件文件中,选择功能区"文件"→"选项"命令,弹出"Creo Parametric 选项"对话框,在导航栏中选择"配置编辑器",单击"查找"按钮,弹出"查找选项"对话框,输入关键字 allow_anatomic_features,查找范围为"所有目录",单击"立即查找"按钮,查找结果显示在"选取选项"列表框中,确认在该列表中选择 allow_anatomic_features,接着从"设置值"下拉列表框中选择 yes,如图 7-49 所示,单击"添加/更改"按钮,然后关闭"查找选项"对话框,返回"Creo Parametric 选项"对话框,单击"确定"按钮以完成此设置。

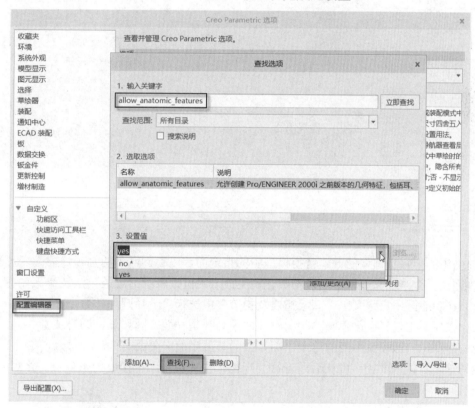

图 7-49 将 allow_anatomic_features 配置选项设置为 yes

再次选择"文件"→"选项"命令以打开"Creo Parametric 选项"对话框,接着在导航栏中选择"自定义"→"功能区",并在"类别"下拉列表框中选择"所有命令(设计零件)",接着在下方的命令列表中选择所需的命令,也可以通过在"过滤命令"文本框中输入命令来快速找到所需的命令,单击"添加"按钮➡,即可将选定的命令添加至功能区用户定义面板中。要新建用户定义组,则单击组列表下方的"新建"→"新建组"命令,在"模型"选项卡下新建一个用户定义组,并将其重命名为"高级扭曲及构造",再将该用户定义组移动到"模型"组的末尾,如图 7-50 所示。最后单击"确定"按钮。

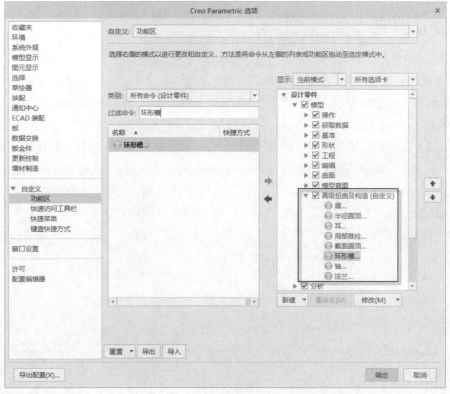

图 7-50　将指定命令添加到用户定义组中

7.5.1　半径圆顶

可以使用"半径圆顶"的方式替换模型中的指定面，以得到所需的圆顶（曲面变形）效果，该特征将通过一个半径和偏移距离被参数化。生成半径圆顶特征的一般方法及步骤如下。

（1）在功能区用户定义组"高级扭曲及构造"中选择"半径圆顶"命令。

（2）在模型中选择要创建圆顶的曲面。曲面必须是平面、圆环面、圆锥或圆柱。

（3）选择与将圆顶弧参考的草绘平面垂直的基准平面、平面、曲面或边。

（4）输入圆顶的半径，确认后即可得到半径圆顶的效果。半径值为正或负，将对应生成凸或凹的圆顶。

下面是一个创建半径圆顶特征的范例。

（1）在"快速访问"工具栏中单击"打开"按钮，弹出"文件打开"对话框。选择本书配套资源中的\CH7\bccreo_7_5a.prt 文件，单击"打开"按钮，文件中的原始三维实体模型如图 7-51 所示。

（2）在功能区用户定义组"高级扭曲及构造"中选择"半径圆顶"命令。

（3）选择要圆顶的曲面，如图 7-52 所示。

（4）在模型中选择 RIGHT 基准平面为参考。

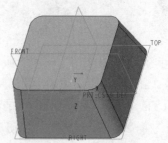

图 7-51　原始三维实体模型

（5）输入圆盖的半径为-128，如图 7-53 所示，然后单击"完成"按钮 。

完成的半径圆顶特征如图 7-54 所示，负的圆盖半径对应凹陷效果，较大的半径值导致圆顶曲面形成更小的仰角。

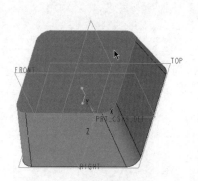

图 7-52　选择要圆顶的曲面

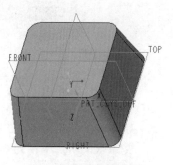

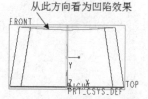

从此方向看为凹陷效果

图 7-54　完成半径圆顶特征

图 7-53　输入圆盖的半径

7.5.2　创建耳特征

可以在模型中创建类似于"耳"形状的特征作为装饰结构或手柄，也可作为伸出的连接定位结构等。所谓的耳特征是沿着曲面的顶部被拉伸的伸出项，底部可以折弯。耳特征可以具有可变的折弯角，也可以具有 90°的折弯角。

创建耳特征需要定义耳截面、耳的深度、耳的折弯半径和耳折弯角。其中耳截面需要满足以下条件。

☑　草绘平面必须垂直于将要连接耳的曲面。

☑　耳的截面必须开放且其端点应与将要连接耳的曲面对齐。

☑　连接到曲面的图元必须相互平行，并且垂直于该曲面，其长度足以容纳折弯。

下面介绍一个创建耳特征的范例。

（1）在"快速访问"工具栏中单击"打开"按钮，弹出"文件打开"对话框。接着选择本书配套资源中的\CH7\bccreo_7_5b.prt 文件，单击"打开"按钮，文件中的原始三维实体模型如图 7-55 所示。

（2）在功能区用户定义组"高级扭曲及构造"中选择"耳"命令。

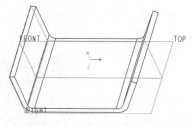

图 7-55　原始三维实体模型

（3）在系统弹出的"选项"菜单管理器中选择"可变"→"完成"命令，如图 7-56 所示。

（4）选择如图 7-57 所示的实体平整面作为草绘平面，接着在菜单管理器的"方向"菜单中选择"确定"命令，然后在菜单管理器的"草绘视图"菜单中选择"默认"命令，进入草绘模式。

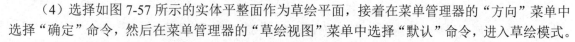

图 7-56 菜单管理器

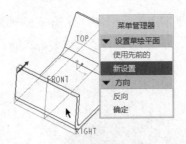

图 7-57 设置草绘平面

（5）绘制耳截面，如图 7-58 所示，单击"确定"按钮✔。

（6）输入耳的深度为 5，如图 7-59 所示，单击"完成"按钮✔。

（7）输入耳的折弯半径为 6，单击"完成"按钮✔。

（8）输入耳折弯角为 50，单击"完成"按钮✔。

完成创建的耳特征如图 7-60 所示。

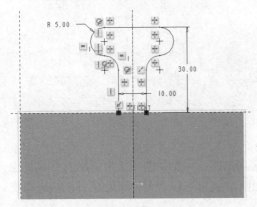

图 7-58 绘制耳截面

输入耳的深度

5

图 7-59 输入耳的深度

图 7-60 创建的耳特征

7.5.3 创建唇特征

可以通过沿着所选边偏移匹配曲面来构建唇，该边必须形成连续轮廓，它可以是开放或闭合的。唇的顶端（或底端）曲面复制匹配曲面几何，可以根据唇的方向拔模侧曲面，唇的方向（偏移的方向）是由垂直于参考平面的方向确定的，拔模角度是参考平面法向和唇的侧曲面之间的角度。创建唇特征的示例如图 7-61 所示。创建的唇特征可以作为一个零件的伸出项，而作为另一个零件的切口。

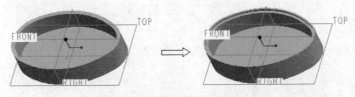

图 7-61 创建唇特征的示例

创建唇特征的一般步骤简述如下。

（1）在功能区用户定义组"高级扭曲及构造"中选择"唇"命令。

（2）选取形成唇的轨迹边。可利用"边选取"菜单管理器提供的"单个"、"链"或"环"命令来选取边。完成后，选择"完成"命令。

（3）选取匹配曲面（要被偏移的曲面）。

（4）输入从所选曲面开始的唇偏移值。

（5）输入侧偏移值（从所选边到拔摸曲面的距离）。

（6）选择拔模参考平面。

（7）输入拔模角度，完成创建唇特征。

下面是一个创建唇特征的范例。

（1）在"快速访问"工具栏中单击"打开"按钮 ，弹出"文件打开"对话框。接着选择本书配套资源中的\CH7/bccreo_7_5c.prt 文件，单击"打开"按钮，文件中的原始三维实体模型如图 7-62 所示。

（2）在功能区用户定义组"高级扭曲及构造"中选择"唇"命令。

（3）在"边选取"菜单管理器中选择"链"命令，接着在模型中选择如图 7-63 所示的内侧边链，然后在"边选取"菜单管理器中选择"完成"命令。

图 7-62　原始三维实体模型

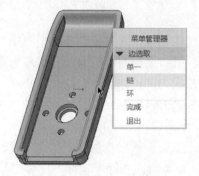

图 7-63　边选取

（4）选取要偏移的曲面（与高亮的边相邻），如图 7-64 所示。

（5）输入从所选曲面开始的唇偏移值为 0.65，单击"完成"按钮 。

（6）输入侧偏移值（从所选边到拔摸曲面）为 0.8，单击"完成"按钮 。

（7）选取如图 7-65 所示的拔摸参考曲面。

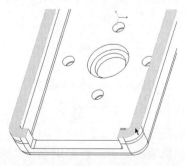

图 7-64　选取要偏移的曲面

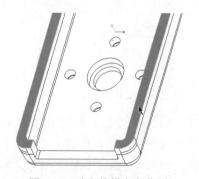

图 7-65　选取拔模参考曲面

（8）输入拔模角度为 2，单击"完成"按钮 。

创建的唇特征模型效果如图 7-66 所示。

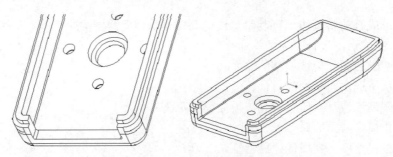

图 7-66　创建的唇特征

7.5.4　创建环形槽

环形槽常被作为退刀槽，它是一种特殊的旋转槽，它是绕着旋转零件或特征创建的凹槽。
创建环形槽的一般方法及步骤简述如下。

（1）在功能区用户定义组"高级扭曲及构造"中选择"环形槽"命令。

（2）弹出"选项"菜单管理器，如图 7-67 所示。利用该菜单管理器选择角度，以指定旋转角度等。

（3）创建或选取"通过轴"基准平面作为草绘平面。

（4）草绘开放的退刀槽截面，其端部与零件或特征的侧面影像边对齐。

（5）草绘成为旋转轴的中心线。

系统将绕零件旋转截面至指定的角度，去除截面内的材料，从而生成环形槽（退刀槽）。

下面是一个创建环形槽的范例。

（1）在"快捷访问"工具栏中单击"打开"按钮，弹出"文件打开"对话框。选择本书配套资源中的 bccreo_7_5d.prt 文件，单击"打开"按钮，文件中的原始三维实体模型如图 7-68 所示。

图 7-67　"选项"菜单管理器

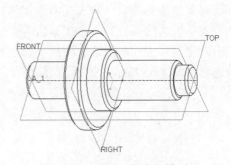

图 7-68　原始三维实体模型

（2）在功能区用户定义组"高级扭曲及构造"中选择"环形槽"命令。

（3）在"选项"菜单管理器中选择"360"→"单侧"→"完成"命令。

（4）选择 FRONT 基准平面作为草绘平面，接着在出现的菜单管理器中选择"确定"→"默认"命令，进入草绘模式。

（5）绘制如图 7-69 所示的开放式退刀槽截面，注意设置截面开放端点与零件的侧面影像边对齐。

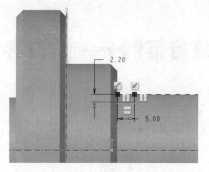

图 7-69 绘制开放式退刀槽截面

（6）单击"基准"面板中的"几何中心线"按钮 ⋮ 绘制一条几何中心线作为旋转轴，如图 7-70 所示，然后单击"确定"按钮 ✔。

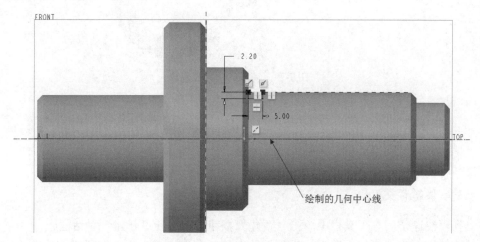

绘制的几何中心线

图 7-70 绘制作为旋转轴的中心线

创建完成的退刀槽效果如图 7-71 所示。从该例可以看出，在创建环形槽时，草绘截面将绕零件旋转至指定的角度并移除截面内的材料。

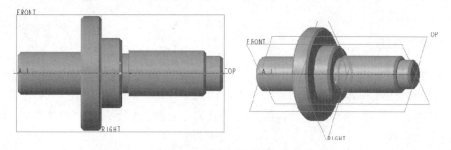

图 7-71 创建完成的退刀槽

⚠ **注意**

法兰与退刀槽类似，不同之处在于法兰是对旋转实体添加材料，因此法兰的草绘截面应在零件之外，法兰的草绘截面是开放的，其端部与旋转零件或特征的轮廓边对齐。

7.6　综合范例——铁钩零件建模

学习目的：

本综合范例介绍一个铁钩零件的三维建模，要完成的铁钩模型如图 7-72 所示。在本范例中将应用到本章介绍的一些高级特征。

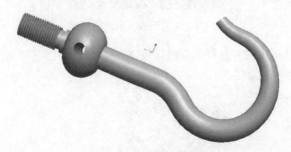

图 7-72　完成的铁钩零件

重点难点：

☑　创建扫描混合特征

☑　以螺旋扫描的方式构建外螺纹

操作步骤：

1．新建实体零件文件

（1）在"快速访问"工具栏中单击"新建"按钮，打开"新建"对话框。

（2）在"类型"选项组中选中"零件"单选按钮，在"子类型"选项组中选中"实体"单选按钮，在"文件名"文本框中输入文件名为 bccreo_7_fl，取消选中"使用默认模板"复选框以取消使用默认模板，单击"确定"按钮。

（3）系统弹出"新文件选项"对话框，在"模板"选项组中选择 mmns_part_solid，单击"确定"按钮，进入零件设计模式。

2．创建旋转特征

（1）在功能区"模型"选项卡的"形状"面板中单击"旋转"按钮，打开"旋转"选项卡。

（2）选择 FRONT 基准平面作为草绘平面，进入草绘模式。

（3）绘制如图 7-73 所示的旋转截面和一条几何中心线，然后单击"确定"按钮，完成草绘并退出草绘模式。

（4）默认旋转角度为 360°，单击"完成"按钮，创建完成的旋转特征如图 7-74 所示。

3．草绘用于扫描混合的轨迹线

（1）在功能区"模型"选项卡的"基准"面板中单击"草绘"按钮，弹出"草绘"对话框。

（2）选择 FRONT 基准平面作为草绘平面，以 RIGHT 基准平面作为"右"方向参考，单击"草绘"按钮，进入草绘模式。

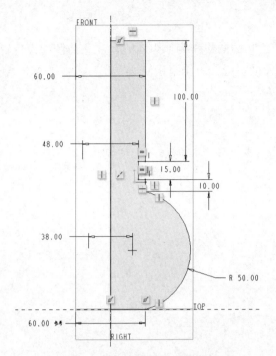

图 7-73　草绘旋转截面及几何中心线

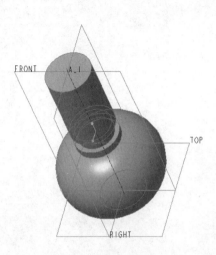

图 7-74　完成的旋转特征

（3）绘制如图 7-75 所示的曲线，单击"确定"按钮✔。

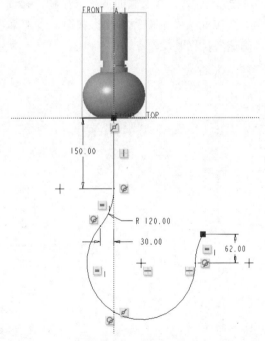

图 7-75　草绘曲线

4. 创建扫描混合特征

（1）在功能区"模型"选项卡的"形状"面板中单击"扫描混合"按钮，打开"扫描混合"选项卡，单击"实体"按钮□。

（2）打开"参考"滑出面板，默认选取刚绘制的曲线作为原点轨迹，注意曲线起点位置。在"参考"滑出面板的"截平面控制"下拉列表框中选择"垂直于轨迹"选项，在"水平/竖直控制"下拉列表框中选择"自动"选项，如图 7-76 所示。

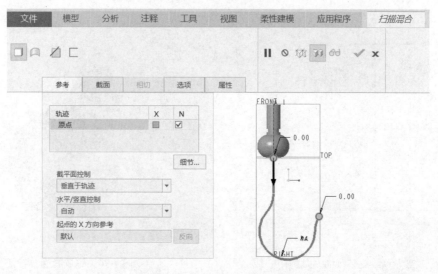

图 7-76　原点轨迹及其参考选项

（3）打开"截面"滑出面板，选中"草绘截面"单选按钮，截面 1 位于轨迹链起点处，如图 7-77 所示，接着在"截面"滑出面板中单击"草绘"按钮，进入草绘模式。绘制如图 7-78 所示的截面 1（内圆），单击"确定"按钮✔。

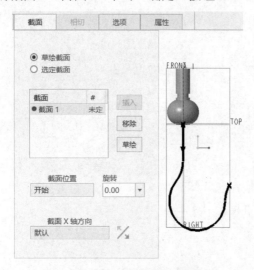

图 7-77　选择轨迹链起点

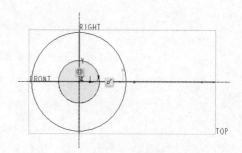

图 7-78　绘制截面 1

（4）在"截面"滑出面板中单击"插入"按钮，按 Ctrl+D 快捷键以标准视图显示模型，单击如图 7-79 所示的点作为截面 2 位置，接着在"截面"滑出面板中单击"草绘"按钮，进入草绘模式。绘制如图 7-80 所示的截面 2（内圆），单击"确定"按钮✔。

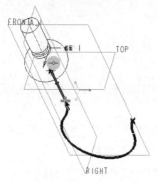

图 7-79 指定截面 2 位置点

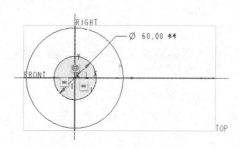

图 7-80 绘制截面 2

（5）在"截面"滑出面板中单击"插入"按钮，按 Ctrl+D 快捷键以标准视图显示模型，指定截面 3 位于链尾（轨迹终点），如图 7-81 所示，接着在"截面"滑出面板中单击"草绘"按钮，进入草绘模式。绘制如图 7-82 所示的截面 3（圆），单击"确定"按钮✔。

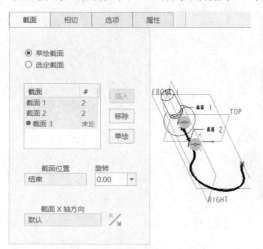

图 7-81 指定截面 3 位置

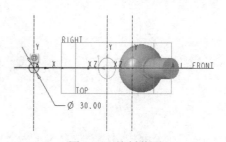

图 7-82 绘制截面 3

（6）打开"相切"滑出面板，为开始截面设置"垂直"条件，如图 7-83 所示。

（7）在"扫描混合"选项卡中单击"完成"按钮✔，此时完成的实体模型如图 7-84 所示。

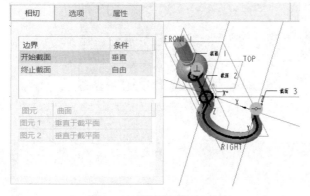

图 7-83 设置截面相切条件

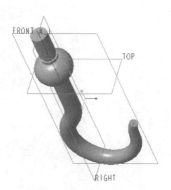

图 7-84 完成扫描混合操作

5. 以螺旋扫描的方式构建外螺纹

（1）在功能区"模型"选项卡的"形状"面板中单击"螺旋扫描"按钮 ，打开"螺旋扫描"选项卡。

（2）在"螺旋扫描"选项卡上单击"实体"按钮 、"去除材料"按钮 和"右手定则"按钮 。

（3）打开"参考"滑出面板，在"截面方向"选项组中选中"穿过旋转轴"单选按钮，单击"螺旋扫描轮廓"收集器右侧的"定义"按钮，弹出"草绘"对话框。

（4）选择 FRONT 基准平面作为草绘平面，以 RIGHT 基准平面为"右"方向参考，单击"草绘"按钮。

（5）绘制如图 7-85 所示的一条线段和一条几何中心线，注意要将该线段重合约束在圆柱面外轮廓上。单击"确定"按钮 ，完成草绘并退出草绘模式。

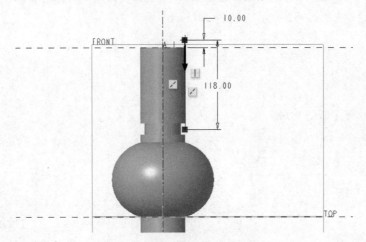

图 7-85 绘制螺旋轴和螺旋轮廓

（6）在"螺旋扫描"选项卡上输入螺距值为 6。

（7）在"螺旋扫描"选项卡上单击"创建或编辑扫描截面"按钮 ，绘制如图 7-86 所示的螺旋扫描截面，然后单击"确定"按钮 。

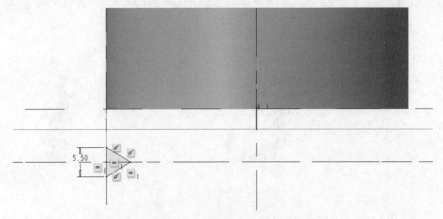

图 7-86 绘制螺旋扫描截面

此时，默认材料侧方向如图 7-87 所示。在"选项"滑出面板中，默认选中"沿着轨迹"选项组中的"常量"单选按钮。

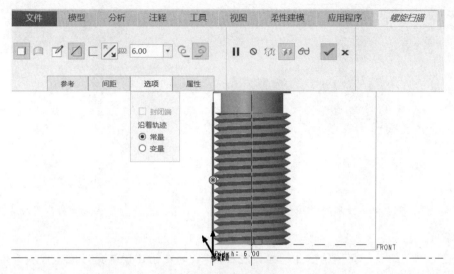

图 7-87 默认材料侧方向和沿着轨迹为"常量"

（8）在"螺旋扫描"选项卡上单击"完成"按钮 ✓ ，完成创建的外螺纹如图 7-88 所示。

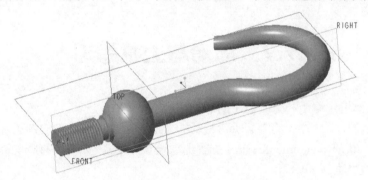

图 7-88 完成螺旋扫描剪切操作

6. 拉伸切除材料

（1）在功能区"模型"选项卡的"形状"面板中单击"拉伸"按钮 ，打开"拉伸"选项卡，接着单击"去除材料"按钮 。

（2）打开"放置"滑出面板，单击"定义"按钮，弹出"草绘"对话框。

（3）选择 FRONT 基准平面作为草绘平面，以 RIGHT 基准平面作为"右"方向参考，单击"草绘"按钮，进入草绘模式。

（4）绘制如图 7-89 所示的拉伸切除的剖面，单击"确定"按钮 ✓ 。

（5）在"拉伸"选项卡中打开"选项"滑出面板，在"侧 1"和"侧 2"深度列表框中均选择" 穿透"。

（6）在"拉伸"选项卡中单击"完成"按钮 ✓ ，完成效果如图 7-90 所示。

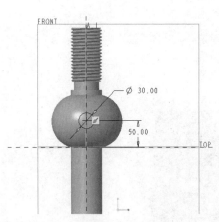

图 7-89 绘制拉伸切除的剖面

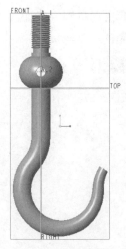

图 7-90 铁钩零件完成效果

案例总结

　　本综合范例介绍了一款铁钩零件的建模过程，其目的在于让读者更好地掌握本章介绍的一些高级特征建模知识。在该铁钩建模中，主要应用到"扫描混合"和"螺旋扫描"两个高级特征命令。使用高级特征可以创建一些较为复杂的特征。另外，本案例中螺纹旁的退刀槽也可以使用"环形槽"命令来创建。

7.7　思考与上机练习

　　（1）如何创建恒定螺距和可变螺距的螺旋扫描特征？

　　（2）简述创建无属性控制的骨架折弯特征的方法，可以通过简单的例子进行辅助说明。

　　（3）如何将 allow_anatomic_features 配置选项设置为 yes，并需要将哪些高级命令添加到功能区的用户定义组（面板）中？

　　（4）简述创建耳特征的一般方法及步骤。

　　（5）简述创建唇特征的一般方法及步骤。

　　（6）环形槽的一般用途是什么，如何创建旋转 360°的环形槽？

　　（7）上机练习 1：创建如图 7-91 所示的扫描混合特征，具体尺寸由读者自行确定。

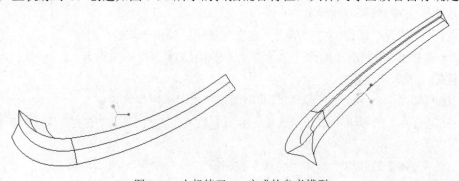

图 7-91 上机练习 1：完成的参考模型

✎**提示**

观察效果图并结合本章知识点来建模。

（8）上机练习2：打开本书配套资源中的\CH7\bccreo_7_ex8.prt 文件，在原始零件中采用螺旋扫描的方式切出如图 7-92 所示的螺纹结构，不必构建螺纹的收尾结构。

（9）上机练习3：新建一个实体零件文件，在该文件中创建一个长方体，然后在该长方体中创建一个半径圆顶特征。

参考如图 7-93 所示的模型效果，自行确定尺寸建立其三维实体模型。

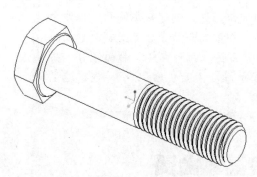

图 7-92　上机练习 2：完成的螺栓

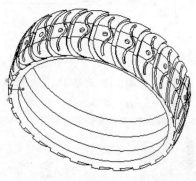

图 7-93　上机练习 3：模型效果图

✎**提示**

先创建平整实体模型，在其上创建拉伸切口并阵列，然后使用"环形折弯"命令来完成。

第8章 曲面设计

本 章 导 读

　　本章将介绍曲面设计的相关实用知识，包括创建基本曲面（拉伸曲面、旋转曲面、扫描曲面、混合曲面、扫描混合曲面和可变剖面扫描曲面等），创建填充曲面，创建边界混合曲面，曲面编辑（曲面修剪、曲面复制、曲面偏移、曲面合并、曲面加厚和曲面实体化等），创建造型和自由式曲面等。

8.1 创建基本曲面

　　本书将拉伸曲面、旋转曲面、扫描曲面、混合曲面、扫描混合曲面和可变剖面扫描曲面等归纳在基本曲面的范畴里。下面将通过范例的形式介绍基本曲面的创建方法。

8.1.1 创建拉伸曲面特征

　　（1）新建一个使用 mmns_part_solid 模板的实体零件文件，文件名设置为 bccreo_8_1a。

　　（2）在功能区"模型"选项卡的"形状"面板中单击"拉伸"按钮 ，打开"拉伸"选项卡，接着单击"曲面"按钮 。

　　（3）选择 FRONT 基准平面作为草绘平面，进入草绘模式。

　　（4）在功能区"草绘"选项卡的"草绘"面板中单击"选项板"按钮 ，在其中的"形状"选项卡中选择"椭圆形"形状曲线，将其拖入图形窗口中，修改其形状尺寸后的曲线效果如图 8-1 所示。单击"确定"按钮 ，完成曲线的绘制。

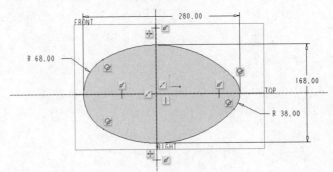

图 8-1　绘制曲线

（5）默认侧 1 的深度选项为 ⬒（盲孔），输入侧 1 的深度为 100，按 Ctrl+D 快捷键以默认的标准方向视角显示，此时动态几何预览的显示效果如图 8-2 所示。

（6）在"拉伸"选项卡中打开"选项"滑出面板，选中"封闭端"复选框，如图 8-3 所示。

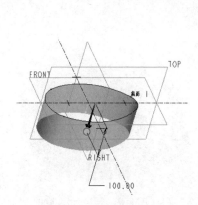

图 8-2　动态几何预览

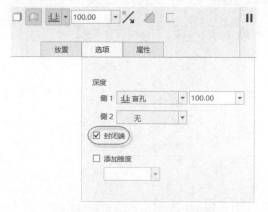

图 8-3　选中"封闭端"复选框

（7）在"拉伸"选项卡中单击"完成"按钮 ✔。创建的两侧具有封闭端的拉伸曲面如图 8-4 所示。

（8）在功能区"模型"选项卡的"形状"面板中单击"拉伸"按钮 ⬚，打开"拉伸"选项卡，接着单击"曲面"按钮 📖 和"去除材料"按钮 ◢，并选择要修剪的面组，如图 8-5 所示。

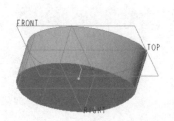

图 8-4　具有"封闭端"的拉伸曲面

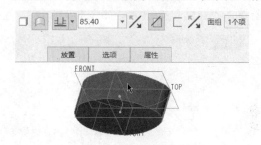

图 8-5　选择要修剪的面组

（9）打开"放置"滑出面板，单击"定义"按钮，弹出"草绘"对话框。选择 TOP 基准平面作为草绘平面，以 RIGHT 基准平面为"右"方向参考，单击"草绘"按钮，进入草绘模式。

（10）绘制如图 8-6 所示的拉伸剖面，单击"确定"按钮 ✔。

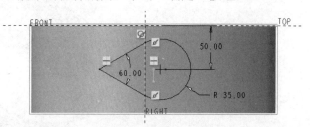

图 8-6　绘制拉伸剖面

（11）打开"选项"滑出面板，设置"侧 1"和"侧 2"的类型均为"⬓穿透"，如图 8-7 所示。

（12）在"拉伸"选项卡中单击"完成"按钮✔，去除指定区域的部分曲面，得到的曲面效果如图 8-8 所示。

图 8-7　设置两侧的深度选项

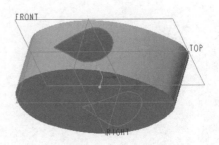

图 8-8　去除部分曲面

8.1.2　创建旋转曲面特征

（1）新建一个使用 mmns_part_solid 模板的实体零件文件，文件名设为 bccreo_8_1b。

（2）在功能区"模型"选项卡的"形状"面板中单击"旋转"按钮✦，打开"旋转"选项卡，接着单击"曲面"按钮◻，如图 8-9 所示。

图 8-9　"旋转"选项卡

（3）选择 FRONT 基准平面作为草绘平面，自动进入草绘模式。

（4）绘制如图 8-10 所示的几何中心线和旋转剖面，单击"确定"按钮✔。

（5）系统默认的旋转角度为 360°，单击"完成"按钮✔。创建的旋转曲面如图 8-11 所示。

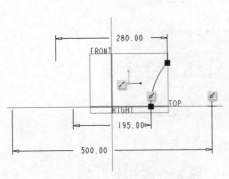

图 8-10　绘制几何中心线和旋转剖面

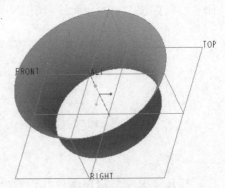

图 8-11　创建的旋转曲面

8.1.3 创建恒定截面的扫描曲面特征

（1）新建一个使用 mmns_part_solid 模板的实体零件文件，文件名设置为 bccreo_8_1c。

（2）在功能区"模型"选项卡的"形状"面板中单击"扫描"按钮，接着在打开的"扫描"选项卡中单击"曲面"按钮和"恒定草绘"按钮，如图 8-12 所示。

图 8-12 "扫描"选项卡

（3）在功能区右侧单击"基准"→"草绘"按钮，弹出"草绘"对话框。选择 TOP 基准平面作为草绘平面，以 RIGHT 基准平面为"右"方向参考，单击"草绘"按钮，进入草绘模式。

（4）绘制如图 8-13 所示的曲线，单击"确定"按钮。

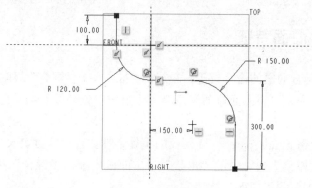

图 8-13 绘制曲线

（5）单击"退出暂停模式"按钮，使绘制的曲线作为扫描轨迹，"参考"滑出面板中的相关设置如图 8-14 所示。如果默认的轨迹起点箭头在另一端，可以通过单击箭头进行切换。

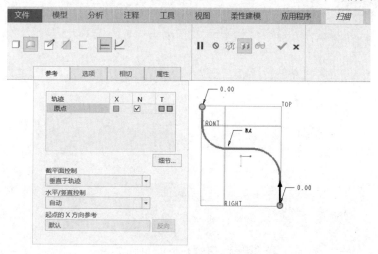

图 8-14 设置扫描轨迹的相关选项等

（6）单击"创建或编辑扫描截面"按钮，绘制扫描截面，如图 8-15 所示，然后单击"确定"按钮。

（7）在"扫描"选项卡中单击"完成"按钮，完成的具有恒定截面的扫描曲面如图 8-16 所示。

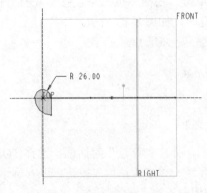

图 8-15　绘制扫描截面

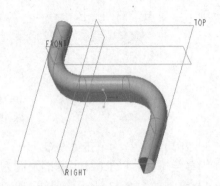

图 8-16　完成的扫描曲面（恒定截面）

8.1.4　创建混合曲面特征

用于创建和处理混合曲面的命令位于菜单栏的"插入"→"混合"级联菜单中，包括"曲面"命令、"曲面修剪"命令和"薄曲面修剪"命令。本节将以创建平行类型的混合曲面为例，操作方法及步骤如下。

（1）新建一个使用 mmns_part_solid 模板的实体零件文件，文件名设置为 bccreo_8_1d。

（2）在功能区"模型"选项卡的"形状"滑出面板中单击"混合"按钮，打开"混合"选项卡，在该选项卡上单击"曲面"按钮。

（3）打开"截面"滑出面板，选中"草绘截面"单选按钮，如图 8-17 所示，单击"定义"按钮，弹出"草绘"对话框。

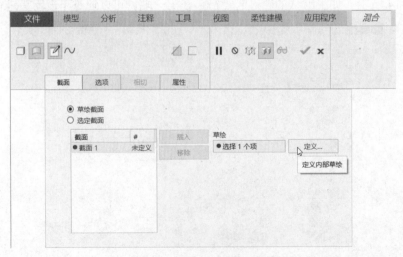

图 8-17　"截面"滑出面板

（4）选择 TOP 基准平面作为草绘平面，以 RIGHT 基准平面为"右"方向参考，单击"草绘"按钮，进入内部草绘模式。绘制第一混合截面（截面1），如图 8-18 所示，单击"确定"按钮✔。

（5）打开"混合"选项卡的"截面"滑出面板，设置截面 2 的草绘平面位置定义方式为"偏移尺寸"，设置截面 2 偏移自截面 1 的距离为 55，如图 8-19 所示，单击"草绘"按钮。

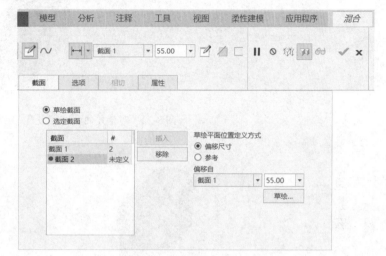

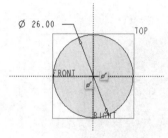

图 8-18　绘制截面 1　　　　　图 8-19　设置截面 2 的位置等

（6）绘制截面 2，如图 8-20 所示，单击"确定"按钮✔。

（7）在"截面"滑出面板中单击"插入"按钮以插入截面 3，设置截面 3 的草绘平面位置定义方式为"偏移尺寸"，设置截面 3 偏移自截面 2 的距离为 42，如图 8-19 所示，单击"草绘"按钮，绘制截面 3，如图 8-21 所示，单击"确定"按钮✔。

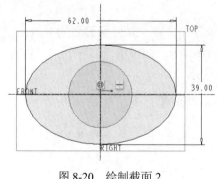

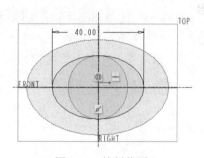

图 8-20　绘制截面 2　　　　　图 8-21　绘制截面 3

（8）打开"选项"滑出面板，选中"平滑"单选按钮，取消选中"封闭端"复选框，如图 8-22 所示。

（9）打开"相切"滑出面板，分别将"开始截面"和"终止截面"的相切条件由"自由"更改为"垂直"，如图 8-23 所示。

（10）在"扫描"选项卡中单击"完成"按钮✔，完成创建的平行混合曲面特征如图 8-24 所示。

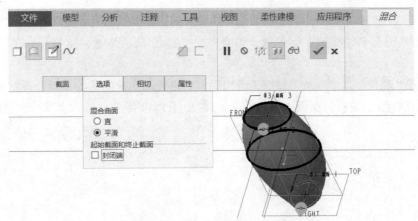

图 8-22　对合并曲面进行设置

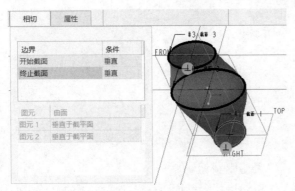

图 8-23　设置相切条件

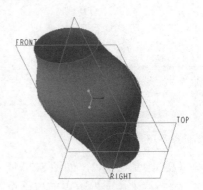

图 8-24　完成的混合曲面特征

8.1.5　创建扫描混合曲面特征

（1）新建一个使用 mmns_part_solid 模板的实体零件文件，文件名设置为 bccreo_8_1e。

（2）在功能区"模型"选项卡的"形状"面板中单击"扫描混合"按钮 ，打开"扫描混合"选项卡，单击选中"曲面"按钮 ，如图 8-25 所示。

图 8-25　"扫描混合"选项卡

（3）在功能区右侧区域单击"基准"→"草绘"按钮 ，弹出"草绘"对话框，选择 FRONT 基准平面作为草绘平面，以 RIGHT 基准平面为"右"方向参考，单击"草绘"按钮，进入草绘模式。

（4）绘制如图 8-26 所示的相切圆弧曲线，单击"确定"按钮 。

（5）在"扫描混合"选项卡中单击"退出暂停模式"按钮 ，如图 8-27 所示，此时系统自动选中刚创建的曲线作为原点轨迹线。

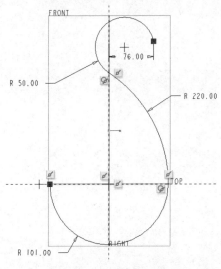

图 8-26　绘制圆弧曲线

图 8-27　在"扫描混合"选项卡中操作

此时打开"参考"滑出面板，则可看到默认的截平面控制等选项的设置，如图 8-28 所示，注意轨迹起点位置。

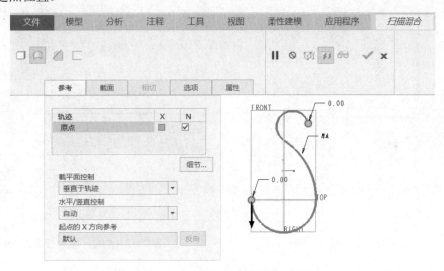

图 8-28　打开"参考"滑出面板

（6）打开"截面"滑出面板，选中"草绘截面"单选按钮，截面 1 的位置默认在轨迹起点位置，默认其旋转角度为 0°，单击"草绘"按钮。绘制如图 8-29 所示的截面 1（开始截面），单击"确定"按钮✔。

（7）在"截面"滑出面板中单击"插入"按钮，接着按 Ctrl+D 快捷键以默认视角显示，在图形窗口中单击的曲线连接点作为截面 2 的位置点，如图 8-30 所示。然后在"截面"滑出面板中单击"草绘"按钮，进入草绘模式。

（8）绘制如图 8-31 所示的截面 2，然后单击"确定"按钮✔。

（9）在"截面"滑出面板中单击"插入"按钮，插入截面 3，截面 3 的默认位置在整条轨迹的结束点，其旋转角度为 0°。单击"草绘"按钮，绘制如图 8-32 所示的截面 3（结束剖面），单击"确定"按钮✔。

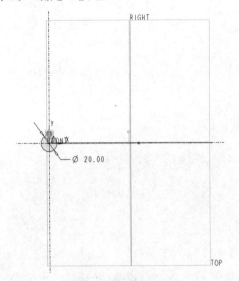

图 8-29　绘制截面 1

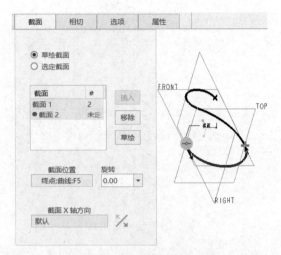

图 8-30　指定截面 2 的位置点

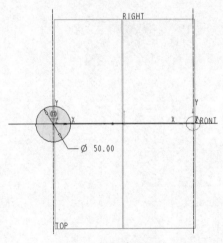

图 8-31　绘制截面 2

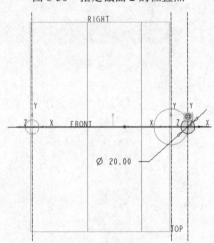

图 8-32　绘制截面 3

（10）此时，在"选项"滑出面板中默认选中"调整以保持相切"复选框，选中"无混合控制"单选按钮，取消选中"封闭端"复选框，单击"完成"按钮✔，完成的扫描混合曲面如图 8-33所示。

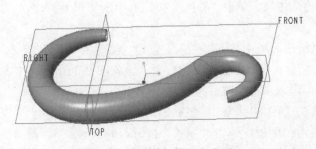

图 8-33　完成的扫描混合曲面

8.1.6 创建可变剖面扫描曲面特征

（1）在"快速访问"工具栏中单击"打开"按钮，弹出"文件打开"对话框。选择本书配套资源中的\CH8\bccreo_8_1f.prt 文件，单击"打开"按钮，文件中的原始曲线如图 8-34 所示。

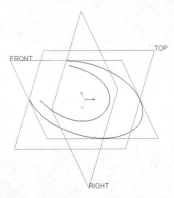

图 8-34　原始曲线

（2）在功能区"模型"选项卡的"形状"面板中单击"扫描"按钮，打开"扫描"选项卡，单击选中"曲面"按钮。

（3）在"扫描"选项卡上打开"参考"滑出面板，选择相对内侧的曲线作为原点轨迹，按住 Ctrl 键的同时选择另一条曲线作为辅助轨迹，默认的"截平面控制"选项为"垂直于轨迹"，如图 8-35 所示。此时，可以看到"扫描"选项卡中的"可变草绘"按钮自动变为选中状态。

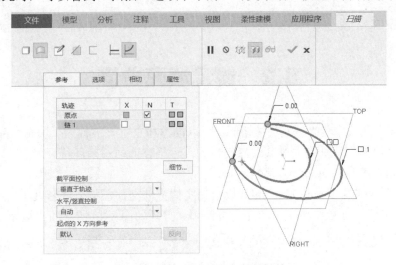

图 8-35　定义原点轨迹与辅助轨迹

（4）打开"选项"滑出面板，选中"封闭端"复选框，如图 8-36 所示。

（5）在"扫描"选项卡中单击"创建或编辑扫描截面"按钮，进入草绘模式，绘制如图 8-37 所示的截面，单击"确定"按钮。

（6）显示的动态几何预览如图 8-38 所示。在"扫描"选项卡中单击"完成"按钮，完成的具有封闭端的可变截面扫描曲面如图 8-39 所示。

图 8-36　选中"封闭端"复选框

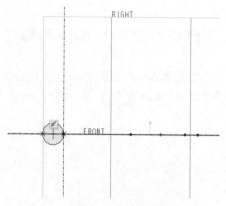

图 8-37　绘制截面

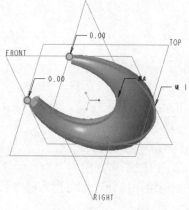

图 8-38　动态几何预览

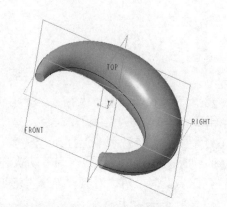

图 8-39　完成的可变截面扫描曲面

8.2　创建填充曲面

　　使用"曲面"面板中的"填充"按钮▱，可以创建和重定义被称为"填充"特征的平整曲面特征，所述的"填充"特征是通过其边界定义的一种平整曲面封闭环特征。

　　下面介绍创建填充曲面的学习范例。

（1）新建一个使用 mmns_part_solid 模板的实体零件文件，将文件名设置为 bccreo_8_2。

（2）在"曲面"面板中单击"填充"按钮▱，打开如图 8-40 所示的"填充"选项卡。

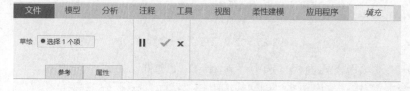

图 8-40　"填充"选项卡

　　（3）打开"参考"滑出面板，接着单击"定义"按钮，弹出"草绘"对话框。选择 TOP 基准平面作为草绘平面，以 RIGHT 基准平面为"右"方向参考，然后单击"草绘"按钮，进入草绘模式。

（4）绘制如图 8-41 所示的平整的封闭环截面，然后单击"确定"按钮 ✔。

（5）在"填充"选项卡中单击"完成"按钮 ✔，完成的填充曲面如图 8-42 所示。

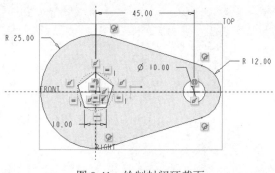

图 8-41　绘制封闭环截面

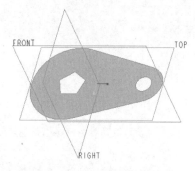

图 8-42　完成的填充曲面

8.3　创建边界混合曲面

边界混合曲面是指在参考对象（它们在一个或两个方向上定义曲面）之间创建的曲面特征，在每个方向上用选定的第一个和最后一个图元定义曲面的边界，还可添加更多的参考图元（如控制点和边界条件）来更完整地定义曲面形状。

🔧 提示

在设计工作中，经常遇到从其他 CAD 软件系统导入数据的情况，所导入数据的质量可能是不佳的，例如导入特征中的某些曲面可能会丢失，或者导入曲面可能已经损坏。在这些情况下，可以使用边界混合曲面来修补丢失的曲面，或构造已经损坏的替换曲面。边界混合曲面的创建是非关联、非参数化的。

在功能区"模型"选项卡的"曲面"面板中单击"边界混合"按钮 🔲，打开如图 8-43 所示的"边界混合"选项卡。下面简述此选项卡中各工具选项的功能。

图 8-43　"边界混合"选项卡

- ☑　🔲：第一方向链收集器。
- ☑　🔲：第二方向链收集器。
- ☑　"曲线"滑出面板：提供"第一方向"收集器和"第二方向"收集器，如图 8-44 所示，利用这两个收集器选择相应方向上的曲线，并可以控制曲线的顺序（即可以对参考图元曲线进行重新排序）。单击"细节"按钮，则可以打开"链"对话框来修改指定链和曲线曲面集属性。"闭合混合"复选框只适用于其他收集器为空的单向曲线，如果选中"闭合混合"复选框，则通过将单方向最后一条曲线与第一条曲线混合来形成封闭环曲面。

☑ "约束"滑出面板：利用该面板为指定方向的边界链设置边界条件，如"自由""相切""曲率""垂直"，如图 8-45 所示。

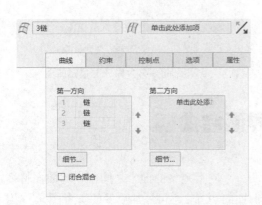

图 8-44 "曲线"滑出面板   图 8-45 "约束"滑出面板

☑ "控制点"滑出面板：在该面板中，可通过在输入曲线上映射位置来添加控制点并形成曲面。可选拟合选项有"自然""弧长""段至段"等，如图 8-46 所示。

☑ "选项"滑出面板：该面板主要用来选取曲线链来影响用户界面中混合曲面的形状或逼近方向，如图 8-47 所示。在"影响曲线"收集器的框中单击，可以将其激活，然后选取所需的曲线链。单击"细节"按钮，则可以打开"链"对话框来修改链组属性。平滑度因子用于控制曲面的粗糙度、不规则性或投影。"在方向上的曲面片"则控制用于形成结果曲面的沿 U 和 V 方向的曲面片数。

图 8-46 "控制点"滑出面板   图 8-47 "选项"滑出面板

☑ "属性"滑出面板：打开该面板，可以重命名此边界混合特征，或查看关于此边界混合特征的详细信息。

8.3.1 在一个方向上创建边界混合曲面

在一个方向上创建边界混合曲面的范例如图 8-48 所示。注意在该方向上选择参考图元链的次序，这会影响到生成的曲面效果；还可以利用"曲线"滑出面板中的工具来重新排序参考图元链。

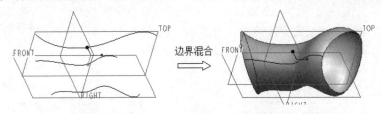

图 8-48 在一个方向上创建边界混合曲面

（1）在"快速访问"工具栏中单击"打开"按钮，弹出"文件打开"对话框。选择本书配套资源中的\CH8\bccreo_8_3a.prt 文件，单击"打开"按钮，文件中的原始曲线如图 8-49 所示。

（2）在功能区"模型"选项卡的"曲面"面板中单击"边界混合"按钮，打开"边界混合"选项卡。

（3）"边界混合"选项卡中的（第一方向链收集器）处于被激活的状态，选择曲线 1，按住 Ctrl 键依次选择曲线 2 和曲线 3，可以看到相应的边界混合曲面的动态预览显示，如图 8-50 所示。

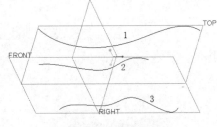

图 8-49 原始曲线

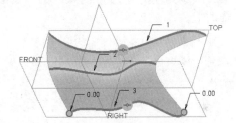

图 8-50 动态预览的显示效果

（4）在"边界混合"选项卡中打开"曲线"滑出面板，选中"闭合混合"复选框，如图 8-51 所示。

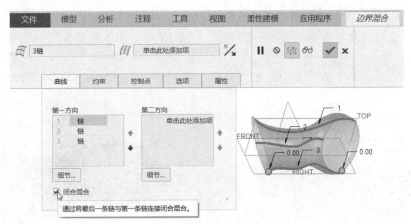

图 8-51 设置闭合混合

（5）在"边界混合"选项卡中单击"完成"按钮✔，完成在一个方向上创建边界混合曲面的操作。

8.3.2　在两个方向上创建边界混合曲面

对于在两个方向上定义的边界混合曲面，其外部边界必须形成一个封闭的环，也就是说其有效的外部边界必须相交。如果边界不终止于相交点，系统将自动修剪这些边界，并使用有关部分。在两个方向上创建边界混合曲面的范例图解如图 8-52 所示。

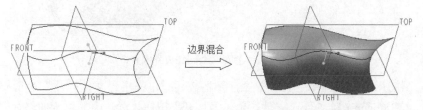

图 8-52　在两个方向上创建边界混合曲面的范例图解

（1）在"快速访问"工具栏中单击"打开"按钮，弹出"文件打开"对话框。接着选择本书配套资源中的\CH8\bccreo_8_3b.prt 文件，单击"打开"按钮。文件中的 5 条原始曲线如图 8-53 所示。

（2）在功能区"模型"选项卡的"曲面"面板中单击"边界混合"按钮，打开"边界混合"选项卡。

（3）"边界混合"选项卡中的（第一方向链收集器）处于被激活的状态，选择曲线 1，接着按住 Ctrl 键依次选择曲线 2 和曲线 3，如图 8-54 所示。

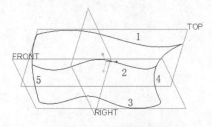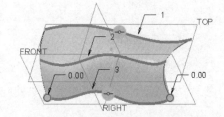

图 8-53　5 条原始曲线　　　　　　　图 8-54　指定第一方向曲线链

（4）在"边界混合"选项卡中单击（第二方向链收集器）将其激活，选择曲线 4，接着按住 Ctrl 键选择曲线 5，如图 8-55 所示。

（5）在"边界混合"选项卡中单击"完成"按钮✔，得到的双向边界混合曲面如图 8-56 所示。

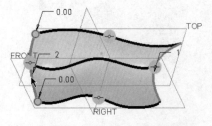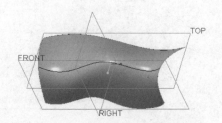

图 8-55　指定第二方向曲线链　　　　　图 8-56　完成的双向边界混合曲面

8.4 曲面编辑

曲面编辑操作主要包括曲面修剪、曲面复制、曲面偏移、曲面合并、曲面加厚和曲面实体化等操作。下面结合典型实例介绍一些常用的曲面编辑操作。

8.4.1 曲面修剪

可以使用系统提供的"修剪"工具来切割或分割面组和曲线。要修剪曲面面组，首先选择要修剪的曲面面组，接着在功能区"模型"选项卡的"编辑"面板中单击"修剪"按钮，打开如图 8-57 所示的"曲面修剪"选项卡，然后选定修剪对象（曲面、曲线链或平面），并指定要保留的修剪曲面侧等即可。

图 8-57 "修剪"选项卡

在执行修剪曲面的操作过程中，当使用其他面组修剪面组时，如果需要则可以打开"修剪"选项卡的"选项"滑出面板，选中"薄修剪"复选框，接着指定薄修剪厚度尺寸、控制曲面拟合选项，还可以利用"排除曲面"收集器来指定要排除的原始曲面，如图 8-58 所示。此外，在"选项"滑出面板中还可设置是否保留修剪曲面。

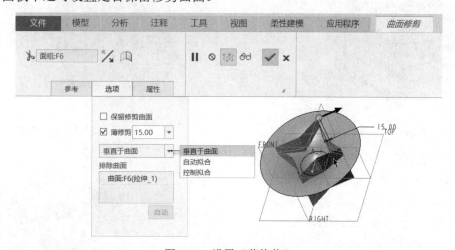

图 8-58 设置"薄修剪"

- ☑ "保留修剪曲面"复选框：用于设置是否保留修剪曲面。
- ☑ "薄修剪"复选框及其数值框：设置是否使用加厚的修剪曲面来修剪曲面，当曲面是修剪对象时可用。要进行薄修剪处理，则选中"薄修剪"复选框，并在其相应的数值框中设置薄修剪的厚度值。

☑ 薄修剪拟合列表框：该列表框中提供了"垂直于曲面""自动拟合""控制拟合"选项。若选择"垂直于曲面"选项，则在垂直于曲面的方向上加厚曲面；若选择"自动拟合"选项，则自动确定缩放坐标系并沿 3 个轴拟合；若选择"控制拟合"选项，则用特定的坐标系轴和受控制的拟合运动来加厚曲面。

☑ "排除曲面"收集器：激活该收集器，可以在图形窗口中选择要排除的曲面，所选择的曲面将被收集到该收集器的列表框中。

⚠️ **注意**

通常，修剪面组的方式有以下两种。

☑ 在与其他面组或基准平面相交处进行修剪。

☑ 使用曲面（面组）上的曲线进行修剪处理。

下面通过实例的方式介绍如何修剪面组。

1. 薄修剪处理

（1）在"快速访问"工具栏中单击"打开"按钮📂，弹出"文件打开"对话框。选择本书配套资源中的\CH8\bccreo_8_4a.prt 文件，单击"打开"按钮，文件中的原始曲面和曲线如图 8-59 所示。

（2）从"选择"过滤器下拉列表框中选择"面组"或"曲面"，选择旋转曲面作为要修剪的曲面，如图 8-60 所示。

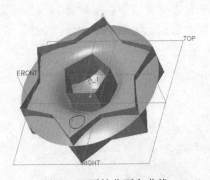

图 8-59　原始曲面和曲线

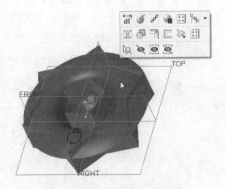

图 8-60　选择要修剪的曲面

（3）在功能区"模型"选项卡的"编辑"面板中单击"修剪"按钮🗗，或者从出现的浮动工具栏中单击"修剪"按钮🗗，打开"曲面修剪"选项卡。

（4）选择如图 8-61 所示的拉伸曲面作为修剪对象。

（5）在"曲面修剪"选项卡中打开"选项"滑出面板，取消选中"保留修剪曲面"复选框，接着选中"薄修剪"复选框，并设置薄修剪的厚度为 10，如图 8-62 所示。

（6）在"曲面修剪"选项卡中单击"完成"按钮✔，薄修剪结果如图 8-63 所示。

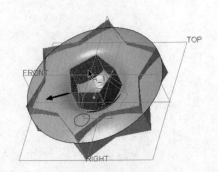

图 8-61　选择修剪对象

图 8-62 设置薄修剪厚度

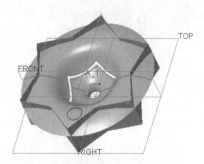

图 8-63 薄修剪结果

2. 在与其他面组或基准平面相交处进行修剪

（1）选择如图 8-64 所示的曲面面组作为要修剪的曲面。

（2）在功能区"模型"选项卡的"编辑"面板中单击"修剪"按钮，或者从出现的浮动工具栏中单击"修剪"按钮，打开"曲面修剪"选项卡。

（3）指定修剪对象，如图 8-65 所示。

（4）在"曲面修剪"选项卡中单击"反向"按钮，使指示要保留的修剪曲面侧的箭头方向变为如图 8-66 所示。

图 8-64 选择要修剪的曲面

图 8-65 指定修剪对象

图 8-66 设置要保留的修剪曲面侧

（5）打开"选项"滑出面板，取消选中"保留修剪曲面"复选框，如图 8-67 所示。

（6）在"曲面修剪"选项卡中单击"完成"按钮，得到的修剪效果如图 8-68 所示。

3. 使用曲面（面组）上的基准曲线进行修剪处理

（1）选择主体曲面作为要修剪的曲面。

（2）在功能区"模型"选项卡的"编辑"面板中单击"修剪"按钮，打开"曲面修剪"选项卡。

（3）选择位于曲面上的曲线（即投影曲线）作为修剪对象，注意曲面要保留的部分，如图 8-69 所示。

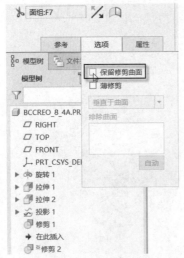

图 8-67　取消选中"保留修剪曲面"复选框

图 8-68　修剪效果

（4）在"曲面修剪"选项卡中单击"完成"按钮✔，完成该修剪操作得到的曲面效果如图 8-70所示。

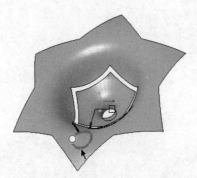

图 8-69　选择曲线作为修剪对象

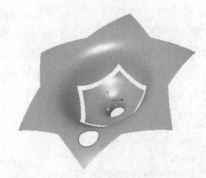

图 8-70　修剪完成的效果

8.4.2　曲面复制-粘贴

曲面复制是一种较为常见的编辑操作，既可以对曲面进行复制操作，也可以将实体表面复制成曲面。在进行曲面复制操作时，要特别注意在执行"复制"命令之前所选择的要复制的对象类型，如特征、几何、面组、曲面等。

曲面复制-粘贴的方法和步骤比较简单，即先选择要编辑的曲面或零件表面，接着在"操作"面板中单击"复制"按钮📄，然后在"操作"面板中单击"粘贴"按钮📄，则功能区出现如图 8-71 所示的"曲面：复制"选项卡。打开"选项"滑出面板，选中符合需求的单选按钮，进行相关设置后，单击"完成"按钮✔，从而完成曲面复制-粘贴操作。

☑　"按原样复制所有曲面"单选按钮：用于准确地按照原样复制曲面，即创建与选定曲面完全相同的副本。

☑　"排除曲面并填充孔"单选按钮：复制某些选定的曲面，并允许填充曲面内的孔。选中该单选按钮时，"选项"滑出面板上出现的组成元素如图 8-72 所示，其中"排除轮廓"

收集器用于选择要从当前复制特征中排除的轮廓，"填充孔/曲面"收集器用于在选定曲面上选择要填充的孔。

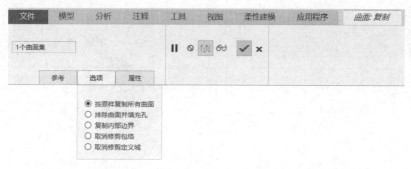

图 8-71 "曲面：复制"选项卡

☑ "复制内部边界"单选按钮：用于仅复制位于定义边界内的曲面。选中此单选按钮时，"选项"滑出面板如图 8-73 所示，此时需要通过"边界曲线"收集器定义要复制的曲面的边界。

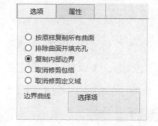

图 8-72 选中"排除曲面并填充孔"时　　　　图 8-73 选中"复制内部边界"时

☑ "取消修剪包络"单选按钮与"取消修剪定义域"单选按钮：分别用于设置是否取消修剪包络与是否取消修剪定义域，以复制曲面或面组并移除所有内部轮廓。

下面通过范例的方式介绍如何将实体表面复制为曲面。

（1）在"快速访问"工具栏中单击"打开"按钮 📂，弹出"文件打开"对话框。接着选择本书配套资源中的\CH8\bccreo_8_4b.prt 文件，单击"打开"按钮，文件中的原始模型如图 8-74 所示。

（2）为了便于选择实体表面，则在"选择"过滤器的下拉列表框中选择"几何"选项，如图 8-75 所示。

图 8-74 原始模型　　　　　　　　　　图 8-75 选择"几何"选项

（3）在模型中任意表面上单击，以选中一处表面几何，如图 8-76 所示。

（4）右击，接着在出现的快捷菜单中单击"实体曲面"按钮▢，如图 8-77 所示，从而选中整个实体曲面。

图 8-76　选择一处表面几何　　　　图 8-77　选择"实体曲面"选项

（5）在"操作"面板中单击"复制"按钮▦（或按 Ctrl+C 快捷键），接着在"操作"面板中单击"粘贴"按钮▦（或按 Ctrl+V 快捷键），则功能区出现"曲面：复制"选项卡。

（6）在"曲面：复制"选项卡的"选项"滑出面板中，按图 8-78 所示进行设置。

图 8-78　设置相关的选项

（7）单击"完成"按钮✔，完成该曲面的复制。

8.4.3　曲面偏移

使用"偏移"命令，可以将选定的实体表面或曲面面组，向指定方向偏移恒定或可变的距离来创建新的曲面。另外，使用此命令，还可以创建偏移曲线特征。本节主要介绍曲面偏移的相关应用知识。

选择欲操作的实体表面或曲面面组后，功能区"模型"选项卡"编辑"面板中的"偏移"按钮▧可用，单击则打开用于面偏移的"偏移"选项卡，如图 8-79 所示，在该选项卡中可以根据设计需要设置面偏移的类型，包括 （标准）、 （具有拔模）、 （展开）和 （替换）。

图 8-79 用于面偏移的"偏移"选项卡

☑ （标准偏移）：偏移一个面组、曲面或实体面。

☑ （具有拔模的偏移）：偏移包括在绘制内部的面组或曲面区域，并拔模侧曲面，可以创建直的或相切侧曲面轮廓。

☑ （展开）：在封闭面组或实体草绘的选定面之间创建一个连续体积块。

☑ （替换曲面）：使用面组或基准平面替换实体面。

下面分别通过范例的方式介绍这些面偏移的应用。

1．创建标准偏移曲面

（1）在"快速访问"工具栏中单击"打开"按钮 ，弹出"文件打开"对话框。选择本书配套资源中的\CH8\bccreo_8_4c1.prt 文件，单击"打开"按钮，文件中的原始拉伸曲面如图 8-80 所示。

（2）将"选择"过滤器的选项设置为"面组"，在图形窗口中选择原始拉伸曲面，接着在功能区"模型"选项卡的"编辑"面板中单击"偏移"按钮 ，打开"偏移"选项卡。

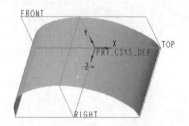

图 8-80 原始拉伸曲面

（3）选择 （标准偏移）作为偏移类型，设置偏移值为 25，打开"选项"滑出面板，则可以看到默认偏移选项为"垂直于曲面"，如图 8-81 所示，表示垂直于参考曲面或面组偏移曲面。

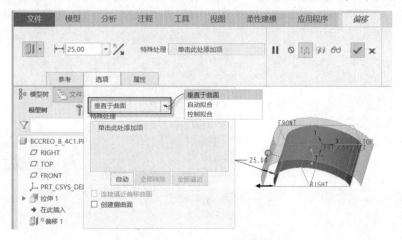

图 8-81 "选项"滑出面板

提示

"选项"滑出面板的下拉列表框中还提供了"自动拟合"和"控制拟合"选项。"自动拟合"选项用于自动确定坐标系并沿其轴偏移曲面；而"控制拟合"选项则用于通过相对指定坐标系缩放原始曲面，并沿着指定轴平移曲面来创建一个最佳拟合法向偏移的"偏移"特征。如果需要，可以选中"创建侧曲面"复选框，以创建带有侧面组的偏移曲面。另外，在"偏移"选项卡中选中"将偏移方向更改为其他侧"按钮 ，可以反转偏移的方向。

（4）单击以激活"特殊处理"收集器，接着在图形窗口中单击原始面组的如图 8-82 所示的曲面片，注意"选项"滑出面板中的"特殊处理"收集器中出现的参考及特殊处理状态，本例默认的参考特殊处理状态为"排除"。

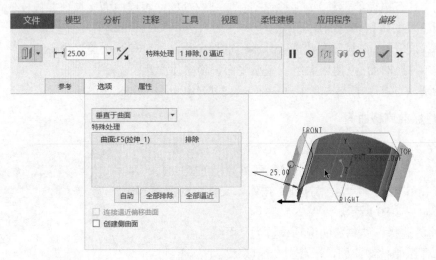

图 8-82　特殊处理

（5）在"选项"滑出面板的"特殊处理"收集器中，单击"排除"选项，出现一个下拉列表框，从该下拉列表框中选择"逼近"选项，如图 8-83 所示，以创建逼近偏移曲面，注意图形窗口中的动态几何预览效果。

（6）按住 Ctrl 键的同时单击如图 8-84 所示的一个曲面片，其特殊处理选项默认为"排除"。

图 8-83　指定"逼近"特殊处理

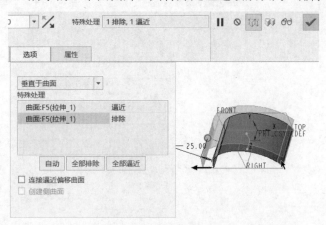

图 8-84　指定"排除"特殊处理

⚠️ 注意

使用"特殊处理"收集器后，还可以应用位于"选项"滑出面板中的"特殊处理"收集器下方的相关按钮及选项，包括"自动"按钮、"全部排除"按钮、"全部逼近"按钮和"连接逼近偏移曲面"复选框。

- ☑ "自动"按钮：用于自动排除曲面以成功地完成特征。
- ☑ "全部排除"按钮：用于从偏移操作中排除收集器中的所有曲面。
- ☑ "全部逼近"按钮：用于将所有特殊处理曲面设置为逼近偏移曲面。
- ☑ "连接逼近偏移曲面"复选框：当逼近曲面无法与标准偏移曲面合并时，创建不连接的逼近偏移曲面。

（7）在"偏移"选项卡中单击"完成"按钮 ✔，完成的偏移曲面特征如图 8-85 所示。

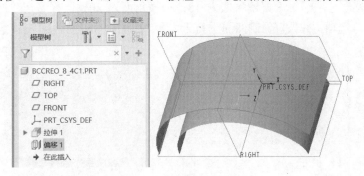

图 8-85　完成偏移曲面特征

2. 创建具有拔模特征的偏移曲面

（1）在"快速访问"工具栏中单击"打开"按钮 📂，弹出"文件打开"对话框。选择本书配套资源中的\CH8\bccreo_8_4c2.prt 文件，单击"打开"按钮，文件中的原始曲面如图 8-86 所示。

（2）在模型树上选择原始曲面特征，接着在功能区"模型"选项卡的"编辑"面板中单击"偏移"按钮 🗂，打开"偏移"选项卡。

（3）在"偏移"选项卡的偏移类型列表框中选择 📁（具有拔模的偏移）。

（4）在"偏移"选项卡中打开"参考"滑出面板，如图 8-87 所示，接着单击"定义"按钮，弹出"草绘"对话框，选择 TOP 基准平面作为草绘平面，以 RIGHT 基准平面为"右"方向参考，单击"草绘"对话框中的"草绘"按钮，进入草绘模式。

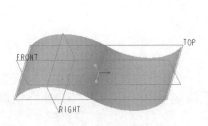

图 8-86　原始曲面

图 8-87　打开"参考"滑出面板

（5）绘制如图 8-88 所示的图形，单击"确定"按钮 ✔。

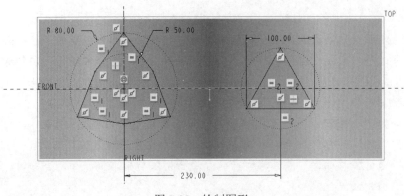

图 8-88　绘制图形

（6）在"偏移"选项卡中设置偏移值为 18，拔模角度为 20°，接着在"选项"滑出面板中选择"垂直于曲面"选项，并设置"侧曲面垂直于"为"曲面"，"侧面轮廓"为"相切"，如图 8-89 所示。

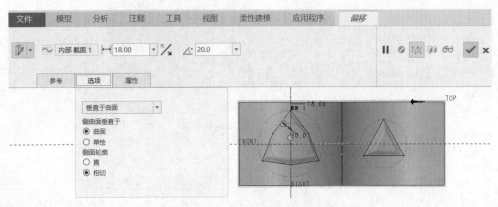

图 8-89　设置相关参数和选项

（7）在"偏移"选项卡中单击"完成"按钮 ✔，完成偏移曲面特征如图 8-90 所示。

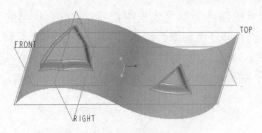

图 8-90　创建偏移曲面特征

3. 创建展开类型的偏移曲面

使用"偏移"选项卡中的 ▥（展开）图标选项，既可以在封闭面组（或曲面）的选定面之间创建一个连续的体积块，也可以用草绘来约束开放的面组或实体曲面的偏移区域，下面以后者为例进行介绍。

（1）在"选择"过滤器的列表框中选择"面组"选项，选中刚完成的偏移曲面面组。

（2）在功能区"模型"选项卡的"编辑"面板中单击"偏移"按钮 ▥，打开"偏移"选项卡。

（3）在"偏移"选项卡的偏移类型列表框中选择▦（展开）图标选项。

（4）在"偏移"选项卡中打开"选项"滑出面板，在一个下拉列表框中选择"垂直于曲面"选项，选中"展开区域"下的"草绘区域"单选按钮，设置"侧曲面垂直于"为"草绘"，如图 8-91 所示，然后单击"定义"按钮，弹出"草绘"对话框。

（5）选择 TOP 基准平面作为草绘平面，以 RIGHT 基准平面为"右"方向参考，单击"草绘"按钮，进入草绘模式。

（6）绘制如图 8-92 所示的图形，单击"确定"按钮✔，完成草绘并退出草绘模式。

图 8-91　打开 "选项" 滑出面板

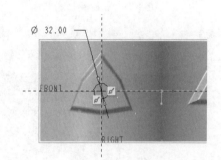

图 8-92　绘制圆图形

（7）在"偏移"选项卡中设置偏移值为 15，接着单击右侧的"将偏移方向变更为其他侧"按钮⤭，此时动态几何预览显示效果如图 8-93 所示。

（8）在"偏移"选项卡中单击"完成"按钮✔，完成效果如图 8-94 所示。

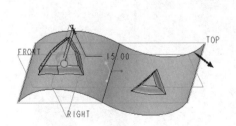

图 8-93　偏移曲面动态预览显示

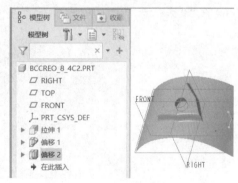

图 8-94　创建展开类型的偏移曲面

4. 创建替换偏移特征

可以使用基准平面或面组替换实体上指定的曲面部分。"曲面替换"偏移与普通的伸出项或切口不同，"曲面替换"能够在某些位置添加材料而在其他位置去除材料。

（1）在"快速访问"工具栏中单击"打开"按钮📂，弹出"文件打开"对话框。接着选择本书配套资源中的\CH8\bccreo_8_4c4.prt 文件，单击"打开"按钮，文件中的原始旋转实体和拉伸曲面如图 8-95 所示。

（2）单击旋转实体的一个端面，以选中该端面作为要被替换的实体面，如图 8-96 所示。

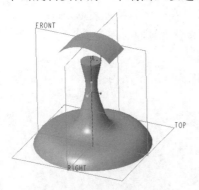

图 8-95　原始实体和曲面

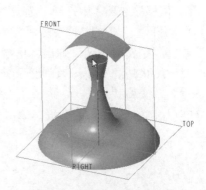

图 8-96　选择实体的一个端面

（3）在功能区"模型"选项卡的"编辑"面板中单击"偏移"按钮📰，打开"偏移"选项卡。

（4）在"偏移"选项卡的偏移类型列表框中选择🛢（替换曲面）选项，如图 8-97 所示。

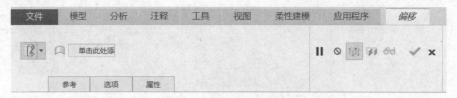

图 8-97　选择"替换曲面特征"图标选项

（5）确认"替换面组"收集器🔲已激活，选择拉伸曲面作为替换面组。此时打开"选项"滑出面板，则可以看到"保留替换面组"复选框处于没有被选中的状态，表示不保留替换面组，如图 8-98 所示。

（6）在"偏移"选项卡中单击"完成"按钮✔，使用替换面组创建偏移特征的结果如图 8-99 所示。

图 8-98　"选项"滑出面板

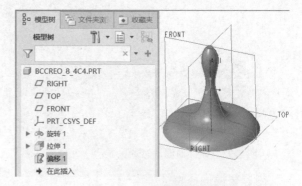

图 8-99　创建替换偏移特征

8.4.4　曲面合并

在曲面设计中经常应用到曲面合并。曲面合并是指将若干张曲面或面组合并成一张面组。要进行曲面合并操作，首先选择要合并的曲面，接着单击"合并"按钮🔲，打开如图 8-100 所示的

"合并"选项卡。利用该"合并"选项卡进行相关设置,即可通过让两个曲面面组相交或联接来完成合并。"合并"选项卡上各主要按钮及滑出面板的功能含义如下。

图 8-100 "合并"选项卡

☑ ⿰: 改变要保留的第一面组的侧。

☑ ⿰: 改变要保留的第二面组的侧。

☑ "参考"滑出面板: 该面板中包含一个"面组"收集器, 可以更改主面组。

☑ "选项"滑出面板: 该面板中包含两个单选按钮, 即"相交"和"联接"单选按钮。其中, "相交"单选按钮用于合并相交的曲面面组, 只保留曲面面组相交之后定义的部分; 而"联接"单选按钮, 用于合并两个相邻面组, 其中一个面组的一侧边位于另一面组上。

☑ "属性"滑出面板: 用于显示和重定义合并特征的名称, 还可查询该合并特征的详细属性信息。

可以一次合并两个以上的面组, 但是需要满足以下两个条件。

☑ 所选择的这些面组, 它们的单侧边应该彼此邻接, 即只有在所选面组的所有边均彼此邻接且不重叠的情况下, 才能合并两个以上的面组。

☑ 合并两个以上的面组时, 不能选择常规的相交面组。

下面通过一个范例介绍曲面合并的一般操作。

(1) 在"快速访问"工具栏中单击"打开"按钮🗁, 弹出"文件打开"对话框。接着选择本书配套资源中的\CH8\bccreo_8_4d.prt 文件, 单击"打开"按钮, 文件中的原始曲面模型如图 8-101 所示。

(2) 将"选择"过滤器的选项设置为"面组", 在图形窗口中选择曲面 3, 按住 Ctrl 键的同时选择曲面 4。

(3) 在浮动工具栏或"编辑"面组中单击"合并"按钮🔲, 打开"合并"选项卡。

(4) 在"合并"选项卡中打开"选项"滑出面板, 选中"联接"单选按钮, 如图 8-102 所示。

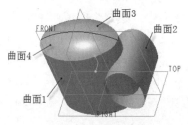

图 8-101 原始曲面模型

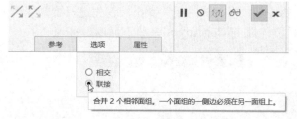

图 8-102 选中"联接"单选按钮

(5) 在"合并"选项卡中单击"完成"按钮✔。

（6）选择该合并得到的面组，按住 Ctrl 键的同时选择曲面 1，单击"合并"按钮⑪，打开"合并"选项卡，接着在"选项"滑出面板中选中"联接"单选按钮，然后单击"完成"按钮✔。

技巧

用户也可以先按住 Ctrl 键选择曲面 1、曲面 3 和曲面 4，接着单击"合并"按钮⑪，然后在打开的"合并"选项卡中单击"完成"按钮✔，一次操作便可将所选的 3 个曲面合并成一个单独的面组。

（7）确保刚合并而成的面组处于被选中的状态，此时可以将"选择"过滤器的选项设置为"特征"，按住 Ctrl 键的同时选择曲面 2，接着单击"合并"按钮⑪，打开"合并"选项卡，再打开"选项"滑出面板，可以看到默认选项为"相交"。在选项卡中单击"改变要保留的第一面组的侧"按钮✕，接着单击"改变要保留的第二面组的侧"按钮✕，使要保留的面组侧如图 8-103所示。单击"完成"按钮✔，完成的合并结果如图 8-104 所示。

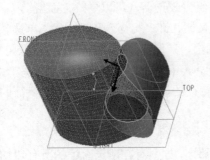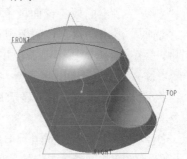

图 8-103　要保留的面组侧　　　　　　　　图 8-104　曲面合并结果

8.4.5　曲面加厚

曲面加厚是指将曲面通过一定的方式进行加厚处理，形成具有均匀厚度的实体，如图 8-105所示。另外，使用曲面加厚的方式还可以在实体中去除指定厚度的材料，如图 8-106 所示。

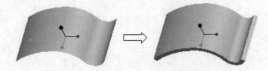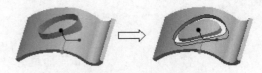

图 8-105　曲面加厚示例 1　　　　　　　　图 8-106　曲面加厚示例 2

要进行曲面加厚的相关操作，首先选择要加厚的曲面，接着在"编辑"面板中单击"加厚"按钮▭，打开如图 8-107 所示的"加厚"选项卡。

图 8-107　"加厚"选项卡

☑ ⬜：用实体材料填充加厚的面组。

☑ ◩：用于从加厚的面组中去除原始的实体材料。

☑ ⊢⊣：用于指定总加厚厚度值。

☑ ⅏：用于反转结果几何的方向。

☑ "参考"滑出面板：包含一个"面组"收集器，用于收集所选择的要加厚的曲面或面组，如图 8-108 所示。

☑ "选项"滑出面板：该滑出面板如图 8-109 所示，可以选择"垂直于曲面"、"自动拟合"或"控制拟合"选项来定义曲面加厚的形式，其中，"垂直于曲面"最为常用。在该面板中还有一个"排除曲面"收集器，单击激活该收集器，即可选取面组中要禁止加厚操作的曲面。

图 8-108 "参考"滑出面板

图 8-109 "选项"滑出面板

☑ "属性"滑出面板：打开该滑出面板，可以查看和更改当前加厚特征的名称，还可单击"显示此特征的信息"按钮⬛查看此加厚特征的属性信息。

下面用一个范例介绍曲面加厚的操作方法。

（1）在"快速访问"工具栏中单击"打开"按钮🗁，弹出"文件打开"对话框。接着选择本书配套资源中的\CH8\bccreo_8_4e.prt 文件，单击"打开"按钮，文件中的原始曲面如图 8-110 所示。

（2）选择如图 8-111 所示的旋转曲面。

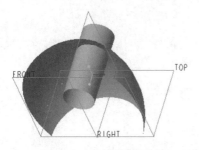

图 8-110 原始曲面

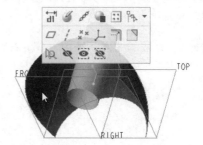

图 8-111 选择曲面

（3）在"编辑"面板中单击"加厚"按钮▭，打开"加厚"选项卡。

（4）默认选中"用实体材料填充加厚的面组"按钮⬜，设置加厚的总厚度为10。

（5）单击"完成"按钮✔，加厚曲面得到的实体如图 8-112 所示。

（6）选择如图 8-113 所示的曲面几何。

（7）在"编辑"面板中单击"加厚"按钮▭，打开"加厚"选项卡。

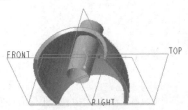

图 8-112　曲面加厚效果

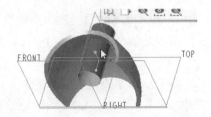

图 8-113　选择要进行加厚操作的曲面几何

（8）在"加厚"选项卡中单击"去除材料"按钮◢，输入加厚的厚度值为 15。

（9）单击"反转结果几何的方向"按钮╲两次，指定加厚的方向如图 8-114 所示。

（10）单击"完成"按钮✔，最后完成的效果如图 8-115 所示。

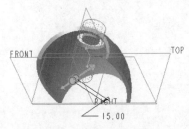

图 8-114　指定加厚的方向

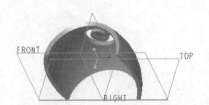

图 8-115　去除材料的结果

8.4.6　曲面实体化

实体化特征使用预定的曲面特征或面组几何并将其转换为实体几何。在实际设计工作中，可以使用实体化特征添加、移除或替换实体材料。

⚠ **注意**

设计实体化特征时，需要执行如下操作。

（1）选取一个曲面特征或面组作为参考。

（2）确定使用参考几何的方法：添加实体材料，移除实体材料或修补曲面。

（3）定义几何的材料方向。

选择一个有效的曲面特征或面组，在"编辑"面板中单击"实体化"按钮◻，打开如图 8-116 所示的"实体化"选项卡。选项卡中各按钮的功能说明如下。

图 8-116　"实体化"选项卡

☑　◻（伸出项）：用实体材料填充由选定的曲面或面组界定的体积块。

☑　◢（切口）：移除面组内侧或外侧的材料。

☑　◻（曲面片）：用面组替换部分曲面，面组边界必须位于曲面上。也就是使用曲面特征或面组几何替换指定的曲面部分（只有当选定的曲面或面组边界位于实体几何上时才可用)。

☑ 🖊:反转刀具操作方向,即更改实体化特征的材料方向。

下面用一个范例介绍曲面加厚的操作方法。

(1)在"快速访问"工具栏中单击"打开"按钮📂,弹出"文件打开"对话框。选择本书配套资源中的\CH8\bccreo_8_4f.prt 文件,单击"打开"按钮,文件中的原始曲面如图 8-117 所示。

(2)将"选择"过滤器的选项设置为"面组",选择旋转曲面,接着在"编辑"面板中单击"实体化"按钮🗂,打开"实体化"选项卡。

(3)默认情况下,选项卡中的"伸出项"按钮▢处于被选中的状态,单击"完成"按钮✔,完成一个实体化特征。

(4)选择拉伸曲面,接着在"编辑"面板中单击"实体化"按钮🗂,打开"实体化"选项卡。

(5)在"实体化"选项卡中单击"切口"按钮◿,并单击"反转刀具操作方向"按钮🖊直到箭头方向如图 8-118 所示。

(6)在"实体化"选项卡中单击"完成"按钮✔,完成该切口实体化操作,模型效果如图 8-119 所示。

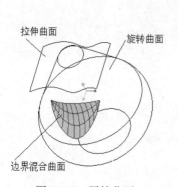

图 8-117 原始曲面

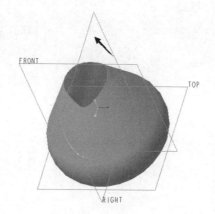

图 8-118 调整刀具方向

图 8-119 切口实体化

(7)选择如图 8-120 所示的边界混合曲面。单击"编辑"面板中的"实体化"按钮🗂,打开"实体化"选项卡。

(8)系统自动选中"曲面片"按钮🗂,确认刀具方向符合需求,如图 8-121 所示。

(9)在"实体化"选项卡中单击"完成"按钮✔,完成曲面片实体化的效果如图 8-122 所示。

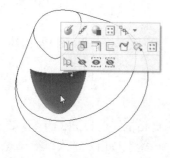

图 8-120 选择边界混合曲面

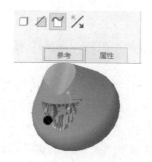

图 8-121 准备执行"曲面片替换"操作

图 8-122 曲面实体化完成效果

8.4.7 在曲面上创建投影曲线

使用"投影"工具命令可以在实体上和非实体曲面、面组或基准平面上创建投影曲线。在实际设计工作中，常使用投影曲线修剪曲面，绘制扫描轨迹的轮廓，或在钣金件设计中创建切口。如果投影曲线是通过在平面上草绘来辅助投影创建的，那么可以对其进行阵列操作。

⚠️ **注意**

创建投影曲线的方法有以下 3 种，本节主要介绍前两种。

- ☑ 投影草绘：创建草绘或将现有草绘复制到模型中以进行投影。
- ☑ 投影链：选取要投影的曲线或链，在对象面上进行投影。
- ☑ 投影修饰草绘：创建修饰草绘或将现有修饰草绘复制到模型中进行投影。

在功能区"模型"选项卡的"编辑"面板中单击"投影"按钮 ，打开"投影曲线"选项卡。在"参考"滑出面板中，可以选择用于定义投影曲线的方法的选项，分别为"投影草绘""投影链""投影修饰草绘"，如图 8-123 所示。

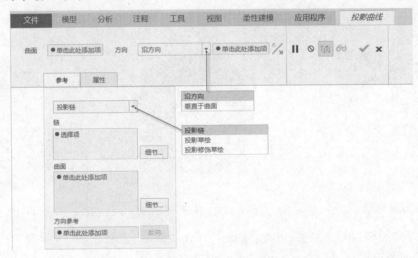

图 8-123　"参考"滑出面板

下面通过一个范例介绍创建投影曲线的方法。

（1）在"快速访问"工具栏中单击"打开"按钮 ，弹出"文件打开"对话框，选择本书配套资源中的\CH8\bccreo_8_4g.prt 文件，单击"打开"按钮，文件中的原始球体曲面如图 8-124 所示。

（2）在功能区"模型"选项卡的"编辑"面板中单击"投影"按钮 ，打开"投影曲线"选项卡。

（3）在"投影曲线"选项卡中打开"参考"滑出面板，在第一个下拉列表框中选择"投影草绘"选项，如图 8-125 所示。

（4）在"参考"滑出面板中单击"定义"按钮，弹出"草绘"对话框。选择 FRONT 基准平面作为草绘平面，以 RIGHT 基准平面作为"右"方向参考，单击"草绘"按钮，进入草绘模式。

（5）绘制如图 8-126 所示的曲线，单击"确定"按钮 。

（6）选择要在其上创建投影特征的曲面，如图 8-127 所示。

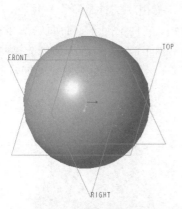

图 8-124 原始球体曲面

图 8-125 选择"投影草绘"选项

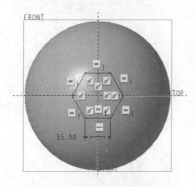

图 8-126 绘制要投影的曲线

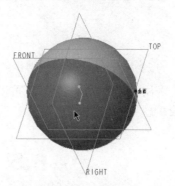

图 8-127 选择曲面

（7）方向选项为"沿方向"，表示沿指定的方向投影。在"投影曲线"选项卡中单击激活"方向参考"收集器，然后选择 FRONT 基准平面作为方向参考，此时模型动态预览显示如图 8-128 所示。

（8）在"投影曲线"选项卡中单击"完成"按钮✔，完成该投影曲线的结果如图 8-129 所示。

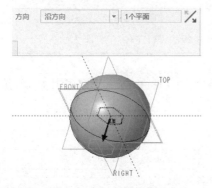

图 8-128 动态预览

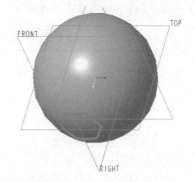

图 8-129 完成创建投影曲线

8.4.8 利用相交曲面创建交截曲线

使用"编辑"面板中的"相交"按钮，可以利用曲面与其他曲面或基准平面相交来创建曲线，所创建的曲线通常被称为"交截曲线"或"相交曲线"。操作范例如下。

（1）在"快速访问"工具栏中单击"打开"按钮，弹出"文件打开"对话框，选择本书配套资源中的\CH8\bccreo_8_4h.prt 文件，单击"打开"按钮，文件中的原始曲面如图 8-130 所示。

（2）将"选择"过滤器的选项设置为"面组"，选择曲面 1，按住 Ctrl 键再选择曲面 2。

（3）在"编辑"面板中单击"相交"按钮，则可以在这两个曲面的相交处创建三维曲线，如图 8-131 所示。

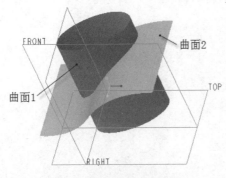
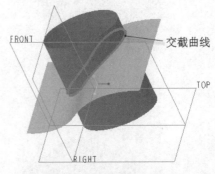

图 8-130 相交的两个曲面	图 8-131 创建的交截曲线

另外，利用"相交"按钮，还可以在所选的两个草绘或草绘后的基准曲线（被拉伸后成为曲面）相交的位置处创建曲线。

8.5 造 型 设 计

造型设计环境是 Creo Parametric 5.0 的一个专门用于设计自由式曲面的设计环境，它是一个功能齐全、直观的建模环境。在该设计环境中，可以方便而迅速地创建自由式的曲线和曲面，并能将多个元素组合成超级特征（可以包含无限数量的曲线和曲面）。自由式曲面特征也称造型特征或样式特征，此类特征非常灵活，它们有其自己的内部父子关系，还可以与其他特征具有关系。在造型环境中通常进行如表 8-1 所示设计工作。

表 8-1 在造型环境中通常进行的设计工作

序 号	设 计 工 作
1	可在单视图和多视图环境中工作，多视图环境功能在 Creo Parametric 5.0 中功能非常强大，可同时显示 4 个模型视图并在其中操作
2	在零件级和装配级创建曲线和曲面
3	创建简单特征或超级特征
4	创建"曲面上的曲线（COS）"，这是一种位于曲面上的特殊类型的曲线
5	从边界创建曲面，或者从任意数量（两个或更多）的边界创建曲面
6	编辑特征中的单个几何图元或图元组合，可以使用"曲面编辑"工具修改曲面形状
7	创建"造型"特征的内部父子关系
8	创建"造型"特征和模型特征间的父子关系

进入零件设计模式，在功能区"模型"选项卡的"曲面"面板中单击"样式（造型）"按钮，

便进入造型设计环境，此时功能区显示"样式"选项卡，其中提供了造型特征的相关工具按钮。造型样式环境的工作界面如图 8-132 所示。

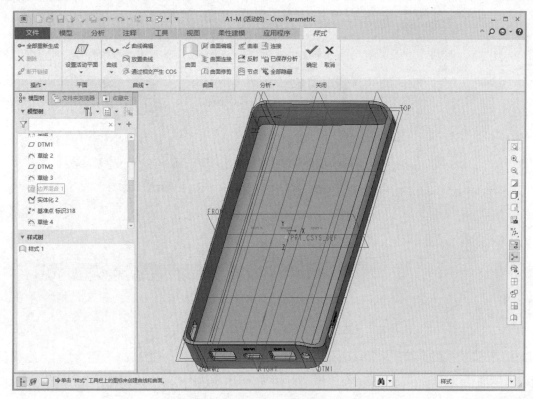

图 8-132 造型样式环境的工作界面

造型样式环境的图形工具栏中还专门提供了一些实用的图形辅助工具，如图 8-133 所示。默认状态下，图形工具栏位于工作窗口的顶部区域，用户也可以将图形工具栏设置显示在状态栏中或其他允许的位置，设置方法是在图形工具栏中右击，接着在弹出的快捷菜单中选择"位置"命令打开位置级联菜单，然后从中选中一个选项（可供选择的位置单选按钮包括"显示在顶部""显示在右侧""显示在底部""显示在左侧""显示在状态栏中""不显示"）即可。另外，在模型树的下方提供有一个样式树。

图 8-133 图形工具栏

在图形工具栏中选中"显示所有视图"按钮，则图形窗口被分割成 4 个视图，即俯视图、主视图、右视图和等轴/斜轴/用户定义的视图，如图 8-134 所示。取消选中"显示所有视图"按钮，则回到单视图显示模式。

在图形工具栏中单击"显示下一个视图"按钮，则会在图形窗口中全屏显示下一个视图（在俯视图、主视图、右视图、等轴/斜轴/用户定义的视图之间切换）。

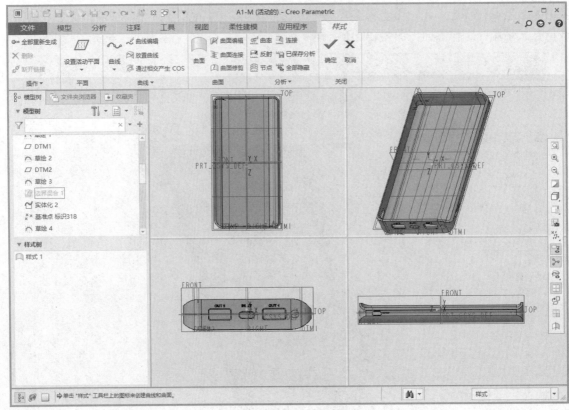

图 8-134　四视图布局的图形窗口

8.5.1　设置活动平面与创建内部基准平面

　　在造型环境中，活动基准平面是以网格形式显示的，如图 8-135 所示。如需重新设置活动基准平面，则在功能区"样式"选项卡的"平面"面板中单击"设置活动平面"按钮，然后选择一个基准平面或者平整的零件表面即可。

　　创建内部基准平面的方法也很简单，即在功能区"样式"选项卡的"平面"面板中单击"内部平面"按钮，弹出如图 8-136 所示的"基准平面"对话框。利用该对话框，选择参考对象并设置约束条件，便可以创建内部基准平面。

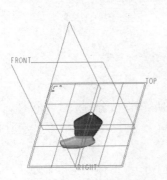

图 8-135　活动基准平面

图 8-136　"基准平面"对话框

技巧

设置好活动平面后，为了便于绘制造型曲线，可以在图形工具栏中单击"活动平面方向"按钮，以设置活动基准平面平行于屏幕来显示模型。

8.5.2 创建造型曲线

在造型曲面中，创建好的曲线是创建高质量曲面特征的关键。

造型曲线可由选定的曲线点来定义。曲线点可以分为自由点和约束点，其中约束点又可分为软点和硬点（固定点）。所谓的软点是指部分被约束的点，它可以在其父项曲线、曲面或边等对象上滑动；而硬点则是完全被约束的点，默认以十字叉丝"×"显示。

需要注意的是，曲线上的每一点都有自己的位置、切线和曲率，切线确定曲线穿过点的方向，而每一点上的曲率是曲线方向更改速度的度量。

下面介绍创建造型曲线的一般方法。

（1）在功能区"样式"选项卡的"曲线"面板单击"曲线"按钮，打开如图 8-137 所示的"造型：曲线"选项卡。

图 8-137 "造型：曲线"选项卡

（2）在"造型：曲线"选项卡中单击"创建自由曲线"按钮、"创建平面曲线"按钮或"创建曲面上的曲线（COS）"按钮，从而指定要创建的曲线的类型。

- ☑ （创建自由曲线）按钮：创建位于三维空间中的曲线，且不受任何几何图元约束。
- ☑ （创建平面曲线）按钮：创建位于指定平面上的曲线。
- ☑ （创建 COS）按钮：创建一条被约束于指定单一曲面上的"曲面上的曲线"，即在曲面上创建曲线，曲线点落在曲面上。

（3）定义曲线的点。

如果需要，可以单击选中"使用控制点编辑此曲线"按钮以使用控制点来定义曲线。

如果要设置曲线度，那么在"度"数值框中输入或选择一个值。

如果要针对自由或平面曲线创建对称曲线，那么可打开"参考"滑出面板，选中"对称曲线"复选框，激活"平面"收集器，选择一个基准平面以定义曲线的对称平面，必要时可以反转曲线方向。

如果在通过相对软点按比例移动自由点进行编辑过程中，需要保持曲线形状不变，那么需要在"造型：曲线"选项卡中打开"选项"滑出面板，接着选中"按比例更新"复选框。

（4）单击"造型：曲线"选项卡中的"完成"按钮。

例如，按照上述方法在功能区"样式"选项卡的"曲线"面板中单击"曲线"按钮，并在"造型：曲线"选项卡中单击"创建平面曲线"按钮，可创建如图 8-138 所示的平面曲线。又例如，使用类似的方法创建如图 8-139 所示的 COS。

注意

在定义曲线点时，按住 Shift 键并单击相应的对象，可以捕捉到所需的软点。

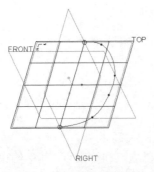

图 8-138 创建平面曲线

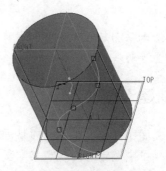

图 8-139 创建 COS

另外，还可以使用位于功能区"样式"选项卡的"曲线"面板中的"圆"按钮○来创建造型圆，还可以使用相应的"弧"按钮╮来创建造型圆弧。

在功能区"样式"选项卡的"曲线"面板中单击"圆"按钮○，打开"造型：圆"选项卡，如图 8-140 所示。单击"创建自由曲线"按钮～或"创建平面曲线"按钮╭来定义造型圆的类型；在╮（半径尺寸）框中输入或选择一个半径值；接着在图形窗口单击一点作为圆心，然后单击"造型：圆"选项卡中的"完成"按钮✓，便可创建造型圆。

图 8-140 "造型：圆"选项卡

在功能区"样式"选项卡的"曲线"面板中单击"弧"按钮╮，打开如图 8-141 所示的"造型：弧"选项卡。单击"创建自由曲线"按钮～或"创建平面曲线"按钮╭来定义造型圆弧的类型；接着输入半径值、起点角度和终点角度；然后在图形窗口单击一点作为弧的中心，单击"造型：弧"选项卡中的"完成"按钮✓，便可完成创建造型圆弧。

图 8-141 "造型：弧"选项卡

8.5.3 曲线编辑

创建好造型曲线后，在功能区"样式"选项卡的"曲线"面板中单击"曲线编辑"按钮☟，可以对选定的造型曲线进行编辑，以获得更好的造型曲线。

单击"曲线"面板中的"曲线编辑"按钮☟，打开如图 8-142 所示的"造型：曲线编辑"选项卡。在选择要编辑的曲线后，便可以对该曲线上的指定自由点、软点进行拖动编辑；还可以事先在"点"滑出面板上，从"点移动"选项组的"拖动"下拉列表框中选择一个选项来设定拖动操作的约束，如图 8-143 所示；另外，还可以从"延伸"下拉列表框中选择一个选项来设置曲线的延伸类型，如图 8-144 所示。

图 8-142 "造型：曲线编辑"选项卡

图 8-143 设置点拖动选项

图 8-144 设置曲线延伸类型

利用"造型：曲线编辑"选项卡，可以改变曲线类型。例如，可以将自由曲线更改为平面曲线，也可以将平面曲线更改为自由曲线，但是无法直接将自由曲线和平面曲线更改为曲面上的曲线（COS）。

利用"造型：曲线编辑"选项卡，还可以修改曲线点的坐标值或其他位置参数、设置相切约束条件、重新设置平面参照等。在图 8-145 所示的示例中，曲线的端点 1 的软点类型默认为"自平面偏移"，其偏移值约为 217.95，设置其第一相切约束选项为"法向"，法向的参考平面为 RIGHT 基准平面。

图 8-145 修改点和相切的约束条件

8.5.4　放置曲线

旋转曲线即通过投影创建 COS，下在以一个简单范例讲解放置曲线的操作方法，如图 8-146 所示。

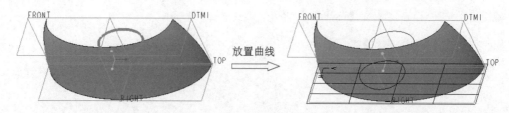

图 8-146　放置曲线

（1）进入造型设计环境，在功能区"样式"选项卡的"曲线"面板中单击"放置曲线"按钮，打开如图 8-147 所示的"造型：放置曲线"选项卡。

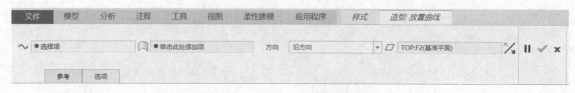

图 8-147　"造型：放置曲线"选项卡

（2）选择曲线，如图 8-148 所示（可按住 **Ctrl** 键实现多选）。

（3）在（曲面）收集器中单击将其激活，接着选择所需的曲面。

（4）在"造型：放置曲线"选项卡的"方向"下拉列表框中选择"沿方向"选项，单击激活（平面方向）收集器，然后选择 FRONT 基准平面。

（5）单击"造型：放置曲线"选项卡中的"完成"按钮，完成的 COS 如图 8-149 所示。

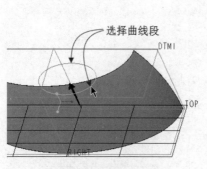

图 8-148　选择曲线

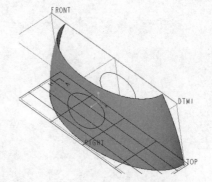

图 8-149　放置曲线效果：通过投影创建 COS

8.5.5　创建造型曲面

在造型设计环境中，利用功能区"样式"选项卡的"曲面"面板中的"曲面"按钮，可以创建形状复杂的造型曲面，如放样曲面、扫描曲面和边界曲面。

1. 放样造型曲面

放样造型曲面是由指向同一个方向的一组非相交曲线创建而成的,下面以一个简单范例说明。

(1)在造型设计环境下,在功能区"样式"选项卡的"曲面"面板中单击"曲面"按钮📖,打开如图 8-150 所示的"造型:曲面"选项卡。

图 8-150   "造型:曲面"选项卡

(2)按住 Ctrl 键依次选择如图 8-151 所示的曲线 1、曲线 2 和曲线 3。

(3)单击"完成"按钮✔,创建放样造型曲面如图 8-152 所示。

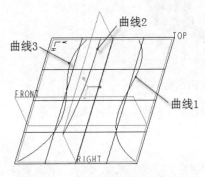

图 8-151   选择一组非相交的曲线

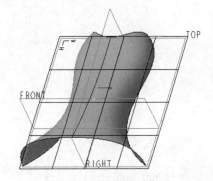

图 8-152   放样造型曲面

2. 扫描造型曲面

扫描造型曲面是由两个元素来创建的,其中一个是轨迹(指导扫描的一条或多条曲线),另一个是横截面扫描轮廓(沿轨迹扫描的一条或多条曲线)。扫描造型曲面有以下两种类型。

☑   轮廓与轨迹相交:可使用一个或两个轨迹,同时可使用任意类型的一个或多个横截面曲线,示例如图 8-153 所示。

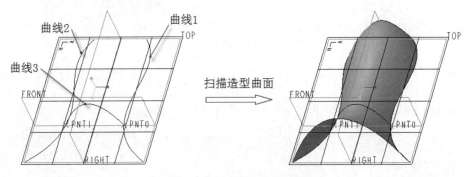

图 8-153   创建扫描造型曲面示例

☑   轮廓不与轨迹相交:仅有可用的一个轨迹,而横截面曲线可使用一个或多个,但横截面曲线必须在平面上并且其所在的平面必须与轨迹相交。

下面以图 8-153 所示为例，说明该扫描造型曲面的创建步骤。

（1）在造型设计环境下，在功能区"样式"选项卡的"曲面"面板中单击"曲面"按钮 📖，打开"造型：曲面"选项卡。

（2）选择曲线 1，接着按住 Ctrl 键并选择曲线 2，所选的两条曲线将作为主曲线。

（3）单击激活 📖（交叉曲线，也称跨链参考）收集器，然后选择曲线 3。

（4）打开"选项"滑出面板，选中"径向"和"统一"复选框，如图 8-154 所示。

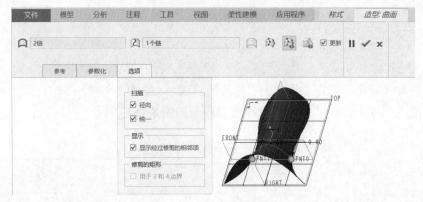

图 8-154 "选项"滑出面板

（5）在"造型：曲面"选项卡中单击"完成"按钮 ✔，完成创建扫描造型曲面。

3．边界造型曲面

边界造型曲面是由端点依次相连的 4 条或者 3 条曲线（边链）来定义的。下面以图 8-155 所示为例，说明在造型环境中创建边界造型曲面的一般步骤。

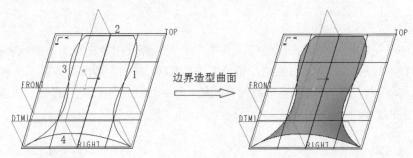

图 8-155 创建边界造型曲面

（1）在造型环境中，在功能区"样式"选项卡的"曲面"面板中单击"曲面"按钮 📖，打开"造型：曲面"选项卡。

（2）按住 Ctrl 键并依次选择曲线 1、曲线 2、曲线 3 和曲线 4。

（3）单击"造型：曲面"选项卡中的"完成"按钮 ✔，完成创建边界造型曲面。

8.5.6 曲面连接

在造型环境中，利用功能区"样式"选项卡的"曲面"面板中的"曲面连接"按钮 ≣，可以将两个相关曲面以适当的方式连接起来。

曲面连接使用主从概念（基于父项和子项的概念），主曲面形状不变，从曲面则会改变形状来拟合与主曲面过渡的部分。在 Creo Parametric 5.0 中，曲面连接主要有如下几种形式。

☑　位置（G0）：曲面共用一个公共边界，但是没有沿边界共用的切线或曲率。
☑　相切（G1）：曲面共用一个公共边界，两个曲面在沿边界的各点彼此相切。在"相切"连接的情况下，曲面约束遵循父项和子项的概念。当父项曲面改变其形状时，子项曲面会改变其形状以维持与父项的相切。"相切"连接也称"切线"连接。
☑　曲率（G2）：曲面沿边界相切连续，并且沿公共边界曲率相同。在"曲率"连接的情况下，曲面约束遵循父项和子项的概念。当父项曲面改变其形状时，子项曲面会改变其形状以维持与父项的曲率连续性。
☑　加速度（G3）：曲面沿边界相切连续，其沿公共边界的曲率相同且曲率变化量相同。
☑　法向：支持连接的边界曲线是平面曲线，而所有与边界相交的曲线的切线都垂直于此边界所在平面。
☑　拔模：所有相交边界曲线都具有相对于边界与参照平面或曲面成相同角度的拔模曲线连接。

8.5.7　曲面修剪

在造型设计环境功能区"样式"选项卡中，在"曲面"面板中单击"曲面修剪"按钮，可以通过指定一组曲线来修剪曲面或面组。下面以一个简单范例说明曲面修剪的操作方法。

（1）在造型设计环境中，在功能区"样式"选项卡的"曲面"面板中单击"曲面修剪"按钮，打开如图 8-156 所示的"造型：曲面修剪"选项卡。

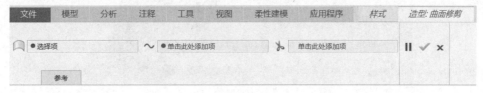

图 8-156　"造型：曲面修剪"选项卡

（2）选择要修剪的曲面，如图 8-157 所示。
（3）单击激活~（曲线）收集器，选择曲线 1 作为用于修剪面组的曲线。
（4）单击激活（修剪）收集器，然后单击如图 8-158 所示的曲面部分作为要删除的曲面部分。

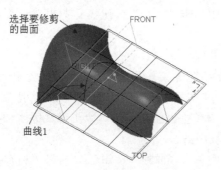

图 8-157　选择要修剪的曲面

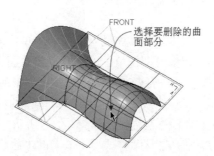

图 8-158　选择要删除的曲面部分

技巧

在本例中，可以使用鼠标中键来进行操作，例如在选择要修剪的曲面后，单击鼠标中键确认，则系统会自动激活"曲线"收集器，再选择用于修剪面组的曲线，单击鼠标中键又可快速切换到下一个收集器被自动激活的状态，选择要删除的曲面部分。造型特征的其他一些工具也有类似地使用鼠标中键的技巧。

（5）单击"造型：曲面修剪"选项卡中的"完成"按钮，修剪结果如图 8-159 所示。

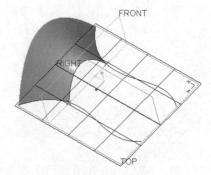

图 8-159　修剪结果

8.5.8　综合范例——杯子造型建模

学习目的：通过创建造型曲线、造型曲面，以及进行曲面连接等操作，让读者深刻体会造型建模的思路和方法。

本节综合范例要完成一个杯子的曲面造型，其具体的操作步骤如下。

1. 创建两条 COS 曲线

（1）在"快速访问"工具栏中单击"打开"按钮，弹出"文件打开"对话框，接着打开本书配套资源中的\CH8\creo_m8_zxqm.prt 文件，文件中的原始曲面和基准点如图 8-160 所示。

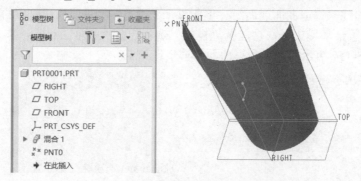

图 8-160　原始模型（曲面和基准点）

（2）在功能区"模型"选项卡的"曲面"面板中单击"样式（造型）"按钮，打开"样式"选项卡，即进入造型设计环境。

（3）在功能区"样式"选项卡的"曲线"面板中单击"曲线"按钮，打开"造型：曲线"选项卡。

（4）在"造型：曲线"选项卡中单击 COS 按钮。

（5）调整模型视角，以更好地在曲面上创建造型曲线。在曲面上依次选择点 A 和点 B，由这两个点创建一条 COS 曲线，如图 8-161 所示。单击"造型：曲线"选项卡中的"完成"按钮。

（6）在功能区"样式"选项卡的"曲线"面板中单击"曲线编辑"按钮，按住 Shift 键将点 A 拖至曲面的上边界，如图 8-162 所示，单击鼠标中键。

（7）在功能区"样式"选项卡的"曲线"面板中单击"曲线"按钮，打开"造型：曲线"选项卡，并单击 COS 按钮。

（8）按住 Shift 键，选择点 B 和竖边界上的一点 C，选择的软点以圆显示，如图 8-163 所示。

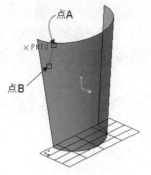

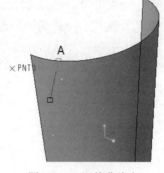

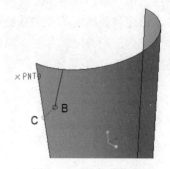

| 图 8-161 在曲面上选定两点 | 图 8-162 调整曲线点 | 图 8-163 选择曲线点 |

（9）单击"造型：曲线"选项卡中的"完成"按钮✔，完成在曲面上建立两条曲线（COS）。

2. 创建两条自由曲线

（1）在功能区"样式"选项卡的"曲线"面板中单击"曲线"按钮∿，打开"造型：曲线"选项卡。接着单击"创建自由曲线"按钮∿，从而设置要创建的曲线类型为"自由曲线"。

（2）按住 Shift 键，分别选择点 A 和基准点 PNT0，单击鼠标中键。

（3）按住 Shift 键，分别选择点 C 和基准点 PNT0，单击鼠标中键。

（4）单击"造型：曲线"选项卡中的"完成"按钮✔。至此，4 条曲线已经初步建立，如图 8-164 所示。必要时，可以对曲线进行编辑检查。

3. 创建造型曲面

（1）在功能区"样式"选项卡的"曲面"面板中单击"曲面"按钮▱，打开"造型：曲面"选项卡。

（2）按住 Ctrl 键，依次选择 4 条造型曲线作为造型曲面的主边界曲线，如图 8-165 所示。

（3）单击"造型：曲面"选项卡中的"完成"按钮✔，创建的造型曲面如图 8-166 所示。

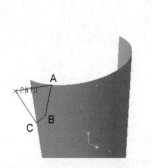

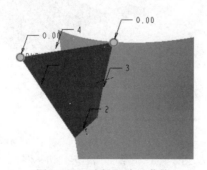

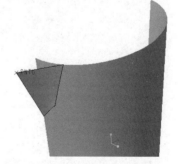

| 图 8-164 初步建立的 4 条曲线 | 图 8-165 选择主边界曲线 | 图 8-166 创建的造型曲面 |

4. 设置造型曲面的边界相切条件

（1）在功能区"样式"选项卡的"曲线"面板中单击"曲线编辑"按钮∿，打开"造型：曲线编辑"选项卡。

（2）选择如图 8-167 所示的边界曲线。打开"相切"滑出面板。接着单击该边界曲线上的 A 点，在"相切"滑出面板的"约束"选项组中，设置其第一相切约束选项为"G1-曲面相切"。单击该边界曲线上的 PNT0 处的端点，设置其第一相切约束选项为"法向"，选择 FRONT 基准平面作为法向参照，并在"属性"选项组中选中"固定长度"单选按钮，选中"长度"复选框，并设置该长度值为 10。

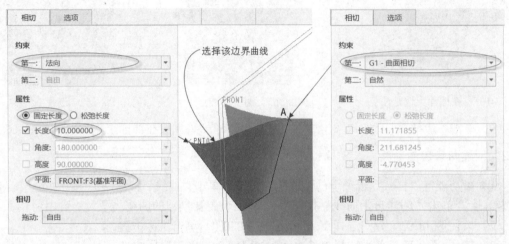

图 8-167　设置曲面边界相切条件 1

（3）选择如图 8-168 所示的边界曲线。打开"相切"滑出面板。接着单击该边界曲线上的 C 点，在"相切"滑出面板的"约束"选项组中，设置其第一相切约束选项为"G1-曲面相切"。单击该边界曲线上 PNT0 处的端点，设置其第一相切约束选项为"竖直"，并设置其松弛长度等参数。

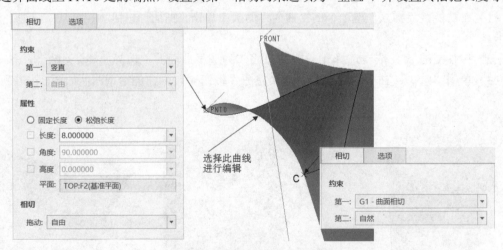

图 8-168　设置曲面边界相切条件 2

（4）单击"造型：曲线编辑"选项卡中的"完成"按钮✔。

5.　曲面连接

（1）在功能区"样式"选项卡的"曲面"面板中单击"曲面连接"按钮，打开如图 8-169 所示的"造型：曲面连接"选项卡。

图 8-169　"造型：曲面连接"选项卡

（2）按住 Ctrl 键，依次选择已创建的造型曲面和原始曲面，此时默认的曲面连接如图 8-170 所示。

（3）在模型中分别单击虚线段以切换连接类型为"G1-相切"，亦可通过右击连接符号并从弹出的快捷菜单中选中"G1-相切"选项以切换连接类型，如图 8-171 所示。

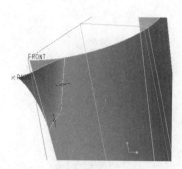

图 8-170　默认的曲面连接

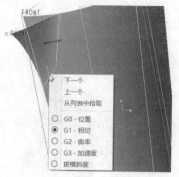

图 8-171　切换曲面连接类型

（4）单击"造型：曲面连接"选项卡中的"完成"按钮✔。

6. 曲面修剪

（1）在功能区"样式"选项卡的"曲面"面板中单击"曲面修剪"按钮📖，打开"造型：曲面修剪"选项卡。

（2）选择原始曲面作为要修剪的曲面，单击鼠标中键确认。

（3）"造型：曲面修剪"选项卡中的～（曲线）收集器被激活，按住 Ctrl 键并选择两条 COS 曲线，如图 8-172 所示，单击鼠标中键确认。

（4）在如图 8-173 所示的位置单击，指定要删除的曲面部分。

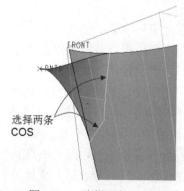

图 8-172　选择两条 COS

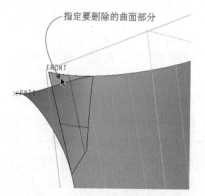

图 8-173　单击要删除的曲面部分

（5）单击"造型：曲面修剪"选项卡中的"完成"按钮✔。

⚠️ **注意**

进行曲面修剪时，选择两条 COS 后，如果系统提示"曲线未形成用于修剪的环"，那么需要对两条 COS 的相交点进行放大检查，并使用"曲线编辑"按钮 ，拖动要修改的 COS 的软点，并捕捉到另一条 COS 的端点处。

7. 完成造型曲面

（1）在造型设计环境中，在功能区"样式"选项卡的"关闭"面板中单击"完成"按钮✔，此时的曲面模型效果如图 8-174 所示。

（2）在"选择"过滤器的下拉列表框中选择"面组"，在图形窗口的曲面模型中任意单击，接着在功能区"模型"选项卡的"编辑"面板中单击"镜像"按钮，并选择 FRONT 基准平面作为镜像平面，在"镜像"选项卡中单击"完成"按钮✔，镜像结果如图 8-175 所示。

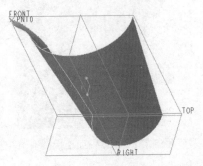

图 8-174　未完成的造型曲面模型

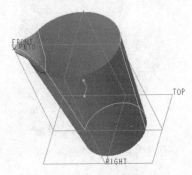

图 8-175　镜像结果

（3）以连接的方式合并曲面。选择原始造型曲面，再按住 Ctrl 键选择镜像操作得到的曲面，在功能区"模型"选项卡的"编辑"面板中单击"合并"按钮，打开"合并"选项卡，打开"选项"滑出面板，从中选中"联接"单选按钮，然后单击"完成"按钮✔。

至此，完成本造型曲面综合范例的操作。

8.6　自由式曲面设计

Creo Parametric 5.0 提供了一个自由式建模环境，该建模环境提供了使用多边形控制网格快速简单地创建光滑且正确定义的 B 样条曲面的命令，用户可以操控并以递归方式分解控制网格的面、边或顶点来创建新的顶点和面。系统基于附近的旧顶点位置来计算新顶点在控制网格中的位置，通常在此过程会生成一个比原始网格更密的控制网格。合成几何称为自由式曲面，而控制网格上的面、边或顶点称为网格元素，所述的自由式曲面及其所有参考就构成了自由式特征。

要创建自由式特征，则在功能区"模型"选项卡的"曲面"面板中单击"自由式"按钮，打开如图 8-176 所示的"自由式"选项卡。此时，在"操作"面板中可以打开"形状"下拉列表（含开放基元和封闭基元的库），如图 8-177 所示。从相应库中单击开放基元或封闭基元，则系统会在图形窗口中以带控制网格形式显示它，接着单击控制网格以显示拖动器，可以根据设计目的在控制网格上选择所需的网格元素，并使用拖动器或"控制""创建""皱褶""对称"等面板中的相应命令来操控控制网格。其中，"控制"面板用于操控或缩放控制网格以创建自由式曲面（使用拖动器也可执行这些常见操作）；"创建"面板用于对自由式曲面进行拓扑更改；"皱褶"面板用于将硬皱褶或软皱褶应用到网格元素；"对称"面板则用于镜像自由式曲面。

图 8-176 "自由式"选项卡

例如，在"操作"面板中打开"形状"下拉列表，从"封闭基元"库中单击"选取球形初始形状"基元 ⬤，则图形窗口中出现如图 8-178 所示的球形初始曲面，并附有锁定到参考坐标系的控制网格。

此时，可以选择控制网格的某一个顶点、某一条边或某一个面。如图 8-179 所示，选择控制网格中的一个面，此时显示 3D 拖动器，且"自由式"选项卡的"操作""创建""皱褶""对称"面板中的相关按钮和选项变为可用状态，可以根据设计要求在"自由式"选项卡的相关面板中进行相应操作。这里不妨单击"控制"面板中的"变换"按钮 🔧，按住 3D 拖动器的一个轴沿着轴向拖动，效果如图 8-180 所示。

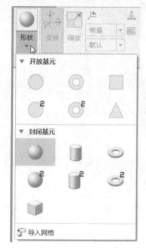

图 8-177 "形状"下拉列表

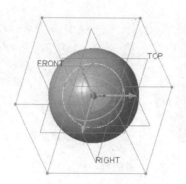

图 8-178 使用选定的一个基元

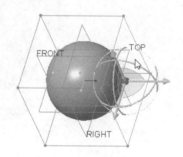

图 8-179 选择控制网格的一个面

接着选择 3D 拖动器中的一个圆并绕其轴线旋转以旋转选定的控制网格，效果如图 8-181 所示。

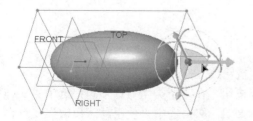

图 8-180 使用 3D 拖动器沿轴线拖动面

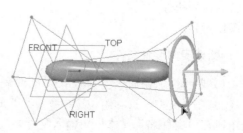

图 8-181 旋转选定的控制网格

继续选择最右侧的面，在"创建"面板中单击"拉伸"按钮📄，拉伸选定面的效果如图 8-182所示。此时在图形窗口的空白区域单击鼠标中键，则重复拉伸选定面的操作，完成的自由式特征如图 8-183 所示。

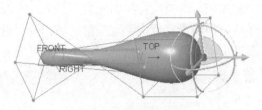

图 8-182　拉伸选定的面

最后在"自由式"选项卡中单击✔（确定）按钮，完成的自由式特征如图 8-184 所示。

图 8-183　重复拉伸选定的面

图 8-184　完成的自由式特征

8.7　综合范例——容器瓶曲面设计

学习目的：

本节综合范例将讲解如何进行一款容器瓶的曲面设计，完成效果如图 8-185 所示。

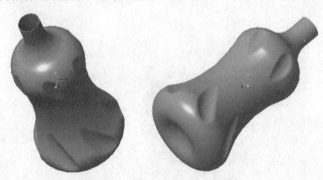

图 8-185　完成的容器瓶曲面效果

重点难点：

☑　创建旋转曲面、扫描曲面

☑　曲面阵列与合并

☑　曲面的综合利用

操作步骤：

1．新建实体零件文件

（1）在"快速访问"工具栏中单击"新建"按钮🗋，打开"新建"对话框。

（2）在"类型"选项组中选中"零件"单选按钮，在"子类型"选项组中选中"实体"单选按钮，在"文件名"文本框中输入文件名 creo_8_fl，取消选中"使用默认模板"复选框，单击"确定"按钮，系统弹出"新文件选项"对话框。

（3）在"模板"选项组中选择 mmns_part_solid，然后单击"确定"按钮，进入"零件"模块的设计界面。

2. 创建旋转曲面

（1）在功能区"模型"选项卡的"形状"面板中单击"旋转"按钮 ❖，打开"旋转"选项卡，接着单击"曲面"按钮 ▢。

（2）选择 FRONT 基准平面作为草绘平面，进入草绘模式。

（3）绘制旋转剖面，注意务必在旋转剖面中添加一条定义旋转轴的几何中心线，如图 8-186 所示。单击"确定"按钮 ✔，完成草绘并退出草绘模式。

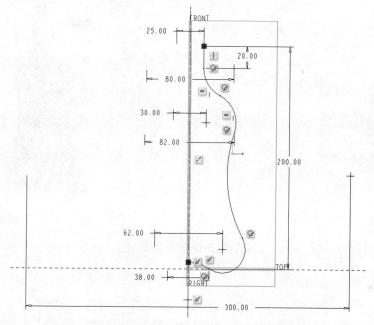

图 8-186 绘制旋转剖面（含一条用作旋转轴的几何中心线）

（4）接受默认的旋转角度为 360°，在"旋转"选项卡中单击"完成"按钮 ✔，创建的旋转曲面如图 8-187 所示。

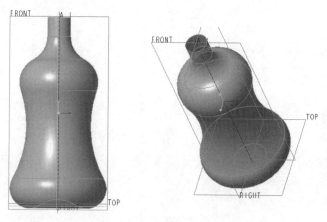

图 8-187 创建旋转曲面

3. 创建基准平面

（1）单击"基准平面"按钮 ⬜，打开"基准平面"对话框。

（2）选择 FRONT 基准平面作为偏移参考，输入平移距离为 50，如图 8-188 所示。

（3）在"基准平面"对话框中单击"确定"按钮，完成创建 DTM1 基准平面。

4. 草绘曲线

（1）当 DTM1 基准平面处于被选中状态时，单击"草绘"按钮 〰，快速进入草绘模式。

（2）绘制如图 8-189 所示的圆弧组合曲线。

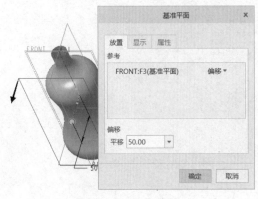

图 8-188　创建基准平面

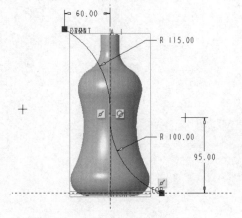

图 8-189　绘制圆弧组合曲线

（3）单击"确定"按钮 ✓，完成草绘并退出草绘模式。

5. 创建扫描曲面

（1）在功能区"模型"选项卡的"形状"面板中单击"扫描"按钮 🪹，打开"扫描"选项卡。默认将选定的草绘曲线作为扫描轨迹，如果默认的扫描轨迹的起点箭头方向如图 8-190 所示，那么可以通过在图形窗口中单击箭头以切换其起点箭头方向，如图 8-191 所示。

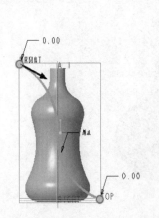

图 8-190　默认的扫描轨迹起点方向

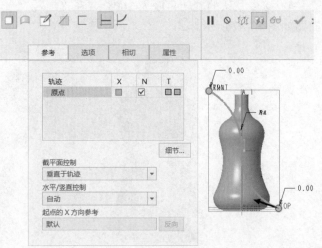

图 8-191　切换起点箭头方向

（2）在"扫描"选项卡中单击"曲面"按钮◎和"恒定草绘"┗，截平面控制选项为"垂直于轨迹"选项。

（3）在"扫描"选项卡中单击"创建或编辑扫描截面"按钮☑，绘制如图 8-192 所示的图形，单击"确定"按钮✔。

（4）在"扫描"选项卡中单击"完成"按钮✔，完成的扫描曲面如图 8-193 所示。

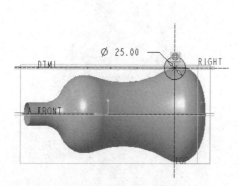

图 8-192 绘制扫描截面

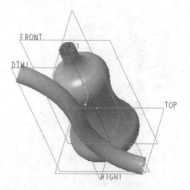

图 8-193 完成扫描曲面

6. 阵列操作

（1）在模型树上选中扫描曲面特征，单击"阵列"按钮▦，打开"阵列"选项卡。

（2）在"阵列"选项卡的阵列类型下拉列表框中选择"轴"选项，在图形窗口中选择中心特征轴 A_1；接着在选项卡中单击"设置阵列的角度范围"按钮◢，并设置阵列的角度范围为360°，然后输入第一方向的阵列成员数为 6，如图 8-194 所示。

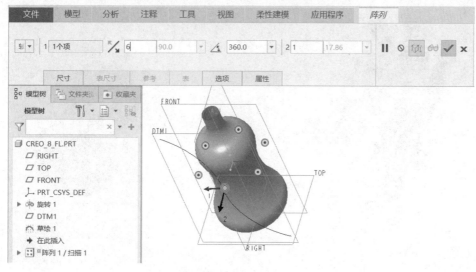

图 8-194 定义轴阵列

（3）在"阵列"选项卡中单击"完成"按钮✔。

7. 曲面合并

（1）在"选择"过滤器下拉列表框中选择"面组"选项，在图形窗口中选择如图 8-195 所示的一个曲面，按住 Ctrl 键的同时单击旋转曲面。

（2）单击"合并"按钮🔲，打开"合并"选项卡。

（3）单击"改变要保留的第二面组的侧"按钮，使要保留的面组侧如图 8-196 所示。

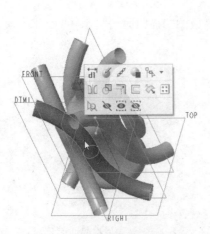

图 8-195　选择一个扫描曲面

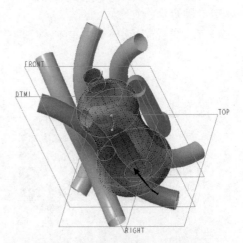

图 8-196　设置要保留的面组侧

（4）单击"完成"按钮✔，第一次合并的结果如图 8-197 所示。

（5）使用同样的方法，继续合并其他面组。在合并过程中注意单击"改变要保留的第一面组的侧"按钮和"改变要保留的第二面组的侧"按钮以设置相应的要保留的面组侧。合并面组的最终结果如图 8-198 所示。

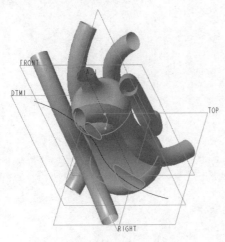

图 8-197　第一次合并结果

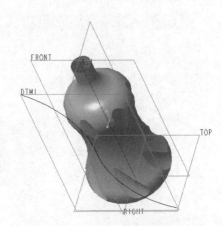

图 8-198　合并结果

8. 倒圆角

（1）单击"倒圆角"按钮，打开"倒圆角"选项卡。

（2）在"倒圆角"选项卡中输入半径值为 5。

（3）结合 Ctrl 键选择所需的边参考，如图 8-199 所示。

（4）单击"完成"按钮✔。

9. 创建加厚特征

（1）选择面组，单击"加厚"按钮◰，打开"加厚"选项卡。

（2）输入加厚厚度为 0.6，单击"完成"按钮✔，完成效果如图 8-200 所示。

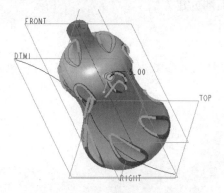

图 8-199　选择倒圆角所需的边参考

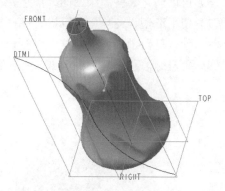

图 8-200　加厚曲面

10. 隐藏曲线

在模型树中单击"草绘 1"特征，接着从出现的浮动工具栏中单击"隐藏"按钮◥。也可以在功能区"视图"选项卡的"可见性"面板中单击"层"按钮◳以打开层树，通过图层的方式设置隐藏曲线，并可保存图层状态。

最终获得的模型效果如图 8-201 所示。

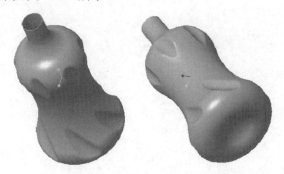

图 8-201　完成的容器瓶模型效果

案例总结

本案例介绍了一款容器瓶的曲面设计过程，涉及的主要知识点包括创建旋转曲面、创建扫描曲面、曲面阵列、曲面合并、曲面加厚等。认真学习本案例，有助于深刻体会曲面设计的一般思路。

8.8　思考与上机练习

（1）基本曲面包括哪些？如何创建它们？

（2）什么是填充曲面？如何创建填充曲面？

（3）如何创建边界混合曲面？举例进行说明。

（4）曲面实体化有哪几种方式？它们分别用在什么场合？

（5）如何在曲面上创建投影曲线？

（6）可以创建哪些高级曲面？简述几种高级曲面的创建方法。

（7）使用造型设计环境可以进行哪些设计？

（8）什么是自由式特征？举例进行说明。

（9）上机练习：创建如图 8-202 所示的瓶子，具体尺寸参数由读者自行设定。

图 8-202　上机练习：瓶子

提示

参考本章综合范例介绍的方法和步骤。

第9章 修饰特征

本章导读

　　对于零件上的商标、标识符号、功能说明、螺纹示意等，可以采用修饰特征来表示。本章重点介绍在实际设计中经常应用到的修饰特征，如修饰草绘特征、修饰螺纹特征等。

9.1　修饰草绘特征

　　可以在规则平整的零件面上创建修饰草绘特征，也可以在非规则（非平整）的零件曲面上创建投影修饰草绘特征。

9.1.1　在规则截面上创建修饰草绘特征

　　执行"修饰草绘"命令，可以将商标、文字符号等内容放置到零件实体的平整表面（平面）上。操作方法很简单，即在功能区"模型"选项卡的"工程"滑出面板中选择"修饰草绘"命令，打开如图9-1所示的"修饰草绘"对话框，接着指定草绘平面、草绘方向等，进入草绘模式，绘制一个所需的图形，然后单击"确定"按钮✔即可。

图9-1　"修饰草绘"对话框

　　下面是一个创建修饰草绘特征的操作范例，要求在一个U盘产品平整表面上标识出客制图案。
　　（1）在"快速访问"工具栏中单击"打开"按钮📂，弹出"文件打开"对话框，选择

\CH9\bccreo_9_1a.prt，单击"打开"按钮，文件中的原始模型如图 9-2 所示。

（2）在功能区"模型"选项卡的"工程"滑出面板中选择"修饰草绘"命令，弹出"修饰草绘"对话框，在 U 盘产品的如图 9-3 所示的一个平整表面上单击以指定该面为草绘平面，默认以 RIGHT 基准平面为"右"方向参考，单击"草绘"按钮，进入草绘模式，此时功能区出现"草绘"选项卡。

图 9-2　原始模型（U 盘金属外壳）　　　　图 9-3　指定修饰草绘的草绘平面

（3）单击"文本"按钮 A，创建如图 9-4 所示的文本。利用"文本"对话框输入文本，选择字体，设置长宽比、斜角、间距等参数，接着单击"文本"对话框中的"确定"按钮，然后修改尺寸。

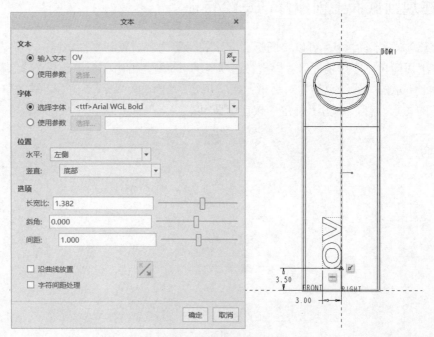

图 9-4　创建文本

（4）在功能区"草绘"选项卡中单击"确定"按钮 ✔，完成创建的修饰草绘特征如图 9-5

所示。

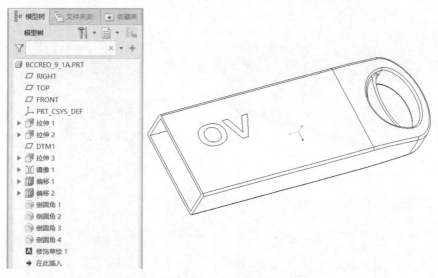

图 9-5 在金属外壳上创建修饰草绘特征

9.1.2 创建投影修饰草绘特征

要在不是平面形式的曲面上标识出图形、文本信息，如图 9-6 所示，那么可以使用"投影"工具的"投影修饰草绘"选项来完成。

图 9-6 创建投影修饰草绘特征的典型示例

下面练习在产品外壳上创建投影修饰草绘特征，用以表示喷涂或镭雕在零件表面上的标识信息。本练习范例采用的零件是一个 U 盘的外壳，要求在该外壳的表面上注写上"BOCH""128GB"的字样。完成的效果如图 9-7 所示。

操作步骤如下。

（1）打开本书配套资源中的\CH9\bccreo_9_1b.prt，文件中的原始实体模型如图 9-8 所示。

（2）在功能区"模型"选项卡的"编辑"面板中单击"投影"按钮📏，打开"投影曲线"选项卡，接着打开"参考"滑出面板，在下拉列表框中选择"投影修饰草绘"选项，如图 9-9 所示。

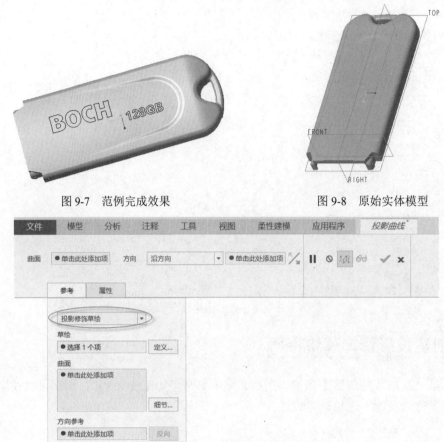

图 9-7　范例完成效果　　　　　　　　图 9-8　原始实体模型

图 9-9　在"投影曲线"选项卡设置选项

（3）在"参考"滑出面板的"草绘"收集器旁单击"定义"按钮，弹出"草绘"对话框，选择 TOP 基准平面作为草绘平面，以 RIGHT 基准平面为"右"方向参考，如图 9-10 所示，然后单击对话框中的"草绘"按钮，进入草绘模式。

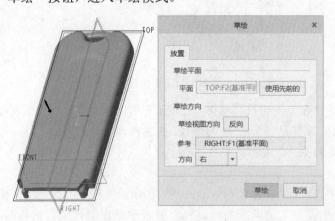

图 9-10　指定草绘平面等

（4）单击"文本"按钮，绘制如图 9-11 所示的文本，其中文本 BOCH 选择字体 Shannon Extra

Bold，文本 128GB 选择字体 Univers OTS Bold。

（5）修改好相关尺寸后，单击"确定"按钮。

（6）选择一组曲面以将曲线投影到其上。按住 Ctrl 键选择如图 9-12 所示的多个曲面，作为放置投影修饰草绘特征的曲面。

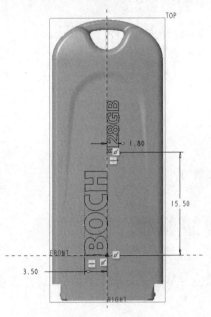

图 9-11　绘制文本

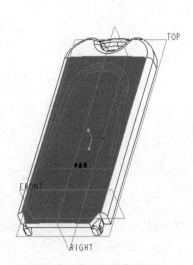

图 9-12　选择曲面

（7）在"投影曲线"选项卡的"方向"下拉列表框中选择"沿方向"或"垂直于曲面"选项。如果选择"沿方向"选项，那么还需要利用提供的"方向参考"收集器来指定方向参考。在本例中选择"沿方向"选项，此时在"方向参考"收集器的框内单击将其激活，在图形窗口中选择 TOP 基准平面作为投影的方向参考，如图 9-13 所示。

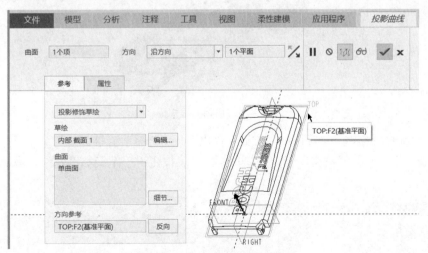

图 9-13　设置方向选项及方向参考

（8）在"投影曲线"选项卡中单击"完成"按钮，完成投影修饰草绘特征的创建，按 Ctrl+D

快捷键以默认的标准方向视角显示模型，效果如图 9-14 所示。

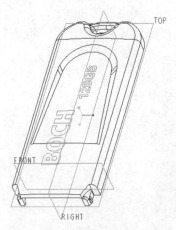

图 9-14　创建修饰草绘特征

9.2　修饰螺纹特征

为了简化设计，可以用修饰螺纹特征来表示螺纹直径等信息。创建修饰螺纹特征，需要选择螺纹曲面、螺纹起始曲面，定义方向、螺纹长度、主直径和注释参数。

下面通过一个简单范例来介绍修饰螺纹特征的创建方法。

（1）打开本书配套资源中的\CH9\bccreo_9_2.prt 文件，原始三维模型如图 9-15 所示。

图 9-15　原始三维模型

（2）在功能区"模型"选项卡的"工程"滑出面板中选择"修饰螺纹"命令，打开如图 9-16 所示的"螺纹"选项卡。按钮用于定义简单螺纹，按钮用于定义标准螺纹，本例选择"标准螺纹"图标。

图 9-16　"螺纹"选项卡

（3）此时打开"放置"滑出面板，可以看到唯一的"螺纹曲面"收集器处于激活状态，且状态栏提示选择一个曲面来放置螺纹。本例选择如图 9-17 所示的圆柱曲面作为螺纹曲面。

（4）打开"深度"滑出面板，可以看到"螺纹起始自"收集器被激活并提示用户"选择平面、曲面或面组，以指定螺纹的起始位置"。本例选择如图 9-18 所示的端面作为螺纹的起始曲面。

图 9-17　选择螺纹曲面

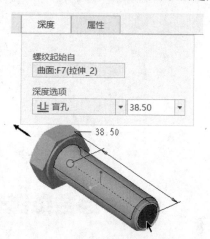

图 9-18　选择螺纹的起始曲面

（5）在"螺钉尺寸"下拉列表框内选择"M12×1.5"，从"深度选项"下拉列表框中选择"盲孔"选项，设置深度尺寸为 35。

⚠ **注意**

此时在"螺纹"选项卡中打开"属性"滑出面板，如图 9-19 所示，其中提供了一个用于显示当前螺纹参数信息的表格，可以进行保存和打开操作。

图 9-19　"属性"滑出面板

（6）在"螺纹"选项卡中单击"完成"按钮，如图 9-20 所示。

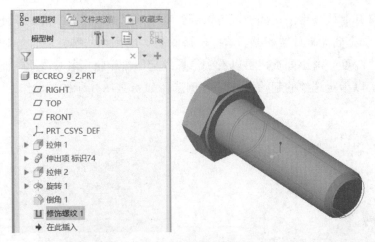

图 9-20　完成创建修饰螺纹特征

9.3　综合范例——创建象棋实体模型

学习目的：

本章综合范例将练习创建象棋的三维模型。首先使用"旋转"工具创建象棋三维模型，接着在象棋模型的正顶面创建规则的修饰草绘特征，然后在侧面创建投影修饰草绘特征。在创建投影修饰草绘特征时，注意创建合适的草绘平面。

完成的三维模型效果如图 9-21 所示。

重点难点：

☑　创建规则的修饰草绘特征

☑　创建投影修饰草绘特征

图 9-21　完成的象棋模型

操作步骤：

1．新建零件文件

（1）在"快速访问"工具栏中单击"新建"按钮，打开"新建"对话框。

（2）在"类型"选项组中选中"零件"单选按钮，在"子类型"选项组中选中"实体"单选按钮，在"文件名"文本框中输入文件名为 bccreo_9_3，取消选中"使用默认模板"复选框以取消使用默认模板，单击"确定"按钮。

（3）系统弹出"新文件选项"对话框，在"模板"选项组中选择 mmns_part_solid，单击"确定"按钮，进入零件设计模式。

2．以旋转方式创建象棋模型

（1）在功能区"模型"选项卡的"形状"面板中单击"旋转"按钮，打开"旋转"选项卡。

（2）选择 FRONT 基准平面作为草绘平面，绘制如图 9-22 所示的封闭图形（含有一个半椭圆弧,图中已经单击"着色封闭环"按钮以对草绘图元的封闭链内部着色,用以诊断草绘图形是否形成封闭环)和几何中心线。单击"确定"按钮,完成草绘并退出草绘模式。

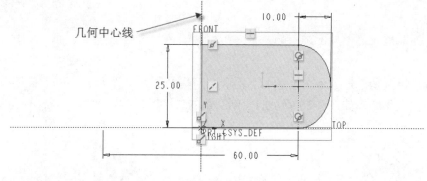

图 9-22　绘制草绘

（3）接受默认的旋转角度为 360°。

（4）在"旋转"选项卡中单击"完成"按钮,完成的旋转特征如图 9-23 所示。

3. 旋转切除

（1）在功能区"模型"选项卡的"形状"面板中单击"旋转"按钮,打开"旋转"选项卡。

（2）默认情况下,"旋转"选项卡中的"实体"按钮处于被选中状态,单击"去除材料"按钮。

（3）打开"放置"滑出面板,单击"定义"按钮,打开"草绘"对话框,接着单击"草绘"对话框中的"使用先前的"按钮,进入草绘模式。

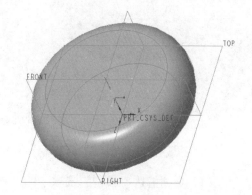

图 9-23　创建的旋转实体

（4）绘制几何中心线和旋转剖面,如图 9-24 所示,单击"确定"按钮。

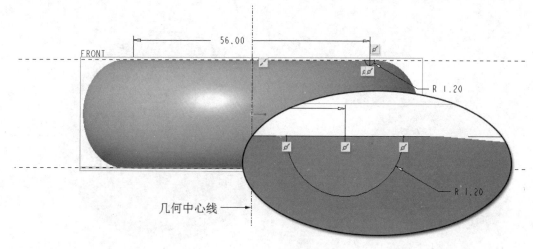

图 9-24　绘制草绘

（5）接受默认的旋转角度为 360°，然后在"旋转"选项卡中单击"完成"按钮，得到的模型效果如图 9-25 所示。

4．倒圆角

（1）在功能区"模型"选项卡的"工程"面板中单击"倒圆角"按钮，打开"倒圆角"选项卡。

（2）在"倒圆角"选项卡中，输入当前倒圆角集的圆角半径为 1。

（3）在模型中选择如图 9-26 所示的要倒圆角的边参照。

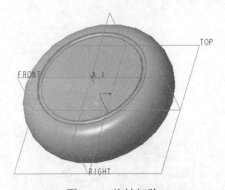

图 9-25　旋转切除

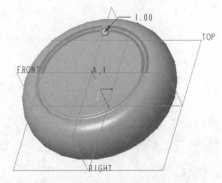

图 9-26　倒圆角

（4）单击"完成"按钮，完成倒圆角操作。

5．在正顶面创建规则的修饰草绘特征

（1）在功能区"模型"选项卡的"工程"滑出面板中选择"修饰草绘"命令，弹出"修饰草绘"对话框。

（2）选择如图 9-27 所示的零件表面作为修饰草绘的草绘平面，单击"修饰草绘"对话框中的"草绘"按钮。

（3）绘制如图 9-28 所示的文本图形。

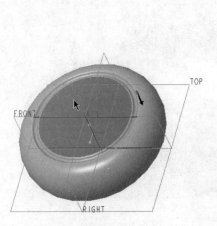

图 9-27　选择平的零件表面

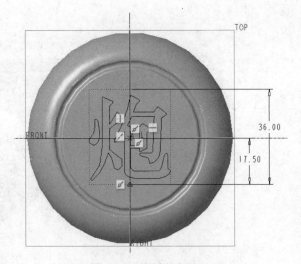

图 9-28　绘制文本图形

（4）单击"确定"按钮，此时，按 Ctrl+D 键以默认的标准方向视角显示模型，创建的修饰草绘特征如图 9-29 所示。

6．在侧面创建投影的修饰草绘特征

（1）在功能区"模型"选项卡的"编辑"面板中单击"投影"按钮，打开"投影曲线"选项卡，接着打开"参考"滑出面板，在下拉列表框中选择"投影修饰草绘"选项。

（2）在"参考"滑出面板的"草绘"收集器旁单击"定义"按钮，弹出"草绘"对话框。接着在功能区右侧单击"基准"→"基准平面"按钮，弹出"基准平面"对话框，选择 FRONT 基准平面作为参考，设置平移距离为 50，如图 9-30 所示。然后单击"确定"按钮，新建一个内部基准平面 DTM1。

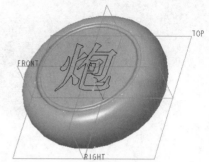

图 9-29　创建的修饰草绘特征

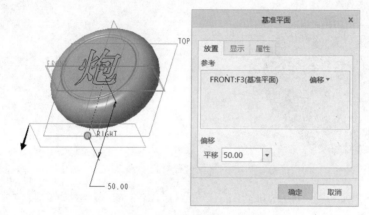

图 9-30　新建基准平面

默认以新创建的 DTM1 基准平面作为草绘平面，以 RIGHT 基准平面为"右"方向参考，如图 9-31 所示，在"草绘"对话框中单击"草绘"按钮，进入草绘模式。

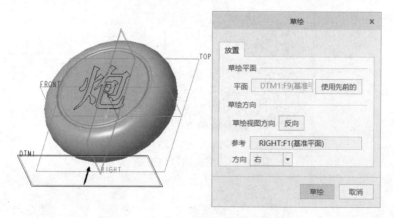

图 9-31　以 DTM1 基准平面为草绘平面

（3）绘制如图 9-32 所示的文本，字体为 chfntk，单击"确定"按钮，完成草绘并退出草绘模式。

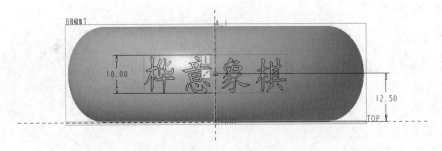

图 9-32　草绘文本

（4）在"投影曲线"选项卡中确认已激活"曲面"收集器，选择如图 9-33 所示的曲面。

（5）在"投影曲线"选项卡的"方向"下拉列表框中选择"垂直于曲面"选项，如图 9-34 所示。

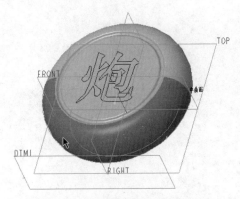

图 9-33　选择要投影到其上的曲面

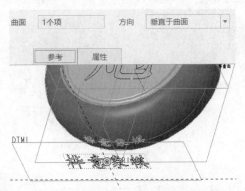

图 9-34　设置投影方向为"垂直于曲面"

（6）在"投影曲线"选项卡中单击"完成"按钮，完成此修饰草绘特征的创建。最终完成的象棋模型如图 9-35 所示。

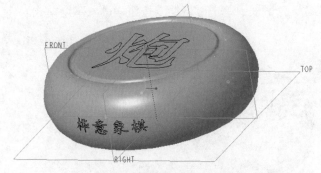

图 9-35　完成的象棋模型

⚠ **注意**

功能区"模型"选项卡的"编辑"滑出面板中有一个"包络"命令，使用该命令可以将草绘放在几何上并围绕几何包络草绘，以创建成形基准曲线（可用作标签等），此成形基准曲线将在可能的情况下保留原始草绘的长度。

9.4　思考与上机练习

（1）修饰特征主要应用在什么场合？

（2）如何创建修饰草绘特征？

（3）简述创建修饰螺纹特征的一般方法和步骤，并举例进行说明。

（4）上机练习 1：创建如图 9-36 所示的三维模型，并在其相应的曲面上创建修饰特征。

图 9-36　上机练习 1

（5）上机练习 2：参照本章综合范例，创建表示"相"的象棋子。

（6）扩展学习：在功能区"模型"选项卡的"工程"滑出面板中还有"指定区域"命令、"修饰槽"命令和"ECAD 区域"命令，请查看 Creo Parametric 5.0 帮助文件了解这 3 个命令的功能及其应用。

第10章 柔性建模

本章导读

　　使用 Creo Parametric 5.0 中的柔性建模模式,可以对导入的几何或在 Creo 零件模式下创建的零件几何进行操控,可以不再烦恼模型几何的参数化问题,大大提高了模型修改的灵活性。在功能区中选择"柔性建模"选项卡进入柔性建模模式,选项卡中提供了"形状曲面选择"面板、"搜索"面板、"变换"面板、"识别"面板和"编辑特征"面板。本章将介绍柔性建模的相关实用知识。

10.1 选择曲面

　　很多柔性建模工具的使用都需要选择要操作的几何中的曲面。选择曲面集的方法主要有使用"形状曲面选择"面板中的相关工具、右击图形窗口打开快捷菜单、单击"几何规则"按钮等。

10.1.1 使用"形状曲面选择"面板中工具

　　在功能区切换至"柔性建模"选项卡,接着在图形窗口中选择一个曲面后,可以看到选项卡中"形状曲面选择"面板中的各按钮,如图 10-1 所示,包括"凸台"按钮、"多凸台"按钮、"切口"按钮、"多切口"按钮、"倒圆角/倒角"按钮和"多倒圆角/倒角"按钮。

图 10-1 "柔性建模"选项卡

1. 选择凸台曲面

　　"凸台"按钮用于选择形成凸台的曲面,"多凸台"按钮则用于选择形成凸台的曲面及与其相交的其他附属曲面。

　　下面是一个选择凸台曲面的示例。在一个实体模型中先选择一个曲面(可以称为种子曲面),如图 10-2(a)所示,接着如果在"形状曲面选择"面板中单击"凸台"按钮,则完成选择如图 10-2(b)所示的形状曲面集;而如果单击"多凸台"按钮,则完成选择如图 10-2(c)所示的形状曲面选择集。

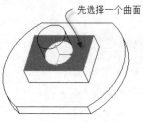
（a）先选择一个曲面

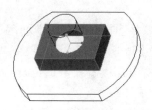
（b）选择形成凸台的曲面

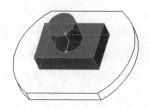
（c）选择形成凸台的曲面及其附属曲面

图 10-2　选择凸台曲面的示例

2．选择切口曲面

切口类曲面的选择工具有"切口"按钮■和"多切口"按钮■，前者用于选择形成切口的曲面，后者则用于选择形成切口的曲面以及与其相交的附属曲面。

下面是一个选择切口曲面的示例。在一个模型中先选择切口的一个曲面，如图 10-3（a）所示，接着若单击"切口"按钮■，则完成选择如图 10-3（b）所示的切口形状曲面集；若单击"多切口"按钮■，则得到如图 10-3（c）所示的切口和附加切口形状曲面集。

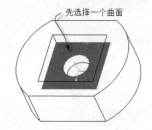
（a）先选择一个曲面（种子曲面）

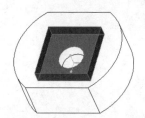
（b）选择形成切口的曲面

（c）选择切口和附加切口形状曲面集

图 10-3　选择切口曲面的示例

3．选择倒圆角曲面

"倒圆角/倒角"按钮■用于选择倒圆角曲面或倒角曲面，而"多倒圆角/倒角"按钮■用于选择大小、类型和凸度均相同的已连接倒圆角或倒角曲面。

例如，在柔性建模模式下，选择如图 10-4（a）所示的一个基本圆角曲面作为种子曲面，此时单击"倒圆角/倒角"按钮■则得到的选择结果如图 10-4（b）所示；若单击"多倒圆角/倒角"按钮■则得到的选择结果如图 10-4（c）所示。

（a）先选择一个曲面（种子曲面）

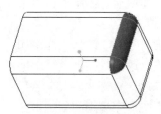
（b）选择形成倒圆角的曲面

（c）选择倒圆角和附加倒圆角形状曲面集

图 10-4　选择倒圆角曲面的示例

10.1.2 使用右键快捷菜单选择曲面集

在功能区中打开"柔性建模"选项卡并选择一个种子曲面后，也可以通过右击图形窗口弹出的快捷菜单选择所需的曲面集，具体步骤如下。

（1）在图形窗口中选择一个种子曲面，接着在合适位置右击，弹出如图 10-5 所示的快捷菜单。

（2）根据设计需要，从该快捷菜单中单击"形状曲面"按钮 、"相切曲面"按钮 或"选择实体曲面"按钮 。

当单击"形状曲面"按钮 ，且模型中有多个形状或附属形状可供选择时，系统弹出如图 10-6 所示的"形状曲面集"对话框。接着在"主要形状"列表中选择形状；如果要移除附属形状，则取消选中（即清除）"包括附属形状"复选框。单击"确定"按钮，选择的形状曲面集将被选定。

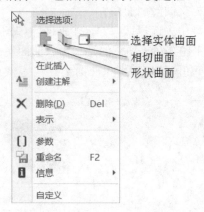

图 10-5　快捷菜单　　　　　　　　图 10-6　"形状曲面集"对话框

当单击"相切曲面"按钮 时，则与种子曲面相切的曲面也一起被选择到相切曲面集中。

当单击"选择实体曲面"按钮 时，则选择整个实体曲面。

10.1.3 选择几何规则曲面集

几何规则曲面集基于种子曲面和一个或多个几何规则收集曲面/曲面区域。系统将根据种子曲面和工具，自动决定适用的几何规则。

要选择几何规则曲面集，可以按照以下操作步骤进行。

（1）在功能区中打开"柔性建模"选项卡，在图形窗口中选择一个种子曲面。

（2）在"搜索"面板中单击"几何规则"按钮 ，弹出如图 10-7 所示的"几何规则"对话框。该对话框将提供适用于所选种子曲面的规则供用户选择。

（3）在"规则"选项组中选中一个或多个规则的复选框。

（4）要选择满足所有选定规则的曲面，则选中"所有可用规则"单选按钮；要选择至少满足一个选定规则的曲面，则选

图 10-7　"几何规则"对话框

中"任何可用规则"单选按钮。

（5）单击"确定"按钮，系统自动收集所有满足选定选项的曲面。

在功能区"柔性建模"选项卡的"搜索"面板中还有一个"几何搜索"按钮，此按钮用于按规则在模型中搜索和选择几何项。例如，可以搜索具有指定半径的倒圆角，将几何搜索结果保存到文件，还可以检索几何搜索结果等。"几何搜索"工具可以搜索的几何项包括倒角、倒圆角、圆锥曲面、圆柱曲面、平面曲面、形状曲面和环形曲面等。

10.2 修 改 几 何

柔性建模的修改几何操作主要包括移动几何、偏移几何、修改解析曲面、编辑倒圆角几何、编辑倒角几何、替代几何、镜像几何和阵列几何等。

10.2.1 移动几何

柔性建模下的"移动"工具主要用于移动选定几何将其置于新位置，或者创建选定几何的副本并将该副本移动到新位置。"移动"工具仅对单个选定几何起作用，要移动另一选定几何，则必须创建新的移动特征。值得注意的是，可以多次移动某一选定几何，并在一个移动特征中堆叠多个移动步骤，在一个步骤中甚至还可以包含独立的平移移动和旋转移动。

柔性建模的"移动"工具包括"使用拖动器移动"按钮、"按尺寸移动"按钮和"使用约束移动"按钮。

1. 使用拖动器移动

使用拖动器移动是指按刚性平移和旋转的排列顺序移动选定几何，每次重定位拖动器都将创建一个新步骤。

下面以一个范例介绍使用拖动器移动几何的方法及步骤。

（1）打开本书配套资源中的\CH10\bccreo_yda.prt 文件，文件中已有的原始模型如图 10-8 所示。

（2）在功能区中打开"柔性建模"选项卡，在图形窗口中选择沉头孔的一个内台阶端面，接着在"形状曲面选择"面板中单击"多切口"按钮，以选中沉头孔的全部切口曲面，如图 10-9 所示。

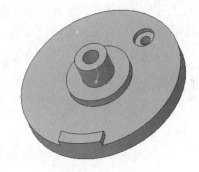

图 10-8 原始模型

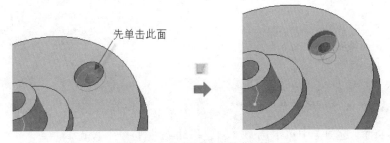

图 10-9 选择要移动的曲面集

（3）在"变换"面板中单击"使用拖动器移动"按钮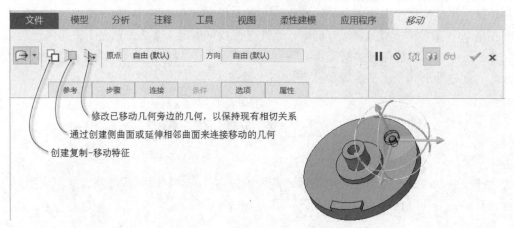，或按 Ctrl+T 快捷键，打开"移动"选项卡，同时在要移动的选定曲面集处出现拖动器，如图 10-10 所示。

图 10-10   "移动"选项卡与拖动器

提示

拖动拖动器中心可以自由移动几何，拖动控制滑块（箭头）可以沿轴平移几何，拖动弧可以旋转几何，拖动拖动器上的平面可移动平面上的几何。

此时，在"移动"选项卡中打开"参考"滑出面板，则可以看到如图 10-11 所示的设置选项，本例不选中"变换选定的连接倒圆角/倒角"复选框。在某些情况下，如果要将移动几何连接到模型的选定倒圆角和倒角，则需要选中此复选框。如果要设置其他连接选项和传播选项，则打开"连接"滑出面板进行相应设置，如图 10-12 所示。

图 10-11   "参考"滑出面板

图 10-12   "连接"滑出面板

（4）在"移动"选项卡中单击选中"创建移动-复制特征"按钮。

（5）拖动拖动器如图 10-13 所示的一个箭头，到预定位置处释放鼠标。

技巧

如果要重定位拖动器，那么可以在"移动"选项卡中单击"原点"框并选择新参考；如果要定向拖动器，则在"移动"选项卡中单击"方向"框并选择方向参考。

（6）单击"完成"按钮 ✔，变换结果如图 10-14 所示。

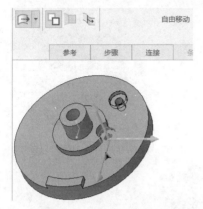

图 10-13　拖动轴实现移动

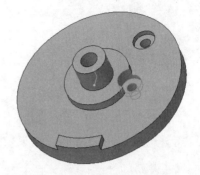

图 10-14　完成移动-复制操作

（7）在模型中先选择要移动的其中一个面，接着在"形状曲面选择"面板或浮动工具栏中单击"凸台"按钮 🔲 以选择要形成凸台的曲面，如图 10-15 所示。显然，自动选择的曲面集中包含了不需要的滑出曲面，而本例仅要求移动小凸台，因此必须分割曲面。

（8）在"变换"面板中单击"使用拖动器移动"按钮 🔲，或按 Ctrl+T 快捷键，打开"移动"选项卡，同时在所选曲面集的中心出现一个拖动器。

（9）在"移动"选项卡中打开"选项"滑出面板，单击"延伸曲面"收集器，选择如图 10-16 所示的曲面作为延伸曲面。

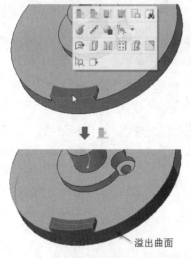

图 10-15　选择形成凸台的曲面

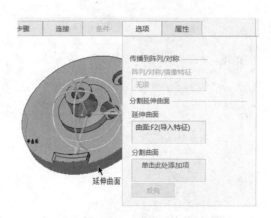

图 10-16　选择延伸曲面

（10）在"选项"滑出面板中单击"分割曲面"收集器，接着在图形中选择如图 10-17 所示的曲面作为分割曲面参考。

（11）在"移动"选项卡中确认"创建移动-复制特征"按钮 🔲 未被选中，拖动拖动器的一条轴来平移，如图 10-18 所示。

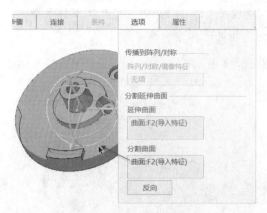

图 10-17　指定分割曲面　　　　　　　　　　　图 10-18　拖动轴来平移

（12）单击"完成"按钮 ✔，结果如图 10-19 所示。

2．按尺寸移动

按尺寸移动是指通过创建可修改的一组尺寸（距离或角度）来移动选定几何，单个移动特征中可包含最多 3 个非平行的线性尺寸或一个角度（旋转）尺寸。

下面通过一个范例介绍按尺寸移动的一般操作方法与步骤。

（1）打开本书配套资源中的\CH10\bccreo_ydb.prt 文件，文件中的原始模型如图 10-20 所示。

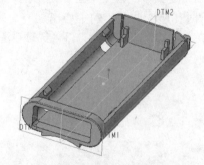

图 10-19　使用分割曲面移动几何的结果　　　　　图 10-20　原始模型

（2）在功能区中切换至"柔性建模"选项卡，在零件尾部腔内选择一个筋骨的一个侧面，单击"凸台"按钮 ，以选中整个筋骨曲面，如图 10-21 所示。

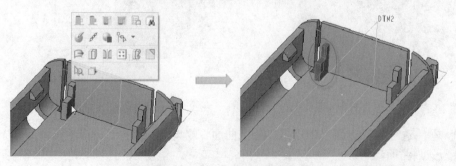

图 10-21　选择整个筋骨曲面

（3）在"变换"面板中单击"按尺寸移动"按钮，打开"移动"选项卡，如图 10-22 所示。

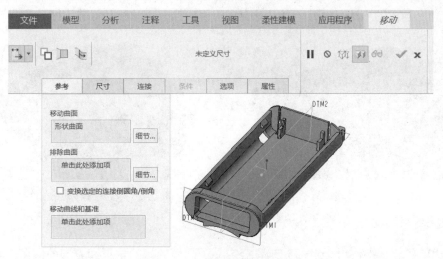

图 10-22　打开"移动"选项卡

（4）在"移动"选项卡中打开"尺寸"滑出面板，为尺寸 1 选择一对参考，即先选择一个平整的参考面，如图 10-23（a）所示；按住 Ctrl 键的同时选择 DTM2 基准平面作为另一个参考，如图 10-23（b）所示。

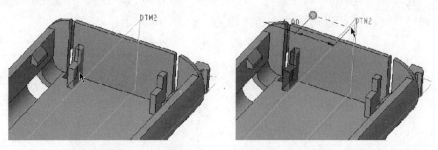

（a）在筋骨中选择一个参考面　　（b）选择 DTM2 基准平面为另一个参考

图 10-23　为尺寸 1 选择一对参考

（5）在"尺寸"滑出面板中，将尺寸 1 的值由默认的 4 更改为 3.5，如图 10-24 所示。本例不需再添加其他尺寸。

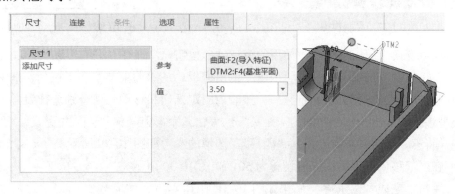

图 10-24　修改尺寸 1 的值

（6）单击"完成"按钮 ✓，完成移动第一个筋骨，如图 10-25 所示。

（7）使用同样的方法，对另一个筋骨也进行相应的按尺寸移动操作，结果如图 10-26 所示。

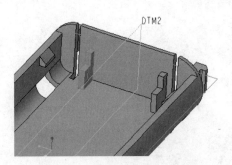

图 10-25 完成移动第一个筋骨

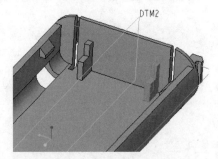

图 10-26 按尺寸移动第二个筋骨

3. 使用约束移动

使用约束移动是指使用一组部分或完全定义了几何选择的位置和方向的约束来移动选定几何。请看下面一个操作实例。

（1）打开本书配套资源中的\CH10\bccreo_ydc.prt 文件，文件中已有的原始模型如图 10-27 所示。

（2）在功能区中切换至"柔性建模"选项卡，在中框零件中选择中间接口孔的一个侧面，接着单击"切口"按钮 ▣，以选中整个切口曲面，如图 10-28 所示。

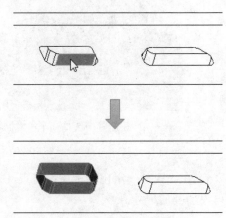

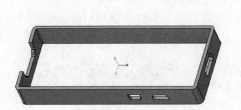

图 10-27 原始模型

图 10-28 选中切口曲面

（3）在"变换"面板中单击"使用约束移动"按钮 ▣，打开"移动"选项卡。

（4）在"移动"选项卡中打开"放置"滑出面板，从"约束类型"下拉列表框中选择所需的约束类型，默认的约束类型为"自动"。接着为固定几何和移动几何分别选择参考，根据所选的约束类型进行相应的操作，例如为"距离"约束输入距离值（偏移值）并更改偏移的方向等。在本例中，将第一个约束类型设置为"距离"，选择的参考如图 10-29 所示。

（5）在"偏移"框中将偏移值设置为 50，如图 10-30 所示。

（6）单击"完成"按钮 ✓，结果如图 10-31 所示。

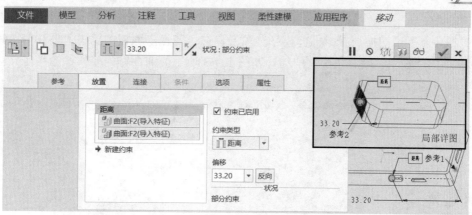

图 10-29 为距离约束选择一对参考

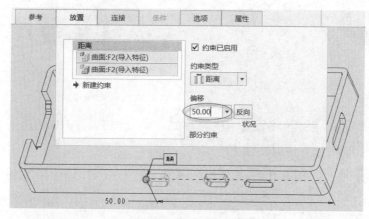

图 10-30 设置偏移值

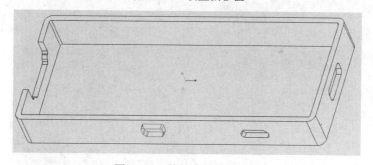

图 10-31 按约束移动的结果

10.2.2 偏移几何

使用柔性建模环境下的"偏移"按钮，可以相对实体几何或面组偏移选定几何，并将其连接到该实体或面组中。当选择面组时，此面组几何会相对其原始位置进行偏移；当选择曲面时，不仅曲面会偏移，其周围的曲面也会延伸，除非用户将它们排除到选定范围之外。

下面介绍一个偏移几何的练习操作范例。

（1）打开本书配套资源中的\CH10\bccreo_yy.prt 文件，文件中已有的原始模型如图 10-32

所示。

（2）在功能区中切换至"柔性建模"选项卡，在"变换"面板中单击"偏移"按钮 ⬚，打开"偏移几何"选项卡，接着在模型中选择如图 10-33 所示的曲面作为要偏移的几何。也可以先选择要偏移的几何，接着单击"偏移"按钮 ⬚。

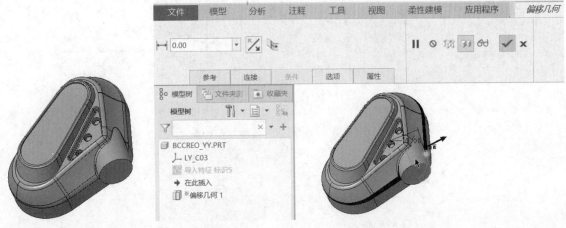

图 10-32　原始模型　　　　　　　　　图 10-33　选择要偏移的几何

（3）在"偏移几何"选项卡中设置偏移值为 0.2，单击"将偏移方向更改为其他侧"按钮 ⬚，使偏移方向指向实体内侧，如图 10-34 所示。

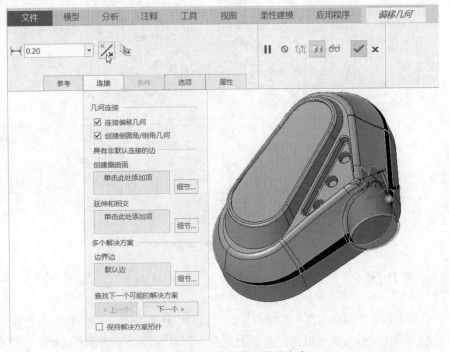

图 10-34　设置偏移值和偏移方向

（4）单击"完成"按钮 ✓，完成偏移几何操作后的模型效果如图 10-35 所示。

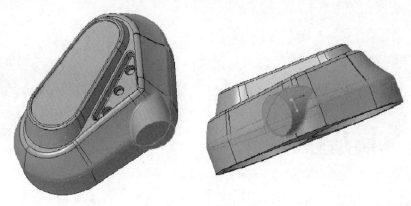

图 10-35 偏移几何的结果

10.2.3 修改解析曲面

使用柔性建模环境下的"修改解析"按钮，可以对驱动解析曲面的基本尺寸进行编辑修改，可修改的尺寸如下。

☑ 圆柱：半径尺寸，其轴仍然固定不动。
☑ 圆环：截面圆的半径、截面圆的中心到旋转轴的半径（距离），其旋转轴固定不动。
☑ 圆锥：角度尺寸，圆锥的轴和顶点固定。

下面结合图例对修改解析曲面的方法步骤进行介绍。

（1）在功能区"柔性建模"选项卡的"变换"面板中单击"修改解析"按钮，打开"修改解析曲面"选项卡，选择要修改的圆柱、圆环或圆锥。这里以选择圆柱面为例，如图 10-36 所示。

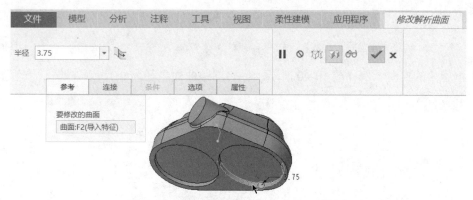

图 10-36 "修改解析曲面"选项卡及选择要修改的曲面

（2）要设置其他连接和传播选项，则打开"选项"滑出面板进行相应的设置，本例接受"选项"滑出面板默认的设置。如果要使修改几何和相邻几何保持相切，那么可单击选中按钮，需要时，可以使用"条件"滑出面板为相邻几何图元设置条件。本例中不需选中按钮。

（3）在"半径"框内输入新的半径值，如设置为 3.5，如图 10-37 所示。

（4）单击"完成"按钮，完成效果如图 10-38 所示。

图 10-37　设置半径值

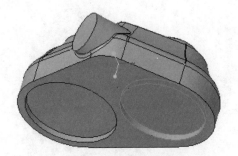

图 10-38　完成修改圆柱面半径

10.2.4　编辑倒圆角几何

使用柔性建模环境下的"编辑倒圆角"按钮，将打开如图 10-39 所示的"编辑倒圆角"选项卡，接着选择圆角曲面以修改其半径等。利用此工具可更改已识别的恒定和可变半径倒圆角几何的半径，或移除倒圆角几何。利用"选项"滑出面板，还可以设置移除干涉倒圆角和倒角等。

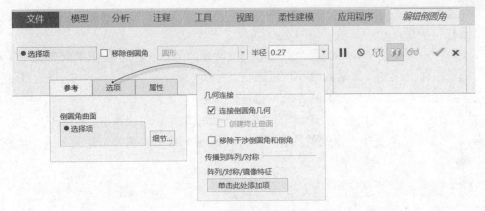

图 10-39　"编辑倒圆角"选项卡

编辑倒圆角的典型示例如图 10-40 所示，原始圆角曲面半径为 0.2，现在将其更改为 0.3。

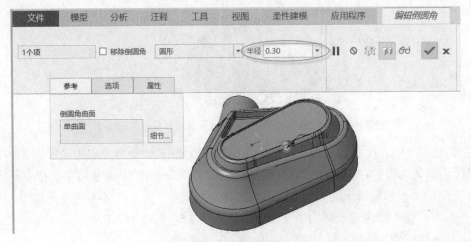

图 10-40　编辑选定倒圆角

10.2.5 编辑倒角几何

使用柔性建模环境下的"编辑倒角"按钮 🔧，将打开如图 10-41 所示的"编辑倒角"选项卡，利用此选项卡可更改选定倒角几何的倒角距离、偏移距离或角度，更改其标注形式，或移除倒角几何。操作步骤和编辑倒圆角的操作步骤类似。

图 10-41　"编辑倒角"选项卡

下面以一个操作范例进行介绍。

（1）打开本书配套资源中的\CH10\bccreo_bjdj.prt 文件，原始模型如图 10-42 所示。

（2）在功能区中打开"柔性建模"选项卡，接着在"变换"面板中单击"编辑倒角"按钮 🔧，打开"编辑倒角"选项卡。

（3）在模型中选择如图 10-43 所示的倒角形曲面，此时可以更改倒角的标注形式，还可修改参数观察倒角变化情况。

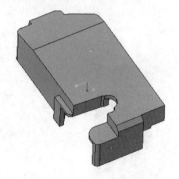

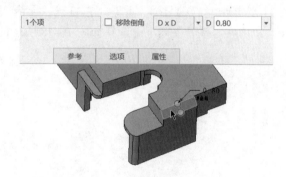

图 10-42　原始模型　　　　　　　　图 10-43　选择要编辑的倒角形曲面

（4）在"编辑倒角"选项卡中选中"移除倒角"复选框，如图 10-44 所示。

（5）单击"完成"按钮 ✔，移除倒角后得到的模型效果如图 10-45 所示。

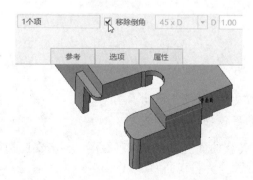

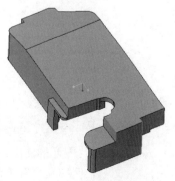

图 10-44　选中"移除倒角"复选框　　　　　图 10-45　移除倒角效果

10.2.6　替代几何

使用柔性建模下的"替代"按钮，可以将几何选择替换为替代曲面，选定几何将进行延伸或修剪以连接到替代曲面，替代曲面和模型之间的倒圆角或倒角几何将在连接后重新创建。在使用替代特征时需要切记，一是几何选择中的所有替代曲面必须属于特定的实体几何或属于同一面组，二是几何选择中不可与相邻几何相切或与倒圆角或倒角几何相连。

下面介绍一个使用替代特征的简单范例。

（1）打开本书配套资源中的\CH10\bccreo_td.prt 文件，文件中已有一个实体模型和一个拉伸曲面。

（2）在功能区中打开"柔性建模"选项卡，接着在"变换"面板中单击"替代"按钮，打开如图 10-46 所示的"替代"选项卡。

图 10-46　"替代"选项卡

（3）选择要替换的几何。此时可以打开"参考"滑出面板，选中"替换曲面"单选按钮，如图 10-47.所示，接着在模型中选择如图 10-48 所示的实体曲面。

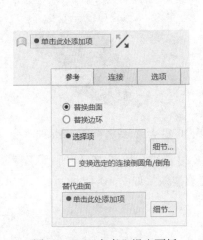

图 10-47　"参考"滑出面板

图 10-48　选择要替换的几何

⚠️**注意**

在一些设计场合，如果要选择曲面边环，则要在"参考"滑出面板中选中"替换边环"单选按钮，接着在图形窗口中选择一个或多个面组的单侧边封闭环。

（4）选择用于替代图元的曲面。先单击"替代曲面"收集器将其激活，接着在图形窗口中选择所需的替代曲面，例如在本例中选择拉伸曲面作为替代曲面，如图 10-49 所示。显然，本例还需要单击"更改替代法向的方向"按钮，以获得正确的替代法向，如图 10-50 所示。

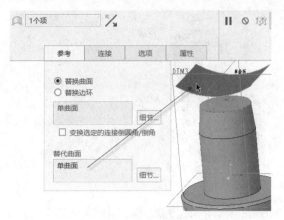

图 10-49　选择替代曲面

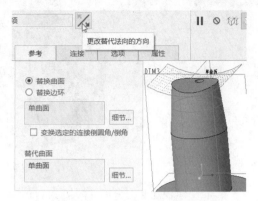

图 10-50　更改替代法向的方向

（5）设置其他选项，本例采用默认的其他设置，单击"完成"按钮 ✔，结果如图 10-51 所示。

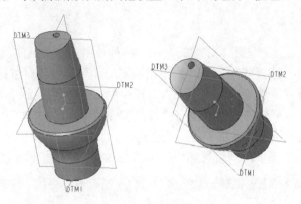

图 10-51　替代结果

10.2.7　镜像几何

在功能区"柔性建模"选项卡的"变换"面板中单击"镜像"按钮 ，打开如图 10-52 所示的"镜像几何"选项卡，接着选定几何，指定镜像平面，并进行相应的"连接"设置和"选项"设置，最终相对于指定平面镜像选定几何，原始几何的副本被镜像到新的位置，并可与一几何或面组连接。当几何选择包括倒圆角、倒角几何或与之相连时，如果需要，Creo 将在新位置上创建倒圆角或倒角几何。

图 10-52　"镜像几何"选项卡

在一些较为复杂的设计场合下，为了防止创建"镜像几何"特征失败，可以打开"镜像几何"选项卡的"连接"滑出面板，取消选中"连接镜像几何"和"创建倒圆角/倒角几何"复选框。

镜像几何的典型示例如图 10-53 所示。

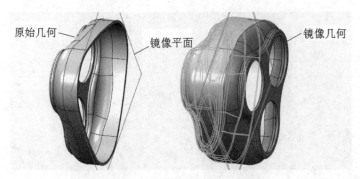

图 10-53　镜像几何典型示例

在柔性建模下创建的镜像几何特征，会被 Creo 系统自动识别为对称，因此在柔性建模中对原始几何执行的全部后续工作均可传播至对应的镜像几何。

10.2.8　阵列几何

在 6.4 节中，已经对阵列进行了详细的介绍。阵列是由多个特征实例组成的，要创建阵列，首先需要定义阵列导引，选择阵列类型，并根据不同的阵列类型各自进行更多细节操作。

在功能区"柔性建模"选项卡的"变换"面板中单击"阵列"按钮⊞，打开如图 10-54 所示的"阵列"选项卡，可以创建的阵列类型有"方向""轴""填充""表""曲线""点"。对于柔性建模中的阵列特征，其创建工具提供了各类连接选项，即使在阵列实例所连接曲面不同的不规则曲面上也可以创建阵列。很多阵列设置和连接选项在 6.4 节中都有所涉及，在这里不再赘述。

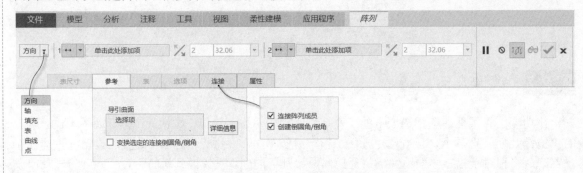

图 10-54　"阵列"选项卡

10.3　连接已修改的几何

在柔性建模中进行相关操作时，经常会面对如何连接相邻几何和如何使用边界边的问题。本节将简单地讲解这两方面的知识。

10.3.1　连接相邻几何

在功能区中打开选择"柔性建模"选项卡，修改相关柔性建模特征或变换几何时，默认情况下几何会重新连接到模型。柔性建模的"移动""偏移""修改解析"命令具有相邻几何连接选项，用户可以在这些命令的"连接"滑出面板上更改默认的连接选项。

根据相关几何的类型，Creo 对几何的重新连接分为 3 种情况[①]，如表 10-1 所示。

表 10-1　柔性建模下几何的重新连接情况

序　号	重新连接情况	备　注
1	对经变换或修改的几何选择及其相邻几何进行曲面延伸，直到曲面最终相交或者选定几何原本所在的孔封闭为止	此为不相切曲面的默认选项
2	创建侧曲面，直至封闭经变换或修改的几何选择之间的间隙以及留在模型中的孔，这些曲面连接孔中与几何选择中相应的边	选项是除平面外的相切曲面的默认选项
3	若几何图元之间存在相切关系，则可以选择传播这种相切关系，以便在修改几何时保持这种关系	传播相切关系时，可能会根据相邻图元与选定图元之间的相切关系而将几何选择自动展开至相邻图元

10.3.2　使用边界边

创建柔性建模特征时，可以通过设置边界边来控制连接更改几何的各种选项。边界边用于确定除已修改几何及其相邻曲面之外，应延伸模型中的哪些曲面来求解特征，边界边分以下两种类型。

☑　系统用于确定当前解决方案的默认边界边。

☑　用户定义的边界边。用户定义的边界边始终以青绿色显示。

在创建或编辑"移动""偏移""修改解析""镜像""替代""连接"这些柔性建模特征时可以根据设计情况来设置边界边。下面以一个操作范例进行说明。

（1）打开本书配套资源中的\CH10\bccreo_bjb.prt 文件，文件中的原始实体模型如图 10-55 所示。

（2）在功能区中打开"柔性建模"选项卡，在模型中先选择要操作的小凸台的一个面，接着单击"形状曲面选择"面板中的"凸台"按钮，以选择整个小凸台曲面，如图 10-56 所示。

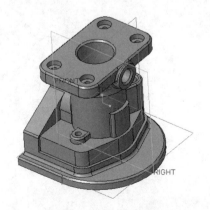

图 10-55　文件中原始模型

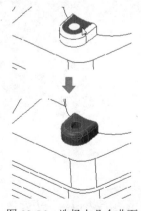

图 10-56　选择小凸台曲面

---

① 参考整理自 Creo 官方资料。

（3）在"变换"面板中单击"按拖动器移动"按钮，打开"移动"选项卡。

（4）在"移动"选项卡中单击"原点"收集器，接着在图形窗口中选择主圆柱孔的轴线 A_1，以将拖动器的原点放置在该轴上，如图 10-57 所示。

（5）使用拖动器指定圆弧绕轴旋转，并设置其旋转角度值为 90，如图 10-58 所示，几何选择在旋转时并未设置边界边，显然被旋转的几何选择将自动延伸到新位置的曲面，此时打开"连接"滑出面板，可以看到"边界边"收集器内显示"默认边"，如图 10-59 所示。

图 10-57　选择主轴线以放置拖动器原点　　　　图 10-58　使用拖动器使圆弧绕指定轴旋转

（6）在"边界边"收集器内单击，接着在模型中选择如图 10-60 所示的一条边定义为边界边。

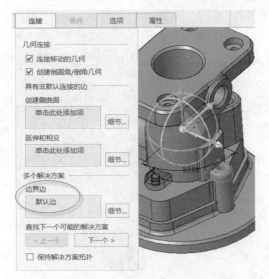

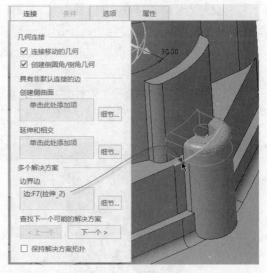

图 10-59　边界边为默认边　　　　　　　　　图 10-60　指定边界边

（7）在"连接"滑出面板的"查找下一个可能的解决方案"选项组中单击"下一个"按钮，直到获得如图 10-61 所示的方案，即旋转的几何延伸至由定义边界边的其中一个曲面的延伸所定义的平面。

（8）单击"完成"按钮，完成结果如图 10-62 所示。

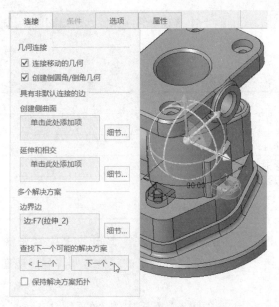

图 10-61 查找到所需的方案 　　　图 10-62 使用边界边的结果

10.4　阵列和对称几何

本节主要介绍传播阵列和对称几何、使用阵列识别、使用对称识别、识别倒圆角/倒角等。

10.4.1　传播阵列和对称几何

在柔性建模环境下创建"移动""偏移""编辑倒角""编辑倒圆角""修改解析"等特征时，可以将该特征传播到某一阵列的部分或全部实例，或者传播到两个对称几何实例。

在功能区中切换至"柔性建模"选项卡，接着在"移动""偏移""编辑倒角""编辑倒圆角""修改解析"等特征时，可选择任意阵列成员或对称几何的任一侧进行修改。在其工具选项卡的"选项"滑出面板中单击激活"阵列/对称/镜像特征"收集器，接着在模型树中选择"阵列识别"、"对称识别"、"挠性阵列"或"镜像"特征，此时如果要将阵列成员从传播中排除，那么在图形窗口中将其取消选中（即单击使其显示的黑点变为白点）；反之则恢复此阵列成员的传播，然后修改选定几何即可。

🔔技巧

如果将 propagate_by_default 配置选项的值设置成 yes，那么当零件中存在传播参考时，柔性建模特征将自动识别并收集传播参考。

在 Creo 中，已为传播识别的特征如表 10-2 所示。当选择要给阵列或对称实例创建特征并将其传播到剩余实例时，Creo 会创建此特征的传播。需要注意的是，将正在创建的特征传播到阵列、对称或镜像特征时，只能使用其工具选项卡提供的"连接移动的几何""创建倒圆角/倒角几何"连接选项。

表 10-2　Creo 中已为传播识别的特征

序　号	特 征 类 别
1	在柔性建模中创建的阵列识别特征
2	在柔性建模中创建的挠性阵列特征
3	在柔性建模中创建的对称识别特征
4	在柔性建模中创建的镜像特征
5	在柔性建模外创建的变换阵列（不是"尺寸"、"表"或"参考"的阵列类型

下面将通过一个典型范例加深读者对上述内容的理解。首先，打开本书配套资源中的 \CH10\bccreo_cbzl.prt 文件，该文件中存在一个在柔性建模之外创建的挠性方向阵列，现在按照以下方法步骤进行演练。

（1）切换至功能区的"柔性建模"选项卡，单击"变换"面板中的"偏移"按钮 ，在其中一个方向阵列成员中选择要偏移的曲面，接着在"偏移几何"选项卡上设置其偏移距离和方向，如图 10-63 所示。

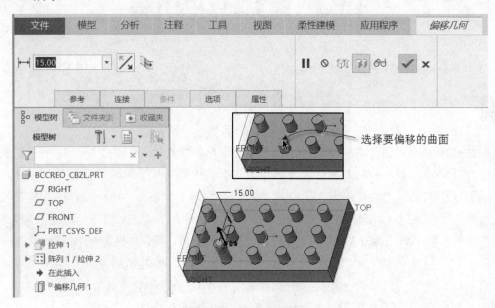

图 10-63　进行偏移设置

（2）在"偏移几何"选项卡中打开"选项"滑出面板，单击"阵列/对称/镜像特征"收集器将其激活，接着在模型树中选择方向阵列特征（挠性阵列），此时可以看到传播到阵列的预览效果，如图 10-64 所示。

（3）此时可以修改相关的特征参数以预览变化效果，满意后单击"完成"按钮 ，完成操作，此时在模型树上的完成特征如图 10-65 所示。

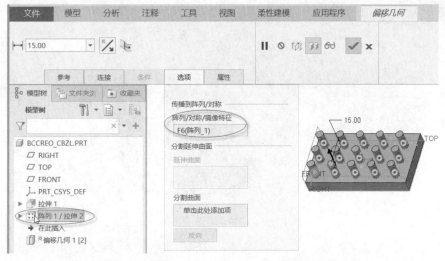

图 10-64　将"偏移"柔性建模特征传播到选定阵列（预览）

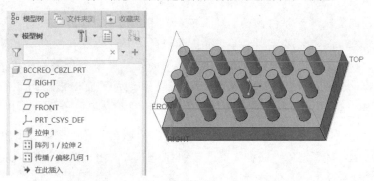

图 10-65　完成偏移特征传播到阵列

10.4.2　使用阵列识别

对于一些具有"阵列"形状特点的模型，在柔性建模环境下，可以通过选择几何并使用"阵列识别"按钮 来识别与所选几何相同或相似的几何，以此创建"阵列识别"特征。下面通过一个典型范例来讲解阵列识别的应用。

（1）打开本书配套资源中的\CH10\creo_zlsb.prt 文件，文件中的原始模型如图 10-66 所示（该模型为导入特征）。

图 10-66　原始模型

（2）在功能区中打开"柔性建模"选项卡，在模型中选择如图 10-67 所示的圆形曲面，接着在"形状曲面选择"面板中单击"凸台"按钮 ，则该圆形曲面所在凸台的所有曲面将作为阵列导引曲面。

（3）在"识别"面板中单击"阵列识别"按钮 ，打开"阵列识别"选项卡，默认的阵列类型为"类似"，此时 Creo在已识别为阵列一部分的几何上显示黑点，如图 10-68 所示。

图 10-67　选择圆形曲面

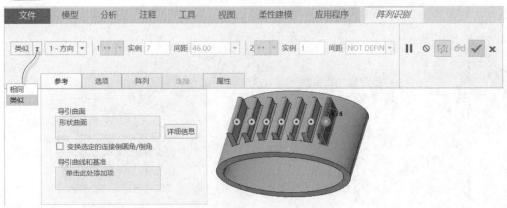

图 10-68　"阵列识别"选项卡

在某些案例中，如果识别了多个阵列，那么选择要识别的阵列，如"方向"、"轴"或"空间"。

⚠️ **注意**

如果要添加到或更改阵列导引曲面，那么可以利用"参考"滑出面板的"导引曲面"收集器进行。对于曲线或基准，需要激活"参考"滑出面板的"导引曲线和基准"收集器，然后选择所需的曲线或基准。如果要将阵列导引曲面连接到模型的选定倒圆角和倒角包括在阵列识别中，可以在"参考"滑出面板中选中"变换选定的连接倒圆角/倒角"复选框。倘若不选中"变换选定的连接倒圆角/倒角"复选框，则选定的连接倒圆角和倒角将被移除并进行选择性重建。

（4）如果要将阵列识别限制在模型的某个区域内，那么打开"选项"滑出面板，选中"限制阵列识别"复选框，接着选中"曲面"单选按钮并选择与之相交的几何必须以便识别为阵列一部分的曲面，如图 10-69 所示，或者选中"草绘"单选按钮并选择或定义一个草绘作为识别阵列的边界。本例需要取消选中"限制阵列识别"复选框。

图 10-69　选中"限制阵列识别"复选框

（5）如果要编辑已识别阵列成员的数量和间距（对于方向阵列和轴阵列为可选），那么打开"选项"滑出面板，选中"允许编辑"复选框，然后在"阵列识别"选项卡上编辑已识别几何，例如，将实例数量由 7 更改为 6，间距由 46 更改为 56，如图 10-70 所示。

（6）在"阵列识别"选项卡中打开"连接"滑出面板，设置如图 10-71 所示的连接选项。

（7）单击"完成"按钮✔，操作结果如图 10-72 所示。

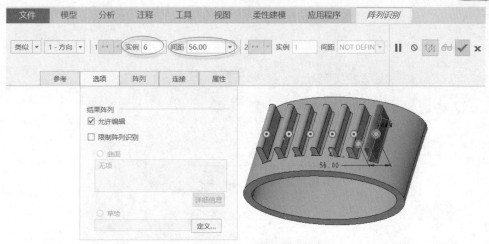

图 10-70 编辑已识别几何

图 10-71 "连接"滑出面板

图 10-72 完成创建"阵列识别"特征

10.4.3 使用对称识别

使用柔性建模环境中的"对称识别"按钮 可以识别与所选几何对称地相同或相似的几何，并生成"对称识别"特征。该特征可以具有如表 10-3 所示的两个可能的参考集。注意：对称平面一侧的所有曲面或曲面区域定义了一个实例。

表 10-3 "对称识别"特征可能的两个参考集

序 号	参 考 集	说 明
1	选择一个种子曲面或种子区域和对称平面时，将识别对称平面另一侧的对称曲面或曲面区域	连接到选定种子曲面的曲面或曲面区域也将作为特征的一部分进行识别，其中，选定种子曲面相对于对称平面对称
2	选择两个对称地相同或相似的种子曲面或曲面区域时，将识别对称平面	连接到选定种子曲面的曲面或曲面区域也将作为特征的一部分进行识别，其中，选定种子曲面相对于对称平面对称

下面通过一个典型范例来讲解阵列识别的应用。

（1）打开本书配套资源中的\CH10\creo_dcsb.prt 文件，文件中的原始模型如图 10-73 所示（该模型为导入特征）。

（2）在功能区中打开"柔性建模"选项卡，接着在"识别"面板中单击"对称识别"按钮 ，打开"对称识别"选项卡，如图 10-74 所示。

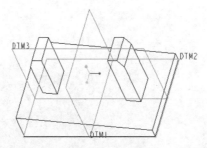

图 10-73 原始模型

图 10-74 "对称识别"选项卡

（3）在"对称识别"选项卡的一个下拉列表框中选择"相同"或"类似"选项，以定义具有与种子曲面相同或相似几何的"对称识别"特征。本例中选择"类似"选项。

（4）在"对称识别"选项卡中打开"参考"滑出面板，可以看到"种子/种子和对称平面"收集器处于被激活状态，接着选择参考，有如下两种方法。

☑ 方法一：选择一个种子曲面/曲面区域，接着选择一个基准平面作为对称平面。注意曲面/曲面区域必须位于实体几何或同一面组中。

☑ 方法二：选择两个对称地相同或相似的种子曲面/曲面区域。它们必须属于实体几何、单个面组或两个面组。如果选择一个平面曲面或曲面区域和一个非平面曲面/曲面区域，那么 Creo 系统假定平面曲面/曲面区域为对称平面；如果选择两个平面曲面/曲面区域，那么 Creo 系统假定两者都是种子曲面，且两者都不是对称平面。

在本例中，按方法一选择参考，即先选择一个面，再按住 Ctrl 键选择 DTM1 基准平面，如图 10-75 所示。

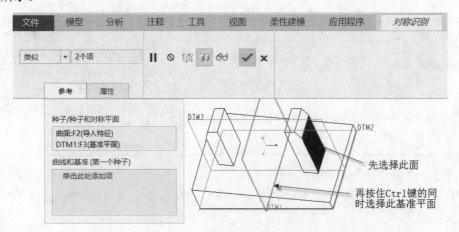

图 10-75 按方法一选择参考

提示

　　如果要向"对称识别"特征添加曲线和基准，那么在"参考"滑出面板中单击"曲线和基准（第一个种子）"收集器，接着选择所需的曲线和基准。

　　（5）单击"完成"按钮✔，"对称识别"创建结果如图 10-76 所示。

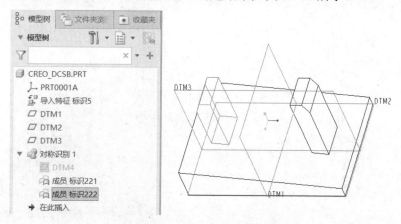

图 10-76　创建"对称识别"特征

⚠ 注意

　　如果选择了一个种子曲面/曲面区域和一个对称平面，则与连接到种子曲面的曲面/曲面区域一起识别对称曲面；如果选择了两个种子曲面/曲面区域，则识别对称平面。连接到选定种子曲面的曲面/曲面区域也将作为特征的一部分进行识别，其中，选定种子曲面相对于对称平面对称。

10.4.4　识别倒圆角和倒角

　　功能区"柔性建模"选项卡的"识别"面板中还提供了关于识别倒圆角和倒角的工具按钮，包括"识别倒角"按钮、"非倒角"按钮、"识别倒圆角"按钮和"非倒圆角"按钮，可以识别对应曲面并标记为倒角、非倒角、倒圆角和非倒圆角。在识别期间，模型中的指定曲面和边以不同的颜色显示，这些不同的颜色取决于针对倒圆角和倒角识别几何的方法（注意：每种颜色主题中的颜色外观均不同）。

　　创建"识别倒角""非倒角""识别倒圆角""非倒圆角"特征的方法都很简单并且类似。下面将以在 10.4.3 节的模型中创建"识别倒角"特征为例进行介绍。

　　（1）在功能区"柔性建模"选项卡的"识别"面板中单击"识别倒角"按钮，弹出"识别倒角"对话框，接着选择将被识别并标记为倒角几何的曲面，则"参考"选项卡中会显示该倒角的属性，如图 10-77 所示。

　　（2）切换至"选项"选项卡，在模型树上选择"对称识别 1"特征，如图 10-78 所示。如果不涉及传播到阵列/对称操作，本步骤省略。

　　（3）在"识别倒角"对话框中单击"确定"按钮，完成创建"识别倒角"特征。

图 10-77　选择倒角曲面

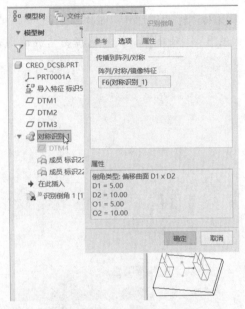

图 10-78　设置传播参考等

10.5　连接曲面和移除曲面

功能区"柔性建模"选项卡的"编辑特征"面板中提供了"连接"按钮和"移除"按钮，本节将介绍这两个按钮的应用。

10.5.1　连接面组

在柔性建模中，对于开放面组与几何不相交的情形，使用"连接"按钮可以将开放面组连接到实体或面组几何。对开放面组执行连接操作，它会一直延伸，直到其连接到要合并到的面组或曲面。当开放面组含有存储的连接信息时，可以使用此信息以与先前相同的连接方式将面组连接到模型几何上。

1．将开放面组连接到实体几何

将开放面组连接到实体几何的典型示例如图 10-79 所示（练习文件为\CH10\creo_lj.prt）。下面介绍如何将开放面组连接到实体几何。

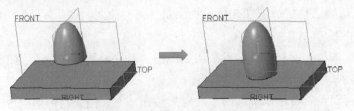

图 10-79　将开放面组连接到实体几何的典型示例

（1）在功能区"柔性建模"选项卡的"编辑特征"面板中单击"连接"按钮，打开"连接"选项卡，如图 10-80 所示。

图 10-80 "连接"选项卡

（2）在"连接"选项卡中打开"参考"滑出面板，如图 10-81 所示，确保"要修剪/延伸的面组"收集器处于活动状态，选择要连接的开放面组。如有需要，单击以激活"要合并的面组"收集器，然后选择用于合并开放面组的面组。

（3）根据实际情况进行以下 3 种操作之一。

☑ 添加材料，方式为使用实体材料填充由面组界定的体积块。在"连接"选项卡的下拉列表框中选择"实体"图标，接着根据实际情况设置将材料添加到面组的哪一侧，并进入"选项"滑出面板，设置"修剪/延伸并且不进行连接"复选框的状态等，如图 10-82 所示。如果要修剪或延伸开放面组但不将其连接到几何，那么就要选中"修剪/延伸并且不进行连接"复选框；如果要设置除默认值以外的几何的边界，那么需要在"选项"滑出面板中单击"边界边"收集器并选择所需的边线。

图 10-81 "参考"滑出面板

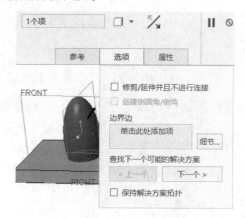

图 10-82 "选项"滑出面板

☑ 从开放面组的内侧或外侧移除材料。那么从下拉列表框中选择"移除材料"选项，接着设置在哪一侧移除材料，并在"选项"滑出面板中设置"修剪/延伸并且不进行连接"复选框的状态，再根据实际情况设置边界边，如图 10-83 所示。

☑ 使用存储的连接信息以与先前相同的连接方式将面组连接到模型几何。从下拉列表框中选择，通过填充由面组界定的体积块来添加材料和移除材料。此时可以根据设计需要在"选项"滑出面板中设置"创建倒圆角/倒角"复选框的状态。

（4）单击"完成"按钮或鼠标中键，完成将开放面组连接到实体几何。

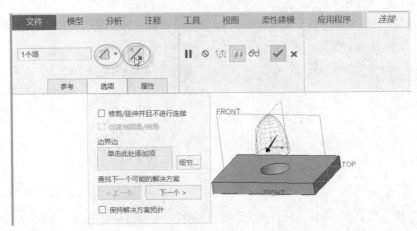

图 10-83　移除面组内侧或外侧的材料

2. 将开放面组连接到面组

（1）在功能区"柔性建模"选项卡的"编辑特征"面板中单击"连接"按钮，打开"连接"选项卡。

（2）在"连接"选项卡中打开"参考"滑出面板，确保"要修剪/延伸的面组"收集器处于活动状态，选择要连接的开放面组。接着单击以激活"要合并的面组"收集器，选择用于合并开放面组的面组。此时"连接"选项卡如图 10-84 所示。

图 10-84　用于将开放面组连接到面组的"连接"选项卡

（3）如需更改"要修剪/延伸的面组"中要保留的侧，那么单击左侧的。

（4）如需更改"要合并的面组"中要保留的侧，那么单击右侧的。

（5）打开"选项"滑出面板进行相关设置。

（6）单击"完成"按钮或鼠标中键，完成将开放面组连接到面组。

10.5.2　移除曲面

在柔性建模环境中，使用"移除"按钮移除几何，不需改变特征的历史记录，也不需编辑参考或重新定义一些其他特征，比较方便。移除几何时，相邻曲面会进行相应的延伸或修剪，直到它们彼此相交或与模型中的其他曲面相交，从而形成封闭的体积块。

在功能区"柔性建模"选项卡的"编辑特征"面板中单击"移除"按钮，打开如图 10-85 所示的"移除曲面"选项卡。观察到"移除"工具提供两种模式，一种是移除曲面模式，另一种是移除边链模式。Creo 会根据选择的移除模式和几何在"移除曲面"选项卡显示不同的项。移除操作有时会提供多种移除方案，此时可以通过"选项"滑出面板中的工具浏览并选择最符合设计需求的方案。

图 10-85　"移除曲面"选项卡

如要移除选定曲面，而不延伸或修剪相邻曲面，则选中"保持打开状态"复选框。此时"选项"滑出面板中的连接选项将变为不可用，而生成的几何中的实体会转换为面组，封闭面组会转换为开放面组。

在柔性建模下创建移除特征时，须遵循如下的一般规则。

☑　待延伸或修剪的所有曲面必须与参考所定义的边界相邻。

☑　待延伸的曲面必须可延伸。

☑　延伸曲面必须会聚以形成封闭的体积块。

☑　延伸曲面时不会创建新的曲面片。

下面介绍一个移除曲面的范例。

（1）打开本书配套资源中的\CH10\creo_ycqm.prt 文件，文件中的原始模型如图 10-86 所示。

（2）切换至功能区的"柔性建模"选项卡，在"编辑特征"面板中单击"移除"按钮，打开"移除曲面"选项卡。默认情况下选中"移除曲面"模式，而取消选中"保持打开状态"复选框。

（3）在模型中选择如图 10-87 所示的一个孔内圆柱曲面，再按住 Ctrl 键并选择另一个要移除的曲面。

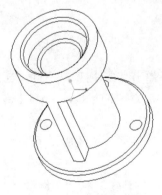

图 10-86　原始模型

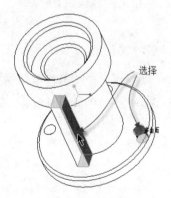

图 10-87　选择要移除的曲面

（4）此时，如果打开"移除曲面"选项卡的"选项"滑出面板，则可以看到连接选项默认为"实体"，如图 10-88 所示。选中"实体"单选按钮表示将连接几何创建为实体几何，而如果选中"曲面"单选按钮则表示将连接几何创建为面组几何。

⚠ **注意**

当要移除的曲面属于某一面组时，"选项"滑出面板提供的连接选项为"相同面组"和"新面组"，"相同面组"单选按钮用于将连接几何创建为现有面组的一部分，而"新面组"单选按钮用于将连接几何创建为新面组。

（5）单击"完成"按钮 ✔，移除选定曲面后的实体模型效果如图 10-89 所示。

图 10-88　"选项"滑出面板　　　　　　图 10-89　移除曲面结果

10.6　综合范例——柔性建模

学习目的：

本章综合范例将练习综合应用常用柔性建模工具，即在一个外来模型的基础上利用各种柔性建模工具对其进行修改。

重点难点：

☑　导入*.stp 格式的文档

☑　各种常见柔性建模工具的应用

操作步骤：

1．导入 STP 文件

（1）在"快速访问"工具栏中单击"打开"按钮 📂，弹出"文件打开"对话框，在"类型"下拉列表框中选择"STEP(.stp，.step)"，选择本书配套资源中的\CH10\Creo_zh.stp 文件，如图 10-90 所示。

视频讲解

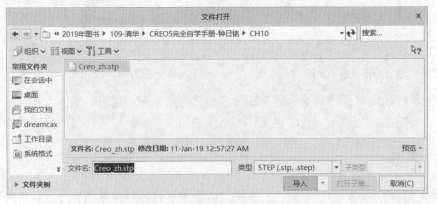

图 10-90　选择 STEP 格式的文件

（2）在"文件打开"对话框中单击"导入"按钮，弹出"导入新模型"对话框，如图 10-91

所示,在"类型"选项组中选中"零件"单选按钮,在"轮廓"选项组的"导入类型"下选中"自动"单选按钮,接受默认的文件名。

（3）在"导入新模型"对话框中单击"确定"按钮。

（4）导入新模型后,在模型树中单击导入特征,如图 10-92 所示,接着在浮动工具栏（也称快捷工具栏）中单击"隐藏"按钮 ,从而隐藏此导入特征的曲面,此时在图形窗口中显示的导入实体模型如图 10-93 所示。

图 10-91 "导入新模型"对话框

图 10-92 选择导入特征进行隐藏设置

图 10-93 显示的实体模型效果

2. 在柔性建模环境下偏移曲面

（1）在功能区中切换至"柔性建模"选项卡,在"变换"面板中单击"偏移"按钮 ,打开"偏移几何"选项卡,设置偏移距离为 0.8,如图 10-94 所示。

图 10-94 "偏移几何"选项卡

（2）选择如图 10-95 所示的其中一个圆柱顶部端面,接着按住 Ctrl 键选择另一个圆柱顶部端面作为偏移曲面。

（3）单击"完成"按钮 。

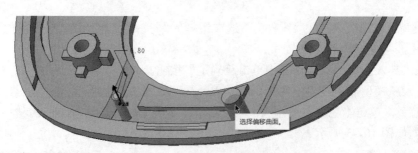

图 10-95　选择两处偏移曲面

3. 修改一处圆柱的半径

（1）在功能区"柔性建模"选项卡的"变换"面板中单击"修改解析"按钮，打开"修改解析曲面"选项卡。

（2）选择要修改的圆柱曲面，如图 10-96 所示。

（3）在"修改解析曲面"选项卡中修改半径的值为 0.4，如图 10-97 所示。

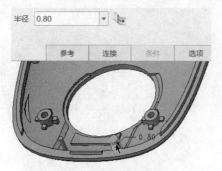

图 10-96　选择要修改的圆柱曲面　　　　图 10-97　修改选定圆柱的半径值

（4）单击"完成"按钮，修改选定圆柱半径后的效果如图 10-98 所示。

4. 移除选定曲面

（1）在功能区"柔性建模"选项卡的"编辑特征"面板中单击"移除"按钮，打开"移除曲面"选项卡。

（2）默认选中"移除曲面"模式，在模型中选择曲面 A，再按住 Ctrl 键选择曲面 B 作为要移除的曲面，如图 10-99 所示。

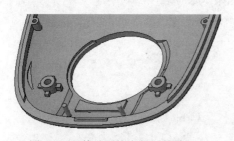

图 10-98　修改圆柱半径后的效果　　　　图 10-99　选择要移除的曲面

（3）默认的曲面移除方案如图 10-100 所示，接着在"选项"滑出面板中通过单击"下一个"按钮来查找下一个可能的解决方案，以获得如图 10-101 所示的移除预览效果。

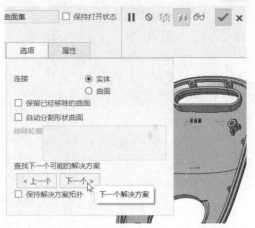

图 10-100 默认的曲面移除方案 　　　　　　图 10-101 查找下一个解决方案

（4）单击"完成"按钮 ✓，移除曲面的结果如图 10-102 所示。

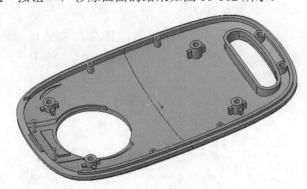

图 10-102 移除曲面的结果

5. 按设定尺寸移动选定几何

（1）在模型中选择如图 10-103 所示的一处曲面，接着在功能区"柔性建模"选项卡的"形状曲面选择"面板中单击"多凸台"按钮 ，以选中整个"火箭柱"曲面，如图 10-104 所示。

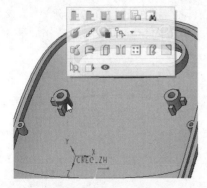

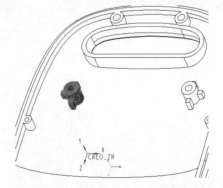

图 10-103 选择一处曲面 　　　　　　　图 10-104 选择所在凸台及其附属曲面

（2）在功能区"柔性建模"选项卡的"变换"面板中单击"按尺寸移动"按钮 ，打开"移动"选项卡。

（3）在"移动"选项卡中打开"尺寸"滑出面板，为尺寸 1 选择已有坐标系作为参考 1，接着按住 Ctrl 键在要操作的"火箭柱"结构中选择如图 10-105 所示的一个平面，为参考 2。

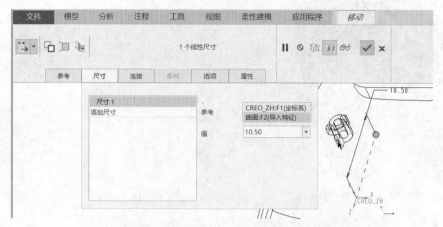

图 10-105　结合 Ctrl 键为尺寸 1 选择两个参考

（4）在"尺寸"滑出面板中将尺寸 1 的值更改为 11.50，如图 10-106 所示。

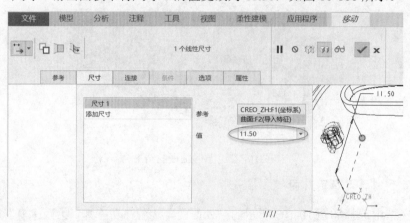

图 10-106　修改尺寸 1 的值

（5）在"移动"选项卡中单击"完成"按钮 ✓，移动结果如图 10-107 所示。

（6）使用同样的方法，使另外一侧的"火箭柱"结构也向相同的方向移动相同的距离，结果如图 10-108 所示。

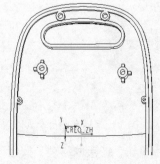

图 10-107　移动一处"火箭柱"

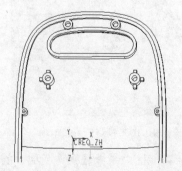

图 10-108　移动另外一处"火箭柱"

6. 保存文件

在"快速访问"工具栏中单击"保存"按钮🔲，进行保存文件的操作。

10.7　思考与上机练习

（1）如何理解柔性建模？

（2）在柔性建模环境下选择曲面的方法有哪些？

（3）柔性建模的修改几何工具有哪些？

（4）对于一个非参的导入特征而言，如果要修改该导入模型的圆柱半径，应该使用哪个工具命令？

（5）如何创建"阵列识别"特征？如何创建"镜像识别"特征？

（6）举例说明在柔性建模环境下进行连接曲面的操作的方法。

（7）简述移除曲面的一般规则。

（8）上机练习：自行设计一个模型，然后在该模型中创建至少 5 个柔性建模特征。

第11章 钣金件设计

本 章 导 读

　　钣金是一种专门针对钣金薄板的综合冷加工工艺，常见钣金工艺包括剪、冲压、线切割、复合、折弯、铆接、焊接、拼接、成型等。通过钣金工艺加工出来的同一零件厚度一致的产品便是钣金件。钣金件具有重量轻、强度高、导电性能佳（能用于电磁屏蔽）、成本相对较低、适合大规模生产等特点。钣金件广泛应用在电子电器、通信、汽车工业、航天航空、造船、医疗器械等各种行业。

　　本章介绍如何在 Creo Parametric 5.0 钣金模块中进行钣金件设计，主要内容有钣金模块概述、转换为钣金件、形状壁、钣金工程操作（扯裂、拐角止裂槽、凸模、凹模、平整成型等）、钣金折弯、展平、折弯回去和钣金的一些编辑操作等。

11.1　钣金模块概述

　　Creo Parametric 5.0 中有一个专门的钣金件设计模块，可以通过新建一个钣金件文件来进入该模块。

　　（1）在"快速访问"工具栏中单击"新建"按钮，弹出"新建"对话框。

　　（2）在"类型"选项组中选中"零件"单选按钮，在"子类型"选项组中选中"钣金件"单选按钮，在"文件名"文本框中接受默认文件名称或输入新的文件名称，取消选中"使用默认模板"复选框，单击"确定"按钮，弹出"新文件选项"对话框。

　　（3）在"新文件选项"对话框的"模板"选项组中选择 mmns_part_sheetmetal，单击"确定"按钮，从而新建一个钣金件文件并进入钣金件设计模块。钣金件设计模块的工作界面和零件设计模块的工作界面基本一致，钣金件的基本建模工具位于功能区的"模型"选项卡中，如图 11-1 所示。

图 11-1　钣金件设计模块下的"模型"选项卡

在钣金件设计模块下可以开始创建钣金件特征，这是钣金件的主要创建方式，当然也可以在装配模式下使用自上向下的方式创建钣金件。还可以先在实体零件建模模块下创建块状或薄板状的实体零件，然后将其转换成钣金件。

钣金件是实体模型，具有基本均匀的厚度。钣金件有驱动曲面和偏移曲面之分，只有重新生成模型后，才会形成侧（深度）曲面。在默认情况下，系统在线框显示模式时以绿色突出显示驱动侧，以白色突出显示偏移侧（表示厚度）。

钣金件特征主要包括分离壁、连接壁、钣金切口、折弯、裂缝、展平、折回、成型、冲孔、凹槽、止裂槽、成型等，当然，还可以在钣金件上创建孔、倒圆角、倒角、实体切口、阵列、镜像等特征。这里先简要地介绍钣金件中壁的概念，所谓的壁是设计中钣金件材料的任何截面，主要有分离壁和连接壁两种。分离壁是指不需要其他壁就可以存在的独立壁，通常将钣金件中的第一个分离壁称为“第一壁”（第一壁决定钣金件的厚度），而其他所有钣金件特征都可以视为第一壁的子项；连接壁则是连接在其他壁上的壁特征（即取决于至少一个其他壁）。本书中，因为壁的相关创建命令位于功能区“模型”选项卡的“形状”面板中，所以分离壁和连接壁都可称为“形状壁”。需要注意的是，有些壁命令既可以生成分离壁也可以创建连接壁。

在钣金件设计中，钣金件属性及其关联设置可用于预定义共有特征几何，自动执行任务，以及维持设计一致性。新建一个钣金件文件后，在功能区执行“文件”→“准备”→“模型属性”命令，打开“模型属性”对话框，接着在该对话框中设置钣金件的相关属性参数，包括“折弯余量”“折弯”“止裂槽”“边处理”“斜切口”“固定几何”“折弯顺序”“设计规则”等，这些钣金件属性的含义如表 11-1 所示。通常，采用系统默认的钣金件属性设置即可。

表 11-1　钣金件属性一览表

钣金件属性	说　明	备　注
折弯余量	显示用于折弯余量计算的因子类型，以及是否为模型分配了折弯表	折弯余量设置的内容包括用于计算展开长度的因子类型和值、用于计算弧的展开长度的折弯余量表、分配给零件的材料是否驱动折弯余量参数。注意：折弯余量表控制在包含弧的几何上构建折弯时所需的平整材料展开长度的折弯余量计算，展开长度取决于材料类型、材料厚度和折弯半径
折弯	显示半径尺寸以及标注折弯的位置	可以为钣金件定义折弯半径的值、折弯尺寸的位置和折弯角度的值
止裂槽	显示折弯和拐角止裂槽的类型	可以为钣金件定义特定止裂槽的默认值，包括拐角止裂槽的类型、宽度和深度，以及折弯止裂槽的类型、宽度、深度和角度
边处理	显示边处理类型	可以为钣金件定义边处理设置的默认值，包括相交的两壁的间距尺寸和边处理的类型、宽度
斜切口	显示和设置斜切口的宽度和偏移	
固定几何	显示和设置在展平、折回和平整形态操作过程中保持固定的零件几何	
折弯顺序	显示为模型定义的折弯顺序的编号等	折弯顺序表显示钣金件设计中折弯特征的顺序,通过完全展平零件和记录折回过程构造而成

续表

钣金件属性	说　　明	备　　注
设计规则	设置为模型定义的设计规则	设计规则是设计指导方针，它以零件的材料类型和制造工艺为基础，可以为一个设计复制任意数量的设计规则表，但是一次只能为一个零件分配一个设计规则表
平整状态实例	显示为使用 Creo Parametric 1.0 之前旧版本创建的类属模型定义的平整状态实例数量	注意平整状态是完全展平的零件副本

11.2　转换为钣金件

在零件模式下创建好所需的实体模型，接着使用"转换为钣金件"工具命令可以将满足要求的实体零件转换为钣金件，操作方法和步骤如下。

（1）在一个新实体零件文件中创建好所需的实体零件，或者打开现有的实体零件。

（2）在功能区"模型"选项卡的"操作"滑出面板中选择"转换为钣金件"命令，打开"第一壁"选项卡，如图 11-2 所示。

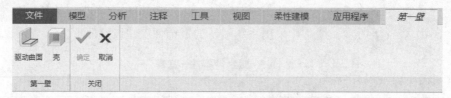

图 11-2　"第一壁"选项卡

（3）在"第一壁"选项卡的"第一壁"面板中单击"驱动曲面"按钮或"壳"按钮，以采用相应方式将实体零件转换为钣金件。一般情况下，对于具有均一厚度的薄板状实体零件，可以采用"驱动曲面"方式来定义转换方式；而对于块状零件，则通过采用"壳"方式来将其转换为钣金件。

单击"驱动曲面"按钮，则功能区显示如图 11-3 所示的"驱动曲面"选项卡。接着选择要用作驱动曲面的实体曲面，需要时可利用"参考"滑出面板来设置钣金件零件要包括的曲面和要排除的曲面，并可设置壁厚度值和厚度方向，以及在"选项"滑出面板中进行相关设置，例如，是否在钣金件零件中包括倒圆角和倒角，是否保留未分类的曲面作为单独的面组，是否将驱动曲面设置为与选定曲面相对。

单击"壳"按钮，则打开如图 11-4 所示的"壳"选项卡，接着选择要从零件移除的一个或多个曲面，指定壳厚度和厚度方向，必要时可打开"选项"滑出面板将驱动曲面设置为与壳曲面相对。

（4）单击"完成"按钮。此时，零件模式自动切换到钣金件模式，并完成创建了第一个壁特征。

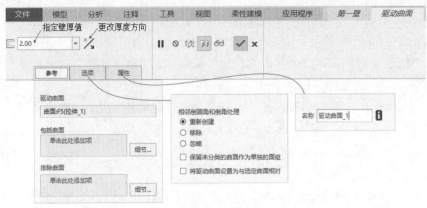

图 11-3 "驱动曲面"选项卡

图 11-4 "壳"选项卡

11.3 形 状 壁

本节将介绍一些常用的形状壁,包括平面壁、拉伸壁、旋转壁、扭转壁、平整壁、法兰壁和高级壁,高级壁主要包括边界混合壁、扫描壁、扫描混合壁、螺旋扫描壁和混合壁等。用于创建形状壁的工具命令位于功能区"模型"选项卡的"形状"面板中。

11.3.1 平面壁

在钣金件设计模块中,单击功能区"模型"选项卡的"形状"面板中的"平面"按钮,打开如图 11-5 所示的"平面"选项卡。接着指定参考面,绘制平面壁的封闭环草图,并设置平面壁的厚度和厚度方向,单击"完成"按钮,即可完成创建一个平面壁特征。

图 11-5 "平面"选项卡

下面介绍一个创建平面壁的练习范例，在该范例中，读者将学习和掌握创建平面壁的一般方法及步骤，要注意在第一壁基础上创建平面壁时可以设置的选项。

（1）在"快速访问"工具栏中单击"新建"按钮□，弹出"新建"对话框。在"类型"选项组中选中"零件"单选按钮，在"子类型"选项组中选中"钣金件"单选按钮，输入文件名为creo_11_3_1，取消选中"使用默认模板"复选框，单击"确定"按钮。弹出"新文件选项"对话框，从"模板"选项组中选择 mmns_part_sheetmetal 模板，单击"确定"按钮。

（2）在功能区"模型"选项卡的"形状"面板中单击"平面"按钮☑，打开"平面"选项卡。

（3）选择 TOP 基准平面快速进入草绘模式，绘制如图 11-6 所示的封闭图形，单击"确定"按钮✓，从而完成草绘并退出草绘模式。

（4）在"平面"选项卡的□"厚度值"框中输入壁厚度为 2.5。

（5）在"平面"选项卡中单击"完成"按钮✓，完成创建的第一个平面壁，如图 11-7 所示。

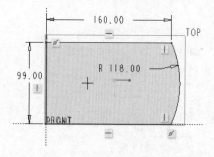

图 11-6　绘制封闭图形

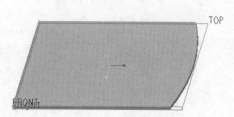

图 11-7　完成创建的第一个平面壁

（6）再次在功能区的"模型"选项卡的"形状"面板中单击"平面"按钮☑，打开"平面"选项卡。

（7）在"平面"选项卡中打开"参考"滑出面板，单击"定义"按钮，在弹出的"草绘"对话框中单击"使用先前的"按钮，进入草绘模式。

（8）绘制如图 11-8 所示的封闭图形，单击"确定"按钮✓。

（9）在"平面"选项卡中打开"选项"滑出面板，如图 11-9 所示，确认选中"合并到模型"单选按钮，从而设置将第二个平面壁合并到模型（第一壁特征）。

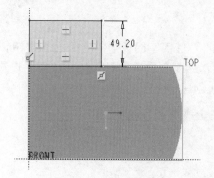

图 11-8　绘制封闭图形

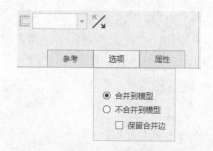

图 11-9　在"选项"滑出面板中设置

（10）在"平面"选项卡中单击"完成"按钮✔，创建的平面壁特征效果如图 11-10 所示。

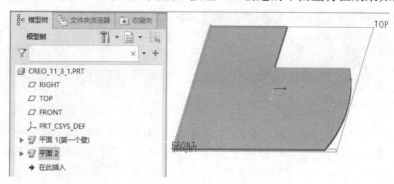

图 11-10 完成平面壁设计

11.3.2 拉伸壁与拉伸切口

视频讲解

在钣金件设计模块中，使用功能区"模型"选项卡的"形状"面板中的"拉伸"按钮，既可以创建一个分离的拉伸壁作为钣金件的第一壁，也可以在现有钣金件模型的基础上创建拉伸切口。请看下面的练习范例。

1. 使用"拉伸"工具创建钣金件第一壁

（1）新建一个名为 creo_11_3_2 的钣金件文件，模板使用 mmns_part_sheetmetal。

（2）在功能区"模型"选项卡的"形状"面板中单击"拉伸"按钮，打开如图 11-11 所示的"拉伸"选项卡。

图 11-11 "拉伸"选项卡

（3）选择 FRONT 基准平面作为草绘参考平面，进入草绘模式。绘制如图 11-12 所示的拉伸截面，单击"确定"按钮✔。

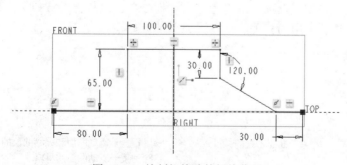

图 11-12 绘制拉伸壁的拉伸截面

（4）在深度下拉列表框中选择□（对称）选项，输入拉伸的总长度为 90，并设置壁厚度值为 3，如图 11-13 所示。

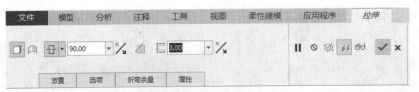

图 11-13　设置拉伸参数

（5）在"拉伸"选项卡中打开"选项"面板，从中选中"在锐边上添加折弯"复选框，在"半径"下拉列表框中选择"2.0 * 厚度"选项，并选择"内侧"选项以设置标注折弯的内侧曲面，如图 11-14 所示。

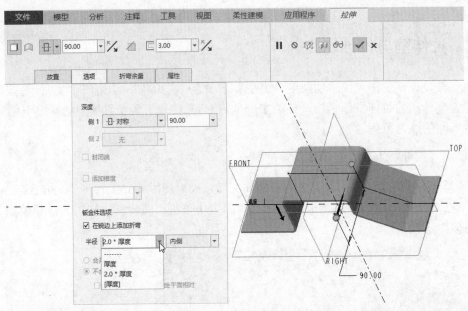

图 11-14　设置钣金件选项

（6）在"拉伸"选项卡中单击"完成"按钮✔，完成"拉伸壁"（即钣金件第一壁）特征。

2. 创建钣金的拉伸切口

（1）在功能区"模型"选项卡的"形状"面板中单击"拉伸"按钮，打开"拉伸"选项卡。此时，"拉伸"选项卡中的相关默认设置如图 11-15 所示。

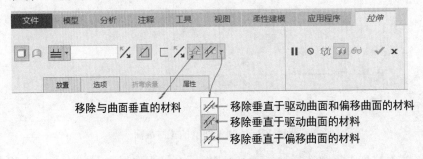

图 11-15　"拉伸"选项卡中的相关默认设置

（2）在"第一壁"特征上单击如图 11-16 所示的实体面，以定义草绘平面。

（3）进入草绘模式后，绘制如图 11-17 所示的截面，单击"确定"按钮✔。

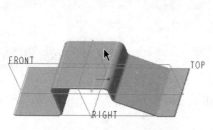

图 11-16　定义草绘平面

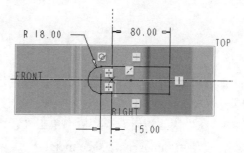

图 11-17　绘制拉伸切口截面

（4）在"拉伸"选项卡中单击"完成"按钮✔，完成的钣金拉伸切口如图 11-18 所示。

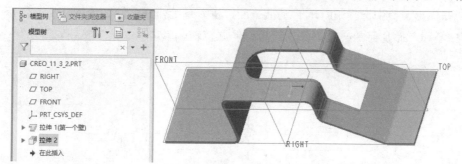

图 11-18　创建钣金拉伸切口

11.3.3　旋转壁

使用"旋转"按钮，可以通过绕着中心轴线旋转的方式来创建旋转壁或曲面，典型示例如图 11-19 所示。当旋转壁不是第一壁时，使用"旋转"按钮可创建一个实体切口。

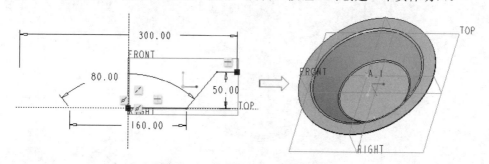

图 11-19　典型示例：创建旋转壁

在功能区"模型"选项卡的"形状"滑出面板中单击"旋转"按钮，打开如图 11-20 所示的"旋转"选项卡，利用此选项卡定义旋转截面和旋转轴（务必注意旋转轴与旋转截面的定义要求），设置钣金件参数（如厚度、厚度方向等）及其选项（如在锐边上添加折弯）等，最后单击"完成"按钮✔，即可完成旋转壁特征。

图 11-20 "旋转"选项卡

下面通过一个范例讲解创建旋转壁的一般方法，请读者思考使用"旋转"按钮 切除实体材料的方法。

（1）在"快速访问"工具栏中单击"新建"按钮 ，新建一个名为 creo_11_3_3 的钣金件文件，其模板使用 mmns_part_sheetmetal。

（2）在功能区"模型"选项卡的"形状"滑出面板中单击"旋转"按钮 ，打开"旋转"选项卡。

（3）在图形窗口中选择 FRONT 基准平面，进入草绘模式。绘制如图 11-21 所示的旋转截面和几何中心线，此几何中心线将作为旋转壁的旋转轴。单击"确定"按钮 。

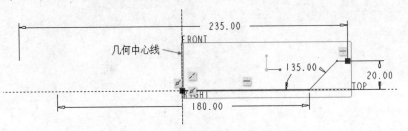

图 11-21 绘制旋转截面及几何中心线

（4）默认旋转角度为 360°，输入厚度值为 2，并单击"将材料的旋转方向更改为草绘的另一侧"按钮 ，如图 11-22 所示。

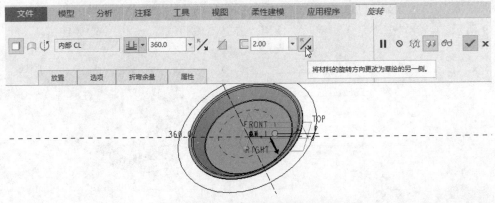

图 11-22 设置旋转参数

（5）在"旋转"选项卡中打开"选项"滑出面板，接着在"钣金件选项"选项组中选中"在锐边上添加折弯"复选框，在"半径"下拉列表框中选择"2.0 * 厚度"选项，并选择"内侧"选项，如图 11-23 所示。

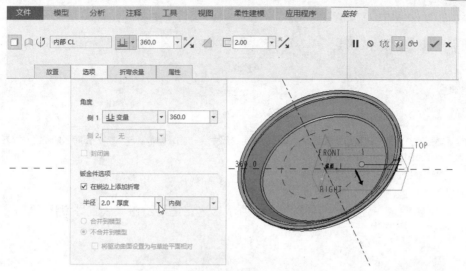

图 11-23　设置钣金件选项

（6）单击"完成"按钮 ✓，创建的旋转壁（第一个壁）如图 11-24 所示。

11.3.4　扭转壁

使用"扭转壁"工具可以在一些现有壁的某条直边处创建一个扭转形状的薄壁，这就是"扭转壁"特征。其扭转的中心轴线被称为扭转轴，扭转轴穿过壁的中心，并与连接边垂直。扭转壁的主要尺寸包括起始宽度（扭转壁在连接边处的宽度）、终止宽度（扭转壁终止处的宽度）、扭转壁的长度（指连接边到扭转轴末端的长度）和扭转角度，如图 11-25 所示。

扭转壁可更改钣金零件的平面，故在设计中通常将扭转壁用作两钣金件之间的过渡区域，它可以是矩形的或梯形的。如果附加壁无半径并与扭转相切，那么仅可在扭转端添加一个平整或拉伸壁，注意不能使用带扭转壁的半径，对于扭转壁，可以使用常规展平命令展平它。

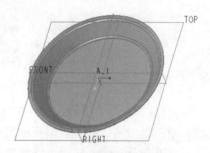

图 11-24　完成旋转壁

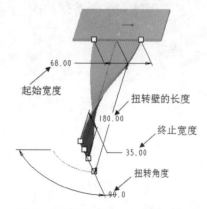

图 11-25　扭转壁的尺寸参数示意图

下面介绍一个练习范例：在平面壁的直边上创建扭转壁。通过该范例可以使读者快速掌握创建扭转壁的一般方法。

（1）在"快速访问"工具栏中单击"打开"按钮 📂，弹出"文件打开"对话框，选择本书配套资源中的\CH11\creo_11_3_4.prt 文件，单击"打开"按钮，此文件中存在一个原始平面壁。

（2）在功能区"模型"选项卡的"形状"滑出面板中单击"扭转"按钮 ✎，系统打开如图 11-26

视 频 讲 解

所示的"扭转"选项卡。

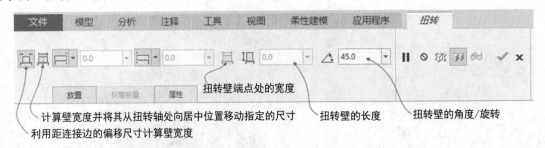

图11-26　"扭转"选项卡

（3）为扭转壁选择连接边，如图11-27所示。选定边显示在"放置"滑出面板的"放置"收集器中。

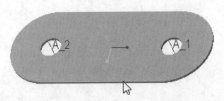

图11-27　选择扭转壁应连接的直边

（4）在"扭转"选项卡中单击"计算壁宽度并将其从扭转轴处向居中位置移动指定的尺寸"按钮，接着在"起始壁宽度值"框中设置起始壁宽度为100，单击"终止壁宽度（扭转壁端点处的宽度）"按钮并设置终止壁宽度为50，在"扭转壁的长度（指连接边到扭转轴末端的长度）"框中输入260，在"扭转壁的扭转角度"框中输入90，如图11-28所示。

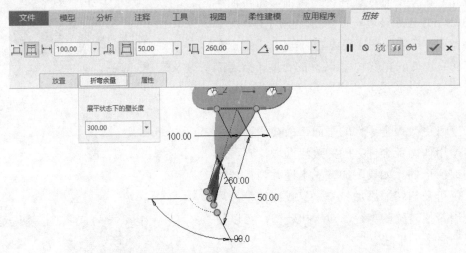

图11-28　在"扭转"选项卡中设置相关扭转参数

⚠ **注意**

如果要在基准点上定位扭转轴，那么在"扭转"选项卡中单击"将基准点设置为扭转轴位置"按钮，接着在图形窗口中选择连接边上的基准点，以此定位扭转壁的中心线，它垂直于起始边并与现有壁共面。

（5）要更改展平状态下的壁长度，那么可以在"扭转"选项卡中打开"折弯余量"滑出面板，接着在"展平状态下的壁长度"框中输入一个新值或从其列表中选择一个值。本例接受默认的折弯余量设置。

（6）单击"完成"按钮 ✓，完成的扭转壁如图 11-29 所示。

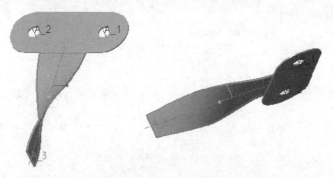

图 11-29　完成创建扭转壁

在本例中，也可以选择其他选项来设置壁宽度，即在"扭转"选项卡中单击"利用距连接边的偏移尺寸计算壁宽度"按钮 ⊟，接着选择连接边两侧的修剪选项，其中 ⊟ 和 ⊟ 用于在链端点处设置壁端部，前者用于在第一方向上使用终止边，后者则用于在第二方向上使用终止边，而 ⊟ 和 ⊟ 则用于将壁端部从链端点处修剪或延伸指定的长度值（需要在相应框中输入值或在图形窗口中拖动控制滑块）。

11.3.5　平整壁

平整壁是一种连接壁，它具有带线性连接边的任意平整形状。需要为连接的平整壁准备一个平整部分的开放环草绘，即需要定义连接平整壁形状，定义平整壁形状有如下 3 种方法：① 选择一种标准平整形状；② 草绘用户定义的平整形状；③ 导入预定义的平整壁形状。

创建平整壁的典型示例如图 11-30 所示，注意平整壁草绘必须是连续开放环的，环的末端位于一条中心线上。

第一壁　　　　　　平整壁草绘　　　　　　完成的平整壁

图 11-30　创建平整壁的示例

在功能区"模型"选项卡的"形状"面板中单击"平整"按钮，打开如图 11-31 所示的"平整"选项卡。在"平整"选项卡中可以根据要求给要创建的平整壁定义壁形状（轮廓）、折弯角度、折弯半径、半径标注形式、止裂槽形状等。其中，在"平整"选项卡最左侧的"形状"下拉列表框中可选择一个预定义的壁形状选项，如"矩形""梯形""L""T"，还可以选择"用户定义"选项以使用草绘自定义薄壁形状。

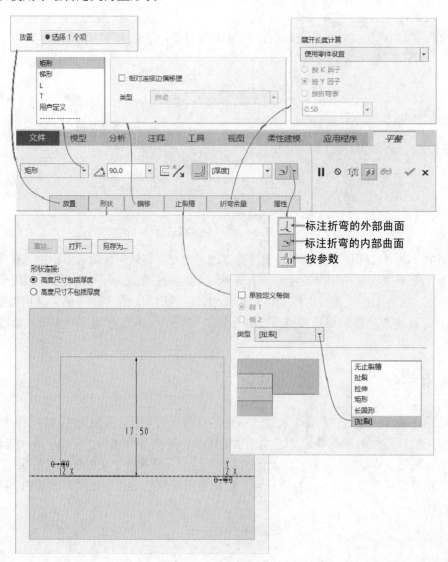

图 11-31 "平整"选项卡

下面介绍一个创建多个平整壁的范例，本范例的完成效果如图 11-32 所示。读者可通过本范例学习和掌握创建平整壁的一般方法，操作步骤如下。

1. 创建连接平整壁 1

（1）在"快速访问"工具栏中单击"打开"按钮，弹出"文件打开"对话框，打开本书配套资源中的\CH11\creo_11_3_5.prt 文件。

（2）在功能区"模型"选项卡的"形状"面板中单击"平整"按钮，打开"平整"选项卡，接着在"形状"下拉列表框中默认选择"矩形"选项。

视频讲解

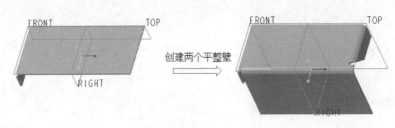

图 11-32 平整壁完成效果

（3）在图形窗口中选择第一壁上的一条边，如图 11-33 所示。

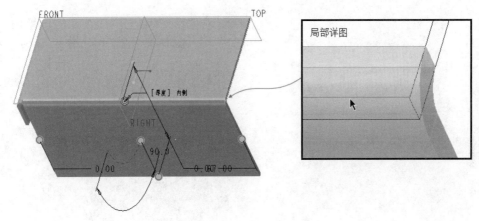

图 11-33 选择一条边连接到侧壁

提示

在默认情况下，系统预定义的平整壁形状为"矩形"，如果需要，用户可以在"平整"选项卡的"形状"下拉列表框中将壁轮廓定义为"梯形""L""T"或者其他自定义形状。如图 11-34 所示为"梯形""L""T"形状示例。

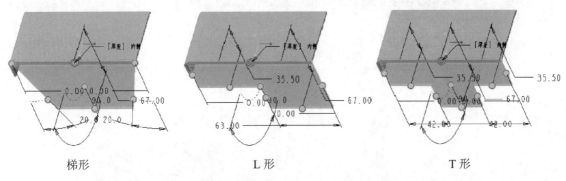

梯形   L 形   T 形

图 11-34 平整壁形状示例

（4）在"平整"选项卡中打开"形状"面板，默认选中"高度尺寸包括厚度"单选按钮，并将一个外形尺寸更改为 71（双击即可编辑该尺寸，按 Enter 键确认），如图 11-35 所示。

（5）设置薄壁角的值为 90°，将折弯半径设置为"2.0 * 厚度"，如图 11-36 所示。

（6）在"平整"选项卡中单击"完成"按钮 ，完成创建第一个连接的平整壁。

2. 创建连接平整壁 2

（1）在功能区"模型"选项卡的"形状"面板中单击"平整"按钮 。

（2）在图形窗口中选择如图 11-37 所示的顶面的一条边。

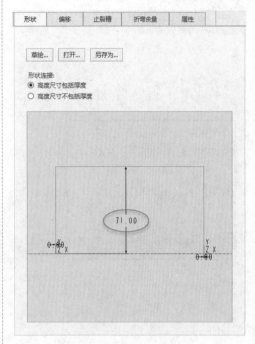

图 11-35 设置形状尺寸

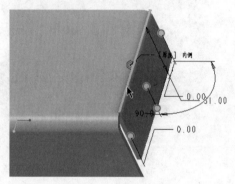

图 11-36 设置平整壁参数

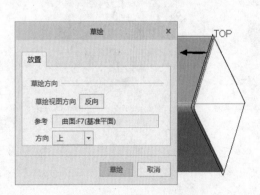

图 11-37 选择连接边

（3）在"平整"选项卡的"形状"下拉列表框中选择"用户定义"选项。

（4）在"平整"选项卡中打开"形状"滑出面板，接着在此滑出面板中单击"草绘"按钮，弹出如图 11-38 所示的"草绘"对话框，在此对话框中直接单击"草绘"按钮。

（5）绘制如图 11-39 所示的形状，单击"确定"按钮 ✔。

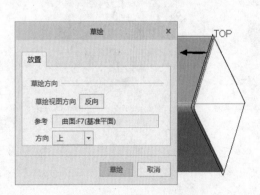

图 11-38 "草绘"对话框

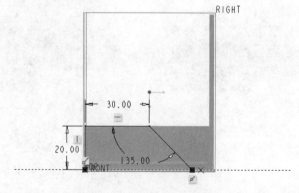

图 11-39 绘制平整壁形状

（6）在"薄壁角的值"下拉列表框 中输入 90，设置在连接边上添加折弯（即确认 按钮处于被选中的状态），将折弯半径设置为"2.0 * 厚度"，选中"标注折弯的内部曲面"图标 。

（7）在"平整"选项卡中打开"止裂槽"滑出面板，选中"单独定义每侧"复选框，选中

"侧 2"单选按钮,在"类型"下拉列表框中选择"长圆形"选项,接着设置长圆形的尺寸参数,如图 11-40 所示。侧 1 的类型默认为"[扯裂]"。侧 1 和侧 2 的位置以实际为准。

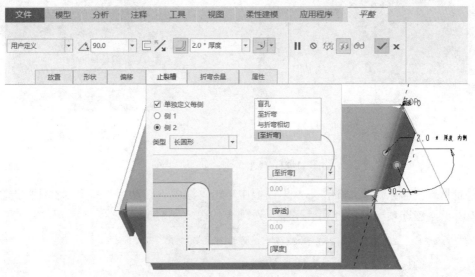

图 11-40 设置侧 2 的止裂槽类型及其参数

(8)在"平整"选项卡中单击"完成"按钮 ✓,完成第二个平整壁的创建,效果如图 11-41 所示。

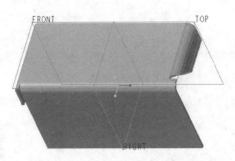

图 11-41 完成创建第二个平整壁

11.3.6 法兰壁

法兰壁是连接的次要壁(可从属于第一壁),它具有沿轨迹拉伸或扫描的开放剖面草绘。法兰壁的连接边可以是线性的,也可以是非线性的,且与连接边相邻的曲面无须是平面。法兰壁形状的设计方法同样有 3 种。

(1)选择一种标准法兰形状(包括折边形状的法兰)。

(2)导入预定义的法兰壁形状。

(3)草绘用户定义的法兰形状。

创建法兰壁的典型示例如图 11-42 所示。

从现有壁上选择连接边 　　平整壁草绘（开放环）　　　完成平整壁创建

图 11-42　典型示例：创建法兰壁

在功能区"模型"选项卡的"形状"面板中单击"法兰"按钮 ，打开"凸缘"选项卡，如图 11-43 所示，该选项卡的内容和"平整"选项卡的内容类似。

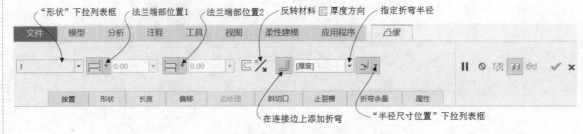

图 11-43　"凸缘"选项卡

为要创建的法兰壁选择连接边后，接着在"凸缘"选项卡的"形状"下拉列表框中选择一个薄壁轮廓形状选项。定义薄壁轮廓形状的选项有"I""弧""S""打开""平齐的""鸭形""C""Z""啮合""用户定义"，前 9 个选项对应的法兰壁的轮廓形状效果如图 11-44 所示。

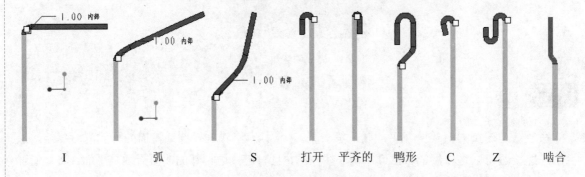

　　I　　　　　弧　　　　　S　　　打开　平齐的　鸭形　　C　　　Z　　啮合

图 11-44　法兰壁的轮廓形状效果

如果要修改法兰壁轮廓的尺寸，可以在"凸缘"选项卡中打开"形状"滑出面板进行草绘编辑。例如选择 Z 轮廓形状选项定义法兰壁轮廓，打开"形状"滑出面板可以很方便地修改该形状的相关尺寸，修改的方法是在形状框内双击要修改的尺寸，然后在出现的编辑框内输入新值确认即可，如图 11-45 所示。

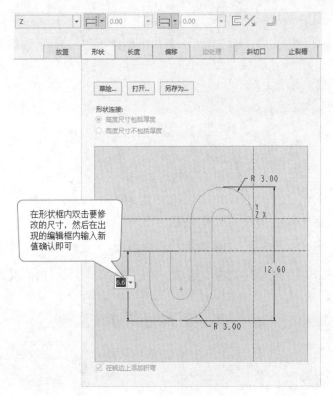

图 11-45　修改轮廓形状尺寸

创建法兰壁时，要注意设置法兰端部位置。例如在如图 11-46 所示的示例中，在"法兰端部位置 1"下拉列表框中选择 （从链端点以指定值在第一方向上修剪或延伸）选项，输入该指定值为-20（按 Enter 键确认后，框中显示的是其绝对值），在"法兰端部位置 2"下拉列表框中选择 （在第二方向使用链端点）选项。

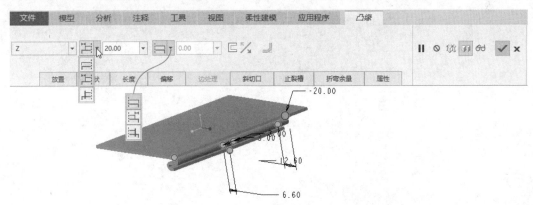

图 11-46　示例：设置法兰端部位置

下面介绍一个创建 S 形法兰壁的练习范例，要求读者通过范例操作学习和掌握创建法兰壁的一般方法步骤。

（1）在"快速访问"工具栏中单击"打开"按钮 ，弹出"文件打开"对话框，打开本书配套资源中的\CH11\creo_11_3_6.prt 文件。

（2）在功能区"模型"选项卡的"形状"面板中单击"法兰"按钮，打开"凸缘"选项卡。

（3）选择一条连接边，如图 11-47 所示（相对外侧的下边线）。所选边显示在"放置"面板的"放置"收集器中，另外，"放置"面板中的"允许自动排除段"复选框默认处于被选中的状态。默认情况下将创建 I 形法兰。

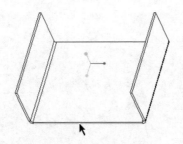

图 11-47　选择连接边

（4）在"形状"下拉列表框中选择 S 选项，并打开"形状"滑出面板，修改法兰壁形状尺寸，如图 11-48 所示。

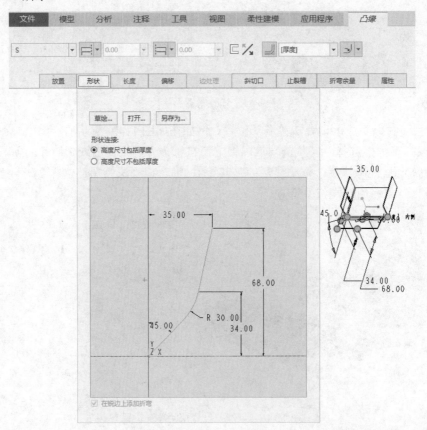

图 11-48　修改法兰壁形状尺寸

（5）在"法兰端部位置 1"下拉列表框中选择 （从链端点以指定值在第一方向上修剪或延伸）选项，输入第一方向的长度值为-10 并按 Enter 键确认；在"法兰端部位置 2"下拉列表框中选择 （从链端点以指定值在第二方向上修剪或延伸）选项，输入第二方向的长度值为-10

并按 Enter 键确认。

（6）在"凸缘"选项卡中打开"止裂槽"滑出面板，在"止裂槽类别"选项组中选择"折弯止裂槽"，确保"单独定义每侧"复选框未被选中，接着在"类型"下拉列表框中选择"矩形"，接受其默认参数设置，如图 11-49 所示。

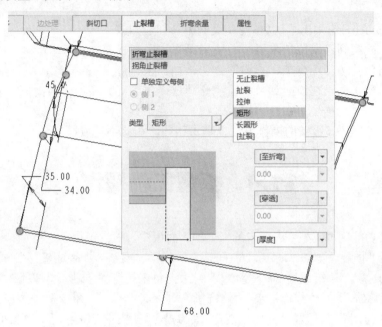

图 11-49　设置止裂槽类别及类型

⚠️ **注意**

壁止裂槽主要用来帮助控制钣金件材料，并防止在执行展平操作时发生不希望的变形。壁止裂槽有两种主要类型，即折弯止裂槽和拐角止裂槽。对于平整壁和法兰壁，可以在创建过程中添加折弯止裂槽和拐角止裂槽。

☑　折弯止裂槽：在创建折弯时添加，还可在创建平整壁或法兰壁时添加。

☑　拐角止裂槽：可通过"拐角止裂槽"工具添加，或者在创建法兰壁或转换特征时添加。可以在模型中以成型和展平状态显示拐角止裂槽。

（7）在"凸缘"选项卡中打开"偏移"滑出面板，取消选中"相对连接边偏移壁"复选框。"斜切口"和"折弯余量"滑出面板均采用默认设置。

🪛 **提示**

"凸缘"选项卡的"偏移"滑出面板用于设置壁相对连接边的偏移，注意仅当将折弯添加到连接边时才可用。如果选中"相对连接边偏移壁"复选框，将激活"类型"下拉列表框，该下拉列表框提供了以下选项供用户选择。

☑　自动：偏移新壁，并保持连接壁的原始高度。

☑　添加到零件边：将壁添加到连接边，而不修剪连接壁的高度。

☑　按值：将壁偏移指定的值。当输入正值时，对连接壁增加指定的厚度值；当输入负值时，修剪指定的厚度值。

（8）在"凸缘"选项卡中单击"完成"按钮✓，完成创建法兰壁，效果如图 11-50 所示。

11.3.7 高级壁

在 Creo Parametric 5.0 中，可以使用高级壁工具创建如波状等外形的壁，此类高级壁比较难展平，使用频率也不高。高级壁类型主要包括边界混合壁、扫描混合壁、扫描壁、螺旋扫描壁和混合壁。由于在前面章节中已经介绍过"边界混合""扫描混合""扫描""螺旋扫描""混合"等工具的应用，而它们用来创建高级壁的操作方法也基本相同，在此不再赘述。

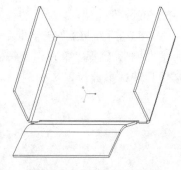

图 11-50　完成创建法兰壁

11.4　钣金工程操作

在钣金模块功能区"模型"选项卡的"工程"面板中，提供了用于进行钣金工程操作的相关工具命令，包括"扯裂（含'边扯裂''曲面扯裂''草绘扯裂''扯裂连接'）""成型（含'凸模''凹模''面组成型''草绘成型''平整成型'）""拐角止裂槽""转换""冲孔""凹槽""孔""倒圆角""倒角""修饰草绘""修饰螺纹""修饰槽"等。其中有不少命令在实体零件模块中已经讲解过，本节将重点介绍"扯裂""拐角止裂槽""凸模""凹模""草绘成型""面组成型""平整成型"等。

11.4.1 扯裂

与扯裂相关的工具按钮有"边扯裂"按钮、"曲面扯裂"按钮、"草绘扯裂"按钮和"扯裂连接"按钮。使用扯裂工具可以撕裂一片连续钣金件材料，以便在展平时沿着已扯裂的截面撕裂钣金件。下面分别介绍扯裂工具的相关基础知识。

1. 边扯裂

边扯裂是指沿一条边扯裂钣金件。通常将边扯裂形成的一条沿着边的锯痕称为"边缝"，它主要用于帮助展平零件。边扯裂的拐角类型分为"开放""盲孔""间隙""重叠"等。

下面介绍在钣金件中创建"边扯裂"特征的一个范例，目的是让读者通过范例操作学习和掌握创建"边扯裂"特征的一般方法，并了解各类边扯裂（边缝）的形状。

（1）在"快速访问"工具栏中单击"打开"按钮，弹出"文件打开"对话框，选择本书配套资源中的\CH11\creo_11_4_1.prt 文件，单击"打开"按钮。

（2）在功能区"模型"选项卡的"工程"面板中单击"边扯裂"按钮，打开"边扯裂"选项卡。

（3）选择要扯裂的边或链，如图 11-51 所示。默认的扯

图 11-51　选择要扯裂的边

裂边处理类型为"[开放]"。

（4）在"边扯裂"选项卡的"边处理类型"下拉列表框中选择"盲孔"选项，如图 11-52 所示。

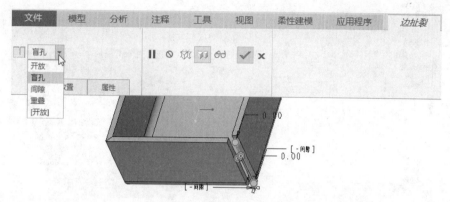

图 11-52　选择扯裂边处理类型

提示

可以尝试在"边处理类型"下拉列表框中选择不同的边处理类型选项，注意观察相应的动态几何预览效果，如图 11-53 所示。系统提供的边处理选项有"开放""盲孔""间隙""重叠""[开放]"，"开放"用于创建开放式扯裂，"盲孔"使用两个尺寸创建扯裂，"间隙"使用基于壁厚值的单一尺寸或根据 SMT_GAP 参数在壁相交处创建扯裂，"重叠"定义壁相互重叠并在壁相交处创建扯裂，"[开放]"创建类型由 SMT_DFLT_EDGE_TREA_TYPE 参数控制的扯裂。

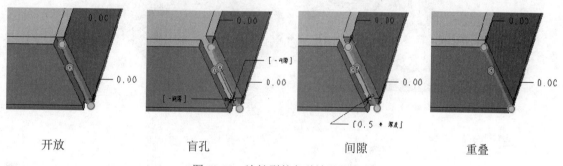

| 开放 | 盲孔 | 间隙 | 重叠 |

图 11-53　边扯裂的各种边处理类型

（5）按住 Ctrl 键的同时选择其他 3 条边，接着打开"放置"滑出面板修改边处理的参数，如图 11-54 所示。按住 Ctrl 键并选择要扯裂的边，所选的边均被收入同一个边扯裂集，有助于管理同一个边扯裂集的共有参数。

提示

如果没有按住 Ctrl 键来选择其他边，那么所选的其他边将被 Creo 系统单独收入新建的边扯裂集中，这样有利于为不同的边缝设置不同的边处理类型及其相应的参数。要创建新的边缝集，可以在"边扯裂"选项卡的"放置"滑出面板中单击"新建集"并添加要扯裂的任意其他边，对于每个集，可以单独定义任何合理尺寸。

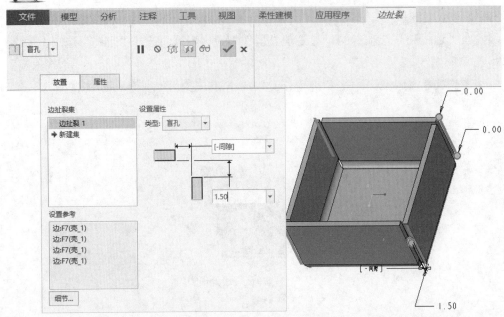

图 11-54 为"边扯裂 1"集指定多个要扯裂的边并修改边扯裂属性

（6）在"边扯裂"选项卡中单击"完成"按钮，完成创建边扯裂，结果如图 11-55 所示。

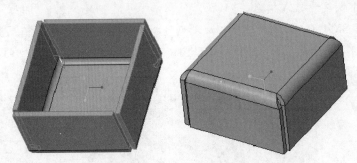

图 11-55 完成创建边扯裂

2. 曲面扯裂

曲面扯裂是指从模型中切除整个曲面片并从模型中移除体积块，从而形成一个曲面缝。要创建一个曲面缝，则在功能区"模型"选项卡的"工程"面板中单击"扯裂"→"曲面扯裂"按钮，打开"曲面扯裂"选项卡，接着选择要从模型中扯掉的一个或多个曲面，然后单击"完成"按钮即可。创建曲面扯裂的典型示例如图 11-56 所示。

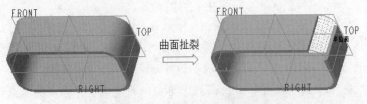

图 11-56 典型示例：创建曲面扯裂

下面介绍一个创建曲面扯裂的操作范例。

（1）在"快速访问"工具栏中单击"打开"按钮，弹出"文件打开"对话框，选择本书配套资源中的\CH11\creo_11_4_1b.prt 文件，单击"打开"按钮。

（2）在功能区"模型"选项卡的"工程"面板中单击"扯裂"→"曲面扯裂"按钮，打开"曲面扯裂"选项卡，如图 11-57 所示。

图 11-57　"曲面扯裂"选项卡

（3）按住 Ctrl 键的同时选择如图 11-58 所示的曲面 1、曲面 2、曲面 3 和曲面 4。

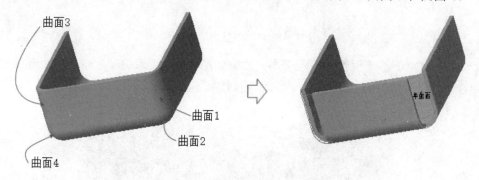

图 11-58　选择要扯裂的曲面

（4）在"曲面扯裂"选项卡中单击"完成"按钮，完成创建曲面扯裂。

3. 草绘扯裂

草绘扯裂是指沿草绘线扯裂钣金件，即沿草绘的缝线创建锯痕，注意可根据情况设置排除曲面使其免于扯裂。下面结合练习范例介绍草绘扯裂的操作方法及其步骤。

（1）在"快速访问"工具栏中单击"打开"按钮，弹出"文件打开"对话框，选择本书配套资源中的\CH11\creo_11_4_1c.prt 文件，单击"打开"按钮。文件中的原始钣金件如图 11-59 所示。

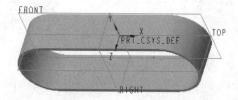

图 11-59　原始钣金件

（2）在功能区"模型"选项卡的"工程"面板中单击"扯裂"→"草绘扯裂"按钮，打开如图 11-60 所示的"草绘扯裂"选项卡。

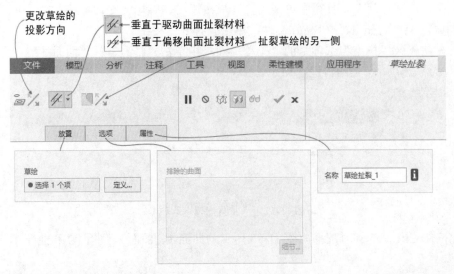

图 11-60   "草绘扯裂"选项卡

（3）选择 TOP 基准平面作为草绘平面，绘制如图 11-61 所示的开放图形（注意有效的草绘必须为单个连续的开放链），然后单击"确定"按钮✔。

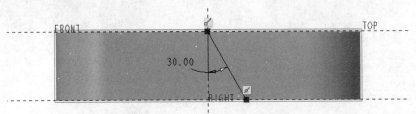

图 11-61   绘制连续的开放图形

（4）根据设计需要定义扯裂垂直方向等，此时动态几何连接预览效果如图 11-62 所示。在"草绘扯裂"选项卡中单击"更改草绘的投影方向"按钮，使草绘的投影方向如图 11-63 所示。

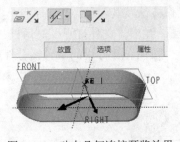

图 11-62   动态几何连接预览效果

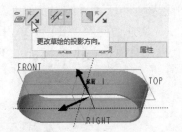

图 11-63   更改草绘的投影方向

（5）在"草绘扯裂"选项卡中单击"完成"按钮，结果如图 11-64 所示。

🐾经验

在某些设计情况下，可以从扯裂中排除一个或多个曲面，其方法是在"草绘扯裂"选项卡中打开"选项"滑出面板，单击激活"排除的曲面"收集器，然后选择要排除的一个或多个曲面即可。

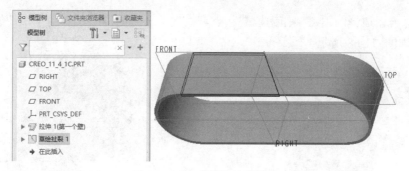

图 11-64　完成草绘扯裂操作

4．扯裂连接

"扯裂连接"按钮用于在两个基准点、两个顶点，或一个基准点和一个顶点之间扯裂钣金件。可以使用"扯裂连接"按钮按直线撕裂钣金件的平面截面并连接现有边缝，扯裂连接端点必须是一个基准点或顶点，顶点还必须位于边缝的末端或在零件边界上。注意扯裂连接不可与现有的边共线。扯裂连接的典型示例如图 11-65 所示，该示例展示了一个顶点和基准点之间的扯裂连接。

要创建扯裂连接，则在功能区"模型"选项卡的"工程"面板中单击"扯裂"→"扯裂连接"按钮，打开如图 11-66 所示的"扯裂连接"选项卡，接着选择一个基准点或顶点作为扯裂起点，再按住 Ctrl 键并选择一个基准点或顶点作为扯裂终点。要为扯裂添加空隙，则在"扯裂"选项卡的"放置"滑出面板中选中"添加间隙"复选框并设置尺寸值；要创建新的扯裂连接集，那么单击"新建集"并重复定义扯裂起点和扯裂终点等操作，最后单击"完成"按钮即可。

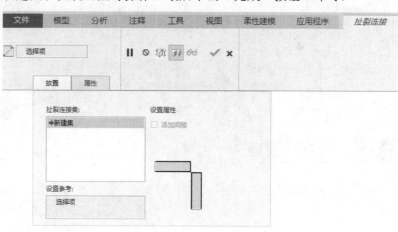

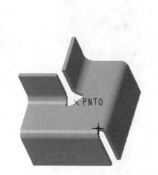

图 11-65　示例：扯裂连接　　　　　　　图 11-66　"扯裂连接"选项卡

下面是一个创建扯裂连接的简单范例。

（1）在"快速访问"工具栏中单击"打开"按钮，弹出"文件打开"对话框，选择本书配套资源中的\CH11\creo_11_4_1d.prt 文件，单击"打开"按钮。文件中的原始钣金件如图 11-67 所示。

（2）在功能区"模型"选项卡的"工程"面板中单击"扯裂"→"扯裂连接"按钮，打开"扯裂连接"选项卡。

（3）选择一个边缝的顶点 1 作为扯裂起点，按住 Ctrl 键的同时选择另一个边缝的顶点 2 作为扯裂终点，如图 11-68 所示。

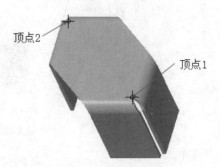

<table>
<tr><td>图 11-67　原始钣金件</td><td>图 11-68　选择两个顶点</td></tr>
</table>

（4）本例要为扯裂添加空隙。在"扯裂"选项卡中打开"放置"滑出面板，接着选中"添加间隙"复选框，从"间隙"下拉列表框中选择"0.5 * 厚度"，如图 11-69 所示。

（5）在"扯裂连接"选项卡中单击"完成"按钮，创建扯裂连接的结果如图 11-70 所示。

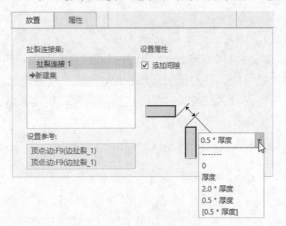

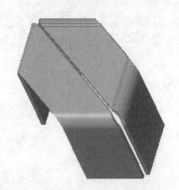

图 11-69　为扯裂添加空隙　　　　　　　　　　　图 11-70　创建扯裂连接

11.4.2　拐角止裂槽

拐角止裂槽有助于控制钣金件材料的行为，并防止其产生用户不希望的变形。要使用"工程"面板中的"拐角止裂槽"按钮，则模型中至少要有一个割裂的边并开启 3D 注解。

下面将结合练习范例介绍创建拐角止裂槽的方法，具体的操作步骤如下。

（1）在"快速访问"工具栏中单击"打开"按钮，弹出"文件打开"对话框，选择本书配套资源中的\CH11\creo_11_4_2.prt 文件，单击"打开"按钮，文件中的原始钣金件如图 11-71 所示。

（2）在功能区"模型"选项卡的"工程"面板中单击"拐角止裂槽"按钮，打开"拐角止裂槽"选项卡，此时在模型中显示有止裂槽的拐角注解，如图 11-72 所示。

（3）在"拐角止裂槽"选项卡中单击"自动选择止裂槽的所有拐角"按钮以自动选择模型中止裂槽的所有拐角。还可以单击"手动选择止裂槽的各个拐角"按钮，接着按住 Ctrl 键在模型中选择两处止裂槽的拐角注解。

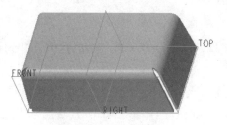

图 11-71 原始钣金件

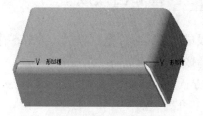

图 11-72 显示有止裂槽的拐角注解

（4）在"拐角止裂槽"选项卡中打开"放置"滑出面板，在"类型"下拉列表框中选择"长圆形"，并分别设置该拐角止裂槽的相关选项及参数，如图 11-73 所示。

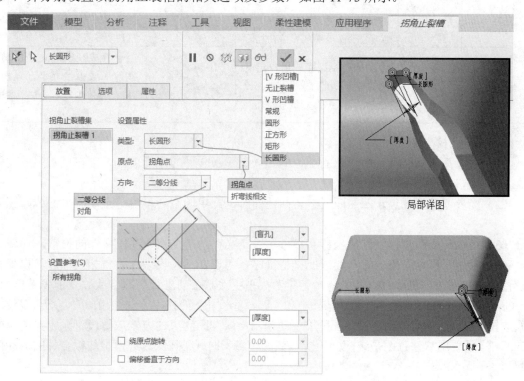

图 11-73 设置拐角止裂槽类型

（5）在"选项"滑出面板中选中"创建止裂槽几何"复选框，如图 11-74 所示。

（6）单击"完成"按钮 ✓，完成创建拐角止裂槽，效果如图 11-75 所示。

图 11-74 选中"创建止裂槽几何"复选框

图 11-75 完成创建长圆形拐角止裂槽

11.4.3 凸模和凹模成型

一般成型是钣金件壁用模板（参考零件）模制成型，也就是将参考零件的几何合并到钣金零件来创建成型特征。

在 Creo Parametric 5.0 中，系统提供 4 种成型刀具，即"凸模""凹模""草绘成型""面组成型"。本节介绍"凸模"和"凹模"刀具，它们的基础概念和应用特点如表 11-2 所示。

表 11-2 凸模和凹模的基础概念和应用特点

成型类型	工 具	说 明	参考零件图例	备 注
凸模	⬇	通过标准模型库或用户定义的模型库装配凸模模型（凸模参考零件）来模制钣金件几何		凸模是模具中用于成型制品内表面的零件，一般不需要指定边界平面
凹模	〰	通过标准模型库或用户定义的模型库装配凹模模型（凹模参考零件）来模制钣金件几何	1 —— 2	钣金件成型实际上使用参考零件形成由边界平面包围的几何，图例中，1 为种子曲面，2 为边界平面

在使用"凸模"或"凹模"刀具时，需要注意以下几点。

（1）成型几何和凹模几何分配的半径值必须大于钣金件的厚度值，否则在重新生成过程将失败。

（2）当参考模型既包含凹曲面又包含凸曲面时，产生的空心不可落至基础平面或匹配曲面之外。

（3）可以在成型过程中创建坐标系参考，以定义在制造工艺中冲压零件的位置。

（4）使用"继承"来放置凸模或凹模特征时，可以在参考模型上设置相关性。可以将相关性设置为当参考模型更改时自动更新，当参考模型更改时手动进行更新，或独立于参考模型。

Creo Parametric 5.0 中"凸模"按钮⬇和"凹模"按钮〰的使用方法是相似的，均可以使用坐标系放置，也可以使用界面放置，还可以手动使用一般装配约束的方式放置没有预定义约束的凸模或凹模。需要用户注意的是装配凸模参考或凹模参考时，应确保参考模型与钣金件的驱动侧相匹配。

Creo 允许用户模拟真实的制造要求，自行创建所需的凸模和凹模参考零件。在创建参考零件时，应该注意几个要点。

（1）尽量将基准平面保持在中央并使参考数最少，以方便成型的放置和标注更为容易。

（2）凹模的基座必须是环绕模具的一个平面（边界平面），凸模不需要此基础平面，除非该基础平面要用于放置成型。

（3）在成型过程中，凹角和折弯必须具有一个零半径或一个大于钣金件厚度的半径。

（4）参考零件可包含空心，所有的成型几何必须从基础平面的一侧伸出，确保已考虑到钣金件厚度的空心，否则空心内的材料重叠，成型将失败。

空心成型的图解示意如图 11-76 所示。

成型参考零件

钣金件材料厚度的余量
允许的材料厚度图解

图 11-76 空心成型图解

下面通过范例的形式介绍"凸模"按钮 ⬇ 和"凹模"按钮 ☒ 的一般使用方法。

1. 通过没有预定义约束的模型参考零件创建凹模成型特征

（1）在"快速访问"工具栏中单击"打开"按钮 🗁，弹出"文件打开"对话框，选择本书配套资源中的\CH11\creo_11_4_3a.prt 文件，单击"打开"按钮，文件中的原始钣金件（特定机箱盖板）如图 11-77 所示。

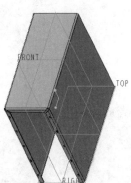

图 11-77　原始钣金件

（2）在功能区"模型"选项卡的"工程"面板中单击"成型"→"凹模"按钮 ☒，打开如图 11-78 所示的"凹模"选项卡。

图 11-78　"凹模"选项卡

（3）在"凹模"选项卡的"冲孔模型库"下拉列表框中选择一个冲孔模型选项，或单击"打开冲孔模型"按钮 🗁。在本例中单击"打开冲孔模型"按钮 🗁，弹出"打开"对话框，选择本书配套资源中的\CH11\creo_11_form_kc.prt 零件文件，单击"打开"按钮。返回到功能区"凹模"选项卡，此时"手动放置"按钮 🔲 默认处于被选中的状态。如需更改用于定义压铸模腔槽几何的选定曲面，那么可激活"压铸模形状" ☒ 收集器，并选择一个或多个曲面，本例不用作此更改。

（4）在"凹模"选项卡中选择复制选项，本例选中"使用从属合并来复制成型刀具模型"按钮 🔲，而非"使用独立继承来复制成型刀具模型"按钮 🔲。另外，可选中"指定约束时在单独的窗口中显示元件"按钮 🔲，并打开"放置"滑出面板，如图 11-79 所示。

（5）在"凹模"选项卡的"放置"滑出面板中，在"约束类型"下拉列表框中选择"距离"选项，在成型参考零件（元件）中选择 RIGHT 基准平面，在机箱盖板钣金件中选择 FRONT 基准平面，接着在"偏移"框内输入偏移值为 115，并单击"反向"按钮。为了实时观察约束效果，可以在"凹槽"选项卡中选中"指定约束时在装配窗口中显示元件"按钮 🔲 和"连接"按钮 🔲。

（6）在"放置"滑出面板中单击"新建约束"选项，将类型设置为"重合"，在成型参考零件中选择如图 11-80 所示的平整实体面，在机箱盖板钣金件中选择相配合的外侧面。

Creo 5.0 中文版完全自学手册

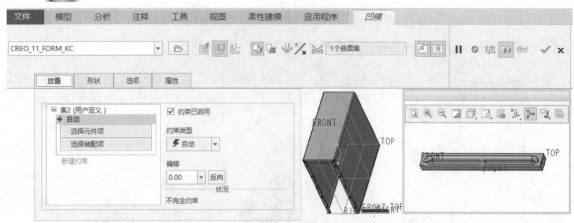

图 11-79　设置指定约束时在单独的窗口中显示元件并打开"放置"滑出面板

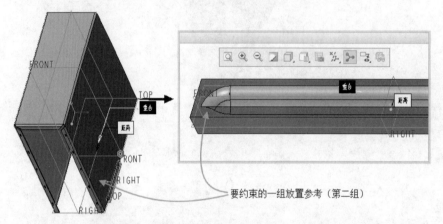

要约束的一组放置参考（第二组）

图 11-80　指定第二组放置约束（"重合"约束）参考

（7）使用同样的方法新建一个约束，此约束类型为"距离"，在成型参考零件中选择 FRONT 基准平面，在机箱盖板钣金件中选择 TOP 基准平面，在"偏移"下拉列表框中输入偏移距离为 280，如图 11-81 所示。此时，"放置"滑出面板的"状况"区域中显示"完全约束"的信息。

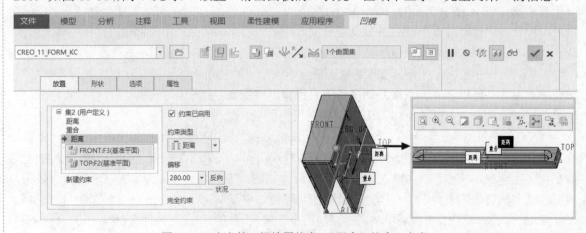

图 11-81　定义第三组放置约束（"距离"约束）参考

· 336 ·

（8）打开"选项"滑出面板，在"倒圆角锐边"选项组中取消选中"非放置边"和"放置边"复选框，如图 11-82 所示。接着单击激活"排除压铸模模型曲面"收集器，然后在参考零件中选择如图 11-83 所示的曲面作为要从压铸模操作中排除的曲面。

图 11-82　"选项"滑出面板

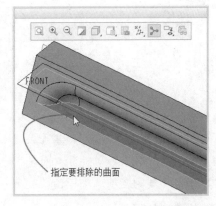

图 11-83　指定要从压铸模操作中排除的曲面

（9）如需反向冲孔方向，则单击"反向冲孔方向"按钮 。本例不需要反向冲孔方向。

（10）单击"完成"按钮 ，完成的凹模成型特征如图 11-84 所示。

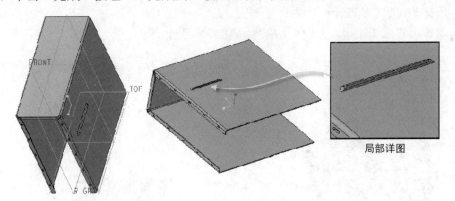

图 11-84　完成凹模成型特征的创建

2. 阵列凹模特征

（1）选中刚完成的特征，在功能区"模型"选项卡的"编辑"面板中单击"阵列"按钮 ，打开"阵列"选项卡。

（2）在"阵列类型"下拉列表框中选择"方向"选项，选择 TOP 基准平面作为第一方向参照，默认该方向为"平移" 方式，输入第一方向的阵列成员数为 10，输入相邻阵列成员间的间距为 25，单击"反向第一方向"按钮 ，此时预览效果如图 11-85 所示。

okCreo 5.0 中文版完全自学手册

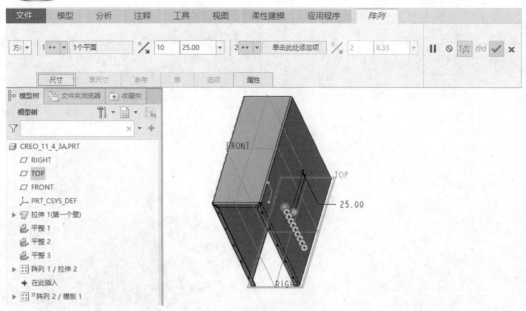

图 11-85　设置方向阵列参数

（3）在"阵列"选项卡中单击"完成"按钮 ✓，阵列结果如图 11-86 所示。

3. 镜像阵列特征

（1）确保刚完成的阵列特征处于被选中的状态，在功能区"模型"选项卡的"编辑"面板中单击"镜像"按钮 ◱，打开"镜像"选项卡。

（2）选择 FRONT 基准平面作为镜像平面。

（3）单击"完成"按钮 ✓，镜像结果如图 11-87 所示。

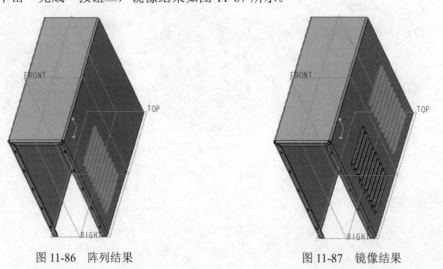

图 11-86　阵列结果　　　　　　　　图 11-87　镜像结果

4. 使用坐标系放置的方式创建凸模特征

（1）在功能区"模型"选项卡的"工程"面板中单击"成型"→"凸模"按钮 ↓，打开"凸

·338·

模"选项卡。

（2）在"凸模"选项卡左边的"凸模模型"下拉列表框中选择最近使用的凸模或系统库中预定义的标准凸模（均具有可用坐标系的截面），或者在"凸模"选项卡中单击"打开冲孔模型"按钮 ，找到具有可用坐标系的凸模截面的其他凸模，在本例中，从"凸模模型"下拉列表框中选择 CLOSE_RECT_OFFSET_FORM_MM 标准凸模，如图 11-88 所示。

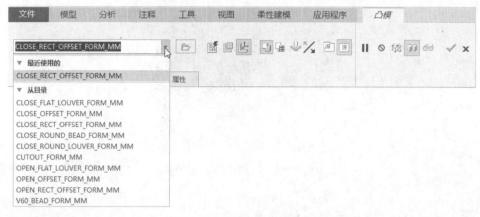

图 11-88 选择标准凸模

（3）在"凸模"选项卡中确保选中"使用坐标系放置"按钮，且按钮和按钮没有被选中，注意按钮用于使用界面放置，按钮用于手动放置。对于复制选项，本例选中"使用从属合并来复制成型刀具模型"按钮。接着单击选中"指定约束时，在单独的窗口中显示元件"按钮，则凸模元件显示在单独的窗口中，如图 11-89 所示。

（4）此时可在"凸模"选项卡中打开"放置"滑出面板，接着选择放置参考以放置凸模，本例在机箱盖板零件中单击如图 11-90 所示的外侧面作为凸模的放置面，注意放置方向指向钣金件内部。

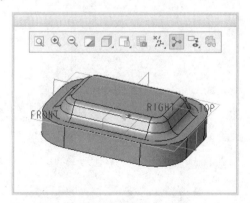

图 11-89 在单独的窗口中显示凸模元件

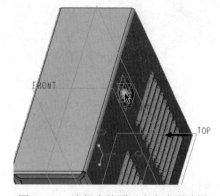

图 11-90 选择实体面以定义成型放置

（5）在"放置"滑出面板的"类型"下拉列表框中选择放置类型，本例中选择"线性"。接着单击激活"偏移参考"收集器，在图形窗口中选择 FRONT 基准平面，按住 Ctrl 键并选择 TOP 基准平面，所选的两个基准平面将作为偏移参考，在"偏移参考"收集器中设置它们相应的偏移距离，如图 11-91 所示。

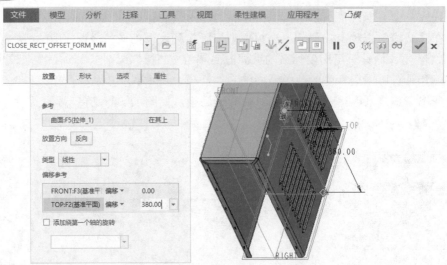

图 11-91 指定放置类型及放置偏移参考

提示

　　用户也可以通过拖动控制滑块来选择偏移参考。另外，如需更改钣金件曲面上的放置方向，那么可以在"凸模"选项卡的"放置"滑出面板中单击"反向"按钮。如需设置绕轴旋转凸模，那么选中"添加绕第一个轴的旋转"复选框。如果要使冲孔方向相反，则单击"凸模"选项卡中的"反向冲孔方向"按钮 。

　　（6）在"凸模"选项卡中打开"选项"滑出面板，如图 11-92 所示，从中可设置倒圆角锐边和排除冲孔模型曲面等。本例不需要设置。

　　（7）在"凸模"选项卡中单击"完成"按钮 ，完成效果如图 11-93 所示。

图 11-92 "凸模"选项卡的"选项"滑出面板

图 11-93 完成创建凸模成型特征

　　很明显，本例中的凸模成型特征从属使用了来自成型参考模型的尺寸，如果希望可以修改此凸模成型特征的尺寸，那么在创建过程中，可以从"凸模"选项卡中单击"使用独立继承来复制成型刀具模型"按钮，此时"形状"滑出面板中的"手动更新"单选按钮、"非相关性"单选按钮和"改变冲孔模型"按钮可用。以选中"手动更新"单选按钮为例，接着单击"改变冲孔模型"按钮，弹出"可变项"对话框，接着在小窗口中从成型参考模型中选择尺寸所有者特征以显示该特征的所有可变尺寸，接着选择要编辑的尺寸，并利用"可变项"对话框对其进行修改，如图 11-94 所示。

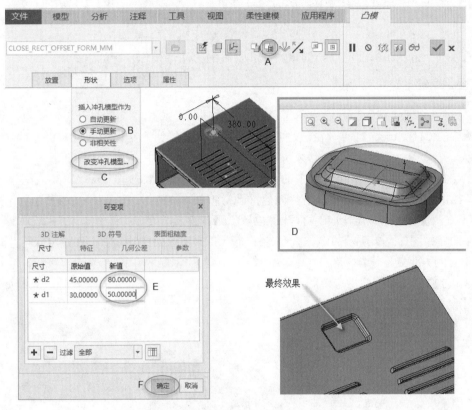

图 11-94 使用独立继承来复制成型刀具模型

11.4.4 草绘成型

在 Creo Parametric 5.0 中，可以使用"草绘成型"按钮，通过项目中创建的草绘创建冲孔或穿孔，即"草绘成型"按钮用于通过参考草绘来模制或穿透钣金件几何。

在功能区"模型"选项卡中的"工程"面板中单击"成型"→"草绘成型"按钮，打开如图 11-95 所示的"草绘成型"选项卡，该选项卡提供了"放置""选项""属性"3 个滑出面板。"放置"滑出面板用于在"草绘"收集器中显示选定草绘，单击"定义"可创建新的草绘，单击"编辑"可更改现有草绘；"选项"滑出面板可为冲孔指定排除曲面、封闭端、添加锥度，还可针对冲孔或穿孔设置要倒圆角的锐边的半径和位置等；"属性"滑出面板则可用于更改特征名称，以及打开浏览器来显示特征信息。

创建穿孔 ——— 更改成型方向 ——— 反向材料变形方向（冲孔的材料厚度方向）
创建冲孔 ——— 设置成型深度值（即冲孔或穿孔的深度）

图 11-95 "草绘成型"选项卡

下面以一个范例讲解使用草绘创建冲孔和穿孔的方法，操作步骤如下。

1. 使用草绘创建冲孔

（1）在"快速访问"工具栏中单击"打开"按钮 ，弹出"文件打开"对话框，选择本书配套资源中的\CH11\creo_11_4_4.prt 文件，单击"打开"按钮，文件中的原始钣金件如图 11-96 所示。

（2）在功能区"模型"选项卡中的"工程"面板中单击"成型"→"草绘成型"按钮 ，打开"草绘成型"选项卡，接着单击"创建冲孔"按钮 。

（3）在"草绘成型"选项卡中打开"放置"滑出面板，单击"定义"按钮，弹出"草绘"对话框，选择如图 11-97 所示的面作为草绘平面，并选择 RIGHT 基准平面作为草绘方向参考，在"方向"下拉列表框中选择"右"选项，单击"草绘"对话框中的"草绘"按钮，进入内部草绘器。利用"参考"对话框指定绘图参考，如图 11-98 所示，单击"关闭"按钮，绘制如图 11-99 所示的图形，单击"确定"按钮 。

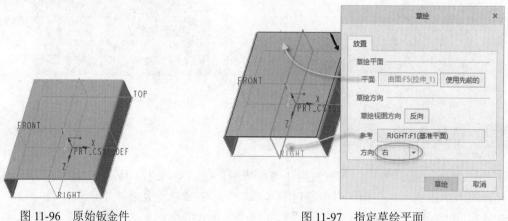

图 11-96 原始钣金件　　　　　　　　图 11-97 指定草绘平面

（4）输入冲孔深度值为 8，单击"反向成型方向"按钮 ，此时，动态预览效果如图 11-100 所示。

（5）在"草绘成型"选项卡中打开"选项"滑出面板，确保选中"封闭端"复选框以设置要封闭冲孔的末端，再选中"添加锥度"复选框（使冲孔侧面成锥度）并将锥度设置为 30.0，在"倒圆角锐边"选项组中选中"非放置边"和"放置边"复选框，半径及放置选项保持默认，如图 11-101 所示。

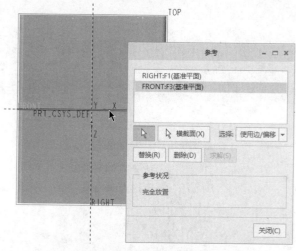

图 11-98　指定绘图参考

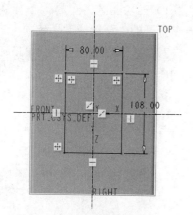

图 11-99　创建草绘

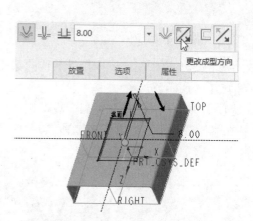

图 11-100　设置冲孔深度并反向成型方向

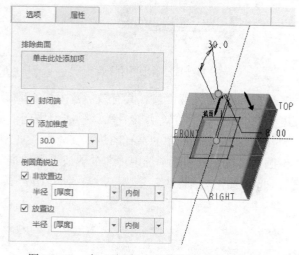

图 11-101　在"选项"滑出面板中进行相关设置

（6）在"草绘成型"选项卡中单击"完成"按钮✓，创建完成的具有封闭端和锥度的冲孔效果如图 11-102 所示。

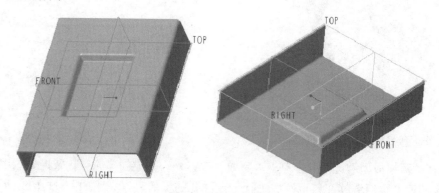

图 11-102　冲孔效果

2. 使用草绘创建穿孔

（1）在功能区"模型"选项卡中的"工程"面板中单击"成型"→"草绘成型"按钮 ，
接着在打开的"草绘成型"选项卡中单击"创建穿孔"按钮 。

（2）选择如图 11-103 所示的钣金实体面作为草绘平面，接着指定绘图参考，并绘制如图 11-104
所示的图形，然后单击"确定"按钮 。

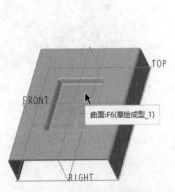

图 11-103　指定草绘平面

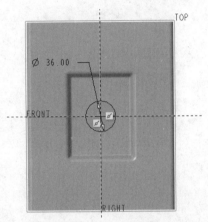

图 11-104　创建草绘

（3）设置穿孔深度值，其有效值范围为 0 到钣金件壁的厚度值。在本例中接受默认的穿孔
深度值为"0.5 * 厚度"，并接受默认的成型方向，如图 11-105 所示。

（4）定义要倒圆角的穿孔的边，在"草绘成型"选项卡中打开"选项"滑出面板，接着在
"倒圆角锐边"选项组中选中"非放置边"复选框，并在"半径"下拉列表框中选择"0.5 * 厚
度"，取消选中"放置边"复选框，如图 11-106 所示。

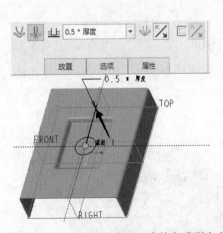

图 11-105　接受默认的穿孔深度值和成型方向

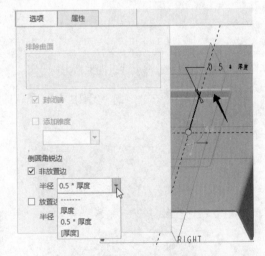

图 11-106　设置倒圆角锐边

（5）在"草绘成型"选项卡中单击"完成"按钮 ，完成创建的穿孔效果如图 11-107 所示。
　　有兴趣的读者可以继续在该范例中进行创建冲孔的操作，以完成如图 11-108 所示的模型效
果（具体尺寸根据参考效果自定）。注意在"草绘成型"选项卡的"选项"滑出面板中进行相关

设置时，务必取消选中"封闭端"复选框。

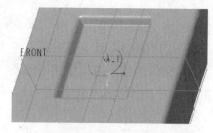 

图 11-107 完成的穿孔效果

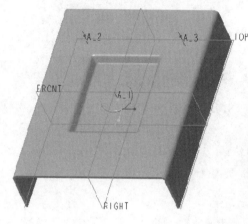 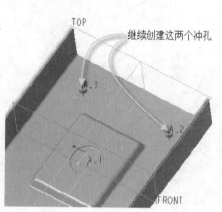

图 11-108 创建冲孔的参考效果

11.4.5 面组成型

使用"成型"→"面组成型"命令也可以创建冲孔，但项目中必须要有面组才能继续。

要使用面组创建冲孔，则在功能区"模型"选项卡的"工程"面板中单击"成型"→"面组成型"按钮 ↓，打开如图 11-109 所示的"面组成型"选项卡，接着使用"参考"滑出面板选择要使用的面组，并在"面组成型"选项卡中设置冲孔方向和材料变形（厚度）方向；在"选项"滑出面板中设置相关选项，例如指定要从冲孔中排除的面组曲面，设置是否隐藏原始几何，以及指定倒圆角锐边方案等，最后在"面组成型"选项卡中单击"完成"按钮 ✓ 即可。

图 11-109 "面组成型"选项卡

🪛**提示**

如果使用开放面组作为面组成型参考，则该成型可能会因面组法向等原因而导致创建失败，在这种情况下可暂时关闭"面组成型"选项卡，而转向先选择该面组，接着使用"编辑"→"反向法向"命令，然后重新尝试"面组成型"操作。

11.4.6 平整成型

使用 Creo 的"平整成型"工具，可以平整放置在一个或多个钣金件曲面上的凸模和凹模，从而使特征返回其原始的平整状态。"平整成型"工具可在平整后调整零件的宽度，同时使其材料体积在平整前后保持不变。一般在设计结束阶段才根据需要创建平整成型特征，以用于生产准备工作。

要平整成型特征，则在功能区"模型"选项卡的"工程"面板中单击"成型"→"平整成型"按钮，打开如图 11-110 所示的"平整成型"选项卡，接着单击"自动选择参考"按钮以自动选择所有成型特征参考进行平整，或者单击"手动选择参考"按钮并在模型树或图形窗口中选择单个曲面和成型特征参考进行整，然后单击"完成"按钮。

图 11-110　"平整成型"选项卡

下面以一个范例讲解平整成型，操作步骤如下。

（1）在"快速访问"工具栏中单击"打开"按钮，弹出"文件打开"对话框，选择本书配套资源中的\CH11\creo_11_4_6.prt 文件，单击"打开"按钮，文件中的原始钣金件模型（含有若干成型特征）如图 11-111 所示。

（2）在功能区"模型"选项卡的"工程"面板中单击"成型"→"平整成型"按钮，打开"平整成型"选项卡。

（3）在"平整成型"选项卡中单击"自动选择参考"按钮，并在"选项"滑出面板中确保取消选中"投影切口和孔"复选框（用于设置是否将添加到成型几何的切口和孔投影到用于放置成型的钣金件曲面上）。

（4）在"平整成型"选项卡中单击"完成"按钮，平整成型结果如图 11-112 所示。

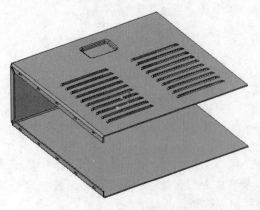

图 11-111　原始钣金件模型

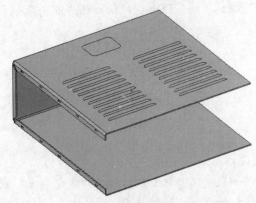

图 11-112　平整成型结果

11.5　钣金折弯、展平与折回

功能区"模型"选项卡的"折弯"面板中提供了如图 11-113 所示的工具命令，包括"折弯""边折弯""平面折弯""折回""平整形态""展平""过渡展平""横截面驱动展平""折弯顺序"等。本节将结合范例介绍它们的典型应用。

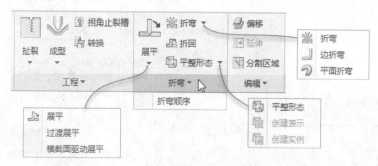

图 11-113　"折弯"面板

11.5.1　折弯

折弯在钣金件设计中比较常用。在设计过程中，只要壁特征存在，就可以随时根据设计要求向现有壁中添加折弯。根据折弯在钣金件设计中的放置位置，可以在需要时添加折弯止裂槽。向钣金件设计中添加折弯时，要注意以下几点：折弯可以穿过成型特征；折弯不可以穿过另一个折弯；可以展平零半径折弯；展平并折回钣金件时，展开长度保持不变。

在功能区"模型"选项卡的"折弯"面板中单击"折弯"按钮，打开如图 11-114 所示的"折弯"选项卡，利用此选项卡设定折弯的折弯线、相关折弯参数和选项等，从而实现钣金件折弯效果。

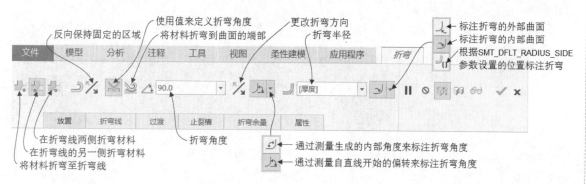

图 11-114　"折弯"选项卡

下面以创建角度折弯为例进行介绍。目的是让读者学习和掌握如何创建折弯线，并掌握创建角度折弯的一般方法和步骤，具体操作步骤如下。

（1）在"快速访问"工具栏中单击"打开"按钮，弹出"文件打开"对话框，选择本书

配套资源中的\CH11\creo_11_5_1.prt 文件，单击"打开"按钮。文件中的原始钣金件如图 11-115
所示。

（2）在功能区"模型"选项卡的"折弯"面板中单击"折弯"按钮🗲，打开"折弯"选项
卡，接着单击"在折弯线的另一侧折弯材料"按钮🗲和"使用值来定义折弯角度"按钮🗲。

（3）选择要放置折弯的曲面，单击如图 11-116 所示的钣金面，在曲面参考上出现一条以虚
线表示的折弯线，折弯线两端各有一个放置控制滑块。

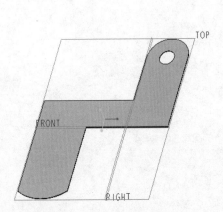

图 11-115　原始钣金件

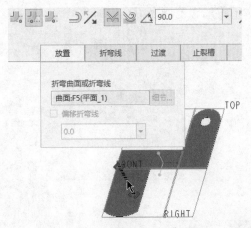

图 11-116　指定放置折弯的曲面

（4）设置折弯线端点参考。在"折弯"选项卡中打开"折弯线"滑出面板，在"折弯线端
点 1"选项组中单击激活"参考"收集器，接着在图形窗口中选择一个端点作为折弯线的首个端
点，如图 11-117 所示。在"折弯线端点 2"选项组中单击激活"参考"收集器，在图形窗口中选
择如图 11-118 所示的边作为参考，此时还需要选择偏移参考并输入偏移距离值来定义折弯线端
点 2，在本例中单击激活"偏移参考"收集器，选择如图 11-119 所示的边作为偏移参考，并输入
其偏移距离为 68。

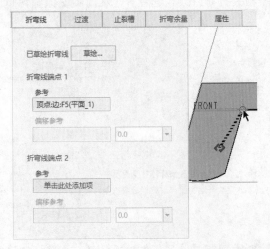

图 11-117　指定折弯线端点 1

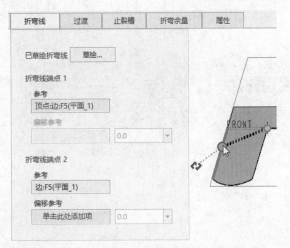

图 11-118　为折弯线端点 2 选择一个边参考

（5）在"折弯"选项卡中单击位于🗲旁的"更改固定侧的位置"按钮🗲以反向保持固定的

区域，并设置折弯角度为 60，折弯半径为"2.0 * 厚度"，其他相关设置如图 11-120 所示。

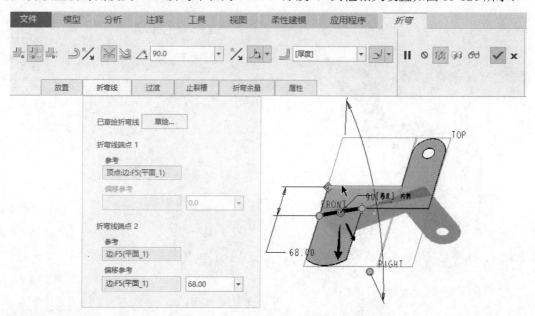

图 11-119　指定偏移参考并设置偏移距离

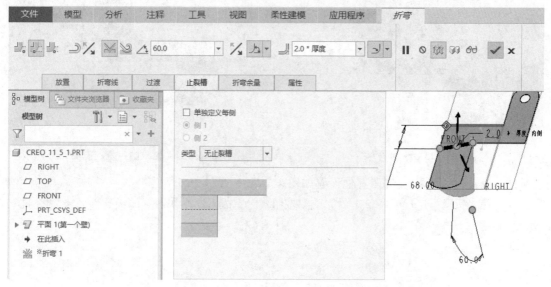

图 11-120　设置折弯的固定侧位置、角度和折弯半径等参数

（6）在"折弯"选项卡中单击"完成"按钮，完成第一个角度折弯。

（7）再次在功能区"模型"选项卡的"折弯"面板中单击"折弯"按钮。

（8）在钣金件上单击以指定折弯放置曲面，如图 11-121 所示。接着在"折弯"选项卡中打开"折弯线"滑出面板，如图 11-122 所示，单击"草绘"按钮以准备草绘一条折弯线。

（9）绘制如图 11-123 所示的折弯线，单击"确定"按钮。

（10）在"折弯"选项卡中单击位于旁的"更改固定侧的位置"按钮以反向保持固定的区域，使指示固定侧的箭头方向如图 11-124 所示。

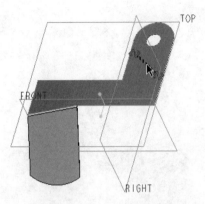

图 11-121 指定折弯放置曲面

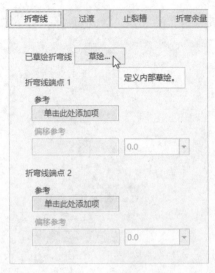

图 11-122 准备草绘折弯线

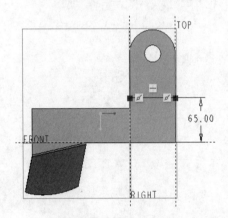

图 11-123 绘制折弯线

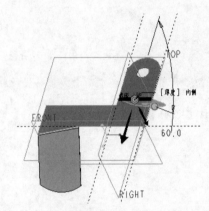

图 11-124 更改固定侧的方向

（11）设置折弯角度为 90，其他设置如图 11-125 所示。

（12）在"折弯"选项卡中单击"完成"按钮✔，完成折弯操作得到的钣金件效果如图 11-126
所示。

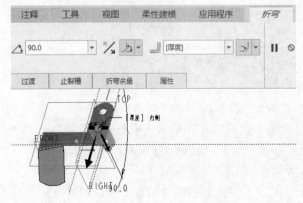

图 11-125 设置折弯角度等参数

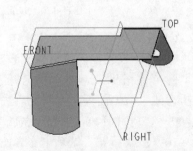

图 11-126 完成折弯操作的效果

本范例讲解了折弯线的一般创建方法和步骤，可以将折弯线看作是计算展开长度和创建折弯几何的参考点。使用折弯线可确定钣金件中折弯几何的位置和形状，折弯几何由折弯线、折弯角度和固定几何确定。在某些设计中，可以调整折弯线以使生成的折弯几何与钣金件的侧面共面，但需要注意确保任何添加的折弯止裂槽均未超出折弯的展开长度。折弯止裂槽的定义是在"折弯"选项卡的"止裂槽"滑出面板中进行的，折弯止裂槽的类型有"无止裂槽""扯裂""拉伸""矩形""长圆形"5 种，如图 11-127 所示。

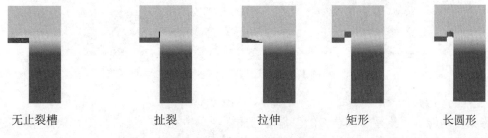

无止裂槽　　　　扯裂　　　　拉伸　　　　矩形　　　　长圆形

图 11-127　折弯止裂槽的类型

11.5.2　平面折弯

平面折弯将强制钣金件壁围绕曲面和草绘平面的法向（垂直）轴折弯，平面折弯有如下两种类型，如图 11-128 所示。

☑　角度：折弯特定半径和角度。

☑　轧削（滚动）：折弯特定半径，但角度由半径和要折弯的平整材料共同决定。

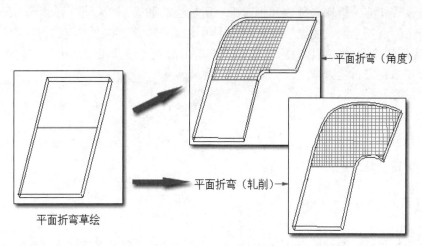

平面折弯（角度）

平面折弯（轧削）

平面折弯草绘

图 11-128　平面折弯的两种典型类型

要创建平面折弯，则在功能区"模型"选项卡的"折弯"面板中单击"平面折弯"按钮，接着在弹出的"选项"菜单中选择"角度"→"完成"选项或"轧削"→"完成"选项。再根据提示选择要使用的折弯表，选择要折弯的曲面，参考并草绘折弯线，定义要创建折弯的折弯线侧，定义要保持固定状态的区域，指定一个折弯角度值，定义半径，并定义要创建折弯的折弯轴侧等。

11.5.3 边折弯

边折弯是指将非相切、箱形边转换为倒圆角边，如图 11-129 所示。使用"边折弯"工具可以对钣金件的锐边进行倒圆角，从而为制造过程做好准备。

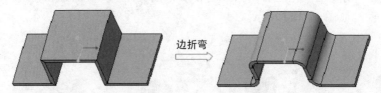

图 11-129 边折弯的典型示例

创建边折弯的方法和步骤如下。

（1）在功能区"模型"选项卡的"折弯"面板中单击 ⚒折弯▼ 按钮，接着从打开的下拉菜单中单击"边折弯"按钮 ↳，打开如图 11-130 所示的"边折弯"选项卡。

图 11-130 "边折弯"选项卡

（2）为边折弯集选择要折弯的边或边链（按 Ctrl 键实现多选），并在"边折弯"选项卡中为当前边折弯集设置相应的折弯半径值和折弯半径所标注的形式。如果要创建新的边折弯集，那么可以在"边折弯"选项卡的"放置"滑出面板中单击"新建集"并添加要边折弯的任意其他边。

（3）如需添加止裂槽，可以打开"止裂槽"滑出面板，设置止裂槽类型及其相应参数。还可以根据设计需求定义折弯余量。

（4）在"边折弯"选项卡中单击"完成"按钮 ✔。

🔧**提示**

在创建拉伸壁、旋转壁、混合壁、旋转混合壁、连接的平整壁和法兰壁时可以添加边折弯，此外，在创建转换特征时也可以添加边折弯。

11.5.4 展平

不论是折弯特征还是弯曲的壁，钣金件上的任何弯曲曲面都可以被展平。通常，单击"展平"按钮 ↳ 可以展平钣金零件中的大多数折弯（一个或多个弯曲曲面）。在展平操作中，如果选择所有的折弯，则创建零件的平整形态。另外，在某些钣金曲面不可展平的情况下，还可以使用"过渡展平"命令或"横截面驱动展平"命令来创建展平。

需要用户注意的是，在展平后所创建的特征是该展平的子项。如果只是临时展平零件，并不需要该展平来表达设计意图，则应删除该展平。如果保留该展平，则模型树中的多余特征会使零件再生时间延长。需要注意的是，如果删除的展平特征中含有在其后创建的特征，则这些附加特征也将被删除。

展平钣金件时，应注意以下几点。

（1）创建展平特征时，必须定义固定的平面曲面或边，最好是使用平面曲面而非边作为固定几何参考。

（2）可以在零件级为所有的"展平""折回""平整形态"操作设置固定几何参考，这样可以节省时间并保持一致性。

（3）从自动选择切换到手动选择时，所有可用的折弯参考都会被添加到"折弯几何"收集器中。

（4）可以使用"平整形态预览"工具打开处于展平状态的钣金件模型的预览窗口。

下面用两个范例介绍创建展平特征的方法，具体操作如下。

1．展平选定折弯

本范例的目的是使读者通过范例学习和掌握展平选定折弯的方法。

（1）在"快速访问"工具栏中单击"打开"按钮 📂，弹出"文件打开"对话框，选择本书配套资源中的\CH11\creo_11_5_4a.prt 文件，并从"文件打开"对话框中单击"打开"按钮。文件中的原始钣金件如图 11-131 所示。

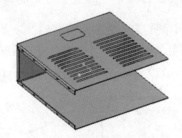

图 11-131　原始钣金件

（2）在功能区"模型"选项卡的"折弯"面板中单击"展平"按钮 📐，打开"展平"选项卡。

（3）此时，"展平"选项卡中的"自动选择的参考"按钮 📐 默认处于被选中的状态，则系统自动选择模型中的全部折弯。打开"参考"滑出面板，确认"固定几何"收集器被激活，则可发现系统自动选择了展平时要保持固定的曲面或边，如图 11-132 所示。

图 11-132　自动选择需要展平的特征

（4）在本例中单击"展平"选项卡中的"手动选择参考"按钮 ⟍，并激活"折弯几何"收集器，在钣金件中只选择如图 11-133 所示的一个折弯几何。

（5）在"展平"选项卡中单击"完成"按钮 ✓，展平结果如图 11-134 所示。

图 11-133　选择一个折弯几何　　　　　图 11-134　展平选定折弯几何的效果

2. 展平全部折弯并定义变形曲面区域

本范例的目的是使读者学习和掌握展平全部折弯和定义变形曲面区域的方法。

（1）在"快速访问"工具栏中单击"打开"按钮 📂，弹出"文件打开"对话框，打开本书配套资源中的\CH11\creo_11_5_4b.prt 文件，文件中的原始钣金件如图 11-135 所示。

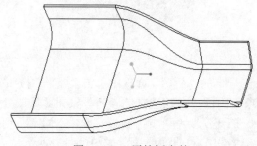

图 11-135　原始钣金件

（2）在功能区"模型"选项卡的"折弯"面板中单击"展平"按钮 ⬏，打开"展平"选项卡。

（3）此时，"展平"选项卡中的"自动选择的参考"按钮 ⬓ 默认被选中，则系统自动选择全部的折弯几何，在展平时保持固定的曲面也已自动确认，如图 11-136 所示。用户也可以根据需要手动选择固定几何。

（4）"展平"选项卡的"变形"标签以红色背景显示，表示当前首要任务是定义变形曲面。打开"变形"滑出面板，可以看到"自动检测到的变形曲面"收集器已经收集了自动定义的两处变形曲面，如图 11-137 所示。接着单击"变形曲面"收集器以将其激活，再手动增加如图 11-138 所示的两处曲面作为变形曲面（利用 Ctrl 键实现多选）。单击"变形曲面"收集器旁的"细节"按钮，即可利用弹出的"曲面集"对话框来选择和编辑"变形曲面"收集器中收集的变形曲面。

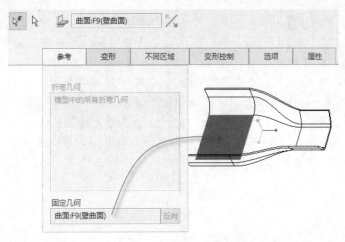

图 11-136　系统指定固定几何

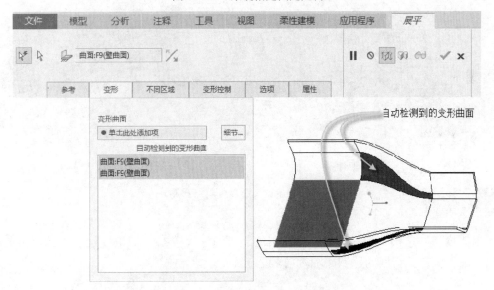

图 11-137　自动检测到的两处变形曲面

（5）在"展平"选项卡中单击"完成"按钮 ✔，展平结果如图 11-139 所示。

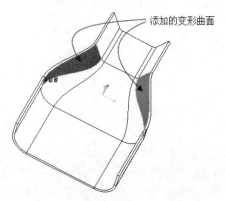

图 11-138　手动增加变形曲面

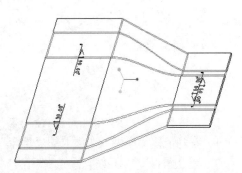

图 11-139　展平全部折弯

经验

本范例也可以采用"过渡展平"命令（该命令通常用来展平带有不易延展几何的钣金件，如在多个方向上都有折弯的混合壁）进行展平操作。其方法是在功能区"模型"选项卡的"折弯"面板中选择"展平"→"过渡展平"命令，弹出"（过渡类型）"对话框，结合 Ctrl 键选择如图 11-140 所示的两个钣金面作为固定几何形状，并在"特征参考"菜单中选择"完成参考"命令。再结合 Ctrl 键选择如图 11-141 所示的连接曲面环定义转接区域（包括该区域的全部驱动曲面、偏移曲面和侧壁面，共 12 个曲面），并在"特征参考"菜单中选择"完成参考"命令，然后在"（过渡类型）"对话框中单击"确定"按钮。

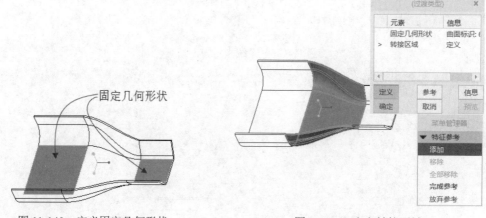

图 11-140　定义固定几何形状　　　　　　　　图 11-141　定义转接区域

11.5.5　折回

使用"模型"选项卡的"折弯"面板中的"折回"按钮，可以使已展平的钣金曲面返回到它们的成型位置。折回的示例如图 11-142 所示。

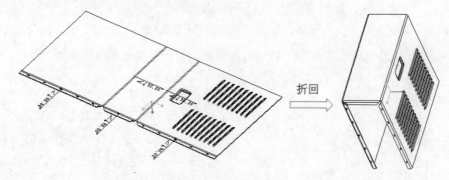

图 11-142　折回示例

下面以 11.5.4 节中最后展平的钣金模型为例，介绍将其折回的操作步骤。

（1）在功能区"模型"选项卡的"折弯"面板中单击"折回"按钮，打开"折回"选项卡。

（2）默认情况下，系统自动选择所有展平几何进行折回，并自动检测固定面，如图 11-143 所示。当然也可以手动选择所需的展平几何进行折弯，必要时可以进行折弯控制设置。本例采用自动选择模型中的所有展平几何进行折回。

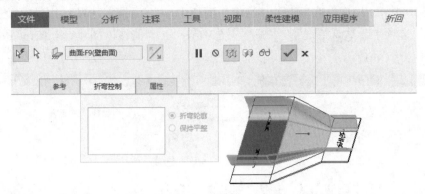

图 11-143 "折回"选项卡

（3）在"折回"选项卡中单击"完成"按钮 ✓，效果如图 11-144 所示。

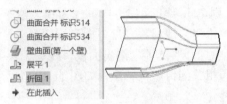

图 11-144 完成折回效果

11.6 钣 金 编 辑

在钣金模块功能区"模型"选项卡的"编辑"面板中提供了实用的钣金编辑工具命令，包括"偏移"按钮 、"合并壁"按钮 、"延伸"按钮 、"连接"按钮 、"取消冲压边"按钮 和"分割区域"按钮 等。另外有些编辑工具在第 7 章零件建模部分已有介绍，此处不再赘述。本节将重点介绍其中几种典型的钣金编辑操作。

11.6.1 偏移壁

在钣金设计模块中，使用"偏移"按钮 可以偏移壁的面组或一个曲面以创建一个新曲面或钣金件壁，创建偏移壁的典型示例如图 11-145 所示。注意如果要将创建偏移壁作为第一壁的话，那么需要设置壁厚值或接受默认的壁厚值。

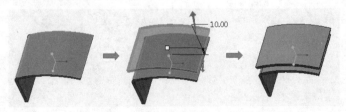

图 11-145 创建偏移壁的典型示例

创建偏移壁的操作步骤如下。

（1）在功能区"模型"选项卡的"编辑"面板中单击"偏移"按钮，打开如图11-146所示的"偏移"选项卡。默认情况下，"偏移"选项卡中的"偏移以创建壁"按钮□处于被选中的状态。

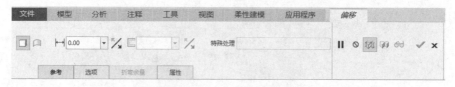

图11-146 "偏移"选项卡

（2）选择一个面组或曲面（包括实体曲面）作为偏移的参考。

（3）当该偏移壁用作第一壁时，需要指定壁厚值。接着设置偏移距离，即在"偏移距离"框├┤中输入所需的偏移距离值。

（4）要更改偏移方向，则单击"将偏移方向更改为其他侧"按钮（位于├┤框右侧）；如果要反转材料厚度方向，则单击"更改材料厚度方向"按钮（位于□框右侧）。

（5）在"偏移"选项卡中打开"选项"滑出面板，在"偏移类型"下拉列表框中选择如下选项之一，并定制特殊处理和相关的钣金件选项，如图11-147所示。注意，"合并到模型"单选按钮用于将该段与相交段合并。

☑ 垂直于曲面：创建垂直于选定面组或曲面的偏移。

☑ 自动拟合：自动拟合与面组或曲面的偏移，系统自动确定坐标系，并沿其轴进行缩放和调整。

☑ 控制拟合：以控制距离创建偏移（沿自定义坐标系的指定轴缩放并调整面组）。

（6）如果要使用与零件不同的方法设置特征专用的折弯余量并计算展开长度，那么可打开"折弯余量"滑出面板，在"展开长度计算"下拉列表框中选择"特征专用设置"选项，并接着设置相应的选项和参数，如图11-148所示。

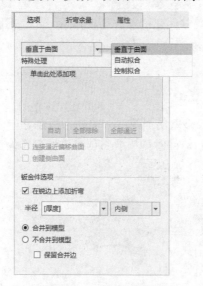

图11-147 设置偏移类型

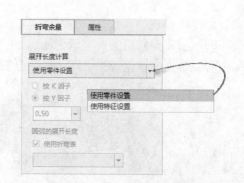

图11-148 "折弯余量"面板

（7）在"偏移"选项卡中单击"完成"按钮✓，完成偏移壁的创建。

11.6.2 合并壁

使用"合并壁"按钮，可以将一个或多个不同的分离钣金件几何（分离壁）合并成一个零件。合并壁时需要注意，第一壁的几何只能是基础壁，壁彼此之间必须相切，壁的驱动则必须匹配。创建合并壁的典型示例如图 11-149 所示。

在创建合并壁的过程中，需要在如图 11-150 所示的"合并壁"对话框中定义以下元素。

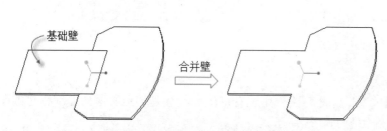

图 11-149 创建合并壁的典型示例

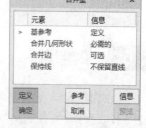

图 11-150 "合并壁"对话框

☑ 基参考：选取基础壁的曲面。

☑ 合并几何形状：选取要与基础壁合并的一个或多个分离平整壁（如平面壁）的曲面。

☑ 合并边（可选项）：添加或删除由合并删除的边。

☑ 保持线（可选项）：控制曲面接头上合并边的可见性。

下面通过范例介绍创建合并壁的典型步骤。

（1）在"快速访问"工具栏中单击"打开"按钮，弹出"文件打开"对话框，打开本书配套资源中的\CH11\creo_11_6_2.prt 文件，此文件中保存着钣金第一壁和一个分离的平面壁，如图 11-151 所示。

（2）在功能区"模型"选项卡中单击"编辑"→"合并"→"合并壁"按钮，弹出"合并壁"对话框。

（3）选择分离壁将合并到的曲面。在系统提示下在图形窗口中单击第一壁曲面以选择要与分离壁合并的基础壁曲面，如图 11-152 所示，然后在弹出的"特征参考"菜单管理器中选择"完成参考"命令。

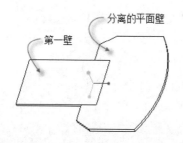

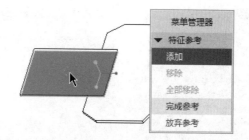

图 11-151 钣金第一壁和分离的平面壁　　　图 11-152 选择要与分离壁合并的基础壁曲面

（4）选择将被合并到基础曲面的曲面。在系统提示下在图形窗口中选择要与基础壁合并的分离壁曲面，如图 11-153 所示，在"特征参考"菜单管理器中选择"完成参考"命令。

（5）在"合并壁"对话框中单击"确定"按钮，则所选的壁被合并，完成效果如图 11-154 所示。

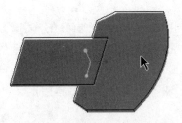 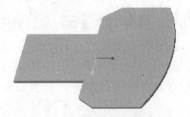

图 11-153　选择要与基础壁合并的分离壁曲面　　　　图 11-154　完成创建合并壁

11.6.3　延伸壁

可以根据设计要求来延长现有壁，即可将壁由现有壁上的直边延伸至平面曲面或指定的距离。创建延伸壁特征的典型示例如图 11-155 所示。

图 11-155　创建延伸壁特征的典型示例

要延伸壁，则先选择要延伸的平整壁的一个线性边的驱动侧或偏移侧，然后在功能区"模型"选项卡的"编辑"面板中单击"延伸"按钮 ，打开如图 11-156 所示的"延伸"选项卡。接着选择壁延伸的类型（"按值延伸壁""延伸壁与参考面相交""将壁延伸到曲面或参考平面"），并根据不同的延伸类型，选择参考或设置列表中的值。需要时可打开"延伸"选项卡的"延伸"滑出面板来设置控制壁延伸的选项，如图 11-157 所示，最后单击"完成"按钮 即可。

 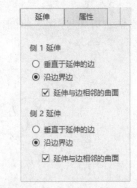

图 11-156　"延伸"选项卡　　　　　图 11-157　"延伸"滑出面板

下面通过一个范例介绍创建延伸壁的典型步骤，要求读者注意理解延伸壁的几种类型。本范例具体的操作步骤如下。

1. 将现有壁延伸到指定的平面

（1）在"快速访问"工具栏中单击"打开"按钮 ，弹出"文件打开"对话框，打开本书配套资源中的\DATA\CH11\creo_11_6_3.prt 文件，文件中的原始钣金件如图 11-158 所示。

（2）单击将要延伸的壁直边，如图 11-159 所示。

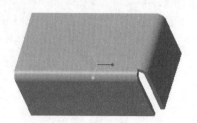

图 11-158　原始钣金件

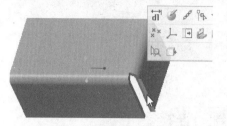

图 11-159　选择要延伸的壁直边

（3）在功能区"模型"选项卡的"编辑"面板中单击"延伸"按钮 ，打开"延伸"选项卡。

（4）在"延伸"选项卡中单击"将壁延伸到曲面或参考平面"按钮 ，在图形窗口中选择如图 11-160 所示的壁平整表面作为参考平面。

（5）在"延伸"选项卡中打开"延伸"滑出面板，在"侧 1 延伸"和"侧 2 延伸"选项组中分别选中"垂直于延伸的边"和"沿边界边"单选按钮，并选中"延伸与边相邻的曲面"复选框，如图 11-161 所示。侧 1 延伸和侧 2 延伸的具体情况需要结合图例实际确定。

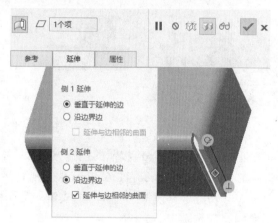

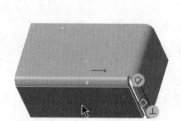

图 11-160　选择要延伸到平面

图 11-161　设置延伸选项

（6）在"延伸"选项卡中单击"完成"按钮 ，延伸结果如图 11-162 所示。

2. 将现有壁延伸到指定的距离

（1）选择要延伸的壁边，如图 11-163 所示。

（2）在功能区"模型"选项卡的"编辑"面板中单击"延伸"按钮 ，打开"延伸"选项卡。

（3）在"延伸"选项卡中单击"按值延伸壁"按钮 ，输入延伸的距离为 2.5。

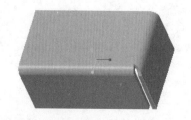

图 11-162　完成将壁延伸到指定的平面

（4）在"延伸"选项卡中单击"完成"按钮✓，延伸结果如图11-164所示。

图11-163　选择要延伸的壁边

图11-164　将壁延伸到设定的距离

11.6.4　连接壁

使用"连接"按钮┿，可以连接一个钣金件中的两个相交壁，在连接操作过程中可以修剪壁的不相交部分，在相交处添加折弯和折弯止裂槽，以及反向相交壁的方向。在连接壁时，需要注意相交壁必须是平面的，如有必要，Creo 将自动交换壁要连接的驱动侧和偏移侧，以与最早创建的壁的驱动侧和偏移侧相匹配。连接壁的典型示例如图11-165所示，图11-165（a）显示了原始相交壁，而图11-165（b）～图11-165（d）是连接壁的可能操作结果图例。

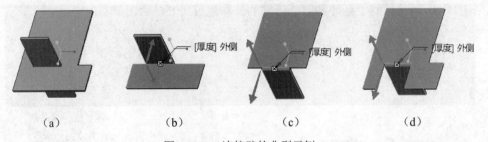

　　（a）　　　　　　　　（b）　　　　　　　　（c）　　　　　　　　（d）

图11-165　连接壁的典型示例

下面以一个范例讲解连接壁的创建方法，具体操作步骤如下。读者可以使用本书配套资源中的素材练习文件\CH11\creo_11_6_4.prt 根据所述步骤来进行创建连接壁的操作练习。

（1）在功能区"模型"选项卡的"编辑"面板中单击"连接"按钮┿，打开如图11-166所示的"联接[①]"选项卡。

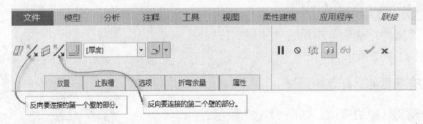

图11-166　"联接"选项卡

（2）选择两个要连接的相交平面壁。

---

① 在 Creo 中，"联接"等同于"连接"，后文不再赘述。

（3）要反向所连接的壁的方向，则单击相应的 ✖ 按钮以反向第一个壁或第二个壁。

（4）如果要在壁相交处添加折弯，那么确保选中"添加折弯"按钮 ⌐ ，并设置折弯半径和折弯位置的值。

（5）要更改默认的折弯止裂槽，则打开"止裂槽"滑出面板，从中选择止裂槽类型并设置相应的参数。

（6）要修改壁的不相交部分，则打开"选项"滑出面板，如图 11-167 所示，选中"修剪非相交几何"复选框并对下列选项进行设置。

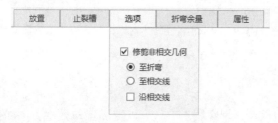

图 11-167 "选项"滑出面板

☑ "至折弯"单选按钮：选中该单选按钮时，将壁修剪至折弯处。只有在壁相交位置添加折弯时，此单选按钮才可用。

☑ "至相交线"单选按钮：选中该单选按钮时，将壁修剪至它们的相交位置。

☑ "沿相交线"复选框：若选中此复选框，则沿着相交线移除壁的所有不相交部分。

（7）要设置特征特定的折弯余量，则打开"折弯余量"滑出面板进行相应设置。

（8）在"联接"选项卡中单击"完成"按钮 ✔ ，完成连接壁操作。

11.6.5 取消冲压边

冲压边是指用实体类特征（切口、孔、倒圆角、倒角等）修改的钣金件边，可用来满足修饰和结构要求（壁强度）。当需要创建复杂几何而使用钣金件特定特征又难以实现时，可以考虑使用冲压边提高设计效率。当准备将设计有冲压边的钣金件投入制造时，通常要考虑此钣金件的展开设计，这就涉及如何取消冲压边的问题。取消冲压边的典型示例如图 11-168 所示。

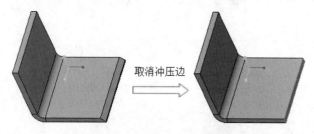

取消冲压边

图 11-168 取消冲压边的典型示例

取消冲压边的操作比较简单，即在钣金模块功能区"模型"选项卡的"编辑"面板中单击"取消冲压边"按钮 ⬆ ，弹出如图 11-169（a）所示的"取消冲压边"对话框和如图 11-169（b）所示的"平整边"菜单管理器，选择"平整所有"或"平整选取"命令来相应地定义要平整的冲压边，然后在"取消冲压边"对话框中单击"确定"按钮即可。

（a） （b）

图 11-169 "取消冲压边"对话框和相应的菜单管理器

11.6.6 分割区域

在钣金件设计中，巧用"分割区域"工具可以提高工作效率。例如使用"分割区域"工具定义要从钣金件中分割的曲面片或边，然后在执行其他"钣金件设计"操作时便可以选择这些区域来进行相应的操作。通常来说，创建"分割区域"特征可以用于执行这些任务：选择可在进行展平操作时控制的变形区域，使用"曲面扯裂"工具移除曲面片，创建可选作固定几何参考的边。另外，需要用户特别注意的是，在钣金件中创建"分割区域"特征时，并不会从钣金件中移除任何体积块，而驱动曲面和偏移曲面之间也不会创建有任何侧曲面。

在下面的范例中便巧妙地应用了分割区域。

1. 创建"分割区域"特征

（1）在"快速访问"工具栏中单击"打开"按钮🗁，从本书配套资源中打开\CH11\creo_11_6_6.prt 文件，该文件中已存在一个原始钣金件。

（2）在功能区"模型"选项卡的"编辑"面板中单击"分割区域"按钮🔲，打开如图 11-170所示的"分割区域"选项卡。

图 11-170 "分割区域"选项卡

（3）在钣金件的顶面单击，如图 11-171 所示，在该面绘制定义分割区域的轮廓图形。

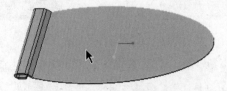

图 11-171 指定分割区域平面

（4）绘制如图 11-172 所示的轮廓图形，单击"确定"按钮✔。

（5）在"分割区域"选项卡中接受其默认设置，单击"完成"按钮 ✔，即可在钣金件中创建如图 11-173 所示的分割区域。

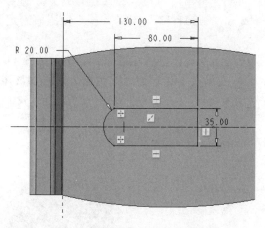

图 11-172 绘制分割区域轮廓图形

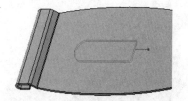

图 11-173 创建"分割区域"特征

2. 创建边扯裂

（1）在功能区"模型"选项卡的"工程"面板中单击"扯裂"→"边扯裂"按钮 ▦，打开"边扯裂"选项卡。

（2）在"边扯裂"选项卡中打开"放置"滑出面板，按住 Ctrl 键的同时在钣金件中分别选择如图 11-174 所示的 3 条边线作为同一个边扯裂集的边对象。

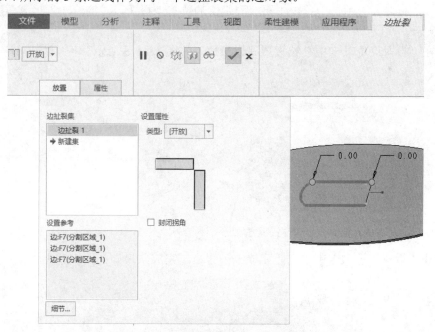

图 11-174 为边缝集 1 选择边参考

（3）默认边扯裂类型为"开放"，最后在"边扯裂"选项卡中单击"完成"按钮 ✔，完成边扯裂操作。

3. 创建折弯特征

（1）在功能区"模型"选项卡的"折弯"面板中单击"折弯"按钮 ，打开"折弯"选项卡。接着在"折弯"选项卡中单击"折弯折弯线另一侧的材料"按钮 和"使用值来定义折弯角度"按钮 。

（2）按住鼠标中键并移动鼠标来调整模型视角，单击分割区域的所需曲面，如图 11-175 所示。接着利用"折弯线"滑出面板来辅助指定折弯线端点 1 和端点 2 的位置，如图 11-176 所示。

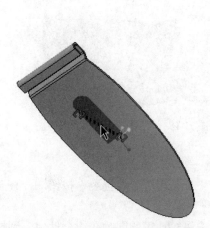

图 11-175　选择分割区域的所需曲面　　　　图 11-176　指定折弯线端点 1 和端点 2 的位置

（3）在"折弯"选项卡中单击"更改固定侧的位置"按钮 ，接着输入折弯角度为 30，如图 11-177 所示。

（4）在"折弯"选项卡中继续设置其他参数，如图 11-178 所示。

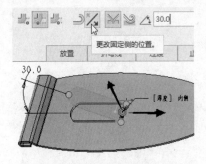

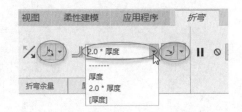

图 11-177　更改固定侧的位置和设置折弯角度　　　图 11-178　设置折弯半径等

（5）在"折弯"选项卡中单击"完成"按钮 ，完成效果如图 11-179 所示。

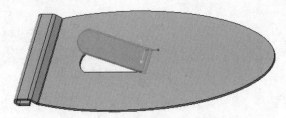

图 11-179　完成折弯的效果

11.7 思考与上机练习

（1）什么是钣金的驱动面和偏移面？

（2）什么是拐角止裂槽？如何在钣金件中创建拐角止裂槽？

（3）什么是冲压边？如何取消冲压边？

（4）法兰壁和平整壁有何区别？

（5）上机操作 1：打开\CH11\creo_11_8_ex5.prt 文件，将文件中的实体模型转换为厚度为 3mm 的钣金件，并在此钣金件中创建曲面扯裂特征，操作流程示意如图 11-180 所示。

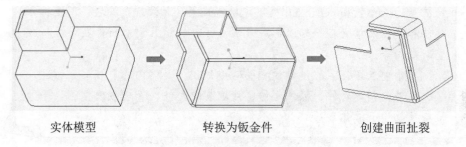

实体模型　　　　　　　　　转换为钣金件　　　　　　　　　创建曲面扯裂

图 11-180　操作流程示意

（6）上机操作 2：创建如图 11-181 所示的钣金件，具体尺寸由读者自行确定。

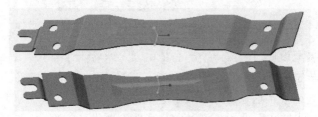

图 11-181　完成的钣金件

✎ **提示**

可使用"凹模"命令。

（7）上机操作 3：在钣金件模式下设计一个实用的电脑机箱侧板，由读者自行发挥。

（8）扩展知识学习（课外学习）：钣金设计模块功能区"模型"选项卡的"折弯"面板中提供了"平整形态"按钮🔲，使用此工具可以创建钣金件的平整形态，即相当于展平全部特征，然而，与"展平全部"不同，平整形态特征自动跳到模型树的结尾，以保持平整模型视图。请自行查阅其他资料（例如 Creo 的帮助文件）来进一步学习平整形态的应用。

第12章 装配设计

本章导读

> 设计好零件模型后，有时需要将若干零件组合到装配中，以构成一个完整的产品或部件。当然，用户也可以在装配中新建元件并设计元件特征等。Creo Parametric 5.0 提供了功能强大的"装配"模块，用于将零部件和子装配放置在一起以形成装配，并可对该装配进行修改、分析或重新定向等。
>
> 本章重点介绍装配设计的相关实用知识，具体内容包括装配概述、装配元件、创建元件、操作元件、处理装配元件、管理装配视图、干涉检查及切除干涉体积等。

12.1 装配概述

产品设计离不开装配设计。通常一个产品是由一个或若干个零件（或零部件）组成的，将这些零件或零部件按照一定的配合约束位置和连接方式组合到一起，就是最基本的装配设计。当然装配设计包含的内容远远不止这些，例如，在装配设计环境中也可以先规划好产品结构再新建元件和设计元件模型等，此外装配设计还可以融合其他创新设计的理念。装配完成后，可以对产品进行相关的分析和编辑处理，以获得合理的、正确的产品效果。装配设计还是机构模拟仿真（包括动力学分析等）的重要基础之一。

Creo Parametric 5.0 为用户专门配置了一个具有强大装配功能的设计模块——"装配"模块（也称"组件"模块）。利用该模块提供的基本装配工具和其他工具，可以将零件和子装配以设定的关系放置在一起以形成装配，并可以对该装配进行修改、分析或重新定向，还可以通过使用"装配"模块中诸如简化表示（简化表示是一种模型的变体，可用此模型来更改某一特定设计的视图效果，从而控制 Creo 调入会话并显示装配成员，以加快大型装配的检索过程和一般性工作的顺利进行）、互换装配、骨架模型等功能强大的工具以及"自顶向下"的设计程序，来进行大型且复杂的装配设计和管理工作。在"装配"模块中，产品/装配组件的全部或部分结构将一目了然，这有助于检查各零部件之间的关系和干涉情况，从而使用户更能够把握产品细节结构的优化设计。

要使用"装配"模块，则创建一个装配文件以进入一个新的"装配"模块设计环境，新建装配文件的典型步骤如下。

（1）在"快速访问"工具栏中单击"新建"按钮，或选择"文件"→"新建"命令，系统弹出"新建"对话框。

（2）在"类型"选项组中选中"装配"单选按钮，在"子类型"选项组中选中"设计"单选按钮，在"文件名"文本框中接受默认名称或输入新的装配文件名称，并取消选中"使用默认模板"复选框，如图 12-1 所示。然后单击"确定"按钮，弹出"新文件选项"对话框。

（3）在"新文件选项"对话框的"模板"列表框中选择 mmns_asm_design，如图 12-2 所示，然后单击"确定"按钮，从而创建一个装配文件。

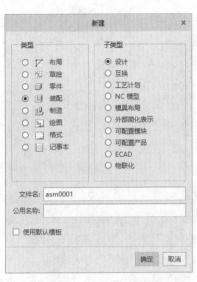

图 12-1　"新建"对话框

图 12-2　"新文件选项"对话框

在"装配"模块中，如果导航区的"模型树"选项卡 中只显示顶级装配文件名和其包含的元件（即零件和子组件等）的名称，如图 12-3 所示，此时要想在装配模型树中也显示元件下一级的特征，那么可以在装配模型树列表上方单击"设置"按钮 ，如图 12-4 所示。接着从打开的下拉菜单中选择"树过滤器"命令，弹出"模型树项"对话框。在"显示"选项组中选中"特征"复选框，如图 12-5 所示，然后单击"应用"或"确定"按钮，从而使装配模型树可显示特征，如图 12-6 所示，以便在"装配"模块中对相关元件的特征进行设计操作。

图 12-3　装配模型树 1

图 12-4　单击"设置"按钮

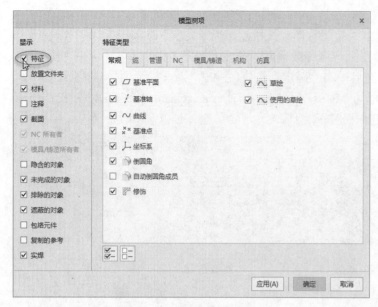

图 12-5　"模型树项"对话框　　　　　　　　　图 12-6　装配模型树 2

新建装配文件后，确保已经准备好相关的基准特征或基本元件，接下来便可以进行装配元件和创建元件等相关操作了。装配元件是装配设计中特别重要的一环，所谓的装配元件就是给装配添加元件，通常装配元件的方法主要有以下几种。其中有些装配元件的方法将在 12.2 节中详细介绍，而其他方法则要求大致了解即可，可以在以后的设计工作中慢慢自学和掌握。

☑　相对于装配中的基础元件、其他元件或基准特征的位置来指定元件位置，可以实现以参数化方式装配该元件，即可以以"参数装配"的方式在装配体（组件）中放置元件。所谓的"参数装配"是指当相对于元件的邻近项（元件或装配特征）放置该元件时，并在未违反装配约束的前提下，其位置将随着其邻近项的移动或更改而更新。

☑　使用预定义的元件接口自动或手动装配元件。

☑　使用"元件"面板中的"封装"命令，以非参数化的方式装配一个元件。用封装作为一种临时措施，将元件包括在装配中，然后用装配指令确定其位置。

☑　在"装配"模块中直接创建零件或子装配。

☑　可以使用"记事本"并指定声明以自动装配元件。根据事先在"记事本"和"零件"模式下所作的声明，通过自动对齐不同零件的基准平面和轴线，从而创建这些装配。可以指定声明，这样在一个元件具有声明后，可自动装配该元件。

☑　可将元件作为装配中的一个元素，而无须放置在装配窗口中。该技术允许在元件并未准备组装时（比如，它不具有几何形状），将其列为装配中的一员。系统将被包括的元件列入模型树和 BOM 中，但并不在屏幕上显示它们，且不包括到质量属性计算中。要在随后过程添加约束，可重新定义元件的放置。

☑　用另一个元件来替换装配中的指定元件，可以为装配后的元件重新定义位置约束。

☑　可以使用互换装配和骨架模型。互换装配是一种可创建并在设计装配中使用的特殊类型装配，由与功能或表示相关的模型组成。骨架模型是装配的一特殊元件，它定义装配设计的骨架、空间要求、界面及其他物理属性，此装配设计主要用于定义元件的几何形状，可作为装配的框架，还可以在装配上采用骨架模型进行运动分析等。

12.2 装配元件

在 Creo Parametric 5.0 的"装配"模块中，装配元件可以有多种方式，包括使用约束（由用户定义）实现参数装配、使用预定义约束集（也叫"连接"）、封装元件、利用"未放置元件"和将元件装配到阵列等方式。本节介绍其中常用的几种方式。

12.2.1 关于"元件放置"选项卡

在常规情况下，要将元件添加到装配中，则在功能区"模型"选项卡的"元件"面板中单击"组装"按钮，系统弹出"打开"对话框，选择所需的元件并单击"打开"按钮，此时在功能区中打开如图 12-7 所示的"元件放置"选项卡。"元件放置"选项卡提供了装配元件的相关工具和选项，下面介绍该选项卡的各组成部分。

图 12-7 "元件放置"选项卡

☑ "使用界面放置"按钮：使用界面放置元件。

☑ "手动放置"按钮：通过手动方式来放置元件。

☑ "将约束转换为机构连接，或相反"按钮：将用户定义集（放置约束）转换为预定义集（机构连接），或相反转换。

☑ "约束"下拉列表框：提供适用于选定集的放置约束（简称约束）。当选择用户定义的集时，系统提供的默认约束为"自动"，允许用户手动从"约束"下拉列表框中更改约束选项。"约束"下拉列表框提供的约束选项如表 12-1 所示。

表 12-1 "约束"下拉列表框提供的约束选项一览

图 标	名 称	说 明
	自动	元件参考相对于装配参考自动放置，待选择参考后会显示列表中可用参考
	距离	从装配参考偏移元件参考
	角度偏移	以某一角度将元件定位至装配参考
	平行	将元件参考定向为与装配参考平行
	重合	将元件参考定位为与装配参考重合
	法向（垂直）	将元件参考定位为与装配参考垂直

图　标	名　称	说　明
	共面	将元件参考定位为与装配参考共面
	居中	居中元件参考和装配参考
	相切	定位两种不同类型的参考，使其彼此相对，接触点为切点
	固定	将被移动或封装的元件固定到当前位置
	默认	在默认位置组装元件（通常用默认的装配坐标系对齐元件坐标系）

☑　"预定义集（连接）"下拉列表框：显示预定义约束集（连接集）的列表，以供用户进行机构连接装配时选用。"用户定义集（连接）"下拉列表框提供的连接选项（预定义约束集）如表 12-2 所示。

表 12-2　"预定义集（连接）"下拉列表框提供的连接选项（预定义约束集）一览表

图　标	名　称	说　明
——	用户定义	创建一个用户定义的约束集
	刚性	在装配中不允许任何移动
	销	包含旋转移动轴和平移约束
	滑块	包含平移移动轴和旋转约束
	圆柱	包含 360° 旋转移动轴和平移移动
	平面	包含平面约束，允许沿着参考平面旋转和平移
	球	包含用于 360° 移动的点对齐约束
	焊缝	包含一个坐标系和一个偏距值，以将元件"焊接"在相对于装配的一个固定位置上
	轴承	包含点对齐约束，允许沿直线轨迹进行旋转
	常规（一般）	创建有两个约束的用户定义集
	6DOF	包含一个坐标系和一个偏移值，允许在各个方向上移动
	万向	包含零件上的坐标系和装配中的坐标系，以允许绕枢轴按各个方向旋转
	槽	包含点对齐约束，允许沿一条非直轨迹旋转

☑　"方向"按钮：用于使偏移方向反向（使用约束选项时），或用于更改预定义约束集的定向（使用预定义约束集时）。

☑　"拖动器显示开关"按钮：切换 3D 拖动器（CoPilot）的显示。当在"元件放置"选项卡中选中"拖动器显示开关"按钮时，则在图形窗口打开的元件处显示一个拖动器，如图 12-8 所示。此时用户在约束允许的前提下可通过操作拖动器在装配中平移或旋转元件，例如按住拖动器的选定坐标轴拖动可沿着该轴移动元件，而拖动拖动器的弧则可实现绕特定轴线旋转元件。

☑　状况：显示放置状况。

☑　　：定义约束时，在其专用的窗口

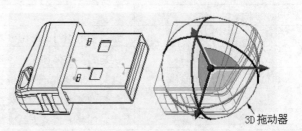

3D 拖动器

图 12-8　在图形窗口的元件处显示 3D 拖动器

中显示元件。

☑ 　：（默认）在图形窗口中显示元件，并在定义约束时更新元件放置。注意两个窗口选项（　和　）可同时处于活动状态。

☑ "放置"滑出面板：使用此面板可以启用并显示元件放置和连接定义。此面板主要包含两个区域，即"导航和约束"区域和"约束属性"区域，前者用于显示集和约束，后者则用于定义约束属性。"约束属性"区域中的"允许假设"复选框将决定系统约束假设的使用。

☑ "移动"滑出面板：使用此面板可以移动正在组装的元件。打开此面板时，系统将暂停所有其他元件的放置操作。移动元件时，注意元件已有的约束关系。

☑ "选项"滑出面板：此面板仅可用于具有已定义界面的元件。

☑ "挠性"滑出面板：此面板仅可用于具有已定义挠性的元件。在该面板中单击"可变项"选项，可打开"可变项"对话框，此时元件放置也将暂停。

☑ "属性"滑出面板：在该面板的"名称"文本框中可查看元件名称，单击"显示信息"按钮❶则在 Creo Parametric 5.0 浏览器中显示详细的元件信息。"备份参考"复选框用于设置无论父元件是否存在，都在下次重新生成期间更新元件的放置。

12.2.2　使用约束实现参数装配

在 Creo Parametric 中，元件放置根据放置定义集而定，这些集合决定了元件和装配的相关方式及位置。这些集既可以由用户使用约束来定义，也可以是预定义的（12.2.3 节中介绍）。用户定义的约束集含有 0 或多个约束（封装元件可能没有约束），而预定义约束集具有预定义数目的约束。

使用约束进行元件的参数装配是最为常用的装配方式。要使用此方式将元件完全定位在装配中，通常需要由用户指定 1~3 个约束来约束元件。定义一个约束的一般方法为：先在"放置元件"选项卡的"约束"下拉列表框中选择约束类型（如"　距离""　角度偏移""　平行""　重合""　法向""　共面""　居中""　相切""　固定"等），接着在元件和装配体（组件）中分别选定一个有效参考，可能还需要设置相应的约束参数，所选择的元件参考和组件参考将受到指定约束的作用，即放置约束指定了一对参考的相对位置。

放置约束时应遵守一些原则。例如，一次只能添加一个约束，不能使用同一个约束选项约束一个零件上的两个不同的孔与另一个零件上的两个不同的孔，而必须定义两个单独的约束；放置约束集用来完全定义放置和方向，如可以将一对曲面约束为重合，一对约束为平行，还有一对约束为垂直。

在"元件放置"选项卡的"放置"滑出面板中可以查看当前的放置定义集，如图 12-9 所示，图中的放置定义集名称为"集 1（用户定义）"，其中包含一个"距离"约束和两个"重合"约束。允许在用户定义的约束集中随意添加或删除约束，并无任何预定义的约束。要在当前用户定义的放置定义集中添加新约束，那么可以在该集列表中单击"新建约束"选项，则新建一个约束。如有需要，还可在约束属性区域的"约束类型"下拉列表框中选择所需的约束类型以及设置相应的约束参数值等。单击"新建集"选项，则会新建一个放置定义集。

图 12-9　"放置"滑出面板

提示

　　如果来自某一集的一个约束与其他约束相冲突，那么放置状况变为无效，此时必须重新定义、禁用或移除约束直到放置状况变为有效。要禁用或删除某一集中的约束，首先打开"放置"滑出面板并在该集中选定该约束，接着右击，在打开的快捷菜单中选择"禁用"或"删除"命令。

　　下面通过一个典型的使用约束放置元件的操作实例，讲解约束放置的一般方法、步骤及其操作技巧。

　　1. 新建一个装配文件

　　（1）在"快速访问"工具栏中单击"新建"按钮 🗋，系统弹出"新建"对话框。

　　（2）在"类型"选项组中选中"装配"单选按钮，在"子类型"选项组中选中"设计"单选按钮，在"文件名"文本框中输入装配组件名称为 creo_hyzp_m，取消选中"使用默认模板"复选框，然后单击"确定"按钮。

　　（3）系统弹出"新文件选项"对话框。在"模板"列表框中选择 mmns_asm_design，单击"确定"按钮。

　　（4）在导航区的"模型树"选项卡 ❖ 中，单击位于模型树上方的"设置"按钮 🗔·，打开其下拉菜单。

　　（5）在"设置"下拉菜单中选择"树过滤器"命令，弹出"模型树项"对话框。接着在"显示"选项组中选中"特征"和"放置文件夹"复选框。选中"放置文件夹"复选框的目的是为了在模型树中显示"放置"文件夹，而约束集可以在"放置"文件夹中显示，显示层次遵循定义这些约束集时确定的层级。

　　（6）在"模型树项"对话框中单击"确定"按钮。

　　2. 装配第一个零件

　　（1）在功能区"模型"选项卡的"元件"面板中单击"组装"按钮 🗳，弹出"打开"对话框。

　　（2）通过"打开"对话框查找并选择\CH12\12_2_2\hy_zp_01.prt 文件，如图 12-10 所示，单击"打开"按钮，此时在功能区打开"元件放置"选项卡。

图 12-10　"打开"对话框

（3）在"元件放置"选项卡的"约束"下拉列表框中选择"默认"选项，如图 12-11 所示。

图 12-11　选择"默认"选项

（4）选择"默认"约束选项后，系统提示"状况：完全约束"。在"元件放置"选项卡中单击"完成"按钮 ✓，在默认位置装配元件（用默认的装配坐标系对齐元件坐标系），效果如图 12-12 所示。

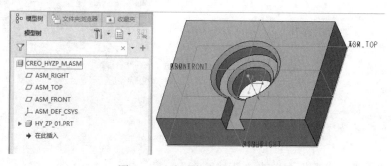

图 12-12　完成装配第一个元件

3. 装配第二个零件

（1）在功能区"模型"选项卡的"元件"面板中单击"组装"按钮 ，弹出"打开"对话框。

（2）在"打开"对话框中选择\CH12\12_2_2\hy_zp_02.prt，单击"打开"按钮。

（3）在功能区打开的"元件放置"选项卡中同时选中"指定约束时在单独的窗口中显示元件"按钮 和"指定约束时在装配窗口中显示元件"按钮 。

（4）在"元件放置"选项卡的"约束"下拉列表框中选择"重合"选项，分别选择如图 12-13 所示的一对重合参考面（装配参考面和元件参考面）。

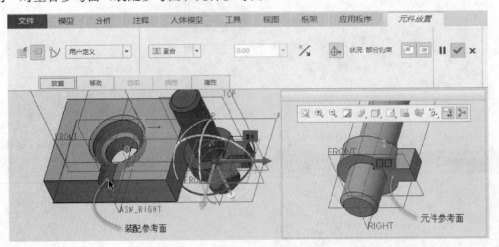

图 12-13　选择一对重合参考面

（5）在"元件放置"选项卡中打开"放置"滑出面板，单击"新建约束"选项，然后在"约束类型"下拉列表框中选择"距离"选项，接着在元件（hy_zp_02.prt）中选择 TOP 基准平面，在装配体中选择第一个零件（hy_zp_01.prt）的 RIGHT 基准平面，设置偏移距离值为 0，如图 12-14 所示。

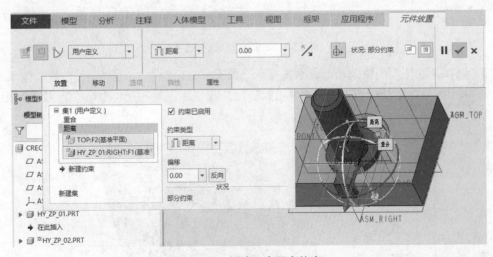

图 12-14　新建一个距离约束

（6）在"放置"滑出面板中单击"新建约束"选项，默认的"约束类型"为"重合"，在元件中选择特征轴 A_1，在装配体中选择第一个零件特征轴 A_1，使所选两个特征轴重合约束，此时系统提示"状况：完全约束"。

（7）在"元件放置"选项卡中单击"完成"按钮 ，完成第二个零件的装配，装配效果如图 12-15 所示。

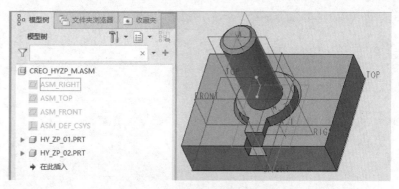

图 12-15　装配第二个零件的效果

在一些设计案例中，当在元件装配过程中设置了"允许假设"（通常是默认设置），那么 Creo 系统会自动做出约束定向假设。例如，要将一个螺栓完全约束到平板中的某个孔，在设置"允许假设"的情况下只需两个重合约束即可。

12.2.3　预定义约束集

预定义约束集（也称"连接"）提供预定义数目的约束，它可以定义元件在装配中的运动。预定义约束集包含用于定义连接类型（有无运动轴）的约束。注意不能随意删除、更改或移除预定义约束集中的预定义的某个约束。

使用预定义约束集放置的元件通常有意地未进行充分约束，以保留一个或多个自由度，可以确保元件在装配中所具有的运动。

在"装配"模块打开的"元件放置"选项卡的"预定义集"下拉列表框中可以选择所需的预定义集选项，如图 12-16 所示。系统提供的预定义集选项包括"刚性""销""滑块""圆柱""平面""球""焊缝""轴承""常规""6DOF""万向""槽"等。

图 12-16　预定义集选项

从"预定义集"下拉列表框中选择所需的预定义集选项后,可以打开"放置"滑出面板查看该预定义集(机构连接)要定义的相应约束。例如,从"预定义集"下拉列表框中选择"⚡️销"选项,则在"放置"滑出面板中可以看到该预定义集需要定义"轴对齐"约束和"平移"约束,如图 12-17 所示,此时根据需要为相应约束选择元件项目和装配项目。

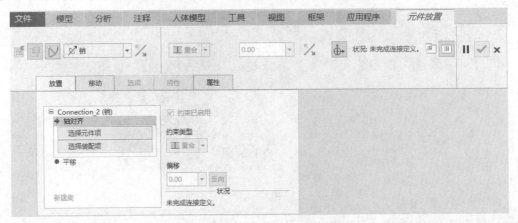

图 12-17　查看预定义集需要定义的约束

下面列举这些常见预定义集的应用特点。

1. 刚性

用来连接两个元件,使其无法相对移动,可使用任意有效的约束集约束它们。如此连接的元件将变为单个主体(主体是受严格控制的一组元件,在组内没有自由度)。"刚性"连接集约束类似于用户定义的约束集。

2. 销

将元件连接至参考轴,以使元件以一个自由度沿此轴旋转或移动。选择轴、边、曲线或曲面作为轴参考。选择基准点、顶点或曲面作为平移参考。"销"连接集有两种约束:轴对齐约束和平移约束。

3. 滑块

将元件连接至参考轴,以使元件以一个自由度沿此轴移动。选择边或对齐轴作为对齐参考,选择曲面作为旋转参考。"滑块"连接集有两种约束:轴对齐约束和旋转约束。

4. 圆柱

连接元件,使其以两个自由度沿着指定轴移动并绕其旋转。选择轴、边或曲线作为轴对齐参考。"圆柱"连接集有一个轴对齐约束。

5. 平面

连接元件,以使其在一个平面内彼此相对移动。元件在该平面内有两个自由度,围绕与其正交的轴有一个自由度。为重合约束选择曲面参考。"平面"连接集具有单个平面配对或对齐约束,配对或对齐约束可被反转或偏移。

6. 球

连接元件，使其以 3 个自由度在任意方向上旋转（360°旋转）。选择点、顶点或曲线端点作为对齐参考。"球"连接集具有一个点对点重合约束。

7. 焊缝

将一个元件连接到另一个元件，使它们无法相对移动。通过将元件的坐标系与装配中的坐标系对齐而将元件放置在装配中，在其中可用开放的自由度调整元件。"焊缝"连接具有一个坐标系对齐的重合约束。

8. 轴承

相当于"球"和"滑块"连接的组合，具有 4 个自由度，即具有 3 个自由度（360°旋转）和一个沿参考轴移动的自由度。对于第一个参考，在元件或装配上选取一点；对于第二个参考，在装配或元件上选取边、轴或曲线。点参考可以自由地绕边旋转并沿其长度移动。"轴承"连接有一个"边上的点"重合约束。

9. 常规

有一个或两个可配置约束，它们和用户定义集中的约束相同。"相切""曲线上的点""非平面曲面上的点"不能用于"常规"连接。"常规"连接有时也称为"一般"连接。

10. 6DOF

不影响元件与装配相关的运动，因为未应用任何约束。元件的坐标系与装配中的坐标系对齐，X、Y 和 Z 装配轴是允许旋转和平移的运动轴。

11. 方向

具有一个中心约束的枢轴接头。坐标系中心对齐，但不允许轴自由旋转。

12. 槽

非直轨迹上的点。此连接有 4 个自由度，其中点在 3 个方向上遵循轨迹。对于第一个参考，在元件或装配上选取一点，所参考的点遵循非直参考轨迹，轨迹具有在配置连接时所设置的端点。"槽"连接具有单个"点与多条边或曲线对齐"约束。

下面介绍一个使用预定义约束集的操作范例，使读者举一反三地掌握预定义约束集的应用方法和步骤等。该实例具体的操作步骤如下。

1. 新建一个装配文件并设置模型树

（1）在"快速访问"工具栏中单击"新建"按钮，弹出"新建"对话框。

（2）在"类型"选项组中选中"装配"单选按钮，在"子类型"选项组中选中"设计"单选按钮，在"文件名"文本框中输入组件名称为 hy_hl，取消选中"使用默认模板"复选框，然后单击"确定"按钮，弹出"新文件选项"对话框。

（3）在"模板"列表框中选择 mmns_asm_design，单击"确定"按钮。

（4）在导航区的"模型树"选项卡 中，单击位于模型树上方的"设置"按钮 ，在打开的"设置"下拉菜单中选择"树过滤器"命令，弹出"模型树项"对话框。接着在"显示"选项组中选中"特征"和"放置文件夹"复选框，然后单击"确定"按钮。

2. 装配第一个零件

（1）在功能区"模型"选项卡的"元件"面板中单击"组装"按钮 ，系统弹出"打开"对话框。

（2）选择\CH12\12_2_3\hy_hl_02.prt 文件，单击"打开"按钮，此时在功能区显示"元件放置"选项卡。

（3）在"元件放置"选项卡的"约束"下拉列表框中选择"默认"选项。

（4）选项卡中显示有"状况：完全约束"的状态信息。单击"完成"按钮 ，从而在默认位置装配元件，效果如图 12-18 所示，图中隐藏了装配文件的 3 个基准平面。

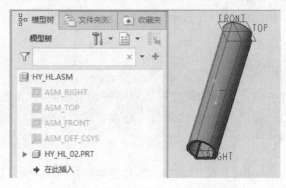

图 12-18　装配第一个零件

⚠ **注意**

以"默认"方式装配进来的元件将作为装配中的基础主体。用户需要注意主体的概念，主体是受严格控制的一组元件，在组内没有自由度，用来放置元件的约束将确定哪些零件属于主体，系统可根据这些约束自动定义主体。

3. 以"滑块"连接方式装配第二个零件

（1）在功能区"模型"选项卡的"元件"面板中单击"组装"按钮 ，系统弹出"打开"对话框。

（2）选择\CH12\12_2_3\hy_hl_01.prt 文件，单击"打开"按钮，此时在功能区显示"元件放置"选项卡。

（3）在"元件放置"选项卡中单击以取消选中"拖动器显示开关"按钮 ，即关闭 CoPilot 拖动器的显示。接着从"预定义约束集"下拉列表框中选择"滑块"选项。

（4）在"元件放置"选项卡中打开"放置"滑出面板，如图 12-19 所示，可以看到需要定义"轴对齐"和"旋转"两组约束。

（5）分别定义"轴对齐"约束和"旋转"约束。

☑　　"轴对齐"约束：在 hy_hl_01.prt 元件和装配体的 hy_hl_02.prt 零件上选择要重合的一对圆柱曲面，如图 12-20 所示。

图 12-19　选择"滑块"选项并打开"放置"滑出面板

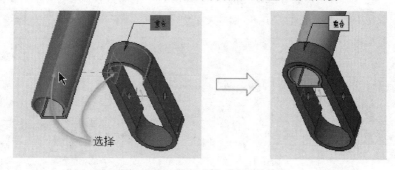

图 12-20　定义"轴对齐"约束

☑　"旋转"约束：在 hy_hl_01.prt 元件和装配体的 hy_hl_02.prt 零件上分别选择 RIGHT 基准平面。

此时，还可以定义一个"平移轴"约束，在"放置"滑出面板的约束列表中单击激活该约束，接着在 hy_hl_01.prt 元件和装配体的 hy_hl_02.prt 零件上分别选择一个侧平面，如图 12-21 所示。在"放置"滑出面板中设置其当前位置为 150，还可以根据需要将当前位置设置为零位置等。

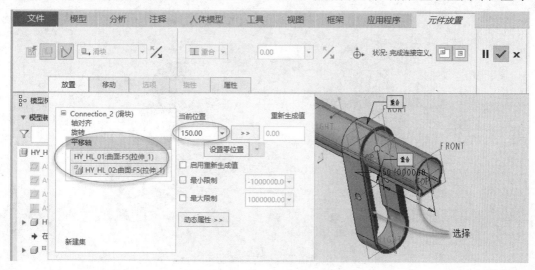

图 12-21　定义"平移轴"约束

（6）单击"完成"按钮 ✓。此时可以在装配模型树上将 hy_hl_02.prt 零件的基准平面隐藏。

4．以"销"连接方式装配第三个零件

（1）在功能区"模型"选项卡的"元件"面板中单击"组装"按钮 📷，系统弹出"打开"对话框。

（2）选择\CH12\12_2_3\hy_hl_04.prt 文件，单击"打开"按钮，此时在功能区显示"元件放置"选项卡。

（3）在"预定义约束集"下拉列表框中选择"销"选项，打开"放置"滑出面板，接着分别定义"轴对齐"约束和"平移"约束。"销"连接完成效果，如图 12-22 所示。

☑ "轴对齐"约束：分别选择 hy_hl_04.prt 元件和装配组件中 hy_hl_01.prt 元件的 A_1 轴。

☑ "平移"约束：在 hy_hl_04.prt 元件中选择 TOP 基准平面，在装配组件中选择 hy_hl_01.prt 元件的 RIGHT 基准平面，并在"约束类型"下拉列表框中选择"重合"选项。

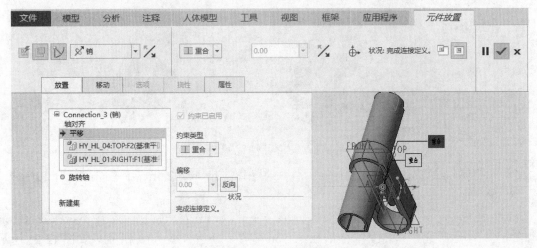

图 12-22　定义"销"连接

（4）单击"完成"按钮 ✓，以"销"连接方式装配第三个零件的装配效果如图 12-23 所示。

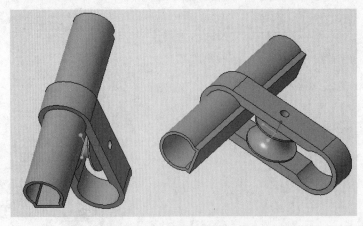

图 12-23　以"销"连接方式装配第三个零件

5．以"刚性"连接方式装配第四个零件

（1）在功能区"模型"选项卡的"元件"面板中单击"组装"按钮 ，系统弹出"打开"对话框。

（2）选择\CH12\12_2_3\hy_hl_03.prt 文件，单击"打开"按钮，此时在功能区显示"元件放置"选项卡。

（3）在"预定义约束集"下拉列表框中选择"刚性"选项，并打开"放置"滑出面板，分别定义 3 组"重合"约束，如图 12-24 所示。

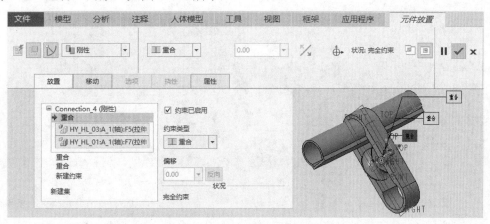

图 12-24　定义"刚性"连接

（4）单击"完成"按钮 ，完成操作，如图 12-25 所示。

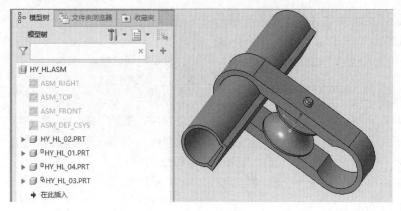

图 12-25　完成装配第四个零件

12.2.4　封装元件

在一些设计中，当向装配添加元件时，可能不知道将元件放置在何处最好，也可能不希望相对于其他元件的几何来定位元件，在这种情况下，便可使用封装作为放置元件的临时措施，封装元件在装配中并不被完全约束。注意装配的第一个元件不能是封装元件，但可以封装第一个元件的其他事件。另外，当将机构元件添加到装配时，那些用户定义的约束集或预定义的约束集（连接）便决定了元件在装配中的自由度，这些元件会在模型树中完成封装，并标记为已封装。

1. 在装配中封装新元件

Creo Parametric 5.0 的"装配"模块提供专门的"封装"命令，用于在没有放置规范的情况下向装配添加元件。要在装配中封装新元件，则可以按照以下的方法和步骤进行。

（1）在一个新建的或打开的装配中，从功能区"模型"选项卡的"元件"面板中单击"组装"→"封装"命令，接着从弹出的菜单管理器的"封装"菜单中选择"添加"命令，如图 12-26 所示。

（2）此时，菜单管理器提供"获得模型"菜单，如图 12-27 所示。在"获得模型"菜单中选择以下命令之一来选择元件。

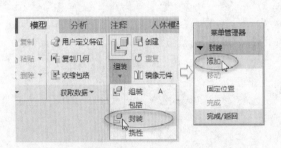

图 12-26　选择"组装"→"封装"命令等

图 12-27　"获得模型"菜单

- ☑ 打开：选择此命令，打开"打开"对话框，通过"打开"对话框选择所需元件。
- ☑ 选择模型：选择此命令，可以在图形窗口中选择任意元件，并将它的一个新事件添加到装配中。
- ☑ 选取最后：选择此命令，将添加组装或封装的最近一个元件。

（3）系统弹出如图 12-28 所示的"移动"对话框，并利用"移动"对话框调整封装元件的位置选项等。该对话框与"元件放置"选项卡中的"移动"滑出面板类似。在"运动类型"选项组中选中"定向模式"、"平移"、"旋转"或"调整"单选按钮来确定运动类型，在"运动参考"下拉列表框中选择一个方向参考，在"运动增量"选项组中设置运动增量选项，在"位置"选项组中可以输入从起点到新的元件原点的相对距离。若单击"撤销"按钮可撤销上一次运动，若单击"重做"按钮可重做上一次运动，若单击"首选项"按钮则弹出如图 12-29 所示的"拖动首选项"对话框，从中设置相关的拖动选项、捕捉选项和拖动中心。

（4）在菜单管理器的"封装"菜单中选择"完成/返回"命令。

2. 移动封装元件

在功能区"模型"选项卡的"元件"面板中单击"组装"→"封装"命令，接着从弹出的"封装"菜单管理器中选择"移动"命令，打开"移动"对话框，使用此对话框可以平移或旋转用"组件"→"封装"→"添加"命令定位的封装元件和不被完全约束的元件。

3. 固定封装元件的位置

在打开的装配中，在功能区"模型"选项卡的"元件"面板中单击"组装"→"封装"命令，接着从弹出的"封装"菜单管理器中选择"固定位置"命令，然后在模型树或图形窗口中选择要放置的封装元件，确定后系统便在封装元件的当前位置处完全约束它。

图 12-28　"移动"对话框　　　　　　　　图 12-29　"拖动首选项"对话框

要固定封装元件的位置，也可以先从模型树或图形窗口中选择该元件（或者右击），然后从弹出的浮动工具栏中单击"固定位置"按钮 。

一旦最终完成封装元件的固定，那么不能再用"封装"→"移动"功能来移动它了，但是可以使用"元件放置"选项卡来修改或重新定义其放置。

4. 完成封装元件

使用"组装"→"封装"→"添加"命令添加的封装元件在装配里不是参数化定位的，如果更改相邻零件则不会驱动这些封装元件的位置，这令使用不同的配置进行装配时的便利性大大提高。知道元件将定位的位置并完成其正确定位，这是一个基本的、良好的设计习惯。要完成封装元件，则在功能区"模型"选项卡的"元件"面板中选择"组装"→"封装"→"完成"命令，接着选择封装元件，系统打开"元件放置"选项卡，从中配置放置定义即可。

5. 关于部分约束的元件和机构

使用常规的"组装"按钮 也能"封装"元件（实际上就是未完全约束元件，使元件具有一定的自由度），其操作方法是在元件受完全约束前取消选中"放置"滑出面板中的"允许假设"复选框，以及关闭"元件放置"选项卡。另外，对于添加到装配中的机构元件，其用户定义的约束集或预定义的约束集（连接）决定了该元件在装配中的自由度，这些机构装配的元件会在模型树中完成封装，并标记为已封装。

12.2.5　未放置元件

未放置元件属于没有组装或封装的装配，即未放置元件未通过几何方式将其放置在装配中，它们会出现在模型树中（未放置元件在模型树中用"█"进行标识），但不会出现在图形窗口中。在模型树中可以选择未放置元件，选择未放置元件后可以对其进行约束或封装，一旦约束或封装了元件，那么将无法使该元件还原为未放置状态。在装配中创建物料清单时可包括或排除未放置元件，而在质量属性计算时可不考虑它们。注意在内存中检索到其父项装配时，未放置元件也同时被检索。

可以按照以下方法及步骤创建未放置元件。

（1）在打开的一个装配文件中，在功能区"模型"选项卡的"元件"面板中单击"创建"按钮█，打开如图12-30所示的"创建元件"对话框。

（2）在"类型"选项组中选中"零件"单选按钮，在"文件名"文本框中输入名称，或保留默认名称，然后单击"确定"按钮，系统弹出"创建选项"对话框。

（3）通过从现有元件复制（即选中"从现有项复制"单选按钮）或保留空元件（即选中"空"单选按钮）来创建元件，并在"放置"选项组中选中"不放置元件"复选框，如图12-31所示。

图 12-30 "创建元件"对话框

图 12-31 "创建选项"对话框

（4）在"创建选项"对话框中单击"确定"按钮，创建的该元件被添加到模型树中但不出现在图形窗口中。

如果要放置一个未放置元件，那么需要重新定义该元件并建立位置约束，其方法是在模型树中单击或右击该未放置元件，接着从弹出的浮动工具栏中单击"编辑定义"按钮█，打开"元件放置"选项卡，并且该元件出现在一个单独的窗口中，此时可以以常规方式放置该元件。

可以在活动装配中包括未放置的元件，其方法是在打开的装配中，在功能区"模型"选项卡的"元件"面板中选择"组装"→"包括"命令，系统弹出"打开"对话框，接着选择要包括在装配中的元件，然后从该对话框中单击"打开"按钮，则所选的元件已被添加到模型树但不出现在图形窗口中。

12.2.6 将元件装配到阵列

在"装配"模块中，同样可以使用"阵列"按钮█，使用此按钮可以快速组装元件的多个实例，其操作流程是在装配中先放置第一个元件，接着选择该元件作为阵列导引，单击"阵列"按钮 田 打开"阵列"对话框，然后选择阵列类型（阵列类型有"尺寸""方向""轴""填充""表""参考""曲线""点"）并设置该阵列类型下首选的参数、参考和选项等，并可以根据需要设置其中要排除的某个阵列成员。

12.3 创建元件

在"装配"模块中可以创建元件。在功能区"模型"选项卡的"元件"面板中单击"创建"按钮，系统弹出"创建元件"对话框，接着指定元件类型与子类型，以及设置元件名称。可选的元件类型有"零件""子装配""骨架模型""主体项""包络"。在这里以选择元件类型为"零件"为例，接着从"子类型"选项组中选择一个子类型选项（例如选中"实体"单选按钮）。在"创建元件"对话框中指定了元件类型、子类型和名称后，单击"确定"按钮，系统弹出"创建选项"对话框，从中设定创建方法（对于实体零件而言，创建方法有"从现有项复制""定位默认基准""空""创建特征" 4 种）等后单击"确定"按钮，从而在装配中新建一个元件。

☑ 从现有项复制：创建现有零件的副本并将其放置在装配中。

☑ 定位默认基准：创建元件并自动将其组装到装配中的选定参考。Creo 将创建约束以相对于选定装配参考定位新元件的默认基准平面。

☑ 空：创建不具有初始几何的元件。

☑ 创建特征：使用现有装配参考创建新零件几何。新零件是装配中的活动模型。

使用"从现有项复制"方法和"空"方法创建的元件不会自动被激活，而使用"定位默认基准"方法和"创建特征"方法创建的元件会自动被激活（即成为装配中的活动元件）。装配中被激活的元件（活动元件）在模型中会显示有一个太阳形式的激活标识（在元件图标右下角显示），如图 12-32 所示，此时可以为该元件设计其自身的特征，如同在零件模式下进行建模工作一样。当元件处于激活状态（活动状态）时，不能使用相关的装配功能，若要使用相关的装配功能，则需要激活装配（顶级组件）。要激活装配，则需要在模型树中选择装配名称，弹出一个浮动工具栏，从该浮动工具栏中单击"激活"按钮，从而激活装配，此时装配中各元件不会有激活标识，而该装配在活动时也不会显示其激活标识，如图 12-33 所示。

图 12-32 激活元件

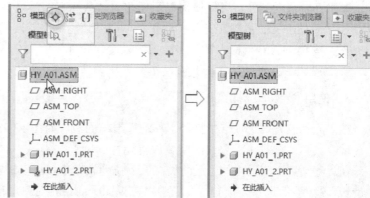

图 12-33 激活装配

12.4 操 作 元 件

操作元件的知识主要包括以下几点。

（1）元件的运动移动。

（2）拖动装配图元并拍摄快照。

（3）进行检测元件冲突等设置。

（4）通过接近捕捉来组装元件。

12.4.1 元件的运动移动

在 Creo 中，需要了解装配中的运动移动概念。所谓的运动移动是主体或主体系统的运动，而不考虑作用于其上的质量或力。用户可以在 Creo 装配模式中，根据设计需要运动移动部分约束的元件。

移动正在放置的元件，有以下几种方法。

1. 使用拖动器移动元件

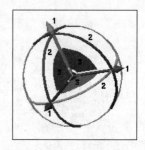

图 12-34 拖动器组成

在打开"元件放置"选项卡时设置显示拖动器（该拖动器的组成如图 12-34 所示，图中 1 表示箭头轴，2 表示旋转弧，3 表示平面）则可以在图形窗口中使用此拖动器来移动元件。拖动其中心点以自由拖动元件，拖动箭头轴以沿轴平移元件，拖动旋转弧以旋转元件，拖动平面以移动平面上的元件。注意拖动器连接到元件的默认坐标系，并特别注意元件已有约束对移动操作的约束作用。

2. 使用键盘快捷方式移动元件

在功能区"模型"选项卡的"元件"面板中单击"组装"按钮，系统弹出"打开"对话框。通过"打开"对话框来选取要放置的元件，然后单击"打开"按钮，此时出现"元件放置"选项卡。此时，要移动元件，可以使用以下任意一种鼠标和按键组合的方式。

☑ 按 Ctrl+Alt+鼠标左键并移动指针以绕默认坐标系旋转元件。

☑ 按 Ctrl+Alt+鼠标中键并移动指针以旋转元件。

☑ 按 Ctrl+Alt+鼠标右键并移动指针以移动（平移）元件。

3. 使用"移动"滑出面板

在"元件放置"选项卡中打开"移动"滑出面板，如图 12-35 所示，利用该面板可以很方便地在现有约束的前提下调整装配中要放置元件的位置。

在"移动"滑出面板的"运动类型"下拉列表框中，可以根据需要选择"定向模式""平移""旋转""调整"选项。接着可以选中"在视图平面中相对"单选按钮以相对于视图平面移动元件，或者选中"运动参考"单选按钮以相对于元件或参考移动元件。当选中"运动参考"单选按钮时，激活"运动参考"收集器。结合鼠标操作可以实现元件的移动。

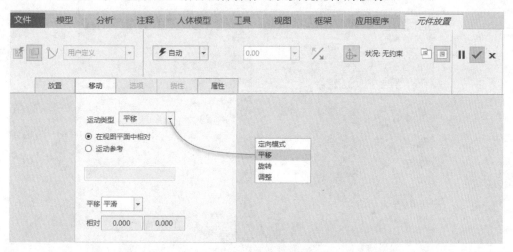

图 12-35 "元件放置"选项卡的"移动"滑出面板

12.4.2 拖动装配图元并拍摄快照

在功能区"模型"选项卡的"元件"面板中有一个实用的"拖动"按钮，使用该按钮，可以在运动的允许范围内移动装配图元，以查看装配在特定配置下的工作情况（状况）。

在功能区"模型"选项卡的"元件"面板中单击"拖动"按钮，系统弹出如图 12-36 所示的"拖动"对话框，该对话框提供"点拖动"按钮、"主体拖动"按钮和"快照"选项区域。

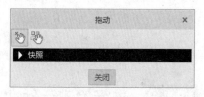

图 12-36 "拖动"对话框

要拖动点，则在"拖动"对话框中单击"点拖动"按钮，接着在当前模型中的主体上选择要拖动的点（注意不能选择基础进行点拖动），此时出现指示器，移动指针，选定的点跟随指针移动，即在拖动过程中，选定的点在保持连续的同时跟随指针移动。要完成此操作，须执行下列操作之一。

☑ 单击以接受当前主体位置并开始拖动其他主体。

☑ 单击鼠标中键结束当前拖动操作（主体返回初始位置）并开始新的拖动操作。

☑ 单击鼠标右键结束拖动操作（主体返回初始位置）。

拖动主体时，主体在图形窗口中的位置会更改，但其方向保持固定。如果装配需要主体在位置更改的情况下重新定向，则该主体将不会移动，这是因为在此新位置模型将无法重新装配，在碰到这种情况时，用户可以尝试使用点拖动来操作。

要拖动主体，则在"拖动"对话框中单击"主体拖动"按钮，并在当前模型上选择主体，接着移动指针使选定的主体跟随指针位置，最后单击以接受当前主体位置并开始拖动其他主体，或者单击鼠标中键退出当前的拖动操作（主体返回初始位置）并开始新的拖动操作；或者右击以退出拖动操作（主体返回初始位置）。

要使用快照，可在"拖动"对话框中打开"快照"选项区域，如图 12-37 所示，"快照"选项区域具有两个选项卡。

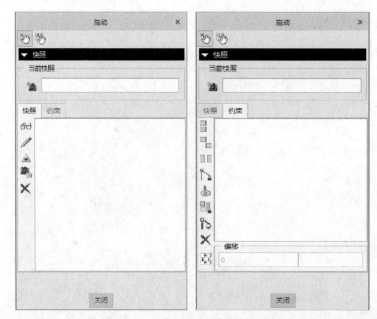

图 12-37   "拖动"对话框的"快照"选项区域

☑   "快照"选项卡：使用"快照"选项卡可以显示不同配置装配的已保存快照的列表。当将元件移至所需位置后，可以保存装配在不同位置和方向的快照。快照将捕捉现有的锁定主体、禁用的连接和几何约束。

☑   "约束"选项卡：使用"拖动"对话框中的"约束"选项卡应用或移除约束。应用约束后，它的名称会添加到约束列表中。通过选中或清除约束旁的复选框，可以打开和关闭约束。使用快捷菜单可以复制、剪切、粘贴或删除约束。

12.4.3   进行检测元件冲突等设置

利用冲突检测设置可以在装配处理和拖动操作过程中动态地进行冲突检测。在装配中检测元件冲突的应用场景主要包括以下几个方面。

☑   在放置元件时，可验证其移动是否不受已装配元件的影响。

☑   在拖动操作中使用冲突检测可确保没有任何元件干涉选定元件的移动。

☑   检测到冲突时停止移动，或者继续移动元件并连续查看冲突。

冲突检测（碰撞检测）设置可以在"装配"模块中设置，也可以在"机构设计"中设定。在"装配"模块中进行冲突检测设置的步骤如下。

（1）选择"文件"→"准备"→"模型属性"命令，打开"模型属性"对话框。

（2）在"模型属性"对话框的"装配"选项组中单击"碰撞检测"行中的"更改"，系统弹出"碰撞检测设置"对话框，如图 12-38 所示。

图 12-38   "碰撞检测设置"对话框

（3）在"常规"选项组中选中"无碰撞检测"单选按钮、"全局碰撞检测"单选按钮或"部分碰撞检测"单选按钮。其中，"无碰撞检测"单选按钮用于执行无碰撞检测，即使发生碰撞也允许平滑拖动；"全局碰撞检测"单选按钮用于检查整个装配中的各种碰撞，并根据所选择的选项将其指出；"部分碰撞检测"单选按钮则用于在指定零件（按住 Ctrl 键选择多个零件）之间进行碰撞检测。

（4）可以根据设计需要选中"包括面组"复选框，仅在全局或部分碰撞检测过程中，将曲面作为碰撞检测的一部分。

（5）当在"常规"选项组中选中"部分碰撞检测"单选按钮或"全局碰撞检测"单选按钮时，"可选"选项组可用，接着在"可选"选项组中进行相关的设置。例如，在"可选"选项组中选中"碰撞时铃声警告"复选框，以设置在发生碰撞时发出铃声警告。

⚠ **注意**

如果将配置选项 enable_advance_collision 的值设置为 yes，可提供另外一些高级选项（即"碰撞时即停止""突出显示干扰体积块""碰撞时推动对象"），此后打开的"碰撞检测设置"对话框中，"可选"选项组包括更多的高级选项，如图 12-39 所示。需要用户注意的是，在具有许多主体的大组件中，启用高级冲突检测选项通常会导致组件运动非常缓慢。这些附加可选设置单选按钮的功能含义如下。

☑ 碰撞时即停止：发生碰撞冲突时即停止移动。

☑ 突出显示干扰体积块：突出显示干扰图元。

☑ 碰撞时推动对象：显示碰撞冲突效果。

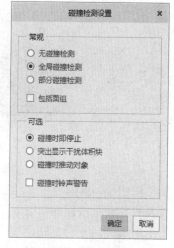

图 12-39　更多的高级选项

（6）在"碰撞检测设置"对话框中单击"确定"按钮。

另外，如果要设置用于放置元件的拖动首选项，则可以在功能区"文件"应用程序菜单中选择"选项"命令，打开"Creo Parametric 选项"对话框，接着在左窗格中选择"装配"类别，随后在"元件拖动设置"选项组中选择用于拖动所放置元件的任何或所有选项。

12.4.4　通过接近捕捉来组装元件

对于一些较为复杂的装配模型，在组装元件时要找到相应约束的正确设置会很棘手。在这种情况下，如果巧用 Creo 的"捕捉"功能则可以很方便地将所放置元件拖动到其在装配中的近似位置，即在装配中移动元件时，只要鼠标指针停留在特定邻近区内，系统便会显示建议的放置位置，并针对两个参考突出显示该放置，此时，释放元件表示接受放置，如果要拒绝放置则将元件拖出该区域即可。通过结合使用"捕捉"功能与自动约束选择，可以很方便地进行定义约束。

12.5　处理装配元件

在 Creo Parametric 5.0 中，可以对装配中的元件进行处理与修改。其中装配中的一些元件操作可以通过从功能区"模型"选项卡中选择"元件"→"元件操作"命令来进行。另外，选定装配中的要处理的元件时，可以利用弹出的浮动工具栏来处理该装配元件，处理方式包括"激活""打开""编辑定义""隐含""隐藏"等，而右击元件时还可以利用弹出的快捷菜单进行"复制""镜像元件""删除""挠性化""参数"等操作。而在装配中，Creo Parametric 5.0 还提供一些具有颇高设计效率的专门处理装配元件的命令，包括用于复制元件、镜像元件、替换元件和重复元件等的相关命令。

12.5.1　复制元件

用户可以在装配中创建元件的多个独立实例，注意一次只能修改、替换或删除一个复制的元件。在装配中复制元件时，将基于装配的坐标系来进行放置，该坐标系被用作平移或旋转元件的参考。复制元件的典型示例如图 12-40 所示。

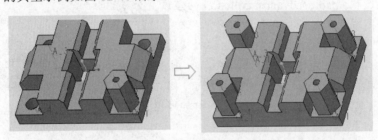

图 12-40　复制元件的典型示例

要复制元件，最简单的操作方法是：先在打开的一个装配中选择要复制的元件，并单击"复制"按钮，接着单击"粘贴"按钮，打开"元件放置"选项卡，然后选择放置参考等，之后单击"完成"按钮即可。

下面介绍一个复制元件的操作范例。

（1）在"快速访问"工具栏中单击"打开"按钮，系统弹出"文件打开"对话框，打开本书配套资源中的\CH12\12_5_1\HY_12_5_1.ASM 文件，该装配文件中已经装配好两个零件，其中第二个零件与装配主体采用放置约束来装配，一共使用了两对重合约束（允许假设），如图 12-41 所示。

视频讲解

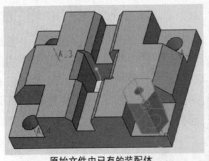
原始文件中已有的装配体
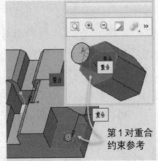
第1对重合约束参考
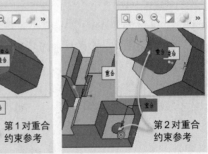
第2对重合约束参考

图 12-41　已有装配体

（2）在"选择"过滤器下拉列表框中选择"零件"，在图形窗口中选择如图 12-42 所示的元件作为要复制的元件，再在功能区"模型"选项卡的"操作"面板中单击"复制"按钮。

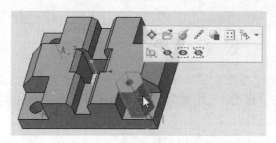

图 12-42　选择要复制的元件

（3）在功能区"模型"选项卡的"操作"面板中单击"粘贴"按钮 📋，打开如图 12-43 所示的"元件放置"选项卡，默认选中"使用界面放置"按钮 🖼，并默认选择"界面至几何"选项。

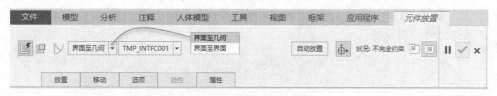

图 12-43　"元件放置"选项卡

（4）选择所需的放置参考。在装配中单击如图 12-44 所示的实体面，接着在装配中选择如图 12-45 所示的轴线。

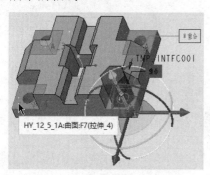

图 12-44　在装配中指定放置参考 1

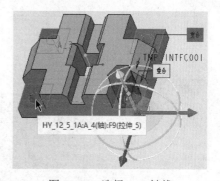

图 12-45　选择 A_4 轴线

（5）在"元件放置"选项卡中单击"完成"按钮 ✔，通过"复制"→"粘贴"操作得到的装配效果如图 12-46 所示。

（6）使用同样方法，从功能区"模型"选项卡的"操作"面板中单击"粘贴"按钮 📋，打开"元件放置"选项卡，接着在装配组件中分别指定两个参考，确认后即可。最后完成的复制元件结果如图 12-47 所示。

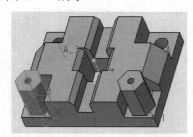

图 12-46　在装配中指定放置参考 1

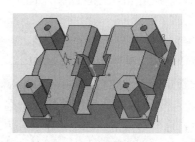

图 12-47　操作结果

12.5.2 镜像元件

在 Creo Parametric 5.0"装配"模块中，可以创建装配内元件的从属副本和独立副本，这些副本是关于一个平面参考镜像的，采用镜像元件的方式可以不必创建重复的实例，因此可以大大减少装配设计时间而大幅提升设计效率。

下面以范例的形式介绍如何在装配内创建元件的镜像副本，即创建镜像新元件。

（1）在"快速访问"工具栏中单击"打开"按钮 ，系统弹出"文件打开"对话框，打开本书配套资源中的\CH12\12_5_2\HY_12_5_2.ASM 文件，该装配文件中的原始装配模型如图 12-48 所示。

（2）在功能区"模型"选项卡的"元件"面板中单击"镜像元件"按钮 ，系统弹出如图 12-49 所示的"镜像元件"对话框，

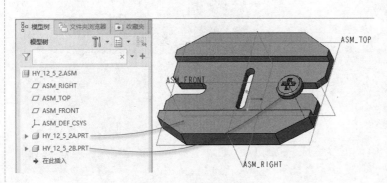

图 12-48　原始装配模型　　　　　　　　图 12-49　"镜像元件"对话框

（3）选择要镜像的元件或子装配。本例中选择 HY_12_5_2B.PRT 元件，如图 12-50 所示。

（4）选择 ASM_RIGHT 基准平面作为镜像平面参考。

（5）在"镜像元件"对话框的"新建元件"选项组中选中"创建新模型"单选按钮，在"文件名"文本框中指定新元件的名称为 HY_2B_X。

（6）指定镜像类型和相关性控制选项。在本例中，在"镜像"选项组中选中"仅几何"单选按钮，在"相关性控制"选项组中选中"几何从属"和"放

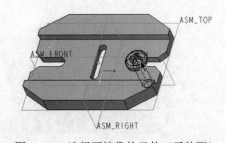

图 12-50　选择要镜像的元件（子装配）

置从属"复选框。

> ✎**提示**
>
> 　　在"镜像元件"对话框的"镜像"选项组中提供两种镜像类型选项，其中，"仅几何"单选按钮用于创建原始元件几何的副本；"具有特征的几何"单选按钮用于创建原始元件的几何和特征的镜像副本，当修改原始元件时，目标元件的几何不会进行更新。
>
> 　　另外，在"相关性控制"选项组中，设置以下一个或两个复选框。注意当使用"具有特征的几何"时，新元件的几何不会从属于原始元件的几何。
>
> ☑　"几何从属"复选框：当修改原始元件几何时，会更新镜像元件几何。
>
> ☑　"放置从属"复选框：当修改原始元件放置时，会更新镜像元件放置。

　　（7）在"对称分析"选项组中选中"执行对称分析"复选框，必要时可以展开"选项"工具盒以设置是否重新使用对称元件，以及设置要"考虑的元素"，如图 12-51 所示。

　　（8）选中"预览"复选框，预览满意后单击"确定"按钮，则新元件作为镜像元件放置在装配中，结果如图 12-52 所示。

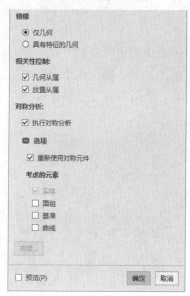

图 12-51　在"镜像元件"对话框中设置对称分析选项

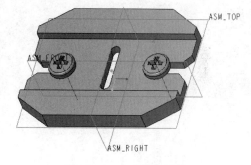

图 12-52　完成镜像元件

> ✎**提示**
>
> 　　如果在"镜像元件"对话框的"新建元件"选项组中选中"重新使用选定的模型"单选按钮，那么将重新使用元件来创建镜像元件，此时"镜像"选项组不可用，而"相关性控制"选项组只有"放置从属"复选框可用。

12.5.3　替换元件

　　在 Creo Parametric 5.0 "装配"模块下，可以替换装配元件。当某个装配元件被另一个元件替换后，系统会将新元件置于模型树中相同的几何位置。如果替换元件与原始元件具有相同的约束和参考，那么系统会自动执行放置；而如果缺少放置参考，那么系统会打开"元件放置"选项卡，由用户定义放置约束。可以在装配中一次替换多个元件。

要替换元件，则在功能区"模型"选项卡中选择"操作"→"替换"命令，系统弹出"替换"对话框，选择要替换的元件后，"替换为"选项组可用（即该选项组针对当前选定元件决定哪些选项可供选择），如图 12-53 所示。"替换为"选项组主要包括以下 7 个单选按钮。

☑　族表：用族表实例替换元件模型。

☑　互换：用通过互换装配关联的模型替换元件模型。

☑　模块或模块变型：用通过模块装配关联的模型替换元件模型。

☑　参考模型：用包含元件模型外部参考的模型来替换元件模型。

☑　记事本：用通过记事本（布局）相关联的模型替换元件模型。

☑　通过复制：用新创建的模型副本来替换元件模型。

☑　不相关的元件：用不相关的元件来替换元件模型。

本节主要以范例形式介绍以"互换"方式在装配中进行元件互换。使用互换装配元件替换某个元件后，元件间的父/子关系将保持不变，同时会在装配和互换装配之间创建相关性。

1．定义互换装配元件

（1）在"快速访问"工具栏中单击"新建"按钮，系统弹出"新建"对话框。在"类型"选项组中选中"装配"单选按钮，在"子类型"选项组中选中"互换"单选按钮，在"文件名"文本框中输入 HY_12_5_3_EXCHANGE，如图 12-54 所示，单击"确定"按钮。

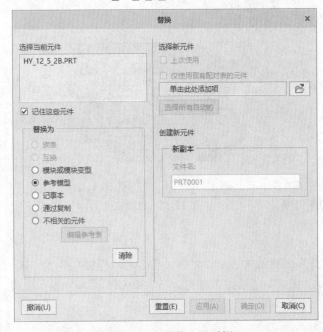

图 12-53　"替换"对话框

图 12-54　在"新建"对话框中设置相关内容

（2）在该装配中插入（组装）功能元件。在功能区"模型"选项卡的"元件"面板中单击"功能"按钮，弹出"打开"对话框，选择\DATA\CH12\12_5_3\HY_12_5_3B.PRT 文件，单击"打开"按钮，插入的元件如图 12-55 所示。

（3）继续在装配中插入所需的功能元件。在功能区"模型"选项卡的"元件"面板中单击"功能"按钮 🔩，系统弹出"打开"对话框，选择\CH12\12_5_3\HY_12_5_3C.PRT 文件，单击"打开"按钮，此时功能区提供"元件放置"选项卡，且在图形窗口显示功能元件 2，如图 12-56 所示。直接在"元件放置"选项卡中单击"完成"按钮 ✓。

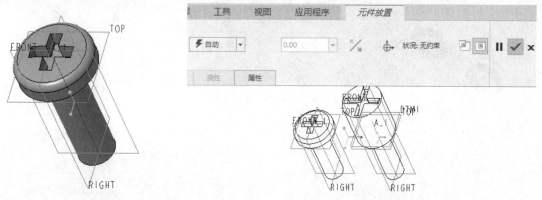

图 12-55　插入功能元件 1　　　　　　　　　　图 12-56　插入功能元件 2

（4）在功能区"模型"选项卡的"参考配对"面板中单击"参考配对表"按钮 ⊞，系统弹出如图 12-57 所示的"参考配对表"对话框。

图 12-57　"参考配对表"对话框

（5）选择 HY_12_5_3B.PRT 作为活动元件（启用的组件），接着单击激活"要配对的元件"收集器，选择 HY_12_5_3C.PRT 作为要配对的元件。

（6）在"参考配对表"对话框中单击"添加"按钮 ➕ 以添加第一个标记，该标记名称默认为 TAG_0，接着结合 Ctrl 键并分别选择 HY_12_5_3B.PRT 和 HY_12_5_3C.PRT 的配对参考面，如图 12-58 所示。

（7）在"参考配对表"对话框中单击"添加"按钮 ➕ 以添加第二个标记，该标记默认名称为 TAG_1，注意翻转模型视图并结合 Ctrl 键从各自元件中选择相应的配对参考（在这里，两个元件的配对参考均为对应的圆柱曲面），如图 12-59 所示。

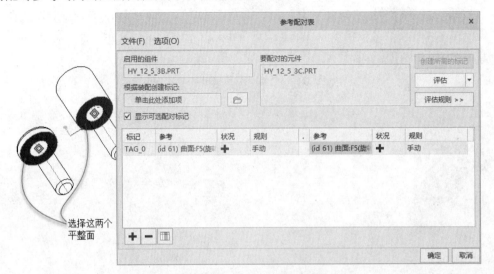

图 12-58　定义参考配对 1

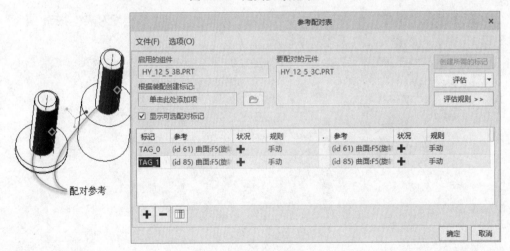

图 12-59　定义参考配对 2

（8）在"参考配对表"对话框中单击"确定"按钮。

（9）在"快速访问"工具栏中单击"保存"按钮🖫来保存文件。

2. 以互换方式替换元件

（1）在"快速访问"工具栏中单击"打开"按钮🗁，系统弹出"文件打开"对话框，选择 CH12\12_5_3\HY_12_5_3.ASM 文件，单击"打开"按钮。该装配文件中的原始装配模型如图 12-60 所示。

（2）在功能区"模型"选项卡的"操作"滑出面板中选择"替换"命令，系统弹出"替换"对话框。

（3）在装配中选择 HY_12_5_3B.PRT 作为要替换的元件，此时"替换"对话框中的"替换为"选项组中的默认选项为"互换"，如图 12-61 所示。

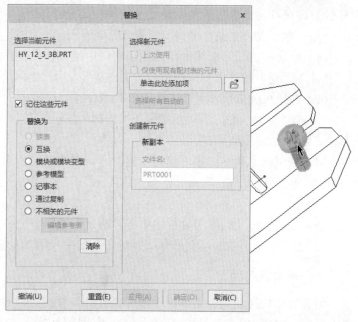

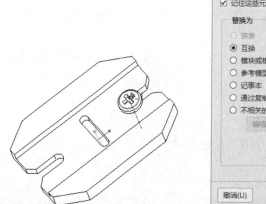

图 12-60　原始装配模型

图 12-61　默认为"互换"的"替换为"选项组

（4）在"替换"对话框中单击"选择新元件"选项组中的"打开"按钮 ，系统弹出"族树"对话框，选择 HY_12_5_3_EXCHANGE.ASM 节点下的 HY_12_5_3C.PRT，如图 12-62 所示，然后单击"确定"按钮。

（5）在"替换"对话框中单击"确定"按钮，成功替换元件的结果如图 12-63 所示。

图 12-62　"族树"对话框

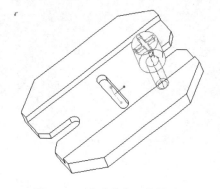

图 12-63　成功替换元件的结果

⚠️ **注意**

如果单击"替换"对话框中的"确定"按钮，系统打开"元件放置"选项卡，那么需要用户补充缺失的某个放置约束参考。遇到这种情况的原因，通常是定义互换装配元件时，某一组配对参考选择出现了微小的偏差，可重新调整或重新按照案例步骤测试一下。

12.5.4　重复元件

在装配模式下，使用"重复"命令可以使用重复元件放置或使用重复约束放置来多次放置一个元件，即可以灵活地、高效率地装配一些相同元件。

使用"重复元件"命令的操作步骤如下。

（1）组装元件后，在模型树或图形窗口中选择该元件，接着在功能区"模型"选项卡中单击"元件"面板中的"重复"按钮 ↻，系统弹出如图 12-64 所示的"重复元件"对话框。

（2）在"可变装配参考"选项组的列表中选择要改变的装配参考。

（3）在"放置元件"选项组中单击"添加"按钮，选择新的装配参考，所选参考出现在"放置元件"选项组的列表中。

（4）按照消息提示选择适当的放置参考，在定义了所有参考后，系统会自动添加新元件。如果要移除出现的元件，那么可以在"放置元件"选项组的列表中选择其所在行，然后单击"移除"按钮。

（5）在"重复元件"对话框中单击"确定"按钮，完成操作。

下面通过一个简单的范例来介绍如何在装配中应用"重复"命令来放置元件。

1．装配基准元件

（1）在"快速访问"工具栏中单击"打开"按钮 📂，系统弹出"文件打开"对话框，选择 \CH12\12_5_4\HY_12_5_4.ASM 文件，单击"打开"按钮。该文件存在的原始装配模型如图 12-65 所示。

图 12-64　"重复元件"对话框

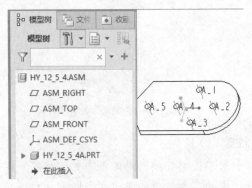

图 12-65　原始装配模型

（2）在功能区"模型"选项卡的"元件"面板中单击"组装"按钮 📲，系统弹出"打开"对话框。

（3）选择 \CH12\12_5_4\HY_12_5_4B.PRT，单击"打开"对话框中的"打开"按钮，功能区出现"元件放置"选项卡。

（4）在"元件放置"选项卡的"约束"下拉列表框中选择"重合"选项，分别选择如图 12-66 所示的装配参考面和元件参考面。

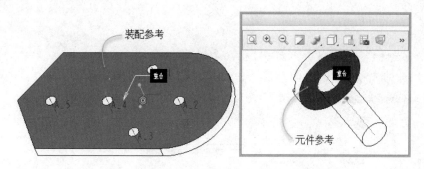

图 12-66　选择要重合的装配参考面和元件参考面

（5）在"元件放置"选项卡中打开"放置"滑出面板，单击"新建约束"选项，在"约束类型"下拉列表框中选择"重合"，接着在装配体中选择 A_1 轴，在要组装的元件中也选择要重合约束的 A_1 轴，如图 12-67 所示。

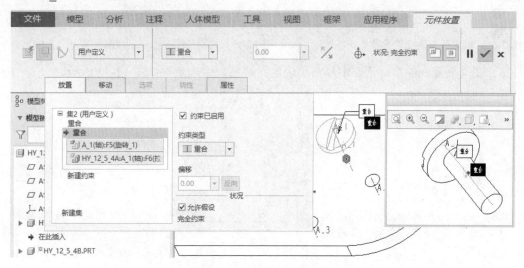

图 12-67　装配一个基准元件

（6）默认选中"允许假设"复选框，在"元件放置"选项卡中单击"完成"按钮✓。

2．以"重复"的方式装配其余相同元件

（1）在模型树中选择刚装配到组件（装配体）中的元件。

（2）在功能区"模型"选项卡中单击"元件"面板中的"重复"按钮↻，系统弹出"重复元件"对话框。

（3）在"重复元件"对话框的"可变装配参考"选项组中选择第二行的"重合"类型，如图 12-68 所示。

（4）在"放置元件"选项组中单击"添加"按钮。

（5）在装配中依次单击 A_2、A_3、A_4 和 A_5 轴，系统自动将元件一一组装到装配中所选的这些装配参考处，如图 12-69 所示。

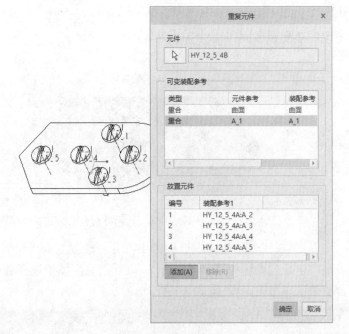

图 12-68　指定可变装配参考类型　　　　图 12-69　选择装配参考来多次组装同一个元件

（6）在"重复元件"对话框中单击"确定"按钮，完成效果如图 12-70 所示。

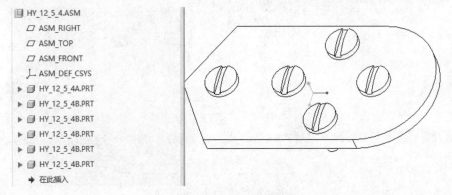

图 12-70　重复元件的装配结果

12.6　管理装配视图

本节介绍管理装配视图的实用知识，包括使用创建视图和创建装配剖面视图。

12.6.1　创建爆炸视图

装配的爆炸视图又被称为"分解视图"，它是将模型中每个元件与其他元件分开表示，仅影响装配外观效果，而设计目的以及装配元件之间的实际距离并不会改变。爆炸视图的典型示例如图 12-71 所示。创建爆炸视图有助于用户、设计师等直观地了解产品内部结构和各元件或零部件之间的大致关系。

装配好的灯具底座

爆炸视图

图 12-71 创建爆炸视图

可以为每个装配定义并保存多个爆炸视图，然后在设计过程中根据需要在这些视图之间进行切换。对于每个爆炸视图，可以选择一些元件来分别设置其分解状态，或者更改元件的位置，或者创建、修改和删除修饰偏移线。另外，在默认情况下，未爆炸视图和爆炸视图之间以动画形式过渡，这是需要用户了解的。

1．创建默认的爆炸视图

组装好产品或部件模型后，在功能区"模型"选项卡的"模型显示"面板中单击"分解图"按钮，可创建默认的爆炸视图。所谓默认的爆炸视图，即根据元件在装配中的放置约束显示分离开的每个元件，有时在默认的爆炸视图中各元件的默认位置显得比较杂乱而不满足设计者或使用者的要求，因此便需要对默认的爆炸视图进行编辑，例如在爆炸视图中为选定元件定义新位置。

2．编辑分解位置

要为爆炸视图中的元件调整分解位置，可在功能区"模型"选项卡的"模型显示"面板中单击"编辑位置"按钮，打开如图 12-72 所示的"分解工具"选项卡。

图 12-72 "分解工具"选项卡

"分解工具"选项卡提供了 3 种运动类型选项按钮用于分离元件，即"平移"按钮、"旋转"按钮和"沿视图平面移动"按钮。设定运动类型后，选择一个或多个要分解的元件，此时将出现拖动控制滑块。如果选择"平移"按钮作为运动类型，那么将出现带有拖动控制滑块的坐标系（此坐标系基于元件的装配约束），如图 12-73 所示，此时选择一个轴以定义平移轴，然后可一步或分步拖动元件以定义元件的分解位置，可以利用"参考"滑出面板为平移选择运动参考。如图 12-74 所示，表达了如何以"平移"运动类型沿着平移轴拖动元件来定义选定元件的分解位置。而对于单击"旋转"按钮定义的旋转运动类型，则必须要选择运动参考。

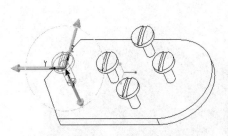

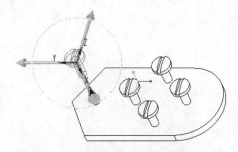

图 12-73　使用"平移"运动类型 图 12-74　以平移类型调整元件的分解位置

在"分解工具"选项卡中打开"选项"滑出面板，如图 12-75 所示。如果单击"复制位置"按钮，那么系统将弹出如图 12-76 所示的"复制位置"对话框，接着使用"要移动的元件"收集器来选择要移动的元件，单击激活"复制位置自"收集器后可选择要使用其位置的元件，要移动的元件随即被移动，可以根据需要继续选择所要求的元件和位置，最后单击"关闭"按钮以关闭"复制位置"对话框。在"选项"滑出面板中还可以设置运动增量，以及设置是否随子项移动。

图 12-75　"选项"滑出面板 图 12-76　"复制位置"对话框

在"分解工具"选项卡中设置相关内容后，便可以将元件或元件组在运动要求或分解要求的前提下拖动到所需位置。

此外，"分解工具"选项卡中的"切换分解状态"按钮用于切换选定元件的分解状态，而"创建偏移线"按钮则用于创建修饰偏移线以辅助说明分解元件的运动。

3. 创建和编辑修饰偏移线

爆炸视图中的修饰偏移线（亦可称分解线）主要起修饰作用，以表示元件已从其组装位置移开。修饰偏移线由多条可包括一个或多个角拐的直的虚线段组成。通常在设计中使用修饰偏移线显示组装元件时分解元件如何对齐。

要在爆炸视图中创建修饰偏移线，可以在"分解工具"选项卡中单击"创建偏移线"按钮，系统弹出如图 12-77 所示的"修饰偏移线"对话框，并且激活"参考 1（1）"收集器，在曲面或边上选择一个点作为第一个端点，激活"参考 2（2）"收集器，在另一个元件的曲面或边上选择一个点作为第二个端点，然后单击"应用"按钮即可创建一条修饰偏移线，随后可以继续创建其他所需的修饰偏移线，最后单击"关闭"按钮。

在如图 12-78 所示的爆炸视图中一共创建有 5 条修饰偏移线。

图 12-77 "修饰偏移线"对话框

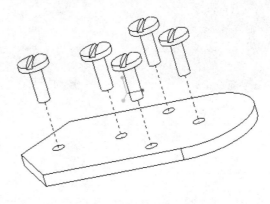

图 12-78 创建修饰偏移线的示例

在爆炸视图中创建修饰偏移线后，可以根据需要再对偏移线进行编辑处理。选择要编辑的修饰偏移线后，在"分解工具"选项卡中打开如图 12-79 所示的"分解线"滑出面板，该面板中的"创建偏移线"按钮 用于创建所需的修饰偏移线，"编辑分解线"按钮 用于编辑选定的修饰偏移线，"删除分解线"按钮 则用于删除选定的修饰偏移线，而"编辑线型"按钮用于编辑选定修饰偏移线的线型（单击此按钮，将打开如图 12-80 所示的"线型"对话框），"默认线型"按钮用于编辑修饰偏移线的默认线型。

图 12-79 "分解线"滑出面板

图 12-80 "线型"对话框

4. 使用视图管理器创建和保存爆炸视图

视图管理器在 Creo Parametric 5.0 中是很有用的，它可以用来管理层、分解视图（爆炸视图）、简化表示、视图定向和显示样式等。在这里主要介绍如何使用视图管理器来创建和保存爆炸视图，而视图管理器其他方面的应用与此类似。

在功能区"模型"选项卡的"模型显示"面板中单击"视图管理器"按钮 ，或者在"图形"工具栏中单击"视图管理器"按钮 ，系统弹出"视图管理器"对话框，切换到"分解"选项卡，如图 12-81 所示。如果要创建一个新的爆炸视图，那么在"视图管理器"对话框的"分解"选项卡中单击"新建"按钮，如图 12-82 所示，此时在出现的文本框中输入新爆炸视图的名称或接受默认名称，按 Enter 键确认，接着单击"属性>>"按钮，切换到"分解"选项卡的"属性"页，如图 12-83 所示， 按钮用于取消分解装配或装配绘图视图（单击此按钮后，此按钮将隐蔽，而在其所在的位置出现"分解装配或装配绘图视图"按钮 ），"编辑位置"按钮 用于打开"分解工具"选项卡来编辑爆炸视图中各元件的放置位置，"切换"按钮 为在元件分解列表中选定的元件切换分解状态或非分解状态。

图 12-81　视图管理器 1　　　　图 12-82　视图管理器 2　　　　图 12-83　视图管理器 3

　　创建爆炸视图并编辑好各元件位置后，单击"返回"按钮 ，接着单击"编辑"按钮，如图 12-84 所示，从打开的下拉菜单中选择"保存"命令，系统弹出如图 12-85 所示的"保存显示元素"对话框，单击"确定"按钮，从而完成保存命名的新爆炸视图。

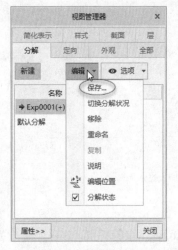

图 12-84　保存操作　　　　　　　图 12-85　"保存显示元素"对话框

　　在"视图管理器"对话框的"分解"选项卡中，使用其"编辑"下拉菜单还可以进行"切换分解状况""移除""重命名""编辑位置""分解状态"等命令。

12.6.2　创建装配剖面视图

　　在工业产品的实际设计过程中，有时需要通过设置剖面来观察装配体中的结构关系，以此来直观地分析产品结构装配的合理性和把握内部结构的细节问题等。在"装配"模块中，可以创建一个与整个装配或仅与一个选定元件相交的剖面，装配中每个元件的剖面线分别确定。

　　使用"视图管理器"对话框可以创建多种类型的剖面，包括平面横截面（画有剖面线或进行了填充）、偏移横截面（画有剖面线，但未进行填充）和来自多面模型（.stl 文件）的横截面或区域截面。设置剖面的功能基本在"视图管理器"对话框的"截面"选项卡中。

　　要为装配体创建剖面，则需在功能区"模型"选项卡的"模型显示"面板中单击"视图管理器"按钮，或者在"图形"工具栏中单击"视图管理器"按钮，系统弹出"视图管理器"对话框，切换到"截面"选项卡，接着单击"新建"按钮以打开一个下拉菜单（见图 12-86），从该新建菜单可以看到可以通过"平面""X 方向""Y 方向""Z 方向""偏移""区域"命令来创建相应的剖面，其中"平面""X 方向""Y 方向""Z 方向"创建的剖面属于常规平面横截面的范畴。下面以使用"平面"命令创建一个平面横截面为例进行具体步骤介绍。

　　（1）在"视图管理器"对话框的"截面"选项卡的"新建"下拉菜单中选择"平面"命令，接着在出现的一个文本框中输入新截面名称或接受默认截面名称，如图 12-87 所示，按 Enter 键确定。

图 12-86　单击"新建"按钮

图 12-87　指定截面名称

　　（2）在功能区出现如图 12-88 所示的"截面"选项卡，在图形窗口中选择所需的平面作为截面参考。

图 12-88　"截面"选项卡

　　（3）根据设计要求，在"截面"选项卡中单击"封闭横截面曲面"按钮、"设置横截面曲面颜色"按钮或"显示剖面线图案"按钮来进行相关设置。另外，单击"启用修剪平面的自由定位"按钮可以启用自由定位。启用自由定位后，可以使用拖动器平移和旋转修剪平面方向；而单击选中"2D 视图"按钮，则可以在单独的"2D 截面查看器"窗口中显示横截面的 2D 视图，如图 12-89 所示。可以利用"2D 截面查看器"窗口提供的工具来调整 2D 截面。

　　（4）在"截面"选项卡中打开"模型"滑出面板，如图 12-90 所示，从中可以设置截面是包括所有模型，还是包括选定的模型或排除选定的模型，还可以设置是否包括面组等。

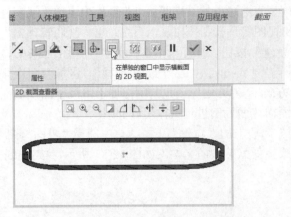

图 12-89　使用 2D 截面查看器

图 12-90　"模型"滑出面板

（5）如果要以设定的颜色显示装配中的干涉部分，那么在"截面"选项卡中打开"选项"滑出面板，选中"显示干涉"复选框，并可以通过单击"颜色"按钮 来从调色板中选择一种用于元件干涉显示的颜色，如图 12-91 所示。

（6）在"截面"选项卡中单击"完成"按钮 ，完成该平面横截面的创建。

创建好横截面后，还可以使用如图 12-92 所示的"编辑"下拉菜单和"选项"下拉菜单进行相关的编辑操作和选项设置等。另外，创建好剖面（横截面）后，剖面在模型树的"截面"下可以显示有激活状态，如果要取消剖面的激活状态或重新激活它，那么在模型树中选择该剖面，接着从弹出的浮动工具栏中单击"取消激活"按钮 或"激活"按钮 即可。

图 12-91　"选项"滑出面板

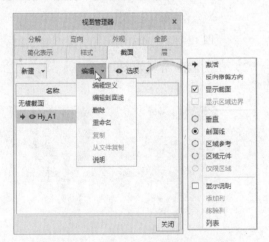

图 12-92　编辑横截面和相关的选项设置

12.7　干涉检查及切除干涉体积

在装配设计时，尤其是大型装配设计时，经常需要进行干涉检查，从而找出装配各元件中可能存在配合问题的地方。干涉检查有利于零件结构的分析、优化与改进。干涉检查是装配模型分析的一个重要方面。进行模型干涉分析的操作指令位于功能区"分析"选项卡的"检查几何"面板中，如图 12-93 所示，主要包括"全局干涉"按钮、"体积块干涉"按钮、"全局间隙"按钮和"配合间隙"按钮，它们的功能含义如下。

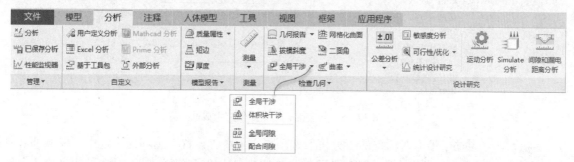

图 12-93　功能区"分析"选项卡

☑　"全局干涉"按钮：启用全局干涉检查，以全面分析装配中的干涉情况。可以控制计算精度并分析特征。

☑　"体积块干涉"按钮：验证选定的封闭面组是否与它不具有任何干涉关系。

☑　"全局间隙"按钮：检查装配中两个零件或任意两个曲面之间的全局间隙和干涉。

☑　"配合间隙"按钮：计算两个对象或图元之间的间隙距离或干涉。

消除干涉体积的方法多种多样，可以在获知干涉区域的情况下，采用常规的方法对产生干涉情况的零件进行编辑处理，从而切除干涉体积。方法包括打开该零件以在"零件"模块下修改，以及在"装配"模块中激活该零件并对其进行修改。在"装配"模块中激活要切除干涉块的元件（零件），接着从功能区"模型"选项卡中选择"获取数据"→"合并/继承"命令，打开如图 12-94 所示的"合并/继承"选项卡，利用该选项卡中的"移除材料"按钮，可以很方便地参考与之产生干涉的元件来准备移除其干涉材料。

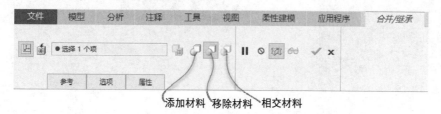

图 12-94　"合并/继承"选项卡

下面以一个范例讲解全局干涉检查及移除干涉体积的操作步骤。

1. 全局干涉检查

（1）在"快速访问"工具栏中单击"打开"按钮，系统弹出"文件打开"对话框，选择\CH12\12_7\HY_12_7.ASM 装配文件，单击"打开"按钮，文件中已有的装配体是一个尚未完成全部设计的高级家用刀具研磨器产品，如图 12-95 所示，该装配体只有两个零件。

（2）在功能区中切换到"分析"选项卡，在"检查几何"面板中单击"全局干涉"按钮，系统弹出如图 12-96 所示的"全局干涉"对话框。

视频讲解

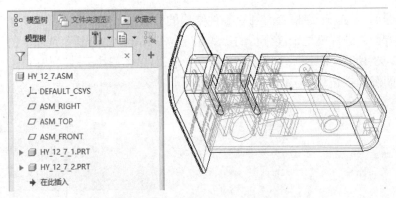

图 12-95 只装配有两个零件的半成品

（3）在"全局干涉"对话框的"分析"选项卡中，在"设置"选项组中选中"仅零件"单选按钮，在"计算"选项组中选中"精确"单选按钮，单击"预览"按钮，计算结果（检查全局干涉的结果）如图 12-97 所示，系统会在图形窗口中高亮显示干涉区域。检查结果表明两个零件存在着相互干涉，需要在后面的设计中认真考虑这些干涉因素，并设法消除这些不必要的几何干涉。

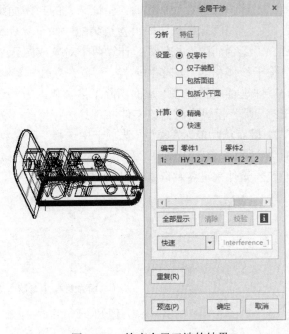

图 12-96 "全局干涉"对话框　　　　图 12-97 检查全局干涉的结果

（4）在"全局干涉"对话框中单击"确定"按钮。

2．移除干涉体积

（1）在装配模型树中选择 HY_12_7_1.PRT，在出现的浮动工具栏中单击"激活"按钮◇，将该零件（元件）激活。

（2）在功能区"模型"选项卡中选择"获取数据"→"合并/继承"命令，打开"合并/继承"选项卡。"合并/继承"选项卡中的"将参考类型设置为装配上下文"按钮默认处于被选中的状态。

（3）在模型树或图形窗口中选择 **HY_12_7_2.PRT** 元件。

（4）在"合并/继承"选项卡中单击"移除材料"按钮 🔄。

（5）在"合并/继承"选项卡中打开"选项"滑出面板，确保选中"自动更新"单选按钮，如图 12-98 所示。然后单击"完成"按钮 ✓。注意移除干涉体积前后，**HY_12_7_1.PRT** 零件的变化如图 12-99 所示。

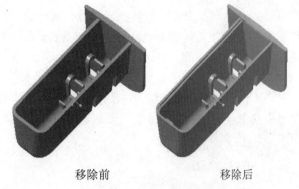

移除前　　　　　　移除后

图 12-98　设置更新复制的几何　　　　　图 12-99　移除干涉体积

3．再次检查全局干涉情况

（1）在装配模型树中选择顶级组件 ▦ CREO2_12_7.ASM，接着从出现的一个浮动工具栏中单击"激活"按钮 ◈。

（2）在功能区中切换到"分析"选项卡，在"检查几何"面板中单击"全局干涉"按钮 🔲，系统弹出"全局干涉"对话框。

（3）接受默认设置，单击"预览"按钮，在状态栏上可以看到预览的分析结果显示为"没有干涉零件"。

（4）在"全局干涉"对话框中单击"确定"按钮。

12.8　两种装配设计方法

在 Creo Parametric 5.0 中，装配设计主要有两种主流的设计方法：一种是由下而上设计，另一种则是自顶向下设计。了解这两种主流设计方法，对产品设计是大有裨益的，它们将有助于用户确定规划策略。有些设计项目需要兼顾这两种设计方法。

12.8.1　由下而上设计

由下而上设计是一种传统意义上的设计方法，该设计方法从元件级开始分析产品，然后向上设计到主装配。成功的由下而上设计要求用户对主装配有基本的了解。例如，对于一个产品，首先设计者需要对该产品有基本的了解，接着从设计单个元件开始，设计好相关元件模型后再按照一定的配的关系而装它们，最后便组成一个完整的产品。由下而上设计目前仍是被设计界广泛采用的设计方法，尽管该设计方法具有一定的设计冲突和错误风险，并在某些设计场合显得不甚灵活，此时可以结合自顶向下设计灵活使用。

通常对于相似产品或不需要在其生命周期中进行频繁修改的产品，可以采用由下而上设计方法。

12.8.2 自顶向下设计

自顶向下设计是从已确定的产品目标等对产品进行分析，然后向下设计。该设计方法的典型应用是先从主装配开始，将其分解为元件和子装配，并标识主装配元件及其关键特征，然后了解装配内部及装配之间的关系，并评估产品的组装方式，由此在积极把握设计目的的基础上，向下完善元件建模设计等。自顶向下设计能保证在产品设计过程中体现总体设计目的。

自顶向下设计方法主要用于设计需要经历频繁设计修改的产品，常用来设计各种新产品。

在 Creo Parametric 5.0 中，使用自顶向下设计的典型应用有使用骨架模型、使用布局（记事本）和共享设计数据等。本书只要求对这些典型应用有所了解即可，读者可以在以后的设计工作中多关注和学习它们。

1. 使用骨架模型

自顶向下设计中的骨架模型主要用于捕捉并定义设计目的和产品结构，所使用的骨架可以使设计者们将必要的设计信息从一个子系统或装配传递到另一个，所述的这些必要的设计信息可以是几何的主定义，也可以是在其他地方定义的设计中的复制几何，对骨架所做的任何更改都会相应地更改其中关联的元件。使用顶级骨架模型，可以让用户控制来自于中心顶部位置（自顶向下）的信息，包括产品结构、元件间界面的位置、3D 空间声明、连接与机构。

骨架模型主要分两种类型，即标准骨架模型和运动骨架模型。在打开的装配中，创建标准骨架模型作为零件，标准骨架是为了定义装配中某一元件的设计目的而创建的零件；而运动骨架模型是包含设计骨架（标准骨架或内部骨架）和主体骨架的子装配，可使用曲线、曲面以及基准特征来创建标准骨架模型，当然标准骨架模型也可以包括实体几何。注意在装配中只能创建或插入一个骨架模型。骨架模型与其他任何装配元件相似，都具有特征、层、关系、视图、主体等。

要在装配中创建骨架模型，需要在功能区"模型"选项卡中单击"创建"按钮，系统弹出如图 12-100 所示的"创建元件"对话框，在"类型"选项组中选中"骨架模型"单选按钮，接着在"子类型"选项组中选中"标准"、"运动"或"主体"单选按钮，并指定文件名等。在模型树中，创建的骨架模型和运动骨架被置于具有实体几何的元件之前。

图 12-100 "创建元件"对话框

2．使用布局（记事本）

Creo 中的布局在有些资料中也被称为"记事本"，它是一个非参数化 2D 草绘，可以用作工程布局（记事本），用于以概念方式记录和注解零件和装配。布局可以在开发实体模型时确保用户遵循设计目的。用户可以在设计过程开始时创建一个草绘，也可以将装配或零件的绘图导入布局中，还可以将任何 IGES、DWG 或 DXF 文件导入布局中。通过导入绘图，可以将某个现有设计用作其他设计过程的布局，注意布局不是比例精确的绘图，并且未与实际的三维几何发生关联。使用布局的目的主要有：将基本装配几何开发为 2D 概念性草绘；创建定义装配目的的全局基准；确定关键设计参数之间的数学关系；将装配作为一个整体加以记录。

在实际设计中，可以通过布局来定义装配的基本要求和约束，而不必使用大量的或具体的几何来实现，可针对尺寸建立参数以及这些参数之间的数学关系，建立的全局基准将便于元件的自动装配和元件的自动替换。通过将装配、子装配和零件声明导入布局中来传递设计信息。注意布局中的草绘几何和注释存储在扩展名为".lay"的文件中。

3．共享设计数据

在"装配"模块中，可以使用功能区"模型"选项卡的"获取数据"面板中的相关共享设计数据工具，如"复制几何"按钮、"收缩包络"按钮等。

其中，"收缩包络"的特征是曲面及基准的几何，它代表模型的外部形状，可以使用零件、骨架或顶级装配作为"收缩包络"特征的源模型。在默认情况下，Creo Parametric 5.0 将自动分析装配中的所有元件，确定哪些将包络在收缩包络中。注意，可以为考虑收缩包络选择特定的元件而忽略其他元件。子装配的收缩包络可用来处理大的装配，以减少处理源父项装配时所需的内存空间。

12.9　思考与上机练习

（1）如何使用常规的放置约束来在装配中组装元件？

（2）在什么情况下使用预定义约束集来在装配中组装元件？

（3）如何理解封装元件与未放置元件？

（4）想一想，如果要多次组装同一个元件，应该优先采用哪种组装方法？

（5）什么是爆炸视图？如何创建爆炸视图并保存它？

（6）如何理解由下而上设计和自顶向下设计这两种装配设计方法？

（7）在装配中替换元件的形式有哪几种？

（8）上机操作：装配工业控制机箱，并创建其爆炸视图，如图 12-101 所示。该工业控制机箱的各零件的源文件分别为 HY_EX4_1.PRT（机箱下壳）、HY_EX4_2.PRT（把手）、HY_EX4_3.PRT（定位角码）、HY_EX4_4.PRT（通信接口安装板）、HY_EX4_5.PRT（机箱上壳），各零件位于配套素材的 DATA\CH12\12_ex 文件夹中。

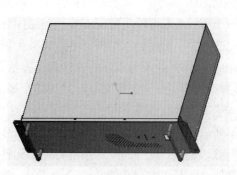

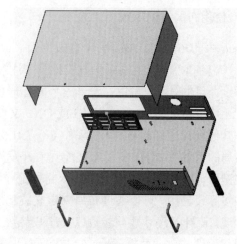

装配效果 　　　　　　　　　　　　　　　　爆炸视图

图 12-101　某工业控制机箱

提示

　　各零件装配的顺序可以灵活调整。建议按以下装配顺序来进行：HY_EX4_1.PRT（机箱下壳）→HY_EX4_4.PRT（通信接口安装板）→HY_EX4_3.PRT（定位角码）→HY_EX4_2.PRT（把手）→HY_EX4_5.PRT（机箱上壳）。

　　（9）扩展学习：在"装配"模块中，功能区"模型"选项卡的"获取数据"面板中提供有"复制几何"按钮 和"收缩包络"按钮 ，请读者自行查阅资料学习。

第13章 工程图设计

本 章 导 读

　　随着制造信息化的飞速发展，早已可以将三维模型的设计数据传输到数控加工设备中生成加工程序并实施数控加工了。但工程图仍然是工业产品或机械设计最终输出的一种重要形式，它是将三维模型通过一定的投影关系生成的二维视图。在很多情况下，产品的制造还是根据工程图纸来完成的。

　　本章重点介绍工程图设计的相关知识，包括工程图入门概述、使用绘图页面、插入绘图视图、视图编辑管理、注释绘图和绘图表格等。

13.1　工程图入门概述

　　工程图是 Creo Parametric 5.0 的一个重要组成部分。利用 Creo Parametric 5.0 系统提供的工程图模式（即绘图模式），可以很方便地通过三维模型数据来生成相应的二维工程视图，生成的工程图（即绘图）是由各种视图组成的，包括标准三视图、辅助视图、投影视图、半剖视图、剖视图、局部视图等。生成的工程图与模型之间依然保持着参数化的关联性。如果修改三维模型，则相应的工程图也会自动改变；反之，即如果修改工程图的驱动尺寸，则关联的三维模型也会随之改变。

　　本节主要介绍在工程图模式下的工程图环境设置、新建绘图文件（工程图文件）和绘图树等入门知识。

13.1.1　工程图环境设置

　　工程图需要遵循一定的制图规范或标准，例如国标（GB）。在 Creo Parametric 5.0 中，可以使用配置选项、详细信息选项、模板和格式的组合来自定义绘图环境和绘图行为。

　　1．配置选项

　　配置选项主要控制零件和装配的设计环境。配置方法是选择"文件"→"选项"命令，打开"Creo Parametric 选项"对话框，选择"配置编辑器"选项以查看和管理 Creo Parametric 选项，接着修改与绘图相关的配置选项即可。注意每个配置选项主体都包括配置选项命令、描述配置选项的简单说明和注解、默认和可用的变量或值（默认值均带有星号"*"）。配置选项存储在 config.pro 文件中，除非手工设置配置选项，否则使用默认值。

2. 详细信息选项

详细信息选项（也称"绘图设置文件选项"）会向细节设计环境添加附加控制，例如尺寸和注解文本高度、文本方向、几何公差标准、字体属性、绘制标准、箭头长度等特性。Creo Parametric 用每一个单独的绘图文件保存这些详细信息选项设置，将它们的设置值保存在一个后缀名为.dtl 的详细信息文件中，该文件的位置可由配置文件选项 pro_dtl_setup_dir 指定，如果不指定路径名，则进入默认的设置目录。

要自定义详细信息选项，那么在新建绘图文件后，按照以下方法步骤来进行。

（1）在功能区选择"文件"→"准备"→"绘图属性"命令，系统弹出"绘图属性"对话框。

（2）在"绘图属性"对话框中单击"详细信息选项"对应的"更改"选项，如图 13-1 所示。

图 13-1　"绘图属性"对话框

（3）系统弹出"选项"对话框。根据需要编辑详细信息选项。如果要自定义现有的详细信息选项文件，那么可以在"选项"对话框中单击"打开配置文件"按钮 ，并浏览相应的 Dtl 文件。这里以将详细信息选项 projection_type 的值修改为 first_angle 为例，在"选项"文本框中输入 projection_type，或者从选项列表中选择该选项，接着从"值"下拉列表框中选择 first_angle，如图 13-2 所示。最后单击"添加/更改"按钮。

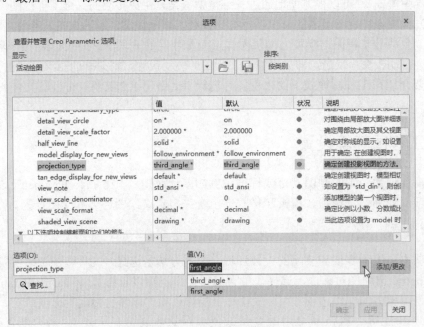

图 13-2　"选项"对话框

🔧 **提示**

详细信息选项 projection_type 用于确定创建投影视图的方法，其选项值包括 third_angle *和 first_angle，其中，third_angle *用于确定采用第三角投影画法，first_angle 用于确定采用第一角投影画法。美国及其他一些美洲国家多采用第三角投影画法，而欧洲很多国家（英国、德国、瑞士等）采用第一角投影画法，我国规定技术图样应采用正投影法绘制并优先采用第一角投影画法，必要时才允许使用第三角投影画法。如果没有特别说明，本书的工程图范例均采用符合国标的第一角投影画法。

☑ 第一角投影画法：将物体置于第一象限内，以"视点（观察者）"→"物体"→"投影面"关系而投影视图的画法，称为第一角投影画法。

☑ 第三角投影画法：将物体置于第一象限内，以"视点（观察者）"→"投影面"→"物体"关系而投影视图的画法，称为第一角投影画法。

（4）如果要保存更改，则单击"保存当前显示的配置文件的副本"按钮🔳并输入文件名来进行保存。

（5）在"选项"对话框中单击"确定"按钮。

（6）返回"绘图属性"对话框，单击"关闭"按钮以关闭"绘图属性"对话框。

3. 模板

在创建新绘图时可以参考绘图模板，系统将基于模板自动创建视图、设置所需视图显示、创建捕捉线和显示模型尺寸等。用户可以为不同类型的绘图分别创建绘图模板。

绘图模板包含以下 3 种创建新绘图的基本信息类型。

☑ 构成绘图但不依赖绘图模板的基本信息，如注解、符号等，此信息会从模板复制到新绘图中。

☑ 用于配置绘图视图的指示（该指示用于采用新绘图模型对象构建新绘图），及在该视图上执行的操作。

☑ 参数化注解。参数化注解是更新为新绘图参数和尺寸数值的注解，在实例化模板时，注解将重新解析或更新。

4. 格式

绘图格式是指在显示或添加边界线、参考标记等任何绘图元素前，每个页面中出现的图形元素，通常包括公司名称、设计员姓名、版本号和日期等。

Creo Parametric 5.0 自带了许多用于不同尺寸页面的标准绘图格式（格式文件的后缀名为.frm），用户也可以创建自己的格式文件。

要创建格式，则选择"文件"→"新建"命令，打开"新建"对话框，如图 13-3 所示。在"类型"选项组中选中"格式"单选按钮，在"文件名"文本框中接受默认名称或输入新的名称，单击"确定"按钮，系统弹出如图 13-4 所示的"新格式"对话框。接着在"指定模板"选项组中选中所需的单选按钮，如有需要，还可以在"方向"选项组中单击"横向"、"纵向"或"可变"按钮，设置相应的大小规格或高度和宽度。单击"确定"按钮，功能区出现"布局"选项卡，此时可以使用"布局"选项卡中的工具按钮进行相关操作，如新建页面、设置页面、移动或复制页面、定制文本样式和箭头样式，定义线造型格式等，还可以执行叠加、对象、导入绘图/数据、继承等命令，及相关的编辑操作。要在格式中创建或修改格式几何，则使用功能区"草绘"选项卡中的命令；要修改标准绘图格式中符号文本、符号高度和注解文本的值，则使用功能区"注释"选项卡中的命令；而使用功能区"表"选项卡中的命令，则可以创建表，并将其添加到绘图格式中。创建好格式后，要保存格式文件以备使用。

图 13-3　"新建"对话框

图 13-4　"新格式"对话框

13.1.2　新建绘图文件

绘图文件的后缀名为.drw。在开始新的绘图时，要准备好放置绘制视图的三维模型。新建绘图文件的方法步骤如下。

（1）在"快速访问"工具栏中单击"新建"按钮，系统弹出"新建"对话框。

（2）在"类型"选项组中选中"绘图"单选按钮，在"文件名"文本框中接受默认的绘图名称或输入新的绘图名称，取消选中"使用默认模板"复选框，如图 13-5 所示。单击"确定"按钮，系统弹出如图 13-6 所示的"新建绘图"对话框。注意用户也可以使用默认模板。

（3）在"默认模型"选项组中单击"浏览"按钮，浏览并选择要为其创建工程视图的三维模型。如果在新建绘图文件之前已经在当前 Creo Parametric 5.0 中打开了某模型或装配模型，那么系统会默认从打开的模型中开始新建绘图文件，即此时"默认模型"选项组中的文本框显示该模型文件名，表明该模型自动被设置为当前绘图模型。

（4）根据设计要求，在"指定模板"选项组中选中"使用模板""格式为空""空"3 个单选按钮之一。

选中"使用模板"单选按钮，则从"模板"列表框中选择所需模板，如图 13-7 所示。

选中"格式为空"单选按钮，则不用模板而是用现有格式创建绘图，如图 13-8 所示，此时需要在"格式"选项组中单击"浏览"按钮，选择需要使用的格式。

图 13-5　"新建"对话框（创建绘图）

图 13-6　"新建绘图"对话框

图 13-7　选中"使用模板"单选按钮

图 13-8　选中"格式为空"单选按钮

选中"空"单选按钮，则可以在"方向"选项组中单击"横向"、"纵向"或"可变"按钮。单击"横向"或"纵向"按钮时，需要在"大小"选项组中的"标准大小"下拉列表框中选择标准尺寸；单击"可变"按钮时，需要在"大小"选项组中选中"毫米"或"英寸"单选按钮，并在"宽度"和"高度"文本框中输入尺寸值。

（5）在"新建绘图"对话框中单击"确定"按钮，从而完成新建一个绘图文件并打开新工程绘图窗口。

13.1.3　绘图树

进入工程图模式，导航区的"模型树"选项卡除了模型树之外，还提供了一个绘图树窗口，如图 13-9 所示。默认情况下，绘图树显示在模型树的上方，绘图树和模型树都可以展开或折叠，可以通过拖动位于这两个树之间的分隔栏来调整窗口高度。

绘图树是活动绘图中绘图项的结构化列表，它表示绘图项的显示状况，以及绘图项与绘图的活动模型之间的关系。在实际操作中，可以选择绘图项并使用右键快捷菜单或浮动工具栏对其进行操作，如图 13-10 所示。

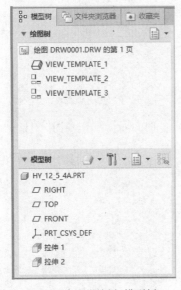

图 13-9　绘图树与模型树　　　　　　　　图 13-10　绘图项右键快捷菜单

在绘图树中选择绘图项时，所选绘图项会成为选择集的一部分，并在绘图页面中高亮显示。如果选定项有对应的模型项，那么该模型项同样会在模型树中高亮显示。如果在绘图树中选择绘制图元节点，则该节点表示的所有绘制图元将高亮显示。

13.2　使用绘图页面

在 Creo Parametric 5.0 中，可以创建具有多个页面的绘图，并可以在页面之间移动项目。

绘图中的页面列在绘图窗口左下角的"页面"栏中，具有多个页面时，可以使用"页面"栏中的相应页面选项卡在各页面间浏览。在"页面"栏中右击相应页面选项卡弹出快捷菜单，如图 13-11 所示，包括"设置""更新""重命名""新页面""移动或复制""删除"等命令。功能区"布局"选项卡的"文档"面板中提供了页面工具，如图 13-12 所示。另外，使用功能区"布局"选项卡"编辑"面板中的"移动到页面"按钮，可以将选定项移动到其他页面。

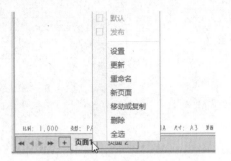

图 13-11　快捷菜单

图 13-12　功能区中相关的页面工具

本节主要介绍"新页面"按钮、"页面设置"按钮、"移动或复制页面"按钮和"移动到页面"按钮的应用。

13.2.1　创建新页面

要向绘图添加新页面，则在功能区"布局"选项卡的"文档"面板中单击"新页面"按钮，在当前绘图中添加一个新页面作为活动页面。用户也可以调出如图 13-11 所示的快捷菜单，选择"新页面"命令，新页面将被添加到现有页面后方。

13.2.2　页面设置

"页面设置"按钮用于管理此绘图中使用的绘图页面格式。

在功能区"布局"选项卡的"文档"面板中单击"页面设置"按钮，弹出如图 13-13 所示的"页面设置"对话框，从中可以为指定面设置页面格式，包括页面大小、方向和所使用的单位值（英寸或毫米）等，设置完成后单击"确定"按钮。

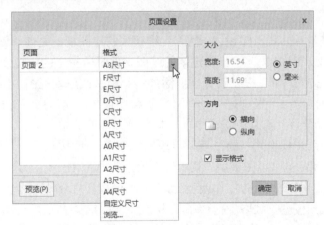

图 13-13　"页面设置"对话框

13.2.3　移动或复制页面

要在绘图中移动或复制页面，那么先选择要复制的页面（如果不选择页面，则复制当前页面），接着在功能区"布局"选项卡的"文档"面板中单击"移动或复制页面"按钮 ，弹出如图 13-14 所示的"移动或复制页面"对话框。在"插入页面"列表中选择某一页面以在其后放置要移动的页面，如果要生成选定页面的副本，那么需要选中"创建副本"复选框，最后单击"确定"按钮。

图 13-14　"移动或复制页面"对话框

⚠️ 注意

若在操作过程中选中"创建副本"复选框，那么系统将在"移动或复制页面"对话框中选定的页面的后方创建具有新名称的新页面；若在操作过程中没有选中"创建副本"复选框，那么先前选定页面将被移动到选定页面的后方。

13.2.4　移动到页面

要将项目（视图、绘制图元或表）移动到另一个页面，首先选择要移动的一个（或多个）视图、绘制图元或表，接着在功能区"布局"选项卡的"编辑"面板中单击"移动到页面"按钮 ，弹出如图 13-15 所示的"选择页面"对话框，从中选择要向其移动选定项的页面，或者单击"新页面"选项以将选定项移动到新页面，最后单击"确定"按钮。

图 13-15　"选择页面"对话框

13.3　插入绘图视图

插入绘图视图是本章的重点知识。在插入三维模型的绘图视图之前，必须使该三维模型文件和绘图关联，即"向绘图添加模型"。创建新的绘图文件时所指定的模型便是和绘图关联的第一个模型。在工程图模式下，可以根据设计需要添加多个模型来放置视图，如果向模型中添加了多个模型，那么每次只能对一个模型进行处理（放置绘图视图、显示尺寸等操作），此模型被称为"当前活动模型"。功能区"布局"选项卡的"模型视图"面板中提供了一个用于管理绘图模型的"绘图模型"按钮 ，单击此按钮将弹出如图 13-16 所示的"绘图模型"菜单管理器，其中的"添加模型"命令用于向绘图添加新的零件或装配，"删除模型"命令用于从绘图中删除绘图模型，"设置模型"命令用于激活图纸页中的某零件或装配以作修改，"移除表示"命令用于从绘图中移除简化表示，"设置/添加表示"命令用于激活绘图模型的简化表示，"替换"命令用于用同族中的另一绘图模型替换当前绘图模型，"模型显示"命令则用于设置活动绘图模型的显示。

准备好当前活动模型后，便可以使用相关的模型视图命令来

图 13-16　"绘图模型"
菜单管理器

插入相应的绘图视图了。本节主要介绍插入预定义三视图、一般视图、投影视图、辅助视图、详细视图、旋转视图的知识，半视图、全视图、局部视图和破断视图的设置将在 13.4.1 节中介绍，而各类剖视图的定义则在 13.4.2 节中介绍。

13.3.1 插入预定义三视图

在机械制图理论的体系中，将模型向投影面投影所得到的图形称为视图，而模型在三投影体系中分别向 3 个投影面投影所得到的图形称为三视图。在实际应用中，需要注意各视图的放置位置，本节以国标为准。

创建预定义三视图（默认三视图）的方法很简单，只需要在新建绘图文件时，选择"使用模板"的方式来创建即可。下面以如图 13-17 所示的三维实体模型为例，介绍如何快速插入其预定义三视图。

（1）在"快速访问"工具栏中单击"新建"按钮，系统弹出"新建"对话框。

（2）在"类型"选项组中选中"绘图"单选按钮，在"文件名"文本框中输入新绘图文件名称为 hy_13_3_1，取消选中"使用默认模板"复选框，然后单击"确定"按钮。

（3）系统弹出"新建绘图"对话框，在"默认模型"选项组中单击"浏览"按钮，打开\CH13\hy_13_3_1.prt 文件，接着在"指定模板"选项组中选中"使用模板"单选按钮，在"模板"列表框中选择 a4_drawing，然后单击"确定"按钮。此时，图纸页上添加了默认的三视图，如图 13-18 所示，同时图形窗口的左下角显示模板参数信息标识，包括比例、类型、名称和尺寸。

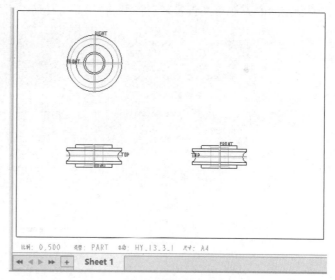

图 13-17　三维实体模型　　　　　　　　图 13-18　生成默认的三视图

⚠️ **注意**

在图形窗口中双击"比例"或"尺寸"标识，可以修改绘图比例或页面尺寸。

（4）要设置在图纸页上不显示相关基准特征，那么可以在"图形"工具栏中单击"基准显示过滤器"按钮，并在打开的列表中取消选中此复选框，此时工程图效果如图 13-19 所示。

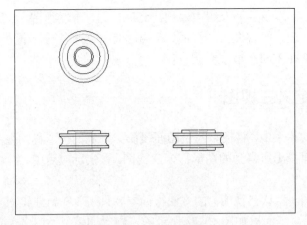

图 13-19　工程图效果

13.3.2　一般视图

　　一般视图（也称"常规视图"或"普通视图"）通常为放置到页面上的第一个视图，它属于最易于变动的视图。一般视图可以是前视图、后视图、俯视图、仰视图、左视图、右视图，还可以是等轴测、斜轴测视图或用户自定义的视图等。一般视图可以作为投影视图和其他导出视图的父项视图，可以作为其他标准三视图的主视图。

　　一般视图的视图方向是通过"绘图视图"对话框的"视图类型"类别定义的，如图 13-20 所示。视图定向的方法有"查看来自模型的名称""几何参考""角度"3 种。

图 13-20　使用"绘图视图"对话框定义一般视图的方向

　　☑　查看来自模型的名称：使用来自模型的已保存视图来定向视图。

　　☑　几何参考：使用来自绘图中预览模型的几何参考对视图进行定向。

　　☑　角度：使用选定参考的角度或自定义角度对视图进行定向。

下面以\CH13\hy_13_3_2.prt 文件中的原始实体模型（见图 13-21）为例，介绍插入一般视图的方法。

（1）在"快速访问"工具栏中单击"新建"按钮，新建一个名为 13_3b 的绘图文件，不使用默认模板，而是在"新建绘图"对话框的"指定模板"选项组中选中"空"单选按钮，在"方向"选项组中单击"横向"按钮，并在"大小"选项组的"标准大小"下拉列表框中选择 A4，确认默认模型为 hy_13_3_2.prt。

（2）选择"文件"→"准备"→"绘图属性"命令，打开"绘图属性"对话框，单击"详细信息选项"对应的"更改"选项，弹出"选项"对话框。将配置文件选项 projection_type 的值设置为 first_angle，确认更改并应用后依次关闭"选项"对话框和"绘图属性"对话框。

（3）在功能区"布局"选项卡的"模型视图"面板中单击"普通视图（常规）"按钮。此时，系统可能弹出如图 13-22 所示的"选择组合状态"对话框，从中选择一个状态或选择"无组合状态"，如果不希望系统提示选择组合状态，则选中"对于组合状态不提示"复选框，然后单击"确定"按钮。

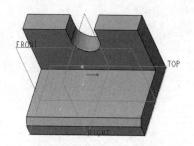

图 13-21　原始实体模型

图 13-22　"选择组合状态"对话框

（4）在图纸页内选择放置该一般视图的位置，此时在单击处出现默认方向的一般视图，同时也打开"绘图视图"对话框，如图 13-23 所示。

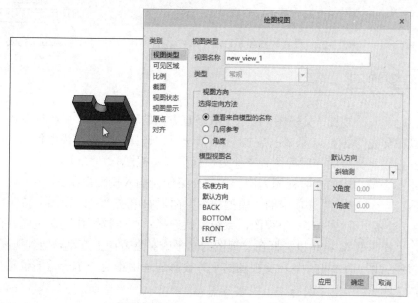

图 13-23　指定放置一般视图的位置

（5）利用"绘图视图"对话框的"视图类型"类别确定视图名称和视图方向。在"视图方向"选项组中选中"查看来自模型的名称"单选按钮，在"模型视图名"列表中选择 FRONT，接着单击"应用"按钮，此时一般视图显示如图 13-24 所示。

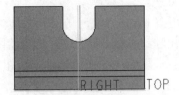

图 13-24　指定视图方向后的一般视图

（6）在"绘图视图"对话框的"类别"列表中选择"视图显示"，接着在"显示样式"下拉列表框中选择"消隐"选项，在"相切边显示样式"下拉列表框中选择"无"选项，然后单击"应用"按钮，如图 13-25 所示（单击后，"应用"按钮变为灰色）。

（7）在"绘图视图"对话框中单击"确定"按钮。完成创建的一般视图效果如图 13-26 所示（已经设置在图形窗口中不显示基准特征）。

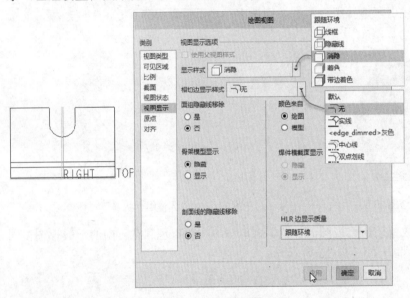

图 13-25　设置视图显示选项

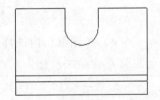

图 13-26　完成创建的一般视图

13.3.3　投影视图

投影视图是另一个视图（父视图）沿水平或竖直方向的正交投影，投影视图放置在投影路径中，位置可以在父视图的上、下、左、右。一般情况下，选择最能表达模型信息的一般视图（但不是等轴测和斜轴测类型的一般视图）来作为父视图（主视图）。

下面以 13.3.2 节完成的一般视图为例，接着介绍如何插入投影视图。

（1）在功能区"布局"选项卡的"模型视图"面板中单击"投影视图"按钮。

（2）由于绘图页面中只有一个视图，系统默认选择该一般视图作为父视图，此时在父视图上方出现一个"投影框"。将此投影框在父视图的水平或竖直方向上拖动，拖到所需的位置单击，便可放置该投影视图。在本例中，在父视图的下方投影通道中指定一个合适的位置来放置投影视图，如图 13-27 所示。

（3）此时还需要修改投影视图的属性。选择该投影视图并从浮动工具栏中单击"属性"按

钮 ，或者直接双击该投影视图，系统弹出"绘图视图"对话框。

（4）打开"绘图视图"对话框的"视图显示"类别页，设置"显示样式"为"消隐"，"相切边显示样式"为"无"，单击"应用"按钮。此时，投影视图显示效果如图 13-28 所示。

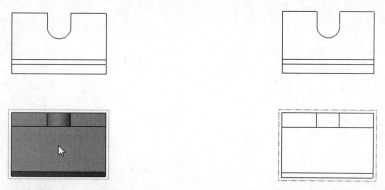

图 13-27　放置第一个投影视图　　　图 13-28　设置视图显示选项后的视图效果

（5）在"绘图视图"对话框中单击"确定"按钮。

（6）在图纸页的任意空白区域单击以取消选择任何视图对象，接着在功能区"布局"选项卡的"模型视图"面板中单击"投影视图"按钮 。

（7）选择第一个视图（一般视图）作为投影父视图。

（8）将投影框在父视图右侧的水平投影通道中拖动到所需的位置，单击以放置该投影视图，如图 13-29 所示。

（9）双击该投影视图，系统弹出"绘图视图"对话框，切换到"视图显示"类别页，设置"显示样式"为"消隐"，"相切边显示样式"为"无"，单击"确定"按钮，完成效果如图 13-30 所示。

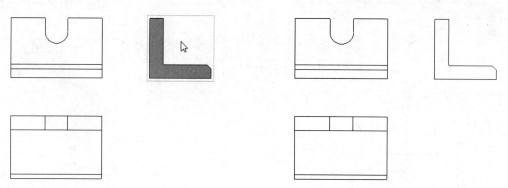

图 13-29　放置第二个投影视图　　　图 13-30　完成修改第二个投影视图的属性

13.3.4　辅助视图

辅助视图也是一种投影视图，它是以垂直角度向选定曲面或轴进行投影，选定曲面的方向确定投影路径，而父视图中的参考必须垂直于屏幕平面。

下面结合一个范例介绍创建辅助视图的步骤。

（1）在"快速访问"工具栏中单击"打开"按钮 ，系统弹出"文件打开"对话框，选择

\CH13\13_3_4.drw 绘图文件，单击"打开"按钮，该绘图文件中的原始工程视图如图 13-31 所示，而工程视图的源实体模型效果如图 13-32 所示。

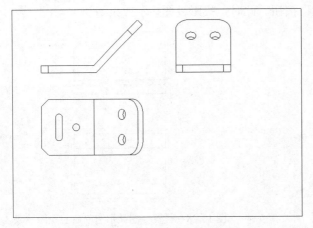

图 13-31　原始工程视图　　　　　　　　　　　　　　　图 13-32　实体模型

（2）在功能区"布局"选项卡的"模型视图"面板中单击"辅助视图"按钮 ⬙。

（3）选择要用于创建辅助视图的边、轴、基准平面或曲面。在本例中从如图 13-33 所示的父视图中选择一条轮廓边，父视图上方出现一个代表辅助视图的投影框。

（4）将此投影框沿着投影通道方向拖动，拖到所需位置单击放置该辅助视图，如图 13-34 所示。

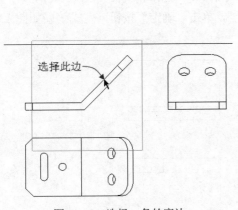
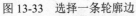

图 13-33　选择一条轮廓边　　　　　　　　　　　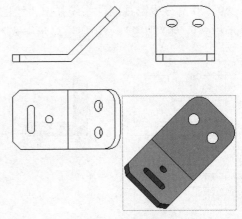

　　　　　　　　　　　　　　　　　　　　　　　图 13-34　放置辅助视图

（5）在图形窗口中双击辅助视图，系统弹出"绘图视图"对话框。

（6）在"绘图视图"对话框的"视图类型"类别页中，将视图名称更改为 A，选中"单箭头"单选按钮，接着单击"应用"按钮，如图 13-35 所示。

（7）打开"视图显示"类别页，"显示样式"设置为"消隐"，"相切边显示样式"设置为"无"，单击"应用"按钮，最后关闭"绘图视图"对话框，完成插入辅助视图的工程图效果如图 13-36 所示。

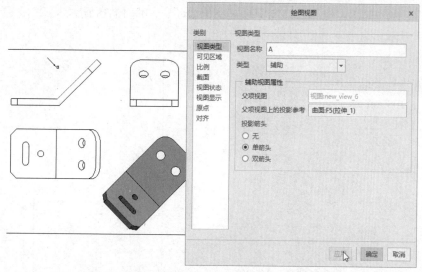

图 13-35　更改视图名称与设置单一的投影箭头

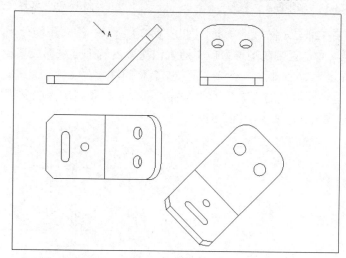

图 13-36　完成插入辅助视图的工程图效果

13.3.5　详细视图

详细视图也称"局部放大图"，它是指在另一个视图中放大显示模型其中一小部分的视图。在父视图中包括一个注解和边界作为局部放大图设置的一部分。将详细视图放置到绘图页面上后，可以使用"绘图视图"对话框来修改该视图属性，包括该视图的放大比例等。

下面结合一个范例介绍创建详细视图的方法。

（1）在"快速访问"工具栏中单击"打开"按钮，系统弹出"文件打开"对话框，选择\CH13\13_3_5.drw绘图文件，单击"打开"按钮，该绘图文件中已经存在一个轴零件的工程视图，如图13-37所示。

（2）在功能区"布局"选项卡的"模型视图"面板中单击"局部放大图"按钮。

（3）系统在状态栏中提示"在一现有视图上选择要查看细节的中心点"。选择要在局部放大

视 频 讲 解

图中放大的现有绘图视图中的点，该绘图项被突出显示，如图 13-38 所示。

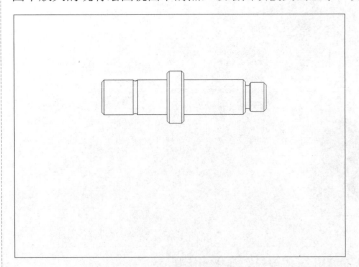

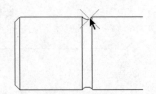

图 13-37　轴零件工程视图　　　　　　　　　　　图 13-38　选择要查看细节的中心点

（4）草绘环绕要详细显示区域的样条，如图 13-39 所示。注意不能使用"草绘"选项卡上的命令启用样条草绘，而是直接在图形窗口中通过依次单击若干点来形成草绘。草绘完成后单击鼠标中键，则样条显示为一个圆和一个局部放大图名称的注解。

（5）在绘图中选择要放置局部放大图的位置，则显示样条范围内的父视图区域，并标注局部放大图的名称和缩放比例，如图 13-40 所示。

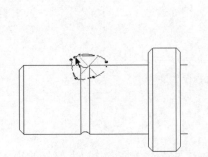

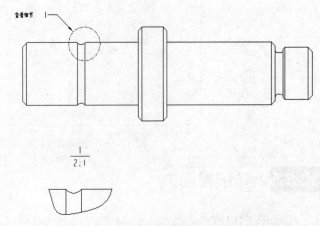

图 13-39　草绘环绕要详细显示区域的样条　　　　图 13-40　在绘图中选择要放置局部放大图的位置

（6）在图纸页上双击注有名称和比例的详细视图，弹出"绘图视图"对话框，在"视图类型"类别页中，可以修改视图名称和相关的视图属性，例如父项视图上的参考点、样条边界和边界类型等。其中，父项视图上的边界类型可以为"圆""椭圆""水平/竖直椭圆""样条""ASME 94 圆"，如图 13-41 所示。本例的"视图类型"采用默认设置。

（7）切换到"比例"类别页，确保选中"自定义比例"单选按钮，输入自定义比例值为 3，如图 13-42 所示，接着单击"应用"按钮，关闭"绘图视图"对话框。此时详细视图的效果如图 13-43 所示。

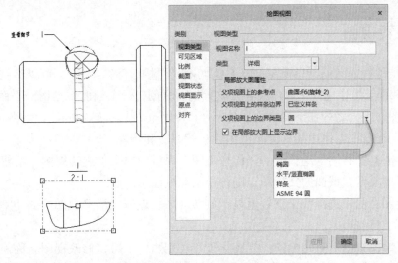

图 13-41　修改详细视图的属性

图 13-42　设置详细视图的比例

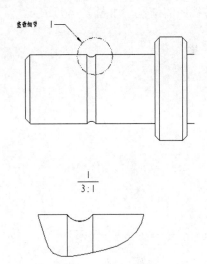

图 13-43　详细视图的效果

（8）使用同样的方法在图纸页上再创建一个详细视图，结果如图 13-44 所示。

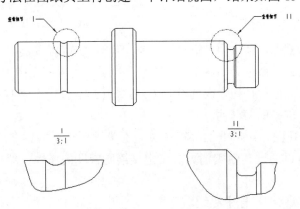

图 13-44　创建另一个详细视图

13.3.6　旋转视图

旋转视图是现有视图的一个横截面，它绕切割平面投影旋转 90°。可以将在三维模型中创建的剖面（横截面）用作切割平面，或者在放置视图时创建一个剖面作为切剖平面。旋转视图和一般全剖面视图的不同之处在于旋转视图包括了一条标记视图旋转轴的线，如图 13-45 所示。

下面介绍在当前图纸页中插入旋转视图的一般方法和步骤。

（1）在功能区"布局"选项卡的"模型视图"面板中单击"旋转视图"按钮 ⬚⬚。

（2）选择要显示横截面的父视图，则该视图高亮显示。

（3）在绘图页面中选择一个位置以显示旋转视图，近似地沿父视图中的切割平面投影，弹出"绘图视图"对话框。

（4）在"绘图视图"对话框的"视图类型"类别页中，可以修改视图名称，但不能更改视图类型。在"横截面"下拉列表框中选择现有横截面或选择"新建"选项来新建一个横截面以定义旋转视图的位置，如图 13-46 所示。

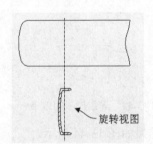

图 13-45　旋转视图的示例　　　　　图 13-46　"绘图视图"对话框

要即时新建一个横截面，则从由"新建"命令打开的"横截面创建"菜单管理器中选择"平面"→"单一"→"完成"命令，如图 13-47 所示，接着在出现的如图 13-48 所示的文本框中输入横截面名称，单击"完成"按钮 ✓ 或者按 Enter 键，然后选择一个现有的参考或创建一个新的参考，从而创建平行于屏幕的横截面。

（5）通过"绘图视图"对话框的"视图类型"类别页设置视图名称和横截面等属性后，单击"应用"按钮，可以通过其他类别页继续定义绘图视图的属性，然后关闭"绘图视图"对话框。

（6）必要时，可以修改对称中心线。

图 13-47　新建横截面　　　　　　　　　　　图 13-48　输入横截面名称

13.4　视图编辑管理

本节介绍的视图编辑管理知识包括视图可见性、定义剖视图、拭除视图与恢复视图、移动视图、对齐视图和在视图中插入箭头。

13.4.1　视图可见性

全视图、半视图、局部视图和破断视图是以视图可见性来划分的。打开"绘图视图"对话框，切换到"可见区域"类别页，在"视图可见性"下拉列表框中选择其中一个选项，如图 13-49 所示，并根据要求指定相应的参考等。另外，在"Z 方向修剪"选项组中可以设置是否在 Z 方向上修剪视图（即指定平行于屏幕的平面并排除其后面的所有图形），还可以指定修剪参考。

图 13-49　定义视图可见性

1. 全视图与半视图

默认的视图可见性为全视图，保持完整而没有移除视图中的任何部分；半视图是指只显示其中一半的视图（即从切割平面移除视图中的另一部分模型，并显示余下部分），未显示的另一半视图一般是与半视图关于剖视中心线对称的。全视图与半视图的典型示例如图 13-50 所示。

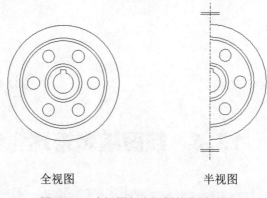

全视图　　　　　　　　半视图

图 13-50　全视图与半视图的典型示例

要将适合的现有视图定义为半视图，则双击现有视图以打开"绘图视图"对话框，接着选择"可见区域"类别，从"视图可见性"下拉列表框中选择"半视图"，此时显示定义视图可见区域的选项，选择将切割视图的平面参考（可以是一个平面曲面或一个基准，但是它在新视图中必须垂直于屏幕，选定参考平面突出显示并列在"半视图参考平面"收集器中），再通过单击"保持侧"按钮 或在图形窗口中单击预览箭头定义要显示的一半模型（箭头自参考平面指向要显示的一侧），在"对称线标准"下拉列表框中选择一个选项定义半视图对称线的显示形式，如图 13-51 所示，然后单击"应用"按钮。

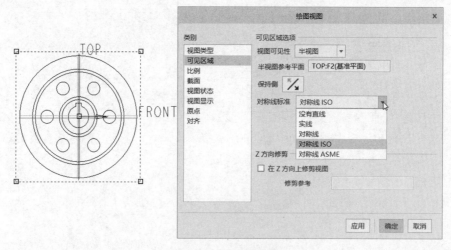

图 13-51　创建半视图

2. 局部视图

局部视图显示封闭边界内的视图模型的一部分（即显示指定边界内的几何，而移除其外的几何）。创建局部视图需要在"绘图视图"对话框的"可见区域"类别页中，在"视图可见性"下拉列表框中选择"局部视图"选项，接着在视图中指定几何上的参考点，并围绕要显示的区域选定若干点定义样条边界，单击鼠标中键结束样条草绘，如图 13-52 所示。如果要显示在样条中所包含局部视图的边界（边界以几何线型显示），则选中"在视图上显示样条边界"复选框。

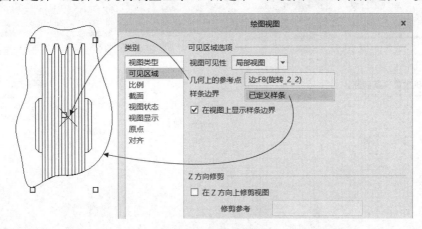

图 13-52　创建局部视图

3. 破断视图

破断视图常用来表示一些尺寸较长的视图，不显示破断的中间部分（即移除两个或多个选定点间的部分模型），而将剩余的两部分合拢在一个指定的距离内，如图 13-53 所示（上方为一般视图，下方为破断视图）。可以进行水平或竖直破断，或者同时进行水平或竖直破断，并使用破断的各种图形边界样式。

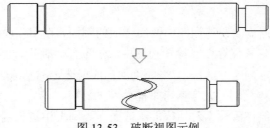

图 13-53　破断视图示例

破断视图只适用于一般视图和投影视图类型。需要注意的是，一旦将视图定义为破断视图，便不能再将其更改为其他视图类型，所以在定义破断视图时一定要谨慎。

定义破断视图，需要在"绘图视图"对话框的"可见区域"类别页中，在"视图可见性"下拉列表框中选择"破断视图"，接着单击"添加断点"按钮 ➕ ，则破断视图收集器收集到该断页，接着草绘第一条水平或竖直的破断线（方法是通过选择几何参考，并在所需方向上草绘水平或竖直的破断线，选择几何参考时需要谨慎，因为第一条破断线开始于选定点），接着选择一个点来定义第二条破断线的放置位置，再从破断视图收集器中的"破断线样式"下拉列表框中选择一种造型样式来定义破断线的图形表示，包括"直""草绘""视图轮廓上的 S 曲线""几何上的 S 曲线""视图轮廓上的心电图形""几何上的心电图形"，如图 13-54 所示。如果需要，可以继续单击"添加断点"按钮 ➕ 来定义附加断点。

读者可以打开\CH13\13_4_1pdst.drw 文件来练习定义破断视图。

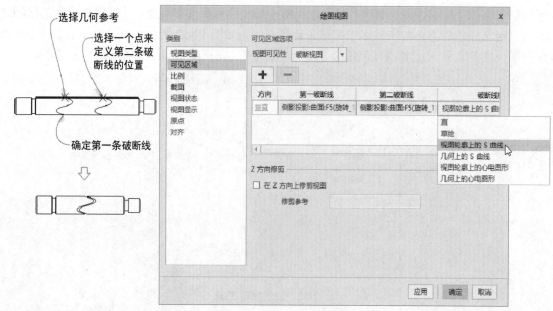

图 13-54　定义破断视图

13.4.2　定义剖视图

剖视图的应用很广泛，主要用来表达机件内部的结构形状。剖切面是假设用一剖切面（平面或曲面）剖开机件，并移除观察者和剖切面之间的部分，再将其余部分向投影面上投射而得到的图形。

插入视图时，可以根据需要在该视图中使用合适的剖面，使用剖面的视图即为剖视图。剖面既可以在零件或装配中创建和保存以在绘图视图中添加剖面时使用，也可以在插入视图时再添加新的剖面。剖面有两种基本创建方法：① 平面剖面：依据选定的基准平面或平曲面创建；② 偏移剖面：允许穿过某一实体绘制一条自参考平面偏移的路径。

剖视图的定义是在"绘图视图"对话框的"截面"类别页中进行的，如图 13-55 所示。截面选项包括"无截面""2D 横截面""3D 横截面""单个零件曲面"，其中剖视图常用的截面选项为"2D 横截面"。选中"2D 横截面"单选按钮并单击"将横截面添加到视图"按钮 ，当实体模型中已有剖面时，则系统会用" "符号来标识对当前视图有效的剖面，则用"×"来标识无效的剖面；当模型中没有剖面时，则系统要求创建一个新的剖面。在剖面属性收集器的"剖切区域"列表框中，可以选择"完整""半倍""局部"等可用选项来定义剖视图的类型。由此可见，根据剖切区域来划分，可以将剖视图分为全剖视图、半剖视图、局部剖视图、对齐/展开剖视图等。

1. 全剖视图

全剖视图会显示穿过整个视图的剖面，如图 13-56 所示。注意它不只显示剖面区域，还显示制作剖面时变为可见的模型边，这是由于模型边可见性默认为"总计（全部）"，对于剖切区域为"完整"的情况，用户可以将模型边可见性设置为"区域"，以将全剖视图定义为区域剖面图，区域剖面图只显示剖面而不显示其他几何，效果如图 13-57 所示。

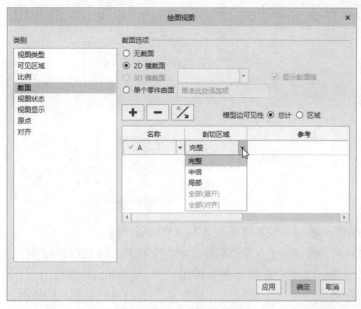

图 13-55 定义剖视图

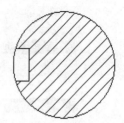

图 13-56 全剖视图示例

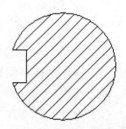

图 13-57 区域剖面图

用平面剖面剖开机件时，可以将相应视图生成全剖视图；而用平行的剖切平面剖开机件时，也可以将相应视图生成全剖视图，如图 13-58 所示，这种全剖视图通常被称为"平行阶梯剖视图"。

下面介绍将视图定义为全剖视图的步骤。

（1）在"快速访问"工具栏中单击"打开"按钮🗁，系统弹出"文件打开"对话框，选择 \CH13\13_4_2a.drw 绘图文件，单击"打开"按钮，该绘图文件中的原始视图如图 13-59 所示。

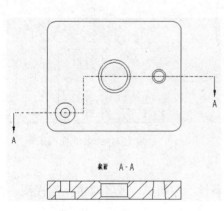

图 13-58 全剖视视图（阶梯剖视）

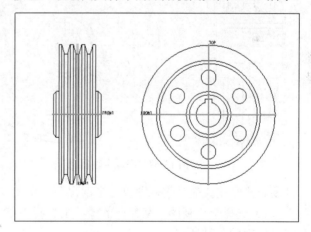

图 13-59 已有绘图视图

（2）在图纸页面中选择左侧的视图并双击，系统弹出"绘图视图"对话框。

（3）在"绘图视图"对话框中切换到"截面"类别页，接着在"截面选项"选项组中选中"2D 横截面"单选按钮，并单击"将横截面添加到视图"按钮➕，由于模型中没有剖面，系统自动弹出如图 13-60 所示的"横截面创建"菜单管理器。

（4）从"横截面创建"菜单管理器中选择"平面"→"单一"→"完成"命令。

（5）在如图 13-61 所示的文本框中输入横截面名称为 A，单击"完成"按钮✓，或者按 Enter

键确定。

图 13-60 "横截面创建"菜单管理器

图 13-61 输入横截面名称

（6）在模型树上选择 TOP 基准平面，从而生成一个名为 A 的平面剖面。

（7）该剖面在剖面属性表中显示为" ✔ A"，其"剖切区域"下拉列表框的默认选项为"完整"，而"模型边可见性"选项组中默认选中"总计"单选按钮。

（8）在"绘图视图"对话框中单击"确定"按钮，完成定义的全剖视图如图 13-62 所示。

2．半剖视图

半剖视图只显示选定平面一侧的模型剖面，而另一侧不做剖切处理，如图 13-63 所示。

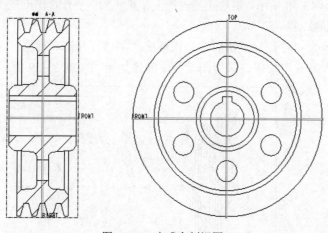

图 13-62 完成全剖视图

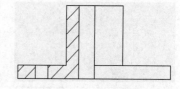

图 13-63 半剖视图示例

要将刚刚完成的全剖视图改为半剖视图，步骤如下。

（1）选择全剖视图，从弹出的浮动工具栏中单击"属性"按钮 ，或者双击全剖视图，打开"绘图视图"对话框。

（2）切换到"截面"类别页，在剖面属性收集器中剖面 A 对应的"剖切区域"下拉列表框中选择"半倍"选项。

（3）在模型树中选择 FRONT 基准平面，或者在图形窗口中选择 FRONT 基准平面（如果设置了在图形窗口中显示基准平面），

（4）在视图中选择要剖切的一侧，如图 13-64 所示，注意箭头指示要剖切的一侧。

（5）在"绘图视图"对话框中单击"应用"或"确定"按钮，完成的半剖视图如图 13-65

所示。

3. 局部剖视图

局部剖视图使用破断显示外部曲面到内部剖面的某一部分，只使用部分剖切区域，如图 13-66 所示。定义局部剖视图，需要通过"绘图视图"对话框的"截面"类别页为视图添加一个有效剖面，接着从其"剖切区域"下拉列表框中选择"局部"选项，然后从视图中选择局部剖视区域的中心点，并围绕该中心点依次在其周围单击若干点来定义样条边界，再单击鼠标中键完成草绘样条边界。切记不要使用"草绘"选项卡中的草绘工具，否则系统会草绘二维图元，而不是要创建局部剖视的边界样条。

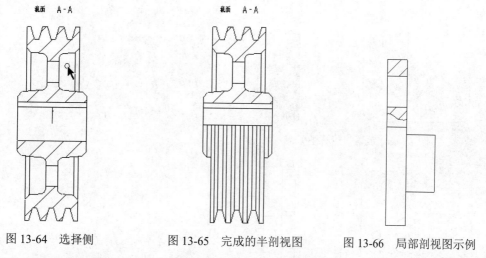

图 13-64　选择侧　　　　图 13-65　完成的半剖视图　　　　图 13-66　局部剖视图示例

下面的范例将介绍有局部剖视图和阶梯全剖视图的创建过程。

（1）在"快速访问"工具栏中单击"打开"按钮，系统弹出"文件打开"对话框，选择\CH13\13_4_2b.drw 绘图文件，单击"打开"按钮，在该绘图文件中已经存在一个一般视图作为主视图，以及另外一个一般视图作为立体图，如图 13-67 所示。

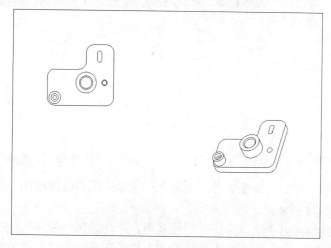

图 13-67　已有的两个视图

（2）在功能区"布局"选项卡的"模型视图"面板中单击"投影视图"按钮，选择左侧的一般视图作为投影父视图，接着将投影框移到父视图的右侧合适位置，单击确定该投影视图的放置中心点，如图 13-68 所示。

（3）双击此投影视图，系统弹出"绘图视图"对话框。打开"视图显示"类别页，在"显示样式"下拉列表框中选择"消隐"选项，在"相切边显示样式"下拉列表框中选择"无"选项，单击"应用"按钮，则此投影视图显示如图 13-69 所示。

（4）切换到"截面"类别页，选中"2D 横截面"单选按钮，单击"将横截面添加到视图"按钮 ，如图 13-70 所示，此时已有的 A 剖面可用，选择 A 剖面。

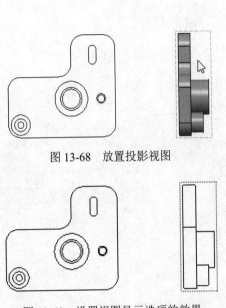

图 13-68　放置投影视图

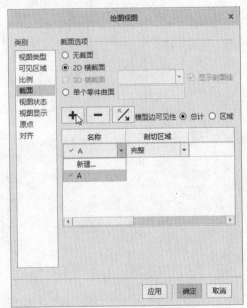

图 13-70　将横截面添加到视图

图 13-69　设置视图显示选项的效果

（5）在"剖切区域"下拉列表框中选择"局部"，在视图中选择如图 13-71 所示的参考点。

（6）开始围绕参考点草绘边界样条，如图 13-72 所示，单击鼠标中键结束草绘样条。

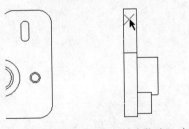

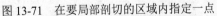

图 13-71　在要局部剖切的区域内指定一点

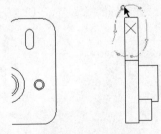

图 13-72　草绘样条

（7）单击"应用"按钮，接着单击"确定"按钮以关闭"绘图视图"对话框，完成该局部剖视图的效果如图 13-73 所示。

（8）在图纸页或绘图树中选择第一个一般视图，在功能区"布局"选项卡的"模型视图"面板中单击"投影视图"按钮 ，在竖直投影通道上将投影框拖到父视图的下方合适位置单击以放置，如图 13-74 所示。

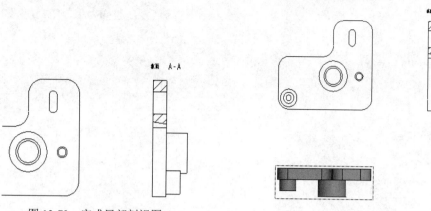

图 13-73　完成局部剖视图　　　　　　　　图 13-74　放置第二个投影视图

（9）双击第二个投影视图，系统弹出"绘图视图"对话框。打开"视图显示"类别页，在"显示样式"下拉列表框中选择"消隐"选项，在"相切边显示样式"下拉列表框中选择"无"选项，单击"应用"按钮。

（10）切换到"截面"类别页，选中"2D 横截面"单选按钮，单击"将横截面添加到视图"按钮 ，默认选择"新建"命令，接着在弹出的"横截面创建"菜单管理器中选择"偏移"→"双侧"→"单一"→"完成"命令，如图 13-75 所示。

（11）输入横截面名称为 B，按 Enter 键或单击"完成"按钮 ，完成命名。

（12）在零件模式下选择 TOP 基准平面作为草绘平面，接着从菜单管理器中选择"确定"→"默认"命令以定义草绘视图方向等，从而进入草绘模式，使用"草绘"选项卡或"草绘"菜单中的相关按钮/命令进行草绘操作。可以先指定所需的草绘参考，接着绘制如图 13-76 所示的线链来定义剖切线，单击"确定"按钮 或选择"草绘"→"完成"命令。

图 13-75　选择横截面创建选项

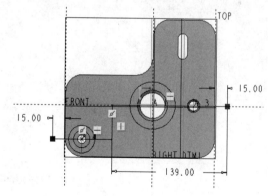

图 13-76　定义剖切线

（13）返回"绘图视图"对话框的"截面"类别页，可以看到 B 剖面可用，且其"剖切区域"的默认选项为"完整"，如图 13-77 所示。在剖面属性收集器中向右拖动滚动条，单击以设置"箭头显示"单元格内单击，如图 13-78 所示，并给箭头选出一个截面在其处垂直的视图。

（14）在绘图页中单击第一个一般视图（第二个投影视图的父视图）。

（15）单击"绘图视图"对话框中的"确定"按钮，完成该全剖视图的创建，最终完成效果如图 13-79 所示。

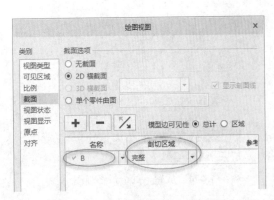

图 13-77 默认剖切区域为"完整"

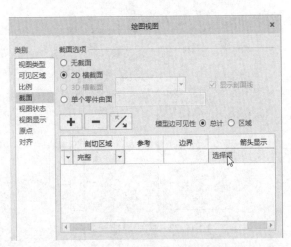

图 13-78 激活"箭头显示"状态

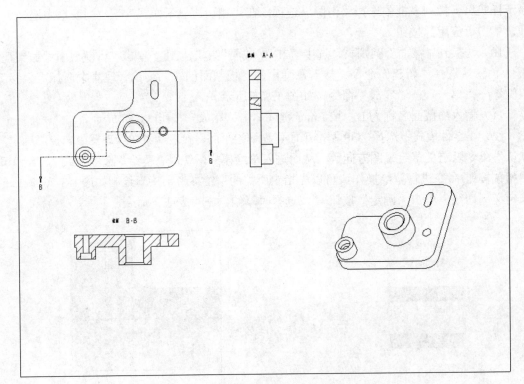

图 13-79 完成局部剖视图和阶梯全剖视图的效果

4．对齐/展开剖视图

对齐剖视图显示绕轴展开的区域剖视图，而全部对齐剖视图显示一般视图、投影视图、辅助视图或全视图的对齐横截面。全部展开剖视图用于显示一般视图的全部展开的横截面。

下面介绍一个对齐剖视图的应用范例。

（1）在"快速访问"工具栏中单击"打开"按钮，系统弹出"文件打开"对话框，选择\CH13\13_4c.drw 绘图文件，单击"打开"按钮，该文件中的原始绘图视图如图 13-80 所示。该绘图文件的源三维模型效果如图 13-81 所示。

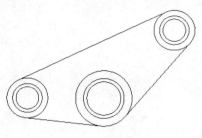

图 13-80　原始绘图视图

图 13-81　源三维模型

（2）在功能区"布局"选项卡的"模型视图"面板中单击"投影视图"按钮，接着在父视图的下方放置该投影视图。

（3）双击该投影视图，系统弹出"绘图视图"对话框。打开"视图显示"类别页，在"显示样式"下拉列表框中选择"消隐"选项，在"相切边显示样式"下拉列表框中选择"无"选项，单击"应用"按钮，此时投影视图效果如图 13-82 所示。

（4）切换到"截面"类别页，选中"2D 横截面"单选按钮，单击"将横截面添加到视图"按钮，默认选择"新建"命令，接着在弹出的"横截面创建"菜单管理器中选择"偏移"→"双侧"→"单一"→"完成"命令，输入剖面名称为 A 并单击"完成"按钮。

（5）在零件模式下选择 TOP 基准平面作为草绘平面，接着从菜单管理器中选择"确定"→"默认"命令以定义草绘视图方向并进入草绘模式，使用"草绘"选项卡或"草绘"菜单中的相关按钮/命令进行草绘操作。可以先指定所需的草绘参考，接着绘制如图 13-83 所示的线链来定义剖切线，单击"确定"按钮或选择"草绘"→"完成"命令。

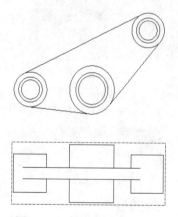

图 13-82　投影视图显示效果

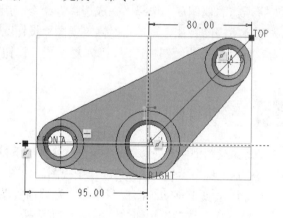

图 13-83　定义剖切线

（6）返回"绘图视图"对话框的"截面"类别页，从 A 剖面的"剖切区域"下拉列表框中选择"全部（对齐）"选项，接着在图形窗口中单击"图形"工具栏中的"基准显示过滤器"按钮，并确保选中"轴显示"复选框以设置在图形窗口中显示轴，然后从投影视图中选择大圆柱的中心特征轴 A_1，此时，"截面"类别页如图 13-84 所示。

（7）在剖面属性收集器中找到"箭头显示"列，单击以对其进行设置，接着在图纸页上选择第一个视图（父视图）。

（8）在"绘图视图"对话框中单击"确定"按钮，完成的对齐剖视图如图 13-85 所示。

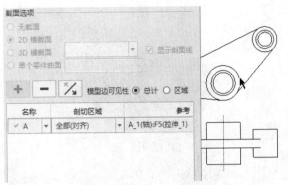

图 13-84　设定剖切区域及参考

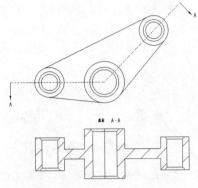

图 13-85　完成对齐剖视图

13.4.3　拭除视图与恢复视图

可以从图纸页中拭除视图以及恢复已拭除视图的显示，注意拭除视图并不是删除视图，而是相当于只是将视图取消显示。

要拭除视图，则在功能区"布局"选项卡的"显示"面板中单击"拭除视图"按钮 ，接着选择要拭除的绘图视图即可，单击鼠标中键结束该命令。

如果要恢复已拭除视图的显示，那么在功能区"布局"选项卡的"显示"面板中单击"恢复视图"按钮 ，系统弹出"视图名称"菜单管理器（见图 13-86），选中相应的视图对应的复选框，如果要全部恢复已拭除视图的显示则选择"全选"命令，选择所需的视图后，选择"完成选择"命令。用户也可以先选择所需的视图，再单击"恢复视图"按钮 。注意只有存在已拭除的绘图视图时，"恢复视图"按钮 才可用。

图 13-86　"视图名称"菜单管理器

13.4.4　移动视图

为了防止绘图视图意外移动，系统在默认情况下将绘图视图锁定在适当位置而禁止鼠标移动绘图视图，如图 13-87 所示。要在图纸页上移动绘图视图，必须先解锁视图。取消选中"锁定视图移动"按钮 ，即为解锁视图。

图 13-87　锁定视图移动

在移动视图时需要注意相关视图之间的放置关系，例如移动某一个父视图，那么投影视图也会跟着移动以保持对齐。投影视图只能在其投影通道方向上移动。一般视图和局部放大图则可以移动到任何位置（这些视图不是其他视图的投影）。如果无意中移动了视图，那么在移动过程中可以按 Esc 键使视图快速恢复到原始位置。

13.4.5　对齐视图

在有些设计场合，可能需要进行对齐视图的操作以规范并整理图纸页面。要将一个选定视图与另一个视图对齐，则选定该视图后打开"绘图视图"对话框的"对齐"类别页，如图 13-88 所示。选中"将此视图与其他视图对齐"复选框,接着在图纸上选择与之对齐的视图,并选中"水平"或"竖直"单选按钮来定义如何对齐视图,"水平"单选按钮用于定义视图和与之对齐的视图位于同一水平线上,"竖直"单选按钮用于定义视图和与之对齐的视图位于同一竖直线上。默认情况下,系统将根据视图原点对齐视图。用户可以通过定义对齐参考可以修改视图对齐的位置。

图 13-88 "绘图视图"对话框的"对齐"类别页

要取消视图的对齐约束,只需在"绘图视图"对话框的"对齐"类别页中取消选中"将此视图与其他视图对齐"复选框即可。一旦取消了对视图的对齐约束,该视图的移动方向限制则同时被取消。

13.4.6 在视图中插入箭头

如果在创建某些投影视图或剖视图的过程中,忘记了插入相关箭头,那么可以使用功能区"布局"选项卡的"编辑"面板中的"箭头"按钮 来插入投影视图箭头或剖切面箭头。其操作步骤较为简单,单击"箭头"按钮 ,接着根据状态栏的提示信息选择相应视图即可,如图 13-89 所示,单击鼠标中键结束此命令。

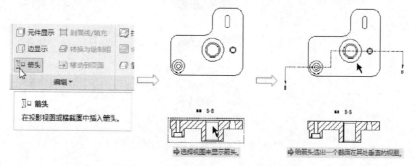

图 13-89 插入剖切箭头的操作示例

13.4.7 修改边显示

在绘图视图中可以修改零件或装配边的显示。如果要修改选定边显示,则在功能区"布局"

选项卡的"编辑"面板中单击"边显示"按钮，弹出"边显示"菜单管理器和"选择"对话框，如图 13-90 所示。选择要修改的一条或多条边，则选定的边突出显示，使用"边显示"菜单管理器中的命令定义边显示，然后选择"完成"命令。

修改边显示后，在功能区"布局"选项卡"显示"面板中单击"显示已修改的边"按钮，可以临时突出显示所有已修改的边，如图 13-91 中显示有 3 条已修改的边。

图 13-90 菜单管理器和"选择"对话框

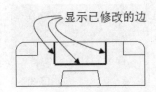

图 13-91 显示已修改的边

13.4.8 编辑元件显示

在为装配体建立工程图的过程中，使用"布局"选项卡的"编辑"面板中的"元件显示"按钮，可以编辑绘图视图中装配元件的显示。单击"元件显示"按钮，弹出"成员显示"菜单管理器，如图 13-92 所示，接着选择要修改的装配元件，并选择"成员显示"选项，例如遮蔽元件。

图 13-92 "成员显示"菜单管理器

13.5 注 释 绘 图

绘图视图创建完毕后，通常还需要为这些绘图视图添加注释，从而为模型制造做准备。在工程图模式中，可以通过以下多种方式添加尺寸并处理绘图细节。有关注释的工具命令集中在功能区的"注释"选项卡中。

☑ 显示驱动尺寸：显示存储在模型自身中的信息。在默认情况下，将模型或装配导入 2D 工程图中时，其自身的所有尺寸和存储的模型信息是不可见的（或已拭除），因此在 2D 工程图中，可以很方便地设置显示这些驱动尺寸和相关信息，并且可以在 2D 工程图中编辑这些显示的有效驱动尺寸来定义 3D 模型的形状。事实上，为了充分利用 3D 模型和绘图之间的关联性，最初的绘图尺寸应该从模型（驱动尺寸）中显示。

☑ 插入从动尺寸：在绘图中创建一些所需的从动尺寸，这些从动尺寸具有从模型到绘图的单向关联性。如果在模型中更改尺寸，所有编辑的尺寸值和绘图都将更新，但是无法使用这些在绘图中创建的从动尺寸来编辑 3D 模型。

☑ 创建未标注尺寸的详图项目：包括几何公差、基准、表面粗糙度符号、基准目标、球标、文本和注解等。

☑ 清理尺寸：使图纸页面整洁，必要时，可以将尺寸和详图项目放置到合适的层上，以便能够开始或关闭信息的显示。

本节将介绍显示模型注释、插入尺寸、几何公差、尺寸公差、使用基准、标注表面粗糙度、使用文本和注释、球标、清理尺寸的方法。

13.5.1 显示模型注释

通过 3D 模型建立 2D 工程图时，来自 3D 模型的尺寸和相关模型信息仍然会与 3D 模型保持参数化关联性。在默认情况下，这些来自 3D 模型的尺寸和相关模型信息是不可见的，用户可以有选择性地指定要在特定视图上显示的 3D 模型信息，这就是"显示模型注释"的使用概念。当然，用户也可以根据需要拭除已经显示的模型注释。将模型尺寸和细节放置到工程图中后，用户可以在页面上调整其位置并根据实际情况自定义格式。

在 Creo Parametric 5.0 工程图中显示模型尺寸和细节时，需要注意，在一幅工程图中，每个模型尺寸只能有一个驱动尺寸，一幅工程图中可以有同一个对象的多个视图，但对于模型的每个特征，只能显示一个驱动尺寸。

要显示来自 3D 模型的注释，则按照以下方法进行。

（1）选择要显示注释的视图、元件或特征。

（2）在功能区"注释"选项卡的"注释"面板中单击"显示模型注释"按钮，系统弹出如图 13-93 所示的"显示模型注释"对话框。

（3）在"显示模型注释"对话框中单击相应的注释类型选项卡。可供选择的注释类型选项卡有（显示模型尺寸）、（显示几何公差）、（显示注解）、（显示表面粗糙度）、（显示符号）和（显示基准）。

（4）根据不同的注释项目，可能还需要在"类型"下拉列表框中选择注释类型，例如选择（显示模型尺寸）选项卡，在该选项卡的"类型"下拉列表框中可以指定尺寸项目的尺寸类型，如图 13-94 所示。对于已被选择要显示注释的元件或特征，如有需要，也可以在此时更改选择结果。

（5）单击要在工程图中显示的各个注释所对应的复选框。如果要选定该注释类型的所有注释，则单击"全选"按钮；如果单击"取消全部"按钮，则清除选定注释类型的所有注释。

图 13-93　"显示模型注释"对话框　　　　图 13-94　指定尺寸项目的尺寸类型

（6）单击"应用"或"确定"按钮以显示通过"显示模型注释"对话框选定的模型注释。

下面是一个设置显示来自 3D 模型的尺寸和轴线的范例。

（1）在"快速访问"工具栏中单击"打开"按钮🗁，系统弹出"文件打开"对话框，选择 \CH13\13_5_1.drw 绘图文件，单击"打开"按钮，该绘图文件中的原始绘图视图如图 13-95 所示。

（2）在功能区"注释"选项卡的"注释"面板中单击"显示模型注释"按钮🗂，系统弹出"显示模型注释"对话框。

（3）在模型树中选择"旋转 1"特征。

（4）在"显示模型注释"对话框中选择⊢⊣（显示模型尺寸）选项卡，接着在"类型"下拉列表框中选择"全部"选项，则此时视图中列出所选特征的全部尺寸，单击"全选"按钮🌠以全部选中所选特征的全部尺寸，如图 13-96 所示。

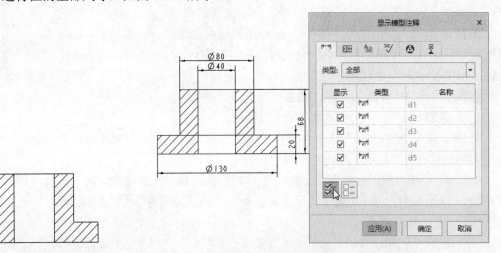

图 13-95　原始绘图视图　　　　　　图 13-96　全部选中所选对象的全部尺寸

（5）在"显示模型注释"对话框中选择🛱（显示基准）选项卡，接着在"类型"下拉列表框中选择"轴"选项，则系统只列出该类型的轴，选中该轴复选框以在视图中显示该轴，如图 13-97 所示。

（6）单击"应用"按钮，然后单击"关闭"按钮 ⊠ 以关闭"显示模型注释"对话框，效果如图 13-98 所示。

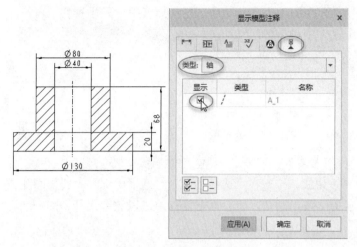

图 13-97　设置显示中心轴线

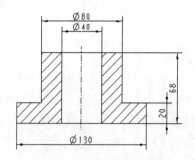

图 13-98　显示模型注释的效果

13.5.2　插入尺寸

在有些情况下，需要在更合适的位置手动插入尺寸，此类尺寸是根据创建尺寸时选定的参考产生值的，属于从动尺寸。由于从动尺寸的值是从其选定参考位置衍生而来的，因此用户不能修改其值。插入的尺寸可以是标准的从动尺寸（一般从动尺寸），也可以是带有特殊标识的参考尺寸。插入相关尺寸的工具按钮位于功能区"注释"选项卡的"注释"面板及其滑出面板中。

1．一般从动尺寸

系统允许用户创建多种类型的一般从动尺寸，主要包括以下几种。

☑ 尺寸（新参考）：根据一个或两个选定参考来创建尺寸，视参考而定，尺寸结果可能是角度、线性、半径或直径尺寸。该类从动尺寸的创建工具为"尺寸"按钮 ⊟。

☑ 纵坐标尺寸：从标识为基线的对象测量出来的线性距离尺寸，创建工具为"纵坐标尺寸"按钮 ⊟。

☑ 自动标注纵坐标尺寸：在零件和钣金件中自动创建纵坐标尺寸，创建工具为"自动标注纵坐标"按钮 ⊟。

☑ 坐标尺寸：为标签和导引框分配一个现有的 X 坐标方向和 Y 坐标方向的尺寸，创建工具为"坐标尺寸"按钮 ⊞。

☑ Z 半径尺寸：创建弧的特殊半径尺寸，该类尺寸允许用户定位与测量的弧中心不是同一点的"虚构"中心，系统会自动将一个 Z 型角拐添加到尺寸线上，表明该尺寸线已透视缩短。此类尺寸的创建工具为"Z-半径尺寸"按钮 ⊅。

以最为常用的"尺寸（新参考）"类型的标准从动尺寸为例，在"注释"选项卡的"注释"组中单击"尺寸"按钮 ⊟，打开如图 13-99 所示的"选择参考"对话框，利用该对话框提供的相应工具选择所需参考完成尺寸标注。例如，要为一条水平轮廓线标注长度尺寸，那么可以在"选择参考"对话框中选择"选择图元"工具 ，接着在视图中选择此水平轮廓线，然后在预放置尺寸的位置处单击鼠标中键，从而完成此水平轮廓线的长度标注。如果要为两条平行线标注距离尺寸，那么在"选择参考"对话框中选择"选择图元"工具 后，先选择其中一条平行线，再按住 Ctrl 键并选择另一条平行线，然后单击鼠标中键放置尺寸即可。

图 13-99　"选择参考"对话框

再看一个典型的例子，单击"尺寸-新参考"按钮 后，在"选择参考"对话框中默认选择"选择图元"工具 ，在视图中选择一条边线，接着在"选择参考"对话框中选择"选择圆弧或圆的切线"工具 ，再按住 Ctrl 键并选择一条半圆弧，然后单击鼠标中键以放置尺寸，图解示意如图 13-100 所示。

2．参考尺寸

在默认情况下，参考尺寸的尺寸值会带有跟随文本"REF"或"参考"，如图 13-101 所示，用户也可以通过相关的配置选项使参考尺寸的尺寸值带有括号。参考尺寸除了具有表示其为参考尺寸的特殊注释之外，其他方面均与标准尺寸相同。

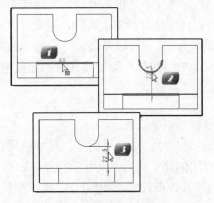

图 13-100　标注直线与圆弧的最近尺寸

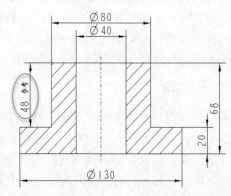

图 13-101　参考尺寸

参考尺寸的创建工具有"参考尺寸"按钮 、"纵坐标参考尺寸"按钮 和"自动纵坐标参考尺寸"按钮 。

13.5.3　几何公差

几何公差是模型设计中指定的确切尺寸和形状之间的最大允许偏差。在工程图中，既可以显示来自实体模型中的几何公差，也可以创建几何公差。在创建或编辑几何公差时，可以将多行附加文本和文本符号链接到几何公差上。

要在绘图中创建几何公差，可以按照以下方法步骤进行。

（1）在功能区"注释"选项卡的"注释"面板中单击"几何公差"按钮 ，此时将显示未连接的几何公差框的动态预览。在默认情况下，预览几何公差框以当前绘图中最后放置的几何公差的数据填充。然而，对于绘图中的第一个几何公差，几何公差框通过默认值的"位置"几何特性进行预览。

（2）定义参考选择和几何公差放置的模式。右击预览的几何公差框，弹出如图 13-102 所示的快捷菜单，选择以下模式之一。在放置几何公差前，按 Esc 键则可以取消几何公差的创建。

图 13-102　快捷菜单

- ☑ 自动：此为默认模式，可以采用此模式创建如下几何公差连接：① 自由（未连接）几何公差；② 几何公差连接到诸如边、尺寸界线、坐标系、轴心、轴线、曲线、曲面点、顶点、截面图元或绘制图元等这些模型几何；③ 几何公差连接到注解弯头；④ 几何公差连接到另一个几何公差；⑤ 几何公差连接到另一个基准标记；⑥ 几何公差连接到尺寸或尺寸弯头等。
- ☑ 产生尺寸：此模式可以创建尺寸线并放置与之相连的几何公差框。
- ☑ 偏移：此模式可将几何公差框放置在距离尺寸、尺寸箭头、几何公差、注解和符号等绘图对象一定的偏移处。

（3）指定有效引出点后单击鼠标中键可放置几何公差框。可以拖动几何公差框来重新放置几何公差。放置后，功能区上出现"几何公差"选项卡，如图 13-103 所示。

图 13-103　"几何公差"选项卡

（4）在功能区"几何公差"选项卡中，可以更改已放置的几何公差的特性类型（如"直线度""平面度""圆度""圆柱度""线轮廓""曲面轮廓""倾斜度""垂直度""平行度""位置度""同轴度""对称""偏差度""总跳动"），如图 13-104 所示；指定要在其中添加几何公差的模型和参考图元，以及在绘图中放置几何公差；指定几何公差的参考基准和材料状态，以及复合公差的值和参考基准；指定公差值和材料状态；指定几何公差符号和修改者以及突出公差带；指定创建或编辑几个公差时要与其关联的附加文本。如果在"公差值" 文本框内输入公差数值后，还需要在数值前输入直径符号"Φ"的话，那么在此文本框中指定输入鼠标位置，接着在"符号"面板中单击"符号"按钮，接着从打开的"符号"列表中选择直径符号即可，如图 13-105 所示。

（5）根据需要，继续单击图形窗口可在指定位置插入几何公差。

用户可拭除或删除绘图中显示的几何公差。如果删除显示的几何公差，则会同时在绘图和模型中将其删除。在零件模式下，将几何公差附加到尺寸时要遵守以下规则：如果在零件中向尺寸放置了几何公差并适用该零件创建绘图，那么必须使用"尺寸"功能区选项卡的"显示模型注释"工具命令在绘图中显示尺寸，否则几何公差无法显示；如果将几何公差附加到 Creo Parametric 在装配绘图中无法显示的零件尺寸，则几何公差也无法显示。

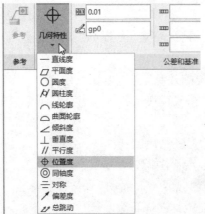

图 13-104　更改几何特性类型

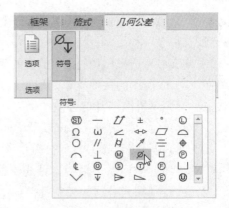

图 13-105　"符号"列表

13.5.4　尺寸公差

在工程图中经常需要为某些尺寸设定专门的尺寸公差。要掌握为个别尺寸设置显示独立尺寸公差的方法，首先需要了解以下几个与尺寸公差设置有关的绘图详细信息选项。

☑　tol_display：控制尺寸公差的显示。其默认值为"no *"，表示关闭尺寸公差的显示。如果要取消关闭尺寸公差的显示，则需要将该绘图详细信息选项的值设置为 yes。

☑　default_tolerance_mode：控制新创建尺寸的默认公差模式。它提供的选项值有"nominal*（公称）""basic（基本）""limits（极限）""plusminus（正-负）""plusminussym（+-对称）""plusminussym_super（+-对称_上标）"。其中默认选项值为"nominal*（公称）"，表示在打开尺寸公差显示的状况下，新创建尺寸将默认显示为公称值。

下面通过一个操作范例来介绍为相关尺寸标注尺寸公差的方法。

（1）在"快速访问"工具栏中单击"打开"按钮📂，系统弹出"文件打开"对话框，选择\CH13\13_5_4.drw 绘图文件，单击"打开"按钮，该绘图文件存在着如图 13-106 所示的原始工程视图。

（2）在功能区选择"文件"→"准备"→"绘图属性"命令，系统弹出"绘图属性"对话框，接着选择"详细信息选项"下的"更改"命令，打开"选项"对话框。利用"选项"对话框，自行设置与尺寸公差相关的绘图详细信息选项，例如将 tol_display 的值设置为 yes。设置完成后，依次关闭"选项"对话框和"绘图属性"对话框。

（3）在视图中选择直径为 80 的尺寸，如图 13-107 所示，则功能区出现如图 13-108 所示的"尺寸"选项卡。

（4）在"公差"面板中单击公差▼按钮打开"公差模式"下拉列表框，选择"正负"公差模式，接着设置上公差为 0.015，下公差为−0.010；在"精度"面板中确保选中"四舍五入尺寸"复选框，在"小数位数"下拉列表框0.123中选择 0.123 选项，在"设置公差值的精度"下拉列表框+0.123中选择"同尺寸"选项，如图 13-109 所示。

（5）在图形窗口的空白处单击以退出功能区"尺寸"上下文选项卡，为选定尺寸标注尺寸公差的效果如图 13-110 所示。

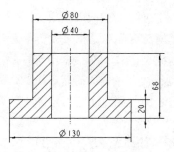

图 13-106 原始工程视图

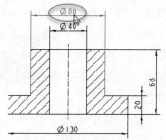

图 13-107 选择要编辑的尺寸

图 13-108 "尺寸"选项卡

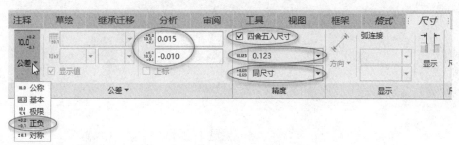

图 13-109 设置选定尺寸的公差和精度参数

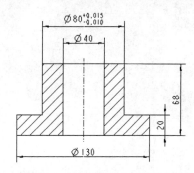

图 13-110 标注尺寸公差效果

（6）可以在本例中继续练习为其他尺寸设置单独的尺寸公差，公差模式可以分别尝试其他类型，如"+-对称""极限"等，公差值自行设定，注意观察各公差模式对应的显示效果。

13.5.5 标注表面粗糙度

表面粗糙度是指加工表面具有的较小间距和微小峰谷不平度，其两波峰或两波谷之间的距离（波距）很小（通常在 1mm 以下），难以用肉眼识别。表面粗糙度属于微观几何形状误差，对机械零件的性能有很大的影响。一般来说，表面粗糙度数值越小，则表面越光滑，配合质量会提高，磨损减少，同时会延长零件使用寿命，但零件的加工费用会相应地增加。

用户可以在零件模式中为指定对象添加表面粗糙度符号，而在绘图模式中通过单击"注释"选项卡中的"显示模型注释"按钮并利用弹出的"显示模型注释"对话框来设置显示来自三维模型指定对象（元件或特征）的表面粗糙度符号。在"显示模型注释"对话框中选择（显示表面粗糙度）选项卡，接着从列表中选择要显示的表面粗糙度符号，单击"确定"按钮，即可使表面粗糙度符号显示在绘图中。注意，表面粗糙度与零件中的表面关联，而非与绘图中的图元或视图关联，每个表面符号都适用于整个表面。

用户也可以在绘图模式中创建表面粗糙度符号，下面结合简单范例操作介绍其方法步骤。

（1）在功能区中切换到"注释"选项卡，接着在"注释"面板中单击"表面粗糙度"按钮，系统弹出如图 13-111 所示的"打开"对话框。该对话框自动指向"<安装目录>\Common Files\symbols\surffins"文件夹，该文件夹下提供了 3 个关于标准表面粗糙度符号的子文件夹。在本例中，打开 machined 子文件夹，从中选择 standard1.sym 表面粗糙度符号，如图 13-112 所示，单击"打开"按钮，系统弹出"表面粗糙度"对话框。

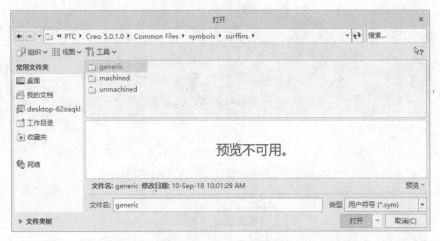

图 13-111　"打开"对话框

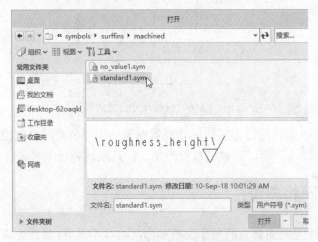

图 13-112　选择所需的表面粗糙度符号

（2）在"表面粗糙度"对话框中切换至"可变文本"选项卡，输入参数值为 6.3，如图 13-113 所示。

图 13-113 "表面粗糙度"对话框

（3）在"表面粗糙度"对话框中切换至"常规"选项卡，在"属性"选项组中设置高度值为 3，角度值为 0；在"放置"选项组的"类型"下拉列表框中选择"图元上"选项，接着在视图中选择一个图元边，典型示例如图 13-114 所示。

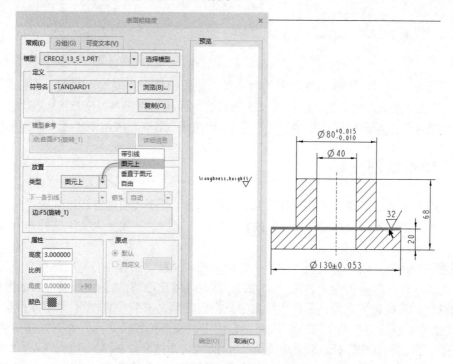

图 13-114 设置常规参数及选择放置参考

⚠️ **注意**

"放置"选项组的"类型"下拉列表框提供了几个实用选项，它们功能含义如下。

☑ 带引线：使用引线连接实例。选择此选项后，在"下一条引线"下拉列表框中选择"图元上"、"曲面上"、"中点"或"相交"，在"箭头"下拉列表框中指定箭头样式，接着结合 Ctrl 键选择一个或多个附加参考，单击鼠标中键以完成符号的放置。

☑ 图元上：将实体连接到引线、边或图元。即选择一个图元以放置符号，再附加参考，单击鼠标中键以完成符号的放置。

☑ 垂直于图元：连接一个垂直于引线、倒角尺寸扩展线、边或图元的实例。

☑ 自由：放置一个不带引线的实例并与几何分离。

（4）单击鼠标中键以确定放置表面粗糙度，效果如图 13-115 所示。可以继续进行相关操作以创建其他的表面粗糙度符号，最后在"表面粗糙度"对话框中单击"确定"按钮，最终参考效果如图 13-116 所示（注意另外两个表面粗糙度的放置类型，其中一个是"垂直于图元"，另一个是"带引线"）。

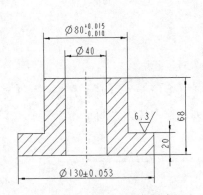

图 13-115　放置表面粗糙度

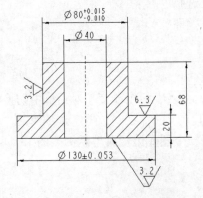

图 13-116　完成创建多个表面粗糙度符号

如果再次在功能区"注释"选项卡的"注释"面板中单击"表面粗糙度"按钮 $\sqrt{\ }$，系统将直接弹出"表面粗糙度"对话框，提供前一次使用的表面粗糙度参数。用户可以在"表面粗糙度"对话框的"常规"选项卡中，通过"定义"选项组中的"浏览"按钮来更改表面粗糙度符号。

13.5.6　使用绘图注释

有时，需要文本注释和尺寸结合在一起，并用引线（或不用引线）连接到模型的一条边或几条边上，即为绘图注释。当然可以让文本注释"自由"定位，例如插入文本注释作为技术要求的内容。

要创建绘图注释，则在功能区"注释"选项卡的"注释"面板中打开"注解"下拉菜单，从中选择所需的一个注释类型命令。其中，"独立注解""项上注解""偏移注解"属于无引线注解，它们将绕过所有引线设置选项，并且在页面中只指定注解文本和位置即可；"引线注解""切向引线注解""法向引线注解"属于带引线注解，它们将引线连接到特定点，并可以指定连接样式、箭头样式等。当在页面中选择注解的位置时，功能区随即打开如图 13-117 所示的"格式"选项卡，此时可以通过键盘输入注解文本，或单击"文本"面板中的"来自文件的注解"按钮 以从文件中打开注解文本。在"样式"面板中设置注释文本的文本样式、对齐方式等，默认状态下使用当前样式或上次使用的样式创建注解对象。在文本框中输入注解文本后，在文本框外单击完成放置注解。

图 13-117　"格式"选项卡

通常使用"独立注解"命令来在图纸上完成技术要求的标注。请看下面一个简单范例。

（1）在功能区中切换到"注释"选项卡，在"注释"面板中单击"注释"旁边的箭头▼，接着从打开的注释类型列表中单击"独立注解"按钮▲，弹出如图 13-118 所示的"选择点"对话框。

（2）在"选择点"对话框中已默认选中"在绘图上选择一个自由点"按钮以将注解放置在绘图上选择的自由点处。在绘图上的合适位置单击，则注解文本框的原点放置在所选位置上，则功能区随即打开"格式"选项卡。

（3）在注解文本框内输入"技术要求"一行注释文本，按 Enter 键，接着输入另一行注释文本为"1.　零件加工表面上，不应有划痕、擦伤等损伤零件表面的缺陷。"，按 Enter 键，再输入第三行注释文本为"2.　加工的螺纹表面不允许有黑皮、磕碰、乱扣和毛刺等缺陷。"，如图 13-119 所示。

图 13-118　"选择点"对话框

```
技术要求
1. 零件加工表面上，不应有划痕、擦伤等损伤零件表面的缺陷。
2. 加工的螺纹表面不允许有黑皮、磕碰、乱扣和毛刺等缺陷。
```

图 13-119　输入 3 行文本

（4）在注解文本框内选择第一行的"技术要求"文本对象，通过"格式"选项卡的"样式"面板将其高度值设置为 5，接着选择第二行和第三行的文本，将它们的高度值设置为 3.5。可以适当调整第一行"技术要求"文本的放置位置。

（5）在文本框外单击以放置注解。参考结果如图 13-120 所示。

技术要求

1. 零件加工表面上，不应有划痕、擦伤等损伤零件表面的缺陷。

2. 加工的螺纹表面不允许有黑皮、磕碰、乱扣和毛刺等缺陷。

图 13-120　完成技术要求的独立注释对象

13.5.7 球标注解

球标注解由封闭的在一个圆中的文本组成，多用在装配工程图中以表示各元件序号。球标注解的创建方法和一般注释的创建方法类似。下面是一个添加球标注解的范例。

（1）在功能区中切换到"注释"选项卡，在"注释"滑出面板中单击"球标注解"按钮 ，弹出"注解类型"菜单管理器。

（2）在"注解类型"菜单管理器中选择"带引线"→"输入"→"水平"→"标准"→"默认"→"进行注解"命令，如图 13-121 所示。

（3）出现"引线类型"菜单管理器，从中选择"实心点"命令，如图 13-122 所示。

（4）利用"选择参考"对话框的选择工具辅助选择一个图元、曲面或自由点作为球标的附加位置。本例在图纸页视图中的一个元件区域内指定一点，如图 13-123 所示。

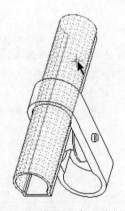

图 13-121 "注解类型"菜单管理器　　图 13-122 "引线类型"菜单管理器　　图 13-123 指定一点（引出点）

（5）在合适位置单击鼠标中键以指定放置位置，如图 13-124 所示。

（6）输入注解文本为 1，如图 13-125 所示，按 Enter 键，出现新行，接着再次按 Enter 键完成注解，球标注解放置在绘图上，如图 13-126 所示。

（7）返回"注解类型"菜单管理器，使用同样的方法继续为其他 3 个元件创建球标注解，完成结果如图 13-127 所示。

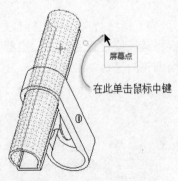

图 13-124 指定放置位置

图 13-125　输入注解文本

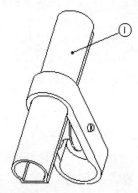

图 13-126　添加第一个球标注解

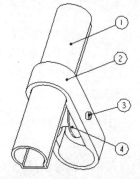

图 13-127　完成添加球标注解

（8）在"注解类型"菜单管理器中选择"完成/返回"命令，从而关闭菜单管理器。

当为球标注解输入多文本行时，Creo Parametric 5.0 将所有行封闭在球标内，并将其水平或竖直叠放在一起（这是由在"注解类型"菜单管理器中选择"水平"或"竖直"命令来决定的）。

13.5.8　基准知识

在几何公差或几何中，参考基准平面或轴之前，可以先进行基准设置。可根据需要在绘图中绘制相关基准，注意绘图中的基准分模型基准和设置基准，可以将模型基准转化为设置基准。在绘图中，既可以显示来自模型的基准项（使用"显示模型注释"命令），也可以使用相关工具按钮来创建基准项。

在功能区"注释"选项卡的"注释"面板中，提供了关于基准的相关创建工具按钮，如表 13-1 所示。本小节将介绍创建拔模基准平面、创建基准轴、创建轴对称线、创建基准特征符号这几个实用基准知识。

表 13-1　绘图中关于基准的相关工具按钮

类　　型	命 令 名 称	按　　钮	功 能 用 途
绘制基准	绘制基准平面	🗔	在绘图中创建一个 2D 基准图元
	绘制基准轴	🖉	在绘图中创建拔模基准轴
特殊基准轴	轴对称线	🔁	为当前轴添加对称线

1．创建拔模基准平面

在功能区"注释"选项卡的"注释"面板中打开"绘制基准"下拉菜单，接着单击"绘制基准平面"按钮🗔，系统弹出如图 13-128 所示的"选择点"对话框，接着使用"选择点"对话框来指定基准平面的起点，向适当的方向延伸基准平面并通过单击来放置端点，然后在如图 13-129 所示的框内输入基准平面的名称，按 Enter 键，或者单击"完成"按钮✓。

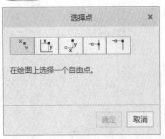

图 13-128　"选择点"对话框

图 13-129　要求输入基准名称

2. 创建拔模基准轴

在功能区"注释"选项卡的"注释"面板中单击"绘制基准"旁的▼，接着单击"绘制基准轴"按钮，系统弹出如图 13-130 所示的"选择点"对话框，使用"选择点"对话框提供的相关选择点工具来指定起点，移动鼠标以沿正确方向延伸轴并单击来放置端点，然后在如图 13-131 所示的文本框内输入轴名，按 Enter 键，或者单击"完成"按钮。

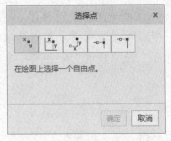

图 13-130　"选择点"对话框

图 13-131　要求输入轴名

3. 创建轴对称线

在功能区"注释"选项卡的"注释"面板中单击"轴对称线"按钮，接着选择两个法向轴（每个法向轴均带有十字叉丝显示）来完成创建轴对称线，典型示例如图 13-132 所示。所谓的法向轴是指垂直于屏幕平面的轴。

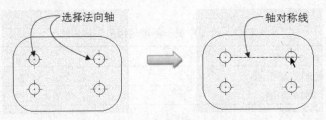

图 13-132　创建轴对称线的典型示例

4. 创建基准特征符号

要创建基准特征符号，则在功能区"注释"选项卡的"注释"面板中单击"基准特征符号"按钮，随即在图形窗口中显示跟随鼠标的基准特征符号的动态预览，接着选择边、几何、轴、基准、曲线、顶点或曲面上的点等来指定基准特征符号的连接点，基准特征符号将连接到选定图元。用户可以拖动鼠标来指定基准特征符号引线的长度，单击鼠标中键以放置基准特征符号。利用功能区提供的"基准特征"选项卡来定义基准特征符号的属性，最后在图形窗口内单击完成基准特征符号的创建。

请看下面一个范例，配套素材为\CH13\13_5_8jz.drw，原始工程图如图 13-133 所示。

（1）在功能区中切换至"注释"选项卡，在"注释"面板中单击"基准特征符号"按钮。

（2）在视图中选择一尺寸界线，如图 13-134 所示，在此尺寸界线上指定一点后，基准特征符号便连接到选定的尺寸界线上。

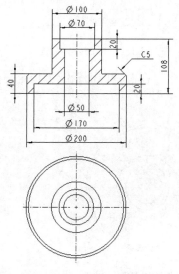

图 13-133　原始工程图

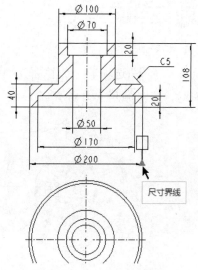

图 13-134　选择尺寸界线

（3）拖动鼠标来指定基准特征符号引线的长度，并单击鼠标中键以放置基准特征符号，如图 13-135 所示。

（4）在功能区中显示如图 13-136 所示的"基准特征"选项卡，设置在基准特征符号框架内显示的标签为 A，在"显示"面板中确保选中"直"按钮以设置用连接三角与符号框架的直引线来显示基准特征符号。

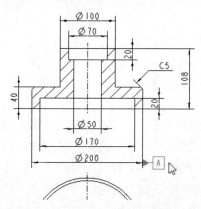

图 13-135　指定引线长度和放置位置

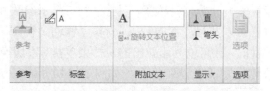

图 13-136　功能区"基准特征"选项卡

（5）在图形窗口内单击完成基准特征符号的创建，完成效果如图 13-137 所示。可以单击"几何公差"按钮，在视图中标注一处几何公差，结果如图 13-138 所示。

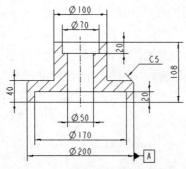

图 13-137　完成创建基准特征符号

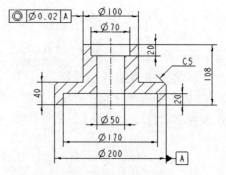

图 13-138　标注几何公差

在"注释"面板中单击"基准特征符号"按钮，也可以在圆柱曲面轮廓上指定一点来创建基准特征符号，示意如图 13-139 所示。

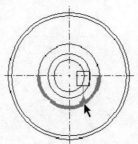

（a）在圆柱曲面轮廓上单击

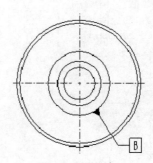

（b）单击鼠标中键放置基准特征符号

图 13-139　创建基准特征符号

13.5.9　整理尺寸和其他

初步标注（显示模型尺寸和手动插入尺寸等）绘图尺寸后，通常还需要对相关尺寸进行清理调整，如清理绘图尺寸的放置位置，目的是为了让工程绘图符合工业标准，并使模型细节更容易让用户读取。

调整尺寸位置的方法比较灵活，比较常用的是在绘图页面上将尺寸手动移到所需位置，当然也可以将选定尺寸与指定尺寸对齐、反转箭头方向、将选定尺寸移动到其他视图、切换文本引线样式、修改尺寸界线、编辑尺寸文本属性、拭除尺寸与其他注释、删除尺寸对象等。

选择要调整的尺寸时，则功能区打开相应的"尺寸"选项卡，利用"尺寸"选项卡可以为尺寸设置差异化公差、精度、尺寸格式、显示参数和尺寸前后缀等。选中尺寸时，利用弹出的浮动工具栏可以执行"反向箭头"、"移动到视图"、"拭除"和"删除"操作；右击选定的尺寸时，还可以利用弹出的快捷菜单执行"切换纵坐标/线性""修剪尺寸界线""倾斜尺寸""修改公称值""自定义"命令，如图 12-140 所示。

在功能区"注释"选项卡的"编辑"面板中也提供了一些用于处理尺寸的实用按钮，如图 13-141 所示，包括"对齐尺寸"按钮、"角拐"按钮、"断点"按钮和"清理尺寸"按钮等。

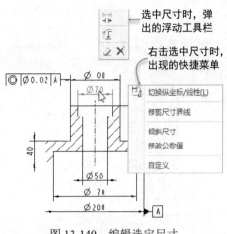

图 13-140　编辑选定尺寸

图 13-141　"编辑"面板

1. 拭除尺寸和其他详图项目

拭除尺寸和其他详图项目是指"隐藏"驱动尺寸、从动尺寸和其他详图项目，但不会将它们从模型中删除，这与删除尺寸等对象是明显不同的。如果发现某个尺寸和其他详图项目在工程视图中不是所需要的，将其选定后从弹出的浮动工具栏中单击"拭除"按钮 即可。

2. 移动尺寸

在视图中选择要移动的尺寸，将尺寸拖动到所需位置放置即可。

3. 将详图项目移动到其他视图

可以将某些详图项目（如尺寸）从同一模型的一个视图移动到另一个视图，其操作步骤是先选择要移动的详图项目，接着在"注释"选项卡的"编辑"面板中单击"移动到视图"按钮 ，或者在弹出的浮动工具栏中单击"移动到视图"按钮 ，然后选择要移至的视图。如图 13-142所示为将选定的外圆柱面直径尺寸移到另一个视图。

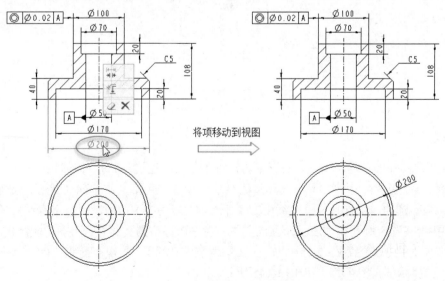

图 13-142　示例：将选定尺寸移动到另一个视图

4. 反向箭头

反向箭头的操作是先选择要操作的尺寸，接着从弹出的浮动工具栏中单击"反向箭头"按钮，示例如图 13-143 所示。

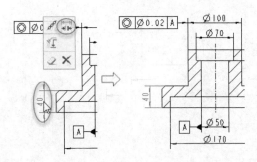

图 13-143　示例：反向箭头

5. 对齐尺寸

对齐尺寸的功能非常实用，可以通过对齐线性、径向和角度、尺寸来清理绘图显示。在进行对齐尺寸操作时，选定尺寸与所选的第一个尺寸对齐（假设它们共享一条平行的尺寸界线），注意无法与选定尺寸对齐的任何尺寸都不会移动。

要进行对齐尺寸的操作，首先选择要将其他尺寸与之对齐的尺寸，再按住 Ctrl 键并选择要对齐的尺寸，接着在"注释"选项卡的"编辑"面板中单击"对齐尺寸"按钮，则尺寸与选定的第一个尺寸对齐，如图 13-144 所示。

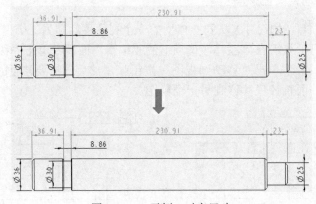

图 13-144　示例：对齐尺寸

6. 编辑尺寸属性

要显示选定尺寸的差异化公差，需要编辑尺寸的属性。通过编辑尺寸属性，还可以为其添加前缀、后缀，以及更改尺寸的文本样式和其他显示选项等，包括文本方向（默认、ASME、ISO-居上、ISO-居上-延伸、平行且位于引线上方、平行且位于引线下方）、倒角文本样式等。

例如，要为某选定圆孔添加表示个数的前缀，则先选择该圆孔直径尺寸，功能区出现"尺寸"选项卡，在"尺寸文本"面板中单击"尺寸文本"按钮，在现有前缀"Ø"字符之前添加"6×"，即设置前缀为"6×Ø"，如图 13-145 所示。

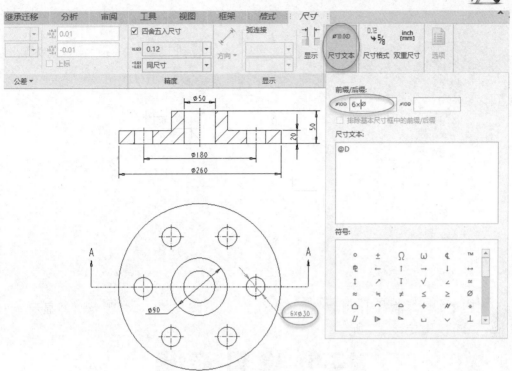

图 13-145　设置尺寸文本的前缀

7. 自动清理尺寸

在功能区"注释"选项卡的"注释"面板中单击"清理尺寸"按钮，系统弹出"清理尺寸"对话框，接着选择单个或多个尺寸，或选择整个视图，单击"选择"对话框中的"确定"按钮，此时"清理尺寸"对话框的"清理设置"区域被激活，如图 13-146 所示。

在"放置"选项卡中修改尺寸和详图项目的放置，设置内容如下。

☑ 选中"分隔尺寸"复选框时，在"偏移"文本框中输入初始的一致偏移值，以及在"增量"文本框中输入增量偏距值。而在"偏移参考"选项组中选中"视图轮廓"单选按钮时，偏移与其视图轮廓相关的尺寸；当选中"基线"单选按钮时，则仅重定位同一视图中其引线平行于选定基线的尺寸，可以指定整理基线，并根据需要单击"反向箭头"按钮以更改偏移方向。

☑ 若选中"破断尺寸界线"复选框，则在尺寸界线与其他绘制图元相交处破断该尺寸界线。

☑ 单击"应用"按钮，则系统对所有尺寸应用修饰清理。单击"撤销"按钮，则返回到整理之前的状态，不需要再选择尺寸即可重试。

在"修饰"选项卡中可以设置如图 13-147 的选项及内容，单击"应用"按钮完成清理。

8. 丢失参考时重定尺寸的参考

当 3D 模型或特征隐含时，或者重新定义特征时，可能会碰到丢失参考尺寸的情况，在这种情况下，绘图中丢失的参考将以特殊的颜色显示。用户可以先选择要重定参考的"参考丢失"尺寸，接着利用"编辑链接"命令进行相关操作将尺寸的参考定为新参考。

图 13-146 "清理尺寸"对话框

图 13-147 "修饰"选项卡

13.6 绘图表格

在绘图模式下，功能区中提供了用于处理绘图表格的"表"选项卡，如图 13-148 所示。该选项卡包括"表""行和列""数据""球标""格式"5 个面板。

图 13-148 "表"选项卡

绘图表格实际上是具有行和列的栅格，在这些栅格的单元格内双击即可输入文本（绘图表格中的文本具有全文本功能）。可以对选定单元格进行合并或取消合并；可以修改表栅格的图线类型、颜色和宽度；允许用户将某些单元格指定为"重复区域"，这些区域会自动显示通过单元格中的特殊报告参数指定的设计数据。

有关绘图表格的知识较为简单，本书不做深入介绍，希望读者在平时的学习和工作中多尝试使用绘图表格。

13.7 思考与上机练习

（1）在新绘图文件中如何设置才能使投影出来的视图符合第一角投影规则？

（2）绘图树主要有哪些用途？

（3）如何进行页面设置？

（4）什么是详细视图？如何创建详细视图？

（5）如何在绘图视图中插入表面粗糙度符号？

（6）如何在工程图中为选定尺寸设置显示其差异化的尺寸公差？

（7）如何进行对齐尺寸的操作？

（8）上机练习 1：请自行在零件模式中为一个传动轴零件建立其 3D 模型，要求该轴至少有两个键槽结构，然后新建一个绘图文件并通过该传动轴零件生成相关的视图，对于键槽结构需要用断面图（区域剖面图）表示。

（9）上机练习 2：请参考如图 13-149 所示的工程图信息来建模，然后在新绘图文件中创建相应的工程图并完成相关标注。

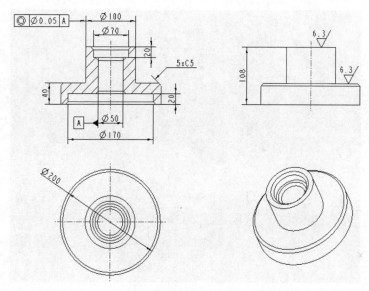

图 13-149　参考工程图